『十二五』國家重點圖書出版規劃項目
二〇一一—二〇二〇年國家古籍整理出版規劃項目
國家古籍整理出版專項經費資助項目

中國古農書集粹

王思明——主編

鳳凰出版社

ISBN 978-7-5506-4063-4

圖書在版編目（CIP）數據

蜂衙小記、蠶書、蠶經、西吴蠶略、湖蠶述、野蠶錄、柞蠶雜誌、樗繭譜、廣蠶桑説輯補、蠶桑輯要、豳風廣義、養魚經、異魚圖贊、閩中海錯疏、蟹譜、糖霜譜、酒經、飲膳正要 / (清) 郝懿行等撰. -- 南京 : 鳳凰出版社, 2024.5

（中國古農書集粹 / 王思明主編）

ISBN 978-7-5506-4063-4

Ⅰ. ①蜂… Ⅱ. ①郝… Ⅲ. ①農學－中國－古代 Ⅳ. ①S-092.2

中國國家版本館CIP數據核字(2024)第043167號

書　　名	蜂衙小記 等
著　　者	(清)郝懿行 等
主　　編	王思明
責任編輯	王　劍
裝幀設計	姜　嵩
責任監製	程明嬌
出版發行	鳳凰出版社(原江蘇古籍出版社) 發行部電話025-83223462
出版社地址	江蘇省南京市中央路165號,郵編:210009
印　　刷	常州市金壇古籍印刷廠有限公司 江蘇省金壇市晨風路186號,郵編:213200
開　　本	889毫米×1194毫米　1/16
印　　張	43
版　　次	2024年5月第1版
印　　次	2024年5月第1次印刷
標準書號	ISBN 978-7-5506-4063-4
定　　價	450.00圓

(本書凡印裝錯誤可向承印廠調換,電話:0519-82338389)

《中國古農書集粹》編委會

主　編
王思明

副主編
惠富平　熊帝兵

編　委
沈志忠　盧　勇　丁曉蕾　夏如兵　陳少華　何紅中
劉馨秋　李昕升　劉啓振　朱鎖玲　何彥超

序

中國是世界農業的重要起源地之一，農耕文化有着上萬年的歷史，在農業方面的發明創造舉世矚目。中國幾千年的傳統文明本質上就是農業文明。農業是國民經濟中不可替代的重要的物質生產部門，在傳統社會中一直是支柱產業。農業的自然再生產與經濟再生產曾奠定了中華文明的物質基礎。在漫長的歷史進程中，中華農業文明孕育出南方水田農業文化與北方旱作農業文化、漢民族與其他少數民族農業文化等不同的發展模式。無論是哪種模式，都是人與環境協調發展的路徑選擇。中國之所以能够在十九世紀以前的一兩千年中，長期保持着世界領先的地位，就在於中國農民能够根據不斷變化的人口狀況以及自然、經濟環境作出正確的判斷和明智的選擇。

中國農業文化遺産十分豐富，包括思想、技術、生産方式以及農業遺存等。在傳統農業生産過程中，形成了以尊重自然、順應自然，天、地、人『三才』協調發展的農學指導思想；形成了以種植業爲主，種植業和養殖業相互依存、相互促進的多樣化經營格局；凸顯了『寧可少好，不可多惡』的農業經營策略和精耕細作的技術特點；蘊含了『地可使肥，又可使棘』『地力常新壯』的辯證土壤耕作理論；總結了輪作復種、間作套種和多熟種植的技術經驗；形成了北方旱地保墒栽培與南方合理管水用水相結合的農業生産模式。與世界其他國家或民族的傳統農業以及現代農學相比，中國傳統農業自身的特色明顯，既有成熟的農學理論，又有獨特的技術體系。

世代相傳的農業生産智慧與技術精華，經過一代又一代農學家的總結提高，涌現了數量龐大、種類繁多的農書。《中國農業古籍目録》收録存目農書十七大類，二千零八十四種。閔宗殿等學者在此基礎上又根據江蘇、浙江、安徽、江西、福建、四川、臺灣、上海等省市的地方志，整理出明清時期二百三十六種『新書目』。[一] 隨着時間的推移和學者的進一步深入研究，還將會有不少沉睡在古籍中的農書被不斷地揭示出來。作爲中華農業文明的重要載體，這些古農書總結了不同歷史時期中國農業經營理念和傳統農業科技的精華，是人類寶貴的文化財富。

中國古代農書豐富多彩、源遠流長，反映了中國農業科學技術的起源、發展、演變與轉型的歷史進程與發展規律，折射出中華農業文明發展的曲折而漫長的發展歷程。這些農書中包含了豐富的農業實用技術、農業經濟智慧、農村社會發展思想等，覆蓋了農、林、牧、漁、副等諸多方面，廣泛涉及傳統社會中農業生産、農村社會、農民生活等主要領域，還記述了許許多多關於生物學、土壤學、氣候學、地理學、水利工程等自然科學原理。存世豐富的中國古農書，不僅指導了我國古代農業生産與農村社會的發展，也包含了許多當今經濟社會發展中所迫切需要解決的問題——生態保護、可持續發展、農村建設、鄉村振興等思想和理念。

作爲中國傳統農業智慧的結晶，中國古農書通過各種途徑傳播到世界各地，對世界農業文明産生了深遠影響，例如《齊民要術》在唐代已傳入日本。被譽爲『宋本中之冠』的北宋天聖年間崇文院本《齊民要術》被日本視爲『國寶』，珍藏在京都博物館。而以《齊民要術》爲对象的研究被稱爲日本『賈學』。江户時代的宮崎安貞曾依照《農政全書》的體系、格局，撰寫了適合日本國情的《農業全書》十

[一] 閔宗殿《明清農書待訪録》，《中國科技史料》二〇〇三年第四期。

卷，成爲日本近世時期最有代表性、最系統、水準最高的農書，被稱爲『人世間一日不可或缺之書』。據不完全統計，受《農政全書》或《農業全書》影響的日本農書達四十六部之多。〔一〕中國古農書直接或間接地推動了當時整個日本農業技術的發展，提升了農業生產力。

朝鮮在新羅時期就可能已經引進了《齊民要術》。〔二〕高麗宣宗八年（一〇九一）李資義出使中國，宋哲宗（一〇八六—一一〇〇）要求他在高麗覆刊的書籍目録裏有《氾勝之書》。高麗後期的一三四九年與一三七二年，曾兩次刊印《元朝正本農桑輯要》。朝鮮太宗年間（一三六七—一四二二），學者從《農桑輯要》中抄録養蠶部分，譯成《養蠶經驗撮要》，摘取《農桑輯要》中穀和麻的部分譯成吏讀，並以此爲底本刊印了《農書輯要》。朝鮮的《閒情録》以《陶朱公致富奇書》爲基礎出版，《農政會要》則主要引自《授時通考》。《農家集成》《農事直説》以及姜希孟的《四時纂要》主要根據王禎《農書》等多部中國古農書編成。據不完全統計，目前韓國各文教單位收藏中國農業古籍四十種，〔三〕包括《齊民要術》《農政全書》《授時通考》《御製耕織圖》《江南催耕課稻編》《廣群芳譜》《農桑輯要》等。

中國古農書還通過絲綢之路傳播至歐洲各國。《農政全書》至遲在十八世紀傳入歐洲，一七三五年法國杜赫德（Jean-Baptiste Du Halde）主編的《中華帝國及華屬韃靼全志》卷二摘譯了《農政全書》卷三十一至卷三十九的《蠶桑》部分。至遲在十九世紀末，《齊民要術》已傳到歐洲。達爾文的《物種起源》和《動物和植物在家養下的變異》援引《中國紀要》中的有關事例佐證其進化論，達爾文在談到人

〔一〕韓興勇《〈農政全書〉在近世日本的影響和傳播——中日農書的比較研究》，《農業考古》二〇〇三年第一期。
〔二〕[韓]崔德卿《韓國的農書與農業技術——以朝鮮時代的農書和農法爲中心》，《中國農史》二〇〇一年第四期。
〔三〕王華夫《韓國收藏中國農業古籍概況》，《農業考古》二〇一〇年第一期。

工選擇時說：『如果以爲這種原理是近代的發現，就未免與事實相差太遠。……在一部古代的中國百科全書中，已有關於選擇原理的明確記述。』[一]而《中國紀要》中有關家畜人工選擇的內容主要來自《齊民要術》。[二]中國古農書間接地爲生物進化論提供了科學依據。英國著名學者李約瑟（Joseph Needham）編著的《中國科學技術史》第六卷『生物學與農學』分册以《齊民要術》爲重要材料，說它『即使在世界範圍内也是卓越的、傑出的、系統完整的農業科學理論與實踐的巨著』。[三]

世界上許多國家都收藏有中國古農書，如大英博物館、巴黎國家圖書館、柏林圖書館、聖彼得堡（列寧格勒）圖書館、美國國會圖書館、哈佛大學燕京圖書館、日本内閣文庫、東洋文庫等，大多珍藏有《齊民要術》《茶經》《農桑輯要》《農書》《農政全書》《授時通考》《花鏡》《植物名實圖考》等早期刻本。不少中國著名古農書還被翻譯成外文出版，如《齊民要術》有日文譯本（缺第十章），《天工開物》與《茶經》有英、日譯本，《農政全書》《授時通考》《群芳譜》的個别章節已被譯成英、法、俄等文字，《元亨療馬集》有德、法文節譯本。法蘭西學院的斯坦尼斯拉斯·儒蓮（一七九九—一八七三）翻譯的法文版《蠶桑輯要》廣爲流行，並被譯成英、德、意、俄等多種文字。顯然，中國古農書已經是全世界人民的共同財富，也是世界了解中國的重要媒介之一。

近代以來，有不少學者在古農書的搜求與整理出版方面做了大量工作。晚清務農會於光緒二十三年（一八九七）鉛印《農學叢刻》，但是收書的規模不大，僅刊古農書二十三種。一九二〇年，金陵大學在

[一][英]達爾文《物種起源》，謝蘊貞譯。科學出版社，一九七二年，第二十四—二十五頁。
[二]《中國紀要》即十八世紀在歐洲廣爲流行的全面介紹中國的法文著作《北京耶穌會士關於中國人歷史、科學、技術、風俗、習慣等紀要》。一七八〇年出版的第五卷介紹了《齊民要術》，一七八六年出版的第十一卷介紹了《齊民要術》中的養羊技術。
[三]轉引自繆啓愉《試論傳統農業與農業現代化》，《傳統文化與現代化》一九九三年第一期。

全國率先建立了農業歷史文獻的專門研究機構，在萬國鼎先生的引領下，開始了系統收集和整理中國古代農業歷史文獻的研究工作，着手編纂《先農集成》，從浩如煙海的農業古籍文獻資料中，搜集整理了三千七百多萬字的農史資料，後被分類輯成《中國農史資料》四百五十六册，是巨大的開創性工作。

民國期間，影印興起之初，《齊民要術》、王禎《農書》、《農政全書》等代表性古農學著作均有石印本或影印本。一九四九年以後，爲了保存農書珍籍，曾影印了一批國内孤本或海外回流的古農書珍本，如中華書局上海編輯所分别在《中國古代科技圖錄叢編》和《中國古代版畫叢刊》的總名下，影印了《天工開物》（崇禎十年本）、《便民圖纂》（萬曆本）、《救荒本草》（嘉靖四年本）、《授衣廣訓》（嘉慶原刻本）等。上海圖書館影印了元刻大字本《農桑輯要》（孤本）。一九八二年至一九八三年，農業出版社以《中國農學珍本叢書》之名，先後影印了《全芳備祖》（日藏宋刻本），《金薯傳習錄、種薯譜合刊》（前者刊本僅存福建圖書館，後者朝鮮徐有榘以漢文編寫，内存徐光啓《甘薯蔬》全文），以及《新刻注釋馬牛駝經大全集》（孤本）等。

古農書的輯佚、校勘、注釋等整理成果顯著。萬國鼎、石聲漢先生都曾對《四民月令》《氾勝之書》等進行了輯佚、整理與深入研究。到二十世紀末，具有代表性的古農書基本得到了整理，如夏緯瑛的《管子地員篇校釋》和《呂氏春秋上農等四篇校釋》，石聲漢的《齊民要術今釋》《農桑輯要校注》《農政全書校注》等，繆啓愉的《齊民要術校釋》和《四時纂要》，王毓瑚的《農桑衣食撮要》，馬宗申的《授時通考校注》等。特别是農業出版社自二十世紀五十年代一直持續到八十年代末的《中國農書叢刊》，先後出版古農書整理著作五十餘部，涉及範圍廣泛，既包括綜合性農書，也收錄不少畜牧、蠶桑、水利等專業性農書。此外，中華書局、上海古籍出版社等也有相應的古農書整理著作出版。

一些有識之士還致力於古農書的編目工作。一九二四年，金陵大學毛邕、萬國鼎編著了最早的農書簡目《中國農書目錄彙編》，存佚兼收，薈萃七十餘種古農書。但因受時代和技術手段的限制，規模較小。一九四九年以後，古農書的編目、典藏等得以系統進行。一九五七年，王毓瑚的《中國農學書錄》出版（一九六四年增訂），含英咀華，精心考辨，共收農書五百多種。一九五九年，北京圖書館據全國二十五個圖書館的古農書書目彙編成《中國古農書聯合目錄》，收錄古農書及相關整理研究著作六百餘種。一九九〇年，中國農業歷史學會和中國農業博物館據各農史單位和各大圖書館所藏農書彙編成《農業古籍聯合目錄》，收書較此前更加豐富。二〇〇三年，張芳、王思明的《中國農業古籍目錄》收錄了古農書存目二千零八十四種。經過幾代人的艱辛努力，中國古農書的規模已基本摸清。上述基礎性工作爲古農書的搜求、彙集、出版奠定了堅實的基礎。

目前，以各種形式出版的中國古農書的數量和種類已經不少，具有代表性的重要農書還被反復出版。但是，仍有不少農書尚存於各館藏單位，一些孤本、珍本急待搶救出版。部分大型叢書已經注意到古農書的彙集與影印，《續修四庫全書》『子部農家類』收錄農書六十七部，《中國科學技術典籍通匯》『農學卷』影印農書四十三種。相對於存量巨大的古代農書而言，上述影印規模還十分有限。可喜的是，在鳳凰出版社和中華農業文明研究院的共同努力下，《中國古農書集粹》被列入《二〇一一—二〇二〇年國家古籍整理出版規劃》。本《集粹》是一個涉及目錄、版本、館藏、出版的系統工程，工作於二〇一二年啓動，經過近八年的醞釀與準備，影印出版在即。《集粹》原計劃收錄農書一百七十七部，後根據時代的變化以及各農書的自身價值情況，幾易其稿，最終決定收錄代表性農書一百五十二部。

《中國古農書集粹》填補了目前中國農業文獻集成方面的空白。本《集粹》所收錄的農書，歷史跨度時間長，從先秦早期的《夏小正》一直至清代末期的《撫郡農産考略》，既展現了中國古農書的萌芽、形成、發展、成熟、定型與轉型的完整過程，也反映了中華農業文明的發展進程。明清時期是中國傳統農業發展的巔峰，它繼承了中國傳統農業中許多好的東西並將其發展到極致，而這一階段的農書恰是本《集粹》收録的重點。本《集粹》還具有專業性强的特點。古農書屬大宗科技文獻，而非傳統意義的歷史文獻，本《集粹》更側重於與古代農業密切相關的技術史料的收録。本《集粹》所收農書覆蓋面廣，涵蓋了綜合性農書、時令占候、農田水利、農具、土壤耕作、大田作物、園藝作物、竹木茶、植物保護、畜牧獸醫、蠶桑、水産、食品加工、物産、農政農經、救荒賑災等諸多領域。收書規模也爲目前中國農業古籍集成之最。

《中國古農書集粹》彙集了中國古代農業科技精華，是研究中國古代農業科技的重要資料。同時，中國古農書也廣泛記載了豐富的鄉村社會狀況、多彩的民間習俗、真實的物質與文化生活，反映了中國古代農民的宗教信仰與道德觀念，體現了科技語境下的鄉村景觀。不僅是科學技術史研究不可或缺的第一手資料，還是研究傳統鄉村社會的重要依據，對歷史學、社會學、人類學、哲學、經濟學、政治學及其他社會科學都具有重要參考價值。古農書是傳統文化的重要載體，是繼承和發揚優秀農業文化遺産的主要文獻依憑，對我們認識和理解中國農業、農村、農民的發展歷程，乃至整個社會經濟與文化的歷史脉絡都具有十分重要的意義。本《集粹》不僅可以加深我們對中國農業文化、本質和規律的認識，還可以鑒古知今，把握國情，爲今天的經濟與社會發展政策的制定提供歷史智慧。

本《集粹》的出版，可以加强對中國古農書的利用與研究，加深對農業與農村現代化歷史進程的必然性和艱巨性的認識。祖先們千百年耕種這片土地所積累起來的知識和經驗，對於如今人們利用這片土地仍具有指導和借鑒作用，對今天我國農業與農村存在問題的解決也不無裨益。現代農學雖然提供了一些『普適』的原理，但這些原理要發揮作用，仍要與這個地區特殊的自然環境相適應。而且現代農學原理並不否定傳統知識和經驗的作用，也不能完全代替它們。中國這片土地孕育了有中國特色的傳統農業，積累了有自己特色的知識和經驗，有利於建立有中國特色的現代農業科技體系。人類文明是世界各個民族共同創造的，人類文明未來的發展當然要繼承各個民族已經創造的成果。中國傳統的農業知識必將對人類未來農業乃至社會的發展作出貢獻。

王思明

二〇一九年二月

目録

蜂衙小記

（清）郝懿行 撰

《蜂衙小記》，（清）郝懿行撰。郝懿行，字恂九，號蘭皋，山東栖霞人，嘉慶四年（一七九九）進士，授户部主事，二十五年，補江南司主事。擅長名物訓詁、考據之學，著述達五十餘種四百餘卷，其中《郝氏遺書》收録了二十五種。《爾雅義疏》《春秋説略》《山海經箋疏》等爲其代表作。

該書正文前小序曰：『昔人遇鳥啼花落，欣然有會於心；余蕭齋岑寂，間涉物情，偶然會意，率爾操觚，不堪持贈，聊以自娱，作《蜂衙小記》十五則。』所謂的十五則包括：識君臣、坐衙、分族、課蜜、試花、割蜜、相陰陽、知天時、擇地利、惡螫人、祝子、逐婦、野蜂、草蜂、雜蜂等項。

該書文字簡明，但是内容卻相對充實，涉及有關蜂及養蜂的諸多技術問題。其中『擇地利』條要求選擇好的養蜂場地，要注意周圍環境條件，強調『凡蜂所居每十餘日必爲掃除，不則生蟲蠹』。該書對蜜蜂的採蜜環節描寫較爲細緻、形象、逼真。『割蜜』強調『必留數停，使足禦冬』，避免蜂群凍餓死亡。此外，該書在蜂類品種選擇，『野蜂』『草蜂』『雜蜂』的特徵、優劣及利用方面也有獨到的見解，是史籍中少數的養蜂專著。

該書清嘉慶至光緒間刊刻，有光緒五年（一八七九）東路廳署刻本等。今據光緒五年（一八七九）東路廳署刻《郝氏遺書》本影印。

（熊帝兵）

蜂衙小記

一卷

光緒五年歲在己
卯東路廳署開雕

蜂衙小記

棲霞郝懿行著

昔人遇鳥啼花落欣然有會於心余蕭齋岑寂閒涉物情偶然會意率爾操觚不堪持贈聊以自娛作蜂衙小記十五則

識君臣

蜂蟻皆識君臣其長俱謂之王但蟻王比衆蟻魁大蜂王獨幺小入羣不見而羣中畏之王居中羣衛其外王元之曰王所居一臺大如栗俗曰王臺人欲薄而觀之不可得其王蒼黑色

形與常蜂差異無毒不螫如麟角然不觸爲德也

坐衙

蜂所居曰衙色如凝脂密過蓮房千門萬戶纍纍如貫亦號蜂房蜂居常甚肅及王坐衙則羣響應如官府鹵簿呵殿聲經時寂然矣有朝暮兩衙視官府獨較勤嘗見昧旦羣蜂皆起飛翔戶外昔人詞云暮衙蜂鬧大抵暮衙在日入時也

分族

凡蜂盛極必分分必以產其房之下銳處先刖垂一房

形如蠶繭而小淺黃色中有小蜂王若親子弟然迨其生不過十日必分族而去矣（王元之曰蜂居王臺生子其中或三或五歲分其族而去山甿患其分也以棘刺關於王臺其子盡死）然數分則勢弱故畜蜂之家察其有若蠶繭形者摘去之則勢强而蜜多

課蜜

蜂所釀曰蜜亦名百花饈昔崔處士立護花幡而陶家姊妹各攜花朵以報謂服之延年余謂此特花之糟粕耳若蜜乃其精液也凡釀蜜之法必須鹹水和之嘗見海邊有蜂往來及人家陽溝中多有之然蜂之采花者

不釀蜜釀蜜者別一蜂視常蜂差肥大而黑俗曰蜜婦（列子曰純雌其名稺蜂按此蜂無毒也陰陽變化錄曰此蜂名將蜂又名相蜂）語婦者或以能釀得名耳如婦以酒食事人之義詩曰稺蜂趨衙供蜜課

試花

蜂之戀花尤甚於蝶凡花初開其中有一點甘露芳馥之氣蜂雖遠無不聞聞則麇至蘂末吐乃穴而入藉露濡體還裹其花復穴而出則體盡黃者人衣雖拂拭之不去也風過竟體皆香其尤勤者貪裹不出至體累垂

不能舉足股皆滿然采花而於花無損故人亦不憎之每春和景霽簾影斜垂鑪煙徐裊聽蜂聲滿院與禽聲互答洵足樂也詩曰枝頭蜂抱花鬚墜又曰花蘂上蜂鬚閒中逸趣頗嘗親領

割蜜

蜂善偸花人善盜蜜偸花以晝蜂無廉節也盜蜜以夜人有禮義也盜之之法先用艾火熏之蜂則皆辟聚一處守其蜜而不知人已盜之矣割蜜須擇善割者蜜盡而蜂不傷然割之之法亦無令其盡者必留數停使足

禦冬名曰蜂糧待來年二月再割之謂之歲察割蜜時多在初冬晚者乃至仲冬割後必對稾秸實其中否則凍死矣詩曰天寒割蜜房不言盜諱之耶

相陰陽

蟻冬居山陽夏居山陰蜂卽不然無冬夏皆向陽迎煖或易其戶使北向多不育鴈以隨陽名陽鳥然則蜂宜名陽蟲

知天時

燕辞戊己不以銜泥人皆知之乃畜蜂之家謂分蜂之

日必是吉日余驗之良然又謂蜂忌老人如有老人之家蜂乃不蕃此說余未之審按王漁洋池北偶談二十三載謝皋羽晞髮集有粤山蜂分日記云甌粤之南某山其民老死不知歲歷惟戶養蜂四時旦暮悉候之蜂之分也其日必吉云云

擇地利

蜂所居必吉地每分蜂時或其自擇或人家收養既定居蜂王必出戶周巡羣蜂隨之得樂土然後居停畜蜂之家有吉祥善事者其蜂大蕃息大約性潔淨喜煥燥凡蜂所居每十餘日必爲埽除不則生蟲蠱夏月須防守宮食之其性大較如此然亦隨緣隨分有時頗不揀

擇如寒鄉僻壤屋宇湫隘嘗見畜蜂者於竈陘旁及鑿壁爲穴居之類雞塒然

惡螫人

爾雅蜂醜螸孝經援神契曰蜂蠆垂芒蓋蜂之屬嘗垂其腹以自休息非欲螫也猛虎在深山不履其尾則不咥人惟蜂亦然自求辛螫其將焉咎蜂既螫即自拔出其毒其蜂亦死若虎失去牙爪不能存活也

祝子

蜂祝而生者也每祝子時或破其房視之中有子僅如

米粒數日卽成蜂矣然其子非胎非卵亦非蜾蠃螟蛉之比竊疑蜂是化生化乃以聲其祝之之辭亦當云似我似我但其兄弟初不相見莊生云細腰者化母有弟而兄啼解之者曰母孕弟則兄病也然則蜂有君臣無兄弟

逐婦

畜蜂之家爲余言蜜婦於春夏釀蜜秋冬卽死否則諸蜂亦必齧殺之或逐出之嗟乎以我禦窮蜂乃不免故余嘗謂蜂備數德獨此節頗無足取

野蜂

蜂有野處者或居古木及石壁中亦作蜜與常蜂等而性野喜螫不及居人家者馴良也余謂此種無官衙止是山寨大王耳

艸蜂

又有一種蜂形細長黃赤色作房異常蜂而蜜色純白尤甘美山中人有得而啖之者然亦不多也

雜蜂

鄭康成註中庸蒲盧也用爾雅文謂蒲盧爲蜂即詩之

蜾蠃也形纖長色赤銜泥作房上開一孔出入余嘗見其翳青蟲閉置房中蓋螟蛉也因歎詩人體物之工又一種俗名土蜂穴木以居作房類蜾蠃壺蜂者楚辭元蜂若壺形肥短柰黑色獨背上一點黃俗名葫蘆蜂又有所謂陽溝蜂者小於常蜂而黑極調馴白臉蜂者類艸蜂而面白此二蜂皆無毒不螫又一種長脚蜂其蹄獨長其餘亦類白臉而喜螫則德不及也蠻蜂者蜂之最大者也其房中藥材大如車蓋此蜂最毒俗云有能斃牛者

蜂衙小記一卷

孫男聯蓀茹
蓀薇校字
茹芬

跋

昔人云爾雅注蟲魚定非磊落人余謂磊落人定不能注蟲魚耳浩浩落落不辨馬牛那有此靜中妙悟耶故願與天下學靜不願學磊落如有解者示以蜂衙小記

十五則牟廷相跋

蠶書

（宋）秦觀撰

《蠶書》，（宋）秦觀撰。秦觀（一〇四九—一一〇〇），字少游，高郵人，平生事迹見《宋史·文苑傳》。該書是中國乃至世界上現存最早的養蠶繅絲專著，元代脱脱主修的《宋史·藝文志》『農家類』著録時，撰人作秦處度，《四庫全書總目提要》也認爲撰人爲處度。而宋代《直齋書録解題》則有秦少游《蠶書》一卷。秦處度名湛，是秦觀之子。近人余嘉錫《四庫提要辯證》引《困學紀聞》，指出《宋志》以撰人爲秦處度是根據南宋的《中興館閣書目》。王毓瑚《中國農學書録》認爲，《直齋書録解題》的作者陳振孫和《困學紀聞》的作者王應麟都是南宋時人，他們所見的秦少游《淮海集》裏面就有《蠶書》在内，可知本書確是出自秦少游之手，《館閣書目》將本書的作者認作秦處度是錯誤的。

該書分爲種變、時食、制居、化治、錢眼、瑣星、添梯、車、禱神、戎治等十目，叙述簡明。秦氏説書中所記的是兖州人養蠶的方法，可能與吴地的蠶家有所不同。書中的記載來自直接觀察，文字簡略，卻極有價值。如書中對各齡蠶給桑標準、採繭適期以及養蠶期和上簇結繭對溫度高低的不同要求等均有説明，至今仍值得參考。

該書流傳的版本較多，有《説郛》《夷門廣牘》《百陵學山》《知不足齋叢書》《龍威秘書》《藝苑捃華》《農學叢書》《叢書集成》等。今據南京圖書館藏《百陵學山》本影印。

（惠富平）

蠶書一卷

秦觀少游

予閑居婦善蠶從婦論蠶作蠶書

考之禹貢揚梁幽雍不貢繭物兗篚織文徐篚玄纖纊青篚底纁域緝豫篚纖纊青篚檿絲皆繭物也而桑土既蠶獨言於兗然則九州蠶事兗爲最乎予游濟河之間見蠶者豫事時作一婦不蠶比屋詈之故知兗人可爲蠶師今予所書有與吳中蠶家不同者皆得兗人也

種變

臘之日聚蠶種沃以牛溲浴于川毋傷其籍廼縣之

始審卧之五日色青六日白七日蠶已蠶尚卧不傷

時食

蠶生明日桑或柘葉風戾以食之寸二十分晝夜五食九日不食一日一夜謂之初眠又七日再眠如初旣食葉寸十分晝夜六食又七日三眠如再又七日若五日不食二日謂之大眠食半葉晝夜八食又三日健食乃食全葉晝夜十食不三日遂繭凡眠已初食布葉勿擲擲則蠶驚毋食二葉

制居

制居者制之器以居乎蠶也故制居爲要乃作制居

種變方尺及乎將繭乃方四丈織萑葦範以蒼莨竹長七尺廣五尺以為筐建四木宮梁之以爲槌縣筐中間九寸凡槌十縣以居食蠶時分其居糞其葉餘以時去之萑葉為籬勿密屈藁之長二尺者自後茨之為簇以居繭蠶凡繭七日而採之居蠶欲溫居繭欲涼故以萑鋪繭寒之以風以緩蛾變

化治

常令煮繭之鼎湯如蟹眼必以筯其緒附于先引謂之餵頭毋過三系則系麤不及則脆其審舉之凡系自鼎道錢眼升於鑠星星應車動以過添梯至於車

錢眼

爲版長過咢面廣三寸厚九黍中其厚插大錢一出其端横咢耳後鎮以石緒總錢眼而上謂之錢眼

鎖星

爲三蘆管管長四寸樞以圓木建兩竹夾咢耳縛樞於竹中管之轉以車下直錢眼謂之鎖星

添梯

車之左端置環繩其前尺有五寸當車牀左足之上建柄長寸有半匼柄爲鼓鼓生其寅以受環繩繩應車運如環無端鼓因以旋鼓上爲魚魚半出鼓其出

之中建柄半寸上承添梯添梯者二尺五寸片竹也其上揉竹為鈎以防絲竅左端以應柄對鼓為耳方其穿以閑添梯故車運以牽環繩繩簇鼓鼓以舞魚魚振添梯故絲不過偏

車

制車如轆轤必活其兩輻以利脫系

禱神

卧種之日升香以禱天駟先蠶也割雞設醴以禱婦人寓氏公主蓋蠶神也毋治堰毋誅草毋沃灰毋室入外人四者神實惡之

戎治

唐史載于闐初無桑蠶丐鄰國不肯出其王即求婚許之將迎乃告曰國無帛可持蠶自為衣女聞置蠶帽絮中關守不敢驗自是始有蠶女刻石約無殺蠶蛾飛盡乃得治繭言蠶為衣則治繭可為絲矣世傳繭之未蛾而窽者不可為絲頃見鄰家誤以窽繭雜全繭治之皆成絲焉疑蛾蛻之繭也欲以為絲而其中空不復可治嗚呼世有知于闐治絲法者肯以教人則貸蠶之死可勝計哉予作蠶書哀蠶有功而不免故錄唐史所載以俟博物者

蠶經

（明）黄省曾 撰

《蠶經》，（明）黄省曾撰。黄省曾（一四九〇—一五四〇），字勉之，號五嶽，吴縣（今江蘇蘇州）人。自幼聰穎，才思敏捷。嘉靖十年（一五三一）以《春秋》鄉試中舉，名列榜首，後進士累舉不第，便放棄科舉之路，轉攻詩畫及經濟。一生交遊極廣，以博洽聞名，於文學、農學、史學、地學等皆有精研，涉農著作有《稻品》《蠶經》《藝菊》《養魚經》等。《明史》有傳。

該書又名《養蠶經》，共一卷，是黄氏的《農圃四書》之一，《明史·藝文志》農家類著錄。全書分爲藝桑、宫宇、器具、種連、育飼、登簇、擇繭、繅拍、戒宜等九條，按蠶的生理成長過程以及蠶繭的加工順序記述養蠶經驗，邏輯性極強。書中的部分内容引自《農桑輯要》《種樹書》等，也多有新經驗的總結與添入。『藝桑』部分主要總結地桑、條桑品種，嫁接桑枝方法，桑園管理，桑牛防治，桑下間作，預測桑葉貴賤等内容。其餘八項皆關養蠶，故以《蠶經》名之。該書還涉及桑刀、方筐、圓箔、火箱等『器具』，選種、浸種、浴種等繁殖工序。内容詳略有異，尤其以餵食要求、桑葉選擇等較詳。

在該書之前，雖有個别蠶桑專論，但多爲北方經驗的總結，南方技術散見綜合性農書之中，此書在江南蠶桑文獻領域首開風氣，記述了蘇州、湖州兩地農民種桑養蠶實際經驗，反映當時蘇、湖蠶農對桑樹培育、品種選擇與蠶種對蠶絲品質影響的重視。涉及面廣，每項技術概括爲一題，敘述簡明，是研究明代太湖沿岸蠶桑生産方法的較好文獻。

該書有《居家必備》《明世學山》《百陵學山》《廣百川學海》《叢書集成》等本。中國農大農史室，華南農大農史室，國家圖書館、南京圖書館、四川省圖書館、雲南省圖書館藏有《百陵學山》本（成號）。今據南京圖書館藏《百陵學山》本影印。

（熊帝兵　惠富平）

蠶經一卷　　吳郡五嶽黃省曾勉之

一之藝桑

有地桑出於南潯有條桑出於杭之臨平其鬻之時以正月之上中旬其鬻之地以北新關內之江將橋旭旦也擔而至陳于梁之左右午而散（大者株以二釐其長八尺）其種也耨地而畬之截其枚謂之嫁留近本之餘尺餘許深埋之出土也寸焉培而高之以泄水墨其瘢或覆以螺殼或塗以蠟而瀝青油煎封之是防梅雨之所侵糞其周圍使其四達若直灌其本則聾而死未活也不可灌水灌以和水之糞二年而盛

其在土也月一鋤焉或二起翻也必尺許灌以純糞遍沃于桑之地使及其根之引者不摘葉也三年則其發茂禁損其枝之奮者桑之下厥草不留則茂午日不可以鋤蠶之時其摘也必潔淨遂剪焉南潯之剪價以七分必於交湊之處空其幹焉則來年條滋而葉厚歲歲剪條則盛禁原蠶之飼飼則來年枝纖而葉薄其占桑葉之貴賤也以正月之上旬木在一日也則爲蠶食一葉爲甚貴木在九日也則爲蠶食九葉爲甚賤又以三月之三日有雨則貴四日尤貴諺曰三日尤可四日殺我陰而不雨則蠶大善甚蠢也以糞

以蠶沙以稻草之灰以溝池之泥以肥土其初蓺之壅也以水藻以綿花之子壅其本則煖而易發初春而脩也去其枝之枯者樹之低小者啓其根而糞泥壅之不肰則葉遲而薄凡擇桑之本也皺皮者其葉必小而薄白皮而節疏芽大者爲柿葉之桑其葉必大而厚是堅薾而多絲高而白者宜山岡之地或墻隅而籬畔五月也收桑椹而水淘火曬焉畦而種之至冬而焚其梢及明年而分種之短而青者宜水鄉之地正二月也木鈎攀之土壓朞年而截之移而種之歲糞也二其壓也濕土則條爛焦土則根生撒子

而種不若條而壓其為桑之害也有桑牛尋其穴桐油抹之則死或以蒲母草草之狀也如竹葉其桑葉之葉癩也亦以草汁而沃之桑之下可以藝蔬其藝桑之園不可以藝楊藝楊之多楊甲之蟲是食桑皮而子化其中焉二月而接也有插接有劈接有壓接有搭接有換接穀而接桑也其葉肥大桑而接梨也則脆美桑而接楊梅也則不酸勿用雞脚之桑其葉薄是薄繭而少絲其葉之生黃衣而皺者木將就槁名曰金桑蠶則不食先椹而後葉者其葉必少有柘蠶焉是食柘而早繭其青桑無子而葉不甚厚者是宜

初蠶望海之桑種之術與白桑同是皆臘月開塘而加糞卽壅之以土涅或二或三六七月之間乃去其虫開塘加糞壅土宜遲紫藤之桑其種高大是不用剪其葉厚大尤早種之也宜適于竈屋不必開塘而糞壅惟幼稚之時待冬而糞或二或三以臘月為佳

二之宮宇

蠶之性喜靜而惡喧故宜靜室喜煖而惡濕故宜版室室靜可以辟人聲之喧閙室密可以辟南風之吹襲室版可以辟地氣之蒸鬱

三之器具

其切桑之刀宓闊而利其方筐之制縱八尺廣六尺其圓箔之造在盤門張公之橋價以十五文有火箱蠶之自蟻而三眠也用之

四之種連

其在簇也擇繭之尖細堅小者腰小者雄也圓慢厚者腰大者雌也相當而收以簇中爲佳近上則絲薄近下則子不生其蛾之生也取其同時者擇而對焉自辰而亥廼拆厥氣乃全其放子也必覆而暗之見光則其子遊散其爲連也必桑皮之紙出於南潯母娥之覆也四五日厥氣廼固次之以絲之湯則子不落其

子之如環如堆者稟之貫之以桑皮忌麻苧之線懸之於涼處忌烟薰日炙之所至端午也以蒲以艾以柳和井水而浸少時焉去其朶以懸其番蠒十斤也可以得三眠之蠶四十斤焉至臘之十二浸之於鹽之滷至二十四出焉則利於繰絲或曰臘之八日以桑柴之灰或草之灰淋之汁以蠶連浸焉一日而出繼以雪之水浸之懸而乾之或懸桑木之上以冒雨雪二宿而收之則耐養二月十二浴焉清明之曉則綿紙裹之藏於厨之內俟桑之芽如茶匙之大則綿絮裹之暮也覆以所服之煖衣晨也覆以所蓋之煖

被既出也溫以火未出也禁以火焙其浸也用桑條之灰濕其連而後滌之摺而浸之於滷中卽鹽化之水有分兩恐其浮也以磁器壓之其至二十四出也用河水滌去其灰或置之扁中而沃之而後涼之掛之則至春也者生否者陰不至於費葉至二月十二浴也以菜之花野菜之花韭之花桃之花白豆之花揉之水中而浴之蛾之放子也一夜而止否則生蟻也不齊

五之育飼

其蠶之自蟻而三眠也俱用切葉其替擡也用槺籠

之灰糠焉則蠶體快而無疾或布網而擡替其飼火蠶也必勤葉盡即飼毋使飢吞火氣而病其替蠶也食半而替則功省而蠶不勞其三眠之起也斤分於一筐一筐之蠶可以得繭八斤爲絲一車而十六兩其蟻之初出也以薔薇之葉焙燥搡碎之糝之蟻上聞香而集之於上乃以鵝翎拂下其厝火也炭之團也爇之而灰以遏之尾以覆之溫溫然而已綿被以隔之而後置之於被之上焉若爔焉或飢焉則傷於火其長也焦黃不食而疮勿食水葉食則放白水而疮雨中之所採也必拭而乾之或風戾之

六之登簇

簇以稻之草爲之𣪚疏之必潔則不牽絲乃握而束之厚籍以所𣪚疏之草𣪘可以禦地濕可以承墜蠶遁以握許登之勿覆以紙至次之日少以稻之稈糝焉以屬其作綴之未成者勿用茶之箕善絆擾而薄繭七日而摘半月而蛾生交五月節梅風吹之則生凡蠶矢之青也爲考之候其在簇而有雷則以退紙覆之以護其gu

七之擇璽

長而瑩白者細絲之璽大而晦色青葱者粗絲之璽

皆擣去其蒙戎之衣其內潰而漬濕者謂之陰蠒及薄而雜者綿之蠒可為粗絲不可以經日經日則絲爛而難抽不可以焚香焚香則蛆穴而難抽大者謂之磨工

八之繰拍

其繰之不及也淹而甕之浥之每大缸用鹽四兩荷葉包之於缸甕之口又塞實荷葉至七日而蛾矻浥之也仍數視之有少罅則蛾生凡拈絲綿之線一分銀是拈一兩其為綿也蛾口為最上岸次之黃繭又次也繭衣者為最下蛾口者出蛾之繭也上岸者繰湯無緒撈而出者也繭衣

繭外之蒙戎蠶初作繭而營者也

九之戒宜

不可以受油鑊之氣不可以受煤氣不可以焚香亦不可以佩香零陵香亦在所忌否則焦黄而死不可以入生人否則遊走而不安箔蠶室不可以食姜豎蠶豆養之人後高爲善以筐計凡二十筐庸金一兩看繅絲之人南潯爲善以日計每日庸金四分一車也六分其上簇也而無火則繅之也必不淨蠶嫃之手不可以擷苦蕒手有苦蕒之氣令蠶青爛食之者亦不可以入蠶之室

蠶經卷止

西吳蠶略

（清）程岱葊　撰

《西吴蠶略》，（清）程岱葊撰。程岱葊（一七六九—？），歸安（今浙江湖州）人。生平事迹欠詳，僅知其撰有《西吴蠶略》二卷、《西吴菊略》一卷、《野語》九卷。《西吴菊略》自稱『道光癸卯秋時，爲七十有五』；《野語》『語逸目次並引』言『僕西吴之鄙人，早歲遠遊四方』。《西吴蠶略》有四處署名作『道場山人星甫編輯』『星甫』可能爲其字。

《（同治）湖州志》卷三十《輿地略·蠶桑上》與《（光緒）歸安縣志》卷十一《輿地略·蠶桑》稱此書爲費南輝所撰，後人有因此説者，言費南輝字星甫。程岱葊、費南輝與此書關係待考，今録以備參。

此書約成於清道光十二年（一八三二），鑒於宋秦觀《蠶書》與元司農司《農桑輯要》主講北法，明黄省曾《蠶經》雖述湖州蠶事，但泥古而不宜今，程氏依據平日家鄉栽桑養蠶見聞筆記，撰此湖蠶專論。書分二卷，上卷詳述湖蠶飼養全過程，略及治地、接桑、繅絲等項，附載乾隆間歸安人沈炳震（東甫）《蠶桑樂府》十九首。下卷言婦女在養蠶過程中之作用及蠶之種類，兼録育蠶雜説及軼事，重於概念考證與闡釋。程氏復仿沈炳震《蠶桑樂府》作《蠶家樂》六首，亦藴養蠶技術。末附益都孫廷銓《山東繭志》及可替代桑葉之飼蠶樹種，補充撰者『蠶食不必定用桑』的觀點。

全書對桑葉採收、家蠶種類、飼喂、分箔及種蠶單獨飼養等新經驗多有總結，比較各類蠶之飼養優劣亦較具價值。全書語言淺白，《蠶桑樂府》與《蠶家樂》言簡意明，通俗實用。但書中養蠶宜忌、占驗、禳鎮等内容未盡科學。

此書約刊於清道光年間，有道光十二年初刊本、道光二十五年塵隱廬增刊巾箱本傳世。今據清末刻本影印。

（熊帝兵）

西吳蠶略

西吳蠶略上

道場山人星甫編輯

卷上目次 并引

蠶桑事要見諸記載者綦繁其專論養法者如宋秦少游蠶書乃兖蠶法元司農司農桑輯要所載栽桑養蠶二卷雖極精贍亦北法多而南法少明黄省曾蠶經始與湖法差近猶泥古而不宜今淵雅而弗通俗惟吾湖沈東甫徵君蠶桑樂府摹寫湖蠶始末盡態極妍無一字涉虛無一首不趣府志已全錄余鱗次湖蠶諸法自慚固陋不文特錄沈詩以快閱者之目餘書以行篋無多涉獵未廣間採一二聊資印證其古與艱深與吾鄉無涉者概從割愛葢自鳴土音之操非遠謂狐腋之集也星甫識

西吳蠶略卷上

道場山人星甫編緝

功令

浙江杭嘉湖三府皆蠶桑之地定例錢糧奏銷皆展限一月每年四月有司出示停徵停訟胥役不得下鄉如學使者蠶月按臨亦出示停止陞炮

巵言

淮南子曰蠶食而不飲二十二日而化蟬飲而不食三十日而脫又曰蠶珥絲而商絃絕　春秋考異郵曰四月蠶珥絲　東坡物類相感志曰蠶過小滿則無絲　麥斯行曰蠶爲繭而身化其中故能入復能出蛛爲網而身居其外故可進而亦可退　楊廉夫曰蠶有六德衣被天下生靈仁也食其食死其死以答主恩義也身不辭湯火之厄忠也必三眠三起而熟信也象物成繭色必尚黄素智也繭而蛹蛹而蛾蛾而卵卵而復繭神也此六德也

宜忌

士農必用蠶之性子在連則宜極寒成蟻則宜極暖

停眠起宜溫大眠後宜涼臨老宜漸暖入簇宜極暖
韓氏直說方眠時宜暗眠起以後宜明蠶小并向眠
宜暖宜暗蠶大并起時宜明宜涼向食宜有風避迎風窗
開下風窗宜加葉緊飼新起時怕風宜薄葉慢飼蠶之所
宜不可不知
務本新書蠶忌食濕葉忌食熱葉蠶初生時忌屋內
掃塵忌煎煿魚肉忌油火紙撚於蠶屋內吹滅忌側
近舂擣忌敲擊門窗搥箔忌蠶屋內哭泣叫喚忌穢
語淫辭忌未滿月產婦作蠶母忌帶酒人切葉飼蠶

忌一切烟熏忌竈前熱湯潑灰忌產婦孝子入家忌
燒皮毛亂髮忌酒醋五辛羶腥麝香等物此則節刪
士農必用忌當日迎風窗忌西照日忌正熱著猛風
驟寒忌正寒陡令過熱忌不淨潔人入蠶室忌蠶屋
近臭穢

占驗

湖以春初迎盧姑卜蠶即古紫姑遺意已別見田家
五行志清明午前晴早蠶熟午後晴晚蠶熟穀雨日
辰值甲辰蠶麥相登大喜忻穀雨日辰值甲午每箔

絲綿得三觔賈思勰齊民要術云要知蠶善惡常以
三月三以是日天陰無雨不見日大善玉歷通考經
舍北種榆九株蠶大得
楊廉夫古今諺云三月三日晴桑上掛銀瓶三月三
日雨桑葉生苔菩壬辰裝擔子癸未上天堂甲午乙
未雨茫茫黃省曾蠶經云占桑葉之貴賤以正月之
上旬水在一日也則為蠶食一葉甚貴水在九日也
則為蠶食九葉甚賤又以三月三日有雨則貴四日
雨尤貴諺曰三日尤可四日殺我四民月令三月昏

參星夕杏花盛桑葉白今俗以清明所插柳條榮枯
卜桑葉貴賤頗驗

治桑地

養蠶必先蓺桑蓺桑必先治地蠶桑隨地可興而吾
湖擅其利獨甲天下不獨蠶藝養之宜蓋亦治地得
其道焉吾鄉厥土塗泥陂塘四達水潦易消周禮謂
川澤之土植物宜膏原隰之土植物宜叢湖實兼之
乃淮南所謂息土也地利既擅人功尤備以桑之喜
疎也壅必數四深必尺餘以桑之喜肥也壅以蠶沙

豎豆屑糞草以桑之惡沙礫草菜也植必平原芟必淨盡治地之道能順桑性故生葉蕃大而厚

種接桑樹

桑之種類極多大抵就地而名之不可枚舉湖之所名惟家桑野桑二種野桑多椹葉薄而尖古所謂荆桑也家桑少椹葉圓厚而多津古所謂魯桑也凡桑秧產於南潯德清杭秧諸處聞其法以草索浸圊溷間月餘取出曬乾擇桑椹之極紫者捋諸索橫埋淺土中時澆灌之經時雨則桑芽怒生培護經年榦粗

如指長五六尺卽可出售鄉人購而種之是爲野桑若任其長肥者成望海桑瘠者成雞脚桑蠶家賤之故莫不用摸接法於清明前天陰不雨時剪取家桑壯條斜削剪處如馬耳形於所種桑秧離地七八寸用刀劃破其皮作月牙形微屈折之使皮離榦乃以所削壯條揷皮內外縛以草汁泥護之月餘卽活俟新條發芽將故條剪去便成家桑經數年高與簷齊粗如杯如盌是名嫩壯桑過十餘年則老漸稀漸薄以次添種而斵易之各鄉小有不同而大較不外乎

此農桑諸書有移栽壓條栽條栽椹諸法皆非吾鄉所習用也

浴種

天文書月値大火則浴其種今湖俗則以臘月十二日爲蠶生日取溪水一盂向蠶室方採枯桑葉數片浸以浴種去其蛾溺毒氣也或加石灰或加鹽滷各視其種之所宜有將種連置瓦上承臘霜者名寒露種浴後於無烟通風房內晾乾忌挂於苧麻索上孕婦產婦皆不得浴他處有於二十四日浴於川或上

元日及二月十二日用菜花韭花浴者有浴至三次者各處不同

護種

清明左右擇吉日取蠶種以綿絮裹之謂之打包天暖則置之牀上天寒則抱於胸前宜老翁老婦任之取其溫和適中也

附 沈東甫先生（炳震）護種樂府（同下）曰林間春鳥啼布穀穀雨纔過蠶事促蠶房紙窗照眼明當戶春光快晴燠堂前老翁負朝陽室中新婦罷曉妝旋

向牀頭理蠶種拂拭塵埃手自奉東家昨夜已打包西鄰擇吉闖今朝香羅包裹更重重束成摺之㬉能中晏溫暖氣長融融阿翁晚睡抱當胸非關新婦好安眠哺兒時復開胸前阿翁慎莫辭辛苦繅絲織絹先奉父

禳白虎

寒食節養蠶之家具牲醴禳白虎以祛蠶祟以米粉肖白虎神像祭畢棄之而村塾小兒牙門胥役則攫取供奉謂能益智招財皆可哂也

蠶室

清明後招村巫禳蠶室相傳昔有王成夜見一婦立宅東南謂之曰此地君家蠶室我卽此地之神正月上元作白粥泛膏於上以祭我當令君蠶桑百倍成如言作膏粥祭之蠶果大善見宗懍荆楚歲時記及吳均續齊諧記成作張語甚無稽惟時憲書年神方本有蠶室之目禳之未嘗不是怪誕之說可無論已

下蠶

蠶初脫殼曰烏爾雅翼曰蚖餘諸書曰蟻細如髮色黑担以鷄翎担上聲玉篇云拂也預用紙糊筐俗名蓬飾以紙花至是以戥秤烏置之筐安槌持俗名持子於牀以置筐奉馬頭孃於室布桃茢於門戴桃虎於首以祓除不祥採嫩桑葉切極細飼之微有聲天寒暖以篝火遇雷聲則以故種連護之　切葉有葉刀方而薄其砧束藁爲之夾以尖箸名蠶筷

附

下蠶樂府曰蠶生戢戢初如髮隱約難窺出復沒歷頭撿取最吉方鋪筐疊架作蠶房鵝毛細意刷更淨不教紙上猶留藏小姑持秤較多少今年

定比去年好阿翁護持寒暖宜天公方便溫和早揮刀切葉快如風細作絲條香氣濃勻鋪蟻面青茸茸老翁旁觀不復語惟見眉間長栩栩瓦盆有酒還可酹既醉婆孃獨起舞

馬頭孃

下蠶後室中卽奉馬頭孃遇眠以粉繭香花供奉蠶畢送之凡村社間塑馬頭孃像嚴粧坐馬上狀若天人俗稱馬鳴王又塑三女立其下謂之大姑二姑三姑每年以次把蠶云相傳蜀中有女其父爲人所掠

惟所乘馬在毋言於衆曰有得女父還者以女嫁之馬聞言卽絕絆而去數日父乘馬歸毋告之故父曰人畜道殊言將安踐馬跳躍不平父殺之曬皮於庭皮忽捲女而去棲於桑閒女身悉化爲蠶一日女乘雲駕馬而至謂父母曰上帝以兒不忘義授爲九宮仙嬪語本搜神蠷史諸家皆祖高辛氏女配媻瓠事以神其說不免荒誕傅會按天文書辰爲馬蠶書蠶爲龍精周禮司馬職禁原蠶謂蠶與馬同氣物不能兩盛故也倘論者或主此說愚謂身女好而頭馬首

固五帝所占蠶理也語出荀卿足爲典要他說可廢

采桑

桑通謂之葉采通謂之摘音扎實則摘者止供小蠶蠶既大必連條剪取有桑剪本高者梯而剪之有桑梯兩梯相對高七八尺盛葉之器曰篰初剪者爲頭葉飼頭蠶剪後復生者爲二葉飼二蠶二葉不剪長其條但采其旁生者謂之勻其條復生芽是爲三葉不盡采矣凡采餘留樹上經霜而枯將取飼羊謂之羊葉故湖羊充庖特肥美能益人青桑晒乾葉入藥爲扶桑丸烏鬚髮冬桑浸水洗目入鹽擦齒並良

附 采桑樂府曰舍南舍北皆栽桑千株萬株繞屋旁蠶多葉少行且盡南鄰一稜還蒼蒼明朝欲眠蠶食急屋裏空虛已無葉還須更采早作計莫待更深歎無繼盈籠采得負荷來倏看牆角青成堆婦姑持蠶心手忙縱橫重疊鋪之筐忽聞堂前兒作鬧葉裏悲號正難料提燈問兒兒不言但見紫葚盈階翻

頭二眠

烏經三日其長已倍乃發油光名紅嬾思卽住葉頭

眠眠半周時許乃退皮是名起孃必待起齊然後飼葉不齊而遽飼之則以後眠起至老皆早晚參差矣飼四周時二眠眠七八時許退皮如前長二分許黑色退而漸白食葉聲亦稍大　凡頭眠二眠蠶小不能捉但去沙屑謂之替

附 捉眠樂府曰朝來新兒紅嬾思蠶眠應在下春時掃除筐筥教潔淨料理盤餐供晚炊已看欲眠還復食前後參差在一刻就中一一勞揀擇堆筐層疊密於鱗此是儂家希世珍分筐合計逾十分

今年蠶花勝比鄰室中掮揞還未已小兒索乳啼不止小姑作勞一日忙頻呼不應倒空牀哺兒未畢雞鳴廂獨自攜燈照起孃

出火

古書稱蠶三眠三起農桑直說謂四眠蠶別是一種今湖蠶多養四眠者轉謂三眠者爲別種矣湖蠶之第三眠名爲出火過二眠後三四周時長約三分映光照之頭作碧色乃出火之候卽停葉捉而秤之凡烏三錢約得出火一觔半是爲一筐亦有以烏二錢

得出火一觔作一筐者約眠一周時起齊始用大筐（俗名篇）安持室中以笪筐（名大持子）布葉時有十字木架以承筐取便旋轉始飼以整葉聲如小雨當風處闌以箔

附 飼蠶樂府曰初眠二眠蠶如毛飼蠶切葉嗟勞勞辛勤半月蠶出火帶葉連枝亦已可小時食葉葉須乾露中采得當風懸大眠餉後葉可濕淸泉細灑明珠圓葉乾葉濕各有宜第一難防侵曉時既來黑雲忽四布明朝定是漫天霧擷蔬芼羹能

晚膳結伴提燈達夜剪我儂辛苦自不免隨入更復勞黃犬

葉市

蠶向大眠桑葉始有市其頭斯市定者謂之梢盛時有經紀主之名靑桑葉行無牙帖牙稅評價不論擔而論個個凡二十觔（爲[illegible]束則論擔）市價早晚迥別至貴每十個錢至四五緡至賤或不値一飽議價旣定雖賤者不容悔公論所不予也二葉亦同惟三葉任人采取不索値以三蠶少也

附 飼蠶樂府曰卷帷看蠶蠶盡起求食紛紜曲簿裏青青采得新葉歸緣枝食葉疾于飛須臾連筐食更盡從頭添葉寧令餓餉蠶粗了到門前偶値鄰姑采葉還聞道市頭葉大貴只論有葉不論錢東家典衣還去買西家新婦耳無環歸來絮語問夫婿細數儂家蠶葉計不愁葉少便歎然留得銀釵長壓髻

大眠鋪地

出火後飼四五周時乃四眠是爲大眠先提筐面健

蠶別貯勤飼爲種蠶餘皆捉而稱之凡出火一筋半得大眠六筋爲一筐（其出火以筋爲筐者則大眠亦四筋爲筐）需其眠急深掃堂宇閒房懸草薦椽桁間設矮凳四達撤石灰糠灰遍四隅將蠶盡鋪於地其退皮而起長可七八分背有絲腸閃動可覘食葉之聲如驟雨凡大眠不必起齊即可飼葉始丁壯任之

附 鋪地樂府曰大眠蠶身長似指攢頭一簇壓不起農家無箔更無筐掃地鋪蠶勢難已獨憐室中如席大假饒著蠶無可坐婦姑勃谿屋欲破偪塞相看嗟無奈前楹今歲作學堂抱書來讀鄰家郎先生據堂日高坐環列弟子分兩行若使堂空散學徒那愁無地可平鋪蠶多屋少無著處傳語先生暫歸去

假蠶館

凡設塾於家者蠶至大眠館東房屋皆須鋪蠶而蒙師亦家盡養蠶須自助勞是時村塾盡輟學謂之假蠶館

見繚孃

鋪地飼六七周時映光照之其體透明謂之通（忌言亮）通則老矣不食葉身亦漸縮吐絲繚繞謂之繚孃埤雅云蠶足於葉三俯三眠二十七日而老老則紅故謂之紅蠶（今湖蠶皆四眠其三眠種老亦不紅）

縛山棚

蠶見繚孃迺縛竹木於所懸索端以次攤草箔如架樓然高與簷齊名山棚

附 縛山棚樂府曰春蠶將老先縛棚蘆簾結束如砥平邇遭倚牆架巨木縱橫更列花格竹不留餘地通往來儘教大小依儂屋地下鋪蠶上作山棚低抱葉嗟彎環朝來蠶食更攢攢簾空加葉無餘閒東鄰蠶早故多暇隔籬問訊相慰藉儂蠶明早見繚孃辛苦還拚是今夜

架草

蠶家於暇日預取稻藁疏截整潔俗名殺蠶茅務本新書臘月刈茅作蠶蓐即此臨用中折而盤旋之如蓋如笠插於棚上俗名山帚古書皆言上簇

附 架草樂府曰去年田好多收稻有米冬舂尚餘

葉平頭剪截一例齊留待今年作蠶草山棚堅牢
已搭就次第棚開謀結構不疎不密整復斜不縱
不横還交叉短長錯綜如犬牙離披拉雜何紛拏
自從蠶長不復聞前村後村斷往還隣翁杖頭挂
青錢攜杖入門笑且言君家稻堆如屋高應有留
餘待索錮我家無田那得此有買豈復論錢刀阿
翁相須徑相取何必區區分爾女呼兒負送到翁
家蠶忙未暇留翁茶

上山

蠶老而通不復食葉視老者有十之六七即停葉急
撤去帷箔聚婦孺攜盤器就地捉起丁男接取移於
棚上是爲上山

附　上山樂府曰吐絲繚繞蠶已熟群呼兒女就地
捉兒男上山據巨木蠶盛於盤運陸續先周四角
後中央高低分布皆成行山頭矗矗蠶草密撲緣
已見輸毫芒今年蠶好十倍過山棚逼仄可奈何
不愁今日相攢聚但恐采繭同功多上蠶未了白
在山門前人語忽囂喧敲鉦擊鼓聲闐闐轟轟瀑

竹飛青烟兒童詬誶齊爭先出門四望新月懸弁
山白鷩還當天

白鷩

弁山中有白鷩相傳能攝人魂及蠶穀之屬有說已
別見四月蠶盛時遇風雨晦冥有白氣起山中狀如
素霓搖曳天半下垂蠶室則割然有聲蠶中之即不
食不繭故蠶家望見即群聚村衆擊鉦鼓放爆竹喧
呼相逐迄鷩退方已　按湖俗稱虹爲鷩即白鷩亦
以白氣如虹名之竊意虹之爲物有形無質然唐韋

皐鎮蜀宴客虹垂首於庭吸席上飲食劉義慶在廣
陵白鷩入室飲其粥則又有質矣山海經注鷩魚形
如惠文冠青黑色十二足長五六尺似蟹雌常負雄
取必得雙子可爲醬與虹絕不類俗稱殊誤

擦火

上山既竟將門窗除去別用蘆箔圍之取透氣而光
稍晴棚下排列瓦盆爇以炭屑蓋蠶熱則成繭速而
絲易繅

附　擦火樂府曰山頭作繭聲唧唧棚底瓦盆光烈

烈積薪投炭當風爇掀爐煖氣如炎熱摘毫布繭
絲不絶羅列煇煇萬點星隨風烈燄舞流螢茅檐
打頭絶低小且爲汲水高建瓴今年葉貴錢不足
絮被典盡更質襦三春餘寒風破肉趁煖還來棚
下宿欠伸睡思未全刪看火春禽叫屋山滿山如
雪昨夜添鬢鬆一望盡埋尖

回山采繭

蠶在山吐絲牽繞漸以蒙茸後乃成繭聲如密雨歷三四周時繭始堅實乃去縮名亮山取山帚采繭名回山凡大眠六觔得毛繭十二觔爲倍收十觔爲中收不及爲薄收

附采繭樂府曰山棚白繭重布蔆高下紛紛綴無
數舉頭一望成雪山下簿仰窺垂玉樹光明潔淨
堅且圓如珠纍纍相駢聯漫誇園客繭同甕但願
蠶好還年年婦姑兒女齊其采一餉筐間色皚皚
大筐小簿無弗盈堆牀疊架環如城老翁抱孫間
相評從頭一一計重輕少焉采盡上權衡與翁所
揣銖兩爭拍手自詑老眼明

擇繭

毛繭之蒙茸者名繭黃急剝去之謂之抽繭擇圓整堅白者貯以待繅其不中繅者皆別貯之

附擇繭樂府曰堂前作簿拼絲車至中擇繭煩鄰
家同功雅出各裁別綿繭馬頭喜盡絕更留蛾繭
作綿縛餘外一色眞如雪飼蠶哺兒日夜忙一覺
安眠寧可望今朝擇繭方爭坐憎騰睡思正初長
不是鄰姑言語妙那得消閒同一笑回頭更憶少
年時倏忽風光去若馳垂髫已有嬌癡女偷眼還
將白繭取剪虎鏤花過端午

繅具

繅車檀木爲之其牀正方轆轤在前泥竈列後轉軸於右納薪於左若架若磨並麗於牀安牀微側以就竈轆轤之製凡四輻麗於軸活其一以利脫絲冪布名車衣軸端屈曲以便轉轉軸之木下連踏板竈編竹爲之泥於內以置鑊架上懸竹轆轤下設銅針各二鑊內水煮沸乃下繭竹箸撥之絲頭起穿入針孔引上竹轆轤復迴繞而加諸輻幅轉即絲抽乙乙矣

然無磨則徑直無緒磨以小木爲之麗牀右腰微束環繩連於軸磨頂帶小長水列兩鉤橫於銅針之上兩兩相對絲出針孔卽著於鉤於是軸帶磨轉磨帶鉤轉鉤帶絲轉乃左右交錯有條不紊廣狹適中

繅絲

每淨繭十觔約可得絲一觔是爲一車凡四車爲一把繅時於車下置微火則絲色光亮若繭多天暖則以甕罨之以免出蛾

附繅絲樂府曰汲水燃薪將煮繭繅車搖動風雷

轆轤聲一刻千百迴旋風莫及奔車後絲义打繭水百沸提起絲頭正無既從教斷却更續來萬緒千頭難數計稻秧車水鬧如雲男兒下田屋無人小姑添水更加薪新婦繅絲色勝銀儂家戲語姑勿嗔傳聞百兩近良辰絲成織絹白且長與姑裁作嫁衣裳五紋刺繡雙鴛鴦記儂辛苦毋相忘

又剝蛹繭樂府曰繅絲賸繭薄如紙水面浮沉緒難理止堪去蛹剝爲綿留待三冬作絮被耘田已了夏日長婦姑絲除同追涼還將散繭紡作線織成麤帛裁兒裳可憐農家無長物天寒屋破風弗弗賣絲得錢納官租大綿平準償私逋獨嫌軟繭質地粗棄置不要還之吾

作綿

同功繭絲性不光蠶口傷者繭不硬爲綿繭與蛾口蟲口穿頭疤蹟傷損等類皆煮熟作綿

附作綿樂府曰繅絲剝蛹事已了煮繭作綿須及早黃梅風雨鎭長有趁此風光正晴昊瓦盆盛水滿漬綿竹架彎環比月圓擘開帶水施架上潔淨

如紙嘗風懸門前槽聲黃犬咋隔籬知是買絲客今年蠶好絲倍多儂絲待價不輕擲何況高田麥有秋冬舂未動囷如邱莫愁糧長多科派還有同功綿可賣

繅賸諸種

繅賸剝蛹者煮爲軟繭其尤薄者煮熟覆篷上捲洗於河抖去其蛹名篷頭繅絲挽結所吐棄者名吐頭與拗下繭黃各煮熟通名下脚婦女於暇日撚線織綿綢

收種

大眠時先提箔面蠶別貯爲種蠶矣旣老亦別置小山棚繭成擇其尤堅好者待生蛾乃於密室懸整幅厚桑皮紙於繩將蛾配對置紙上約一時許去雄留雌待其生子晝則避光夜却留燈俟子滿將蛾祝而送之種連藏陰涼處

按蠶有功於人而留以生蛾者祗千萬中之一二餘皆不免湯鑊良可憫也唐史于闐國無蠶求婚鄰國女置蠶帽絮中始有種刻石須蠶蛾盡乃得治繭秦少游蠶書欲求于闐治絲法以貸蠶死然至今未有得者考和闐卽古于闐久隸版圖望仁人留意求之

附

生蛾樂府曰大眠已過蠶鋪地揀取種蠶貯筐筥儘教食葉不復靳珍重特與他蠶異果然作繭大且厚白雪作團淨無垢蠕蠕已知蛹欲化栩栩又見蛾出口雌雄對對自成雙長身窈窕踈眉龐霏霏翅粉點明釭孕含但見軀胮肛細觀物理三歎息同是春蠶何決擇可憐滿命鼎鑊烹爛額焦頭更誰惜

又布子樂府曰剡藤一幅潔且光農家亦復勤收藏引蛾著紙密生子紛紜瑣碎何可量眼看粒粒細於粟咫尺應知千萬屬莫言此貨稱易得卽使豐年勝珠玉蛾兒生子旋棄捐翩飛更引羣兒顚盆中盛水語喧闐遶盆共祝轉團圝阿蛾去了來明年拍手一哄水盆翻

又相種樂府曰蛾生蠶子鋪重重縱橫紛錯尋無蹤誰能於此辨疎密何況從之定吉凶前村老嫗口懸河家家相種工揣摩強尋形似相髣髴約略推求多荒忽斜行如葉復如花圓轉成錢更成月就中一幅勢如龍蜿蜒夭矯下碧空誠哉天造非人工此圖最吉餘難同無端蠶紙成卦繇世俗荒唐亦可究不聞相馬與相士猶或失之肥與瘦

賽神

蠶出火後始祭神大眠上山回山繅絲皆祭之神稱蠶花五聖　考通典周制享先蠶先蠶天駟蓋蠶與馬同氣也漢制祭蠶神曰苑窳婦人寓氏公主北齊乃祠黃帝軒轅氏吾湖獨奉　先蠶黃帝元妃西陵

氏傢祖神位於照磨故署乃折衷後周法耳不知始於何時嘉慶四年撫浙中丞以浙西杭嘉湖三府民重蠶桑請建祠以答神貺奏奉
俞允乃建廟於東嶽宮左曰蠶神廟有司祭祀鄉氓雖瞻敬惟虔而蠶時猶不敢褻祀　先蠶是小民知禮處第五聖之名鄙俗不典恐愚民閒報賽祀苑窳婦人寓氏公主宋爲不可或祀蜀君蠶叢氏亦得請質諸大雅

附賽神樂府曰今年把蠶值三姑葉價貴賤箔懸殊儂家幸未食貴葉惟姑所貺誠難訝猪頭爛熟粉餌香新芻茅柴炊黃粱高燒樺燭光輝煌大男小女拜滿堂酬酒燒錢神喜悅傴僂送神賸酒撤團欒共坐享神餘大肉硬餅堆盤列老翁醉飽坐春風小兒快活舞庭中酒餅已罄盤已空堂前屏當還匆匆貍奴不眠勤捕鼠臘有魚頭却賚汝

西吳蠶略下

道場山人星甫編輯

卷下目次

西吳蠶略卷下

婦功　　　　道場山人星甫編輯

自頭蠶始生迄二蠶成絲首尾六十餘日婦女勞苦特甚其飼之也篝燈徹曙夜必六七起葉帶露則宜蠶故採必淩晨不暇櫛沐葉忌霧遇陰雲四布則乘夜採之葉忌黄沙遇風霾則逐片抖刷葉忌澆肥必審視地土葉忌帶熱必風吹待涼飼一周時須除沙屑謂之替替遲則蠶受蒸葉必遍箔不遍則蠶饑葉忌

太厚太厚則蠶熱俟其眠可少省飼葉之勞又須捉而秤之以分筐將起有煎煿油腥之戒起必待齊然後飼葉不齊而遽飼之則至老早晚參差皆一定之法稍不經意其病立見富室無論已貧家所養無多而公家賦稅吉凶禮節親黨酬酢老幼衣著惟蠶是賴即惟健婦是賴顧利殊有限豐收三五載沈可小康如值桑葉涌貴典衣鬻釵不遺餘力蠶或不旺輒忘餐廢寢憔悴無人色所係於身家者重也男丁惟鋪地後及繅絲可以分勞又值田功方興之際不暇專力從事故自始至終婦功十居其九陶穀清異錄謂齊魯燕趙之間養蠶收繭訖主蠶者簪通花銀椀謝祠廟村野指爲女及第吾湖則比戶養蠶更指何者爲及第乎唐詩云遍身羅綺者不是養蠶人旨哉斯言

頭二蠶

即蚖珍也周禮夏官司馬職禁原蠶注云原再也字書作螈本草有晚蠶沙晚殭蠶等目皆未詳辨遂悞以初蠶再出爲晚蠶原蠶矣不知其種迥别凡二蠶

繭蛾生種謂之頭二蠶種次年清明後即坦而養之名頭二蠶時頭蠶尚未出也其眠其老甚速纔兩旬即收繭時頭蠶甫大眠也出蛾生子是爲二蠶種凡養頭二蠶皆甚少無繅絲者其繭殼繭黄蠶沙皆入藥其殭者尤不可得治痘有回生之功益時方春杪蠶亦得清淑之氣故堪治疾殆珍之名所由起歟本草所載專指此即周禮原字之義未必不指此請質諸博雅　二蠶始稱晚蠶出於頭蠶登簇之際飼以二葉自眠至老皆值黄梅時候蒸鬱日甚蠅蚋咕嘬

臭穢生蛆性偏熱有毒其繭其絲價亦較廉凡所棄餘僅以肥田從未入藥本草之註未詳故特表之

二蠶

二蠶於芒種時始生十八日卽成繭時方農忙故養者十纔二三養法雖同然天氣漸暑隄防蠅蚋之類尤勞心力且沙矢蠶蛹臭穢熏人最易致病蠶家作苦殊可矜也

三蠶

頭蠶種嘗年本不再出閒有種連收藏不慎夏月輒

生小蠶好事者担取養之是爲三蠶再出而曰三者所以別二蠶也飼以三葉繭成抽絲宜作琴絃

胎生蠶

蠶之卵生夫人而知之然亦有胎生者出火以後間生小蠶其細如烏俗名長僵蠶隨母食葉迨母蠶登簇小蠶亦隨成小繭形如梅核極可愛

桑蠶

生於桑間形與蠶同色黑而差小爾雅蟓桑繭卽此其繭一面著樹而平色亦不白鬬雙林人採積繅絲

用織皁綾其法未詳諸史載野蠶成繭表獻爲瑞亦有司緣飾之詞蓋多則害桑湖人每於桑上刮去其子何瑞之有

種類

蠶之種類甚繁湖鄉業於此亦僅識其常養者耳餘皆不識也就齊民要術言之有三臥一生蠶卽今三眠種四臥再生蠶卽今頭二蠶又黑蠶白頭蠶同繭蠶皆習見不足異他如頡㕯蠶楚蠶灰兒蠶秋母蠶秋中蠶老秋兒蠶秋末老蝦兒蠶綿兒蠶今人皆不

能辨左太沖吳都賦鄉貢八蠶之繭注云日南一歲八蠶地暖故耳似中土所無然鄭緝之永嘉記曰永嘉有八輩蠶一曰蚖珍三月初績（卽湖之頭二蠶）二曰柘蠶四月初績三曰蚖蠶四月末績（卽湖之二蠶）四曰愛珍五月績五曰愛蠶六月末績六曰寒珍七月末績七曰四出蠶九月初績八曰寒蠶十月績凡蠶再熟者皆謂之珍養者少養之此中土八蠶之證也張文昌桂州詩云有地多生桂無時不養蠶蓋桂州地近日南故也

異蠶

湖俗相傳養得蠶王作繭如甕繅絲數日不絕蓋本任昉述異記濟陰園客與仙女養華蠶事也其尤異者張說梁四公記東海扶桑蠶長七尺金色五月八日嘔絲於條不爲繭扶桑灰煮之四絲足勝一鈞卵至句麗國蠶即變小杜陽雜編大軫國産水蠶生池中採柘葉飼之經十五月跳入荷葉成繭如斗自然五色繅以織錦得水則舒遇火則縮唐元和三年嘗貢此　唐蘇鶚杜陽雜編云碧玉蠶絲即永泰元年

東海彌羅國所貢云其國有桑枝榦盤屈覆地而生大者連延十數頃小者陰百畝其上有蠶長可四寸其色金其絲碧亦謂之金蠶絲縱之一尺引之一丈撚而爲鞘表裏通瑩如貫如紉雖併十夫之力挽之不斷爲琴瑟絃則鬼神悲愁忭舞爲弩絃則箭出一千步爲弓絃則箭出五百步後以此絲爲軟玉鞭鞘

拾遺記冰蠶産員嶠山中有鱗角霜雪覆之成繭五色采織爲錦入水不濡堯時海人獻之　山海經歐絲之野一女子跪據樹歐絲楊用修註以爲馬頭孃苑窳之類他若伊州之苦參蠶高昌行記橫州之楓葉蠶粵雅則平平無奇矣

說文稱蠶爲絲蟲草木子雪蠶生陰山北及峨眉山大如瓠味甘美楚蜀有金蠶食廢錦乃蠱毒之[illegible]地蠶生郊野狀如蠶可以充蔬葵藿中有蠶其名曰蚖本草有石蠶一名沙蟲乃東澗水中細蟲以上雖得蠶名皆非絲蟲也

蠶瑞

雍正七年八月閩浙署督性桂署撫蔡仕舢奏進湖

州民王文隆家萬蠶同織一幅長五尺八寸寬二尺三寸自然成就不由人工王大臣上表稱賀

上諭朕每遇休徵必加乾惕倘蒙

上天錫福黎庶衣食充盈乃朕心所謂祥瑞也欽此

見熙朝新語

繭紙

蠶老不登簇置之平案上即不成繭吐絲滿案光明如砥吳人效其法以製團扇勝於紈素即古之繭紙也宋史景祐四年藍河縣民黃慶家蠶自成被見五

行志由今觀之蠶自成被之說得非人力爲之耶

扶桑

扶桑亦曰榑桑談苑曰其國在中國東二萬餘里其桑葉似桐實似棃而赤國人食之績其皮爲布爲綿爲紙十洲記曰扶桑在碧海中上有天帝宮東王所治樹長數千丈大二千餘圍兩兩同根更相依倚不知誰見之而誰度之然猶未見其大元中記謂扶桑無枝之木上至於天盤屈而下至三泉始可謂大言炎炎矣諸說皆本山海經淮南子而誇誕之於義無

取惟春秋元命苞曰姜嫄遊閟宮其地有扶桑履大人迹生稷是可見桑之大者並稱扶桑不專指日出處也又拾遺記云西海之濱有孤桑之樹直上千尋葉紅椹紫一實食之後天而老此直與扶桑對峙大地東西矣

飼蠶

凡葉少時以白米粉摻葉上餌之絲更光白而韌又秋葉未落時採完好者晒爲細末留置暖處蠶時遇雨葉溼則以乾葉末摻之均其水氣兼易飽難飢省

葉也見施愚山矩齋雜說然米粉之說未敢信且湖蠶多非米粉所克濟姑錄備驗

蠶報二則

城南金盖山有農人某與婦皆樸勤耕桑之外無他務嘉慶辛酉五月忽風雨晦冥雷繞農室不絕須臾霹靂一聲豁然開霽則農已震死農生平惟近齋顧未嘗妄取其事親雖平平亦未嘗觸忤人遂以爲宿孽也及就殮又疾雷一聲棺爲之裂婦乃言是春其家育蠶數筐已三眠矣値桑葉陡貴夫欲棄蠶而售

葉吾阻之夫乃乘夜取蠶埋園中託言蠶壞棄之吾及鄰里都弗覺也越三日吾詣園剪韭見叢篠上蠕蠕動視之皆蠶遂告夫且咎之將收歸飼之顧葉已貴售夫不允吾對蠶涕泣夫怒疾取糞汁澆之蠶盡死遂遭天譴云

淳熙間湖蠶頗盛桑葉價數倍民無以爲飼育舉家哭於蠶室誦經而送諸河者有用大板浮蠶篠書標云下流善友饒於桑乞育此蠶必得報者獨南潯鎮胡二桑有餘足供飼養志於鬻葉以規厚利與妻議

欲邀蠶妻非之胡不顧喚厥子據鋤剜穴悉窖之約遲明采葉入市三更後聞牀壁嘖嘖聲謂有盜舉火就視益蠶也以帚掃之隨帚隨布竟夕擾擾一家駭懼妻尤申詈胡愈憤怒快意屏絛盡明日昏時乃定已失一日摘蠶之利入夜又聞嘖嘖聲胡亟起明燈足才下地覺爲蟲所齧大叫稱痛其子繼起亦如之妻急奔視則滿榻上下蜈蚣無數父子宛轉痛楚數日胡二死蜈蚣悉隱子幸無他而其時蠶已老胡桑葉盈園不得一錢故老傳聞如此而洪邁夷堅志載

南潯作南昌不知南昌江流駛疾必無其事因刪正之

蠶家樂

余編次語蠶於蠶家作苦略具始末尚遺瑣屑數事因效東甫先生樂府占蠶家樂六首道其暇日嬉娛之概非敢學步風雅亦樵歌漁唱之濫觴耳

家家養蠶蠶起家花蠶顛倒呼蠶花花信風番二十四蠶花比之演爲戲夫隨婦唱東南來兒童相逐笑口開綠裳紅襖牽相催本地風光試一回手持箕帚堂前繞聲容磬折花枝裊先嘗蠶生繼蠶老分繭紬絲等珍賚曲終奏雅作謏詞主婦聽之喜且瑩半生辛苦天公知何日眞當富貴時

右蠶花戲

一年之計蠶爲先桑枝綠意明前川村村搖出燒香船姊妹娣姒先期邀輕衫月色紅裙飄纖纖步屧凌山椒山椒盡是冶遊客欲避無方雙頰赤入廟先教學面壁蓮臺稽首無他求但求一倍春蠶收長年安樂免生愁願繡花幡座下酬

右燒香船

高竿矗立場圃前東藁爲炬飛晴烟光明如晝鑿兒顛去年納稅入城府賣絲買得新鑼鼓鑼鼓新排七五三元宵正及照川蠶老翁告語莫喧豗鄰村祝讚巫師來祝讚田蠶往復回衆口共和聲如雷讚到蠶收田事始火花爆竹轟轟起擊鼓鳴鑼歡未已

右照田蠶

大貫蓮檣江廣來小滿應候絲市開色逾白雪珍逾璧東以黃條縚以帛儇絲整理潔且光酬值喜比鄰

家強銀錢充値來海國花邊半面摹其王摹史記作莫鉄
兩匀稱取攜便公私遣負須臾償債還還計儂無裳
催租船輕駕雙艣至正狐威假餓虎朱籤在手索在
腰沿村弱肉充朝餔箇儂骨瘦莫垂涎昨朝城市賣
絲錢易得縣符紅印偏童孫在塾兒在田老翁企脚
將晝眠

右賣新絲

花蠶愛護如女兒女兒箱藪花蠶絲儂女如花髮覆
頸轉輾思儂未嫁時阿母辛勤作蠶婦年年織縑還

織素壓箱縑素送于歸還怕姑嫌錦繡稀剩繭零絲
歲歲收嫁衣製畢製衾裯更將麤帛易精帛敎繡鴛
鴦作枕頭錦繡從來害女紅荊釵裙布古人風辯論
嘵嘵媪與翁湖鄉養蠶徧鄉曲婚嫁浮華成薄俗薄
俗浮華可奈何蠶多那怕女兒多村南村北絲與過
嫁女誰家不綺羅

右嫁衣裳

蕭蕭絡緯啼不止聲驚嬾婦濤宵裏儂也綢繆迨未
雨白綿如雪傾箱底喚取鄰姑對手牽羊脂軟玉當

中塡衣錦尙褧法用翻翁媪年高畏寒早先擘新綿
添舊襖郎衣兒褌以次了儂有當年初嫁襦襯綿於
我無所須白者剖鬆黃者棄今歲蠶豐加被絮絮被
融融絮襖柔生來無分著輕裘偏道輕裘遜一籌夜
來北風漸謖謖取諸宮中安且燠奇温遠勝負朝旭
全家老幼免皸瘃一任三冬雪覆屋

右翻綿襖

山東繭誌 附

益都孫少宰廷銓南征紀略有繭誌曰自縣南行七

十里宿石門村其中沙石粼粼一溪屢渡山半多生
槲樹林是土人之野蠶廠按野蠶成繭者人謂之上
瑞今東齊山谷在在有之與家蠶等蠶月撫種出蟻
蠕蠕然即散置槲樹上槲葉初生猗猗不異桑柔聽
其眠食食盡即枝枝相換樹樹相移皆人力爲之彌
山遍谷一望蠶叢其蠶壯大亦生而習野日日處風
雨中不爲罷然亦間傷水暵畏雀啄野人飼蠶必架
廬林下手把長竿逐樹按行爲之察陰陽禦鳥鼠其
稔也與家蠶相先後然其穰者春夏及秋歲凡三熟

也作繭大者二寸以來非黃非白色近乎土淺則黃
壞深則赤埴墳如果蓏繁實離離綴木葉間又或如
雉雞鷇也練之取繭置瓦甒中藉以竹葉覆以茭薦
洗之用纏灰之鹵藉之慮其近火而焦也覆之慮其
泛而不濡也洗之灰汁柔之也厝火焉朝以逮朝夕
以逮夕發覆而視之相其水火之齊抽其緒而引之
或斷或續則加火焉引而不斷乃已去火而沃之而
盎之俾勿燥縡之不用繅車尺五之竿削其端為兩
角冒繭其上重以十數抽其緒而引之若出一繭然

則練者工良也竿在腋間絲出指上綴橫木而疾轉
之且抽且轉寸寸相續捷者日得三百尺或有間輟
日得一二百尺或計十焉積歲乃成匹也脫機而振
之丁丁然握之如撚沙則縑善食槲名槲食椿名椿
食椒名椒繭如蠶名縑如繭名又其蠶之小者作繭
堅如石大才如指上螺在深谷叢條間不關人力樵
牧過之載橐而歸無所名之曰山繭也其縑備五善
焉色不加染黯而有章一也浣濯雖敝不易色二也
日御之上者十歲而不敗三也與韋布處不已華與

紈縠處不已野四也出門不二服吉凶可從焉五也
故諺曰宦者贏葛布褐言無人不可者此亦有焉

桑椹

爾雅桑辨有葚梔言一半有葚一半無葚也野桑葚
多而味酸家桑葚少而味甘善飲者以之浸酒醫家
以之蒸露煎膏並芳烈可愛至歲饑為粻惟古有之
漢王莽時蔡君仲順採椹異器賊問其故君仲曰黑
奉母赤自食賊義之遺鹽二斗見東觀漢記又興平
中九月桑再椹先主經小沛年荒穀貴士衆仰以為

粻見異苑又楊沛為新鄭長課民蓄乾椹得千餘斛
會太祖軍無粻沛進之見魏略若十洲記謂食扶桑
之椹一體皆作金光色則又可以仙矣

代桑葉

柘與桑同功兗蠶頗食柘其蠶養於樹繭殊大又有
養於椒樹食椒葉者繭有香氣二者皆不中繅惟成
線織綢而已考爾雅註食樗葉棘葉欒葉者名雔由
食蕭葉者名蚢皆蠶類又濟陰有食香草之蠶橫州
有食楓葉之蠶伊州有食苦參之蠶記傳所載蠶食

不必定用桑吾鄉遇桑葉踴貴飼以楝葉亦能食能蘭何不採諸葉廣試之

湖蠶述

（清）汪曰楨　撰

《湖蠶述》，（清）汪曰楨撰。汪曰楨，字剛木，號謝城，清代浙江烏程（今湖州）人，咸豐壬子（一八五二）舉人。曾參與重修《湖州府志》，專任其中的蠶桑一門。當時他利用所收集的蠶桑文獻資料，略加增刪，於一八七四年寫成此書，以便流傳。所引用的著作，限於近時近地，注重實用。

全書分四卷，以資料輯錄爲主，編排井然有序。對栽桑、養蠶、繅絲、賣絲、織綢等一整套生產經驗及當地群衆的一些養蠶習俗，都有詳細記述。卷一總論、蠶具及栽桑；卷二主要總結養蠶技術經驗；卷三介紹擇繭、繅絲等；卷四爲作綿、藏種、賣絲及織綢等。書前有自序，有關章節後還附有樂府詩。

該書有光緒六年（一八八〇）刻本以及《農學叢書》《荔牆叢刻》本，一九五六年中華書局有鉛印本，一九八七年農業出版社出版蔣猷龍《湖蠶述注釋》。今據上海圖書館藏清光緒六年吳興汪氏刻本影印。

（熊帝兵）

湖蠶述四卷

光緒庚辰冬日開雕

湖蠶述序

蠶事之重久矣而吾鄉爲尤重民生利賴殆有過於耕田是烏可以無述歟歲壬申重修湖州府志蠶桑一門爲余所專任以舊志唯錄沈氏樂府未爲該備因集前人蠶桑之書數種合而編之已列入志中矣既而思之方志局于一隅行之不遠設他處有欲訪求其法者必購覓全志大非易事乃畧加增損別編四卷名之曰湖蠶述以備單行所集之書唯取近時近地雖禹貢豳風月令經典可稽賈思勰陳旉秦湛完書具在然宜于古未必宜于今宜于彼未必宜于此不復泛引志在切實用不在侈典博也編甫成客有誚其繁瑣者余應之曰吾湖蠶事人人自幼習聞達於心不待宣於口覼爲繁瑣宜也若他方之人恐猶病其缺畧耳至於提蠶擇葉有日力焉出繭繅絲有手法焉分別節度匪可言傳器具形制亦難摹狀且四方風土異宜必不能盡拘以湖州之成法是則變通盡利存乎其人矣

同治甲戌六月望烏程汪曰楨撰

湖蠶述序

蠶桑之事我湖最詳蠶桑之利亦我湖最溥職是業者已振古如茲矣是何可無撰述以爲他方之則倣乎廣蠶桑說沈氏淸渠刊之於前蠶桑輯要沈氏仲復著之於後且輯要中載其先大夫東甫徵君所著蠶桑樂府二十首言簡意賅皆足以信今傳後是知我湖蠶桑近惟我宗已並得推行而盡利矣烏程汪謝城廣文曰楨前修湖州府志蠶桑一門爲其專任將東甫樂府益以他書刊入志中慨卷帙繁重難以行遠別編湖蠶述四卷始於總論終於占驗分類四十事不厭密法不厭詳視淸渠仲復之書蒐羅

較富予既序其湖雅謝城又手此編索序予謂此書行之我湖利溥我湖行之異地利溥異地國計民生所關更大我沈氏恐不得專美於前矣復不辭而序之如右光緒三年歲次丁丑二月德淸沈閬崐肖巖父撰

湖蠶述目錄

烏程 汪曰楨

湖蠶述目錄

湖蠶述卷一

烏程　汪曰楨

○總論

勞鉞湖州府志蠶食頭葉者謂之頭蠶食二葉者謂之二蠶食柘葉者謂之柘蠶又名三眠蠶按今三眠蠶亦食桑葉劉沂春烏程縣志蠶俗謂之春寶按今俗稱蠶寶寶一年生意誠重之也胡承謀湖州府志蠶事如禹貢豳風所陳多在青充岐雍之境後世漸盛于江南而湖人尤以爲先務其生計所資視田幾過之且爲時促而用力倍勞視慈母之護嬰兒殆有甚焉然且飢飽之不節燥溼之不均寒暖之不時則蠶往往至于病而死而蛇鼠之秏蠅蚤之毒乘間抵隙每爲人力所不及防蓋有功敗于垂成禍生于非望者又不可勝數矣徐獻忠吳興掌故古人立蠶室甚密止開南北窗以紙窗葦簾重蔽之南風則閉南窗北風則閉北窗內設火坑五處蠶姑以單衣爲寒暖之節單衣覺寒則添火單衣覺熱則減火一室之內自地至屋無不暖之處故天時不能損其利也今湖中所謂蠶室甚草草一不能禦風二不能留暖氣傷寒者則殭死傷熱者則破壞宋國禎湧幢小品凡蠶之性喜温和惡寒熱太寒則閟而加火太熱則疏而受風又其

收種時須在清明後穀雨前大起須在立夏前過此不宜也至於桑葉尤宜乾而忌溼少則布浥之多則消瀹之能節其寒暖時其飢飽調其氣息常使先不踰時後不失期而畢得其宜故所收卒倍常數漣川沈氏農書蠶房固宜邃密尤宜疏爽晴天北風切宜開窗牖以通風日以舒鬱氣下用地板者最佳否則用蘆席墊鋪使溼不上行四壁用草薦圍襯收潮溼大寒則重幃障之別用火缸取火氣以解寒唯暴熱則外逼內蒸暑熱無所歸則蠶身受之或體換不時傴僂界後受病之源皆在於此張履祥補農書蠶之生疾半在人半在天人之失恆於惰惰則失飼而蠶飢飢則首亮失替而蠶熱熱則體焦皆不稔之徵也天之患恆於風雨霧露卽烈日亦有不宜以乾鮮之葉難得也蠶食熱葉則繭浮鬆不可繅其害淺食溼葉則潰死食溼熱葉則殭死食霧露葉則痿死葉染風沙則不食葉宿則不食而仍飢其害深知戒人之失而不知備天之患未爲全策也賈南燁西吳蠶略自頭蠶始生至二蠶成絲首尾六十餘日婦女勞苦特甚其飼之也篝燈徹曙夜必六七起葉帶露則宜曬故采必凌晨不暇櫛沐葉忌霧遇陰雲四布則乘夜采之葉忌黃沙遇風霾則逐片抖刷葉忌澆肥必

審視地土桒忌帶熱必風吹待涼飼一周時須除沙屑謂之替𣏌遲則蠶受蒸葉必徧筐不徧則蠶飢葉忌太厚太厚則蠶熱俟其眠可少省飼葉之勞又須提而秤之以分筐將起有煎煿油腥之戒起必待齊然後飼葉不齊而遽飼之則至老早晚參差皆一定之法稍不經意其病立見富家無論巳貧家所養無多而公家賦稅吉凶禮節親黨酬酢老幼衣著唯蠶是賴即唯健婦是賴顧利殊有限豐收三五載汔可小康如值桒葉涌貴典衣鬻釵不遺餘力蠶或不旺輒忘餐廢寢憔悴無人色所係于身家者重也男丁唯鋪地後及繅絲可以分

勞又值田功方興之際不暇專力從事故自始至終婦功十居其九陶穀清異錄謂齊魯燕趙之間養蠶收繭訖主蠶者簪通花銀碗謝祠廟村野指為女及第吾湖則比戶養蠶更指何者為及第乎唐詩云徧身羅綺者不是養蠶人旨哉斯言(又)蠶之種類甚繁湖鄉業于此亦僅識其常養者耳餘皆不識也就齊民要術言之有三卧一生蠶即今三眠種四卧再生蠶即今頭二蠶又黑蠶白頭蠶同繭蠶皆習見不足異他如頡石蠶楚蠶灰兒蠶秋毋蠶秋中蠶老秋兒蠶秋末老蝦兒蠶錦兒蠶今人皆不能辨又頭二蠶即蚖珍也鄭緝之永嘉記永嘉有八輩蠶一曰蚖珍三月初績周禮夏官司馬職禁原蠶注云原再也字書作蠁本草有晚蠶沙晚㛹蠶簽日皆未詳辨遂誤以初蠶再出為晚蠶原蠶矣不知其種迥別凡二蠶繭蛾生種謂之頭二蠶種按烏程劉志誤分二蠶頭二蠶為兩種次年清明後即担而養之担上聲玉篇云拂也名頭二蠶時頭蠶尚未出也其眠其老甚速纔兩旬即收繭時頭蠶甫大眠也出蛾生子是為二蠶種凡養頭二蠶皆甚少無繅絲者其繭殼繭黃蠶沙皆入藥按蠶蛻紙亦入藥其殭者尤不可得治疸有回生之功蓋時方春杪蠶亦得清淑之氣故堪治疾殆珍之名所由起歟本草所載專指此按今藥肆所用皆頭蠶之白殭其功稍減

亦能治疾以頭二蠶殭者難得也若頭蠶之紅殭及二蠶殭者俱不可用鄉人諱殭醫者改稱佳蠶亦稱天蟲即周禮原字之義亦未必不指此二蠶始稱晚蠶出於頭蠶登簇之際飼以二三葉自眠至老皆值黃梅時候蒸鬱日甚蠅蚋姑嘬臭穢生虮性偏熱有毒其繭其絲價亦較廉凡所棄餘僅以肥田從未入藥本草之注未詳故特表之(又)蠶有功於人而留以生蛾者祇千萬中之一二餘皆不免湯鑊良可憫也唐史于闐國無蠶求婚鄰國女置蠶帽絮中始有種刻石須蠶蛾盡乃得治繭桒少游蠶書欲求于闐治絲法以貸蠶死然至今未有得者考和闐即古于闐久隸版圖挚仁人留意求之按今

仰關不知蠶織爲何事無從訪求矣〔又〕古書稱蠶三眠三起農桑直說謂四眠蠶別是一種今湖蠶多養四眠轉謂三眠者爲別種矣（按老農云四眠蠶雌蛾生子後更以雄蛾再對而生子即爲三眠蠶種然則三眠乃四眠之變種不得以四眠爲別種也虞兆漋天香樓偶得云俗以第三眠爲出火不列諸眠之中因以末眠并頭二眠爲三眠三起實則四眠四起也）〔董開榮育蠶要旨〕大凡天氣寒暖調勻收蠶至上山一月爲期初眠七周二眠四周出火四周大眠四周上山七周其中有餉食數周故時候如此但隨天氣爲轉移當七周五周亦可當四周三周亦可過月者無是蠶也外三眠子無出火只有大眠其時較速更有頭二蠶雖是四眠比尋常四眠稍早其子即可育二蠶〔沈練廣蠶桑說〕育蠶以屋多爲貴如屋不多便須多設隴匾以蠶架架之〔又〕蠶最爲鼠所喜食育蠶者不可無貓〔高銓吳興蠶書〕蠶自小至老須刻刻防其致病俗稱蠶爲憂蟲受一分病則歉收一分人之飼蠶未有不期其無病者而蠶之病每中于忽微爲人所不及覺故必加意調護以杜其病調護之道一戒貪一戒懶夫蠶之所需者人工桑葉屋宇器具四者備而後可以成功若不量已之有無一味貪多務得（按俗稱空頭蠶養）必致餓飼缺葉布置少篚擾鍬之人安放無地人既受困蠶仍受傷此貪之致病也凡事成于勞廢于逸農桑通訣云蠶

有十體寒熱飢飽稀密眠起緊慢此十者人所當體恤也時時體恤猶懼有失若夜則貪眠日復偷息（按俗稱靠天收）必致分鍬不時飼養失節風寒不知慎溼熱不能除苟且之心勝則諸病叢出矣此懶之爲害也至若一鄉一邑之中比戶蠶病傳染無或免者此則如時行瘟疫乃運氣使然非人力所能爲矣蠶之病一曰殭有紅白二種皆屬風傷俗每用白馬糞燒煙薰之可治亦猶馬病用殭蠶取其氣相感也凡殭死身直者必傳染無遺（按俗云搭棚殭）彎者猶冀收成三之一若臨老病殭遽捉上山旺火灼之亦能成薄繭一曰花頭蠶生黑點或徧身或一二處統名花頭亦稱癩瘋頭此分鍬不勤爲葉鍬蒸損故也能食而不成繭老則斃而已一曰暗脰頭蠶老則脰頸通明若受鍬蒸不成花頭即成暗脰頸亦謂之木脰頭其頸至老不通食葉無絲與花頭等一曰亮頭蠶食葉則首暗葉過則亮是爲過葉亮非病也其食葉仍亮者則名亮頭沙矢不堅尾流焦水又謂之溼朏臀凡小蠶旺食之候及遇天氣炎熱偶不飼而失葉忍飢至較火或大眠輒發爲亮頭發愈遲則病愈重隨飼隨斃一無收成大約起孃初蛻時皮色黃而身胖者必成亮頭昔人謂之黃肥今謂之著黃草布彩放葉兩三次即

尾流清水矣按陳旉農書云傷溼即黃肥傷冷即亮頭而白蟄傷火即尾焦又傷風亦黃肥由此觀之致病之由亦有數端顧未有不由失葉者甚矣失葉之爲害大也一曰白肚蠶忌溼食雨水葉則潰死（俗謂之殜肚）食霧露葉則瘦死若食氣水葉及受沙鬱溼熱之氣則成白肚有乾有溼乾者節高身縮而無水溼者節高而足流白水滿筐游走無定俗稱爬蠶亦曰潮蠶（按今俗有蹶白肚之語蹶音頹俗讀上聲白肚亦作白大言長養無益也）考陳旉農書云傷風即節高沙蒸即腳腫節高腳腫皆屬白肚是白肚亦間有傷于風者然總不若傷于沙鬱溼熱之氣之甚也凡病溼白肚用

石灰末勻篩一層于筐俟蠶行起以葉飼之兩頓後再用石灰化水徧灑葉上令蠶食之病者即死不致遺染（按無病之蠶一霑其足流之水立時亦成白肚故一見即宜早治）俗謂爬蠶發于大眠三周時者至五周時自止發于五周時者必傾筐盡變此說甚確乾白肚無絲上山後身愈縮節愈高不能上帶止集簾面今所稱活婆子是也又有一種有絲腸而不成繭者今稱縮婆子係山棚上爲風吹襲所成與白肚有明暗之別（縮婆子身明亮乾白肚身晦滯）一曰多背乾口蠶眠初起身蛻而背不蛻者名多背孃或蛻而口不能開者名乾口孃此眠頭之背爲人觸傷也然眠頭傷風亦有此

病猶之稻正吐花突遇西北風即成硬口而不結實也二者口不能開並斃于餒一曰著衣孃起孃蛻膚至半身而止謂之著衣孃此有兩種一是蠶病溼尾黏苔不能蛻一是種眠頭時用石灰太重蠶身乾燥所致剝去其膚蠶仍無害若溼尾雖剝去亦斃一曰青蠶（按亦稱青條）以色名也蠶眠則身黃此獨青而不眠故曰青蠶或受沙蒸或受風溼並足致病白頭眠至大眠皆有之有一種名壯青者乃食肥葉而成蠶身分外粗壯色深青而不眠（按俗謂蠶不齧人然亦間有被齧者毒入肉能令人寒熱以苧麻葉擣汁塗之即愈以蠶畏苧也至俗又以蠶齧爲吉利則不知其何說矣）

董蠡舟南潯蠶桑樂府自序蠶事

吾湖獨盛一郡之中尤以南潯爲甲然護養之方早晚之候與夫器具名物禁忌稱謂有與郡中不同者不特如秦少游所云兗地異于吳中而已也趙蔡遺聞瑣記南潯去城七十里耳城中曰養蠶南潯曰看蠶其名已異又城中蠶以筐計葉以篰計南潯則並以斤計而育蠶風氣不同之處甚多蓋城中作肥絲南潯作細絲各有所宜也西吳蠶略弁山中有白獒相傳能攝人魂及蠶殺之屬四月蠶盛時遇風雨晦冥有白氣起山中狀如素霓搖曳天半下垂蠶室則劃然有聲蠶中之即不食不繭故蠶家望見即羣聚村衆擊鉦鼓放爆竹喧呼

相逐迄縈退方已湖俗稱虹爲縈以白氣如虹名之按胡府志祥異補遺云萬歷己亥迄乙巳有氣如虹見於弁山之阿長有五丈白若純絲名曰白縈其時田禾秀而實者鮮矣三老謂祟在白縈咸賽食祈禳鳴金競逐至丙午春季知府陳幼學聞而異焉遂誠治醮驅之見白縈自空中冉冉而去歲大熟幼學有驅縈記一卧碑在府堂東壁下 本朝康熙二十五年又有縈災知府王陟設壇於弁山佑聖宮驅之刻有驅縈神應記紳士多有詩歌以頌之雍正十一年又有此災禾之秀者俱不實 府縣通詳始奉嚴駁繼查得陳王二公碑文具詳得邀 題請漕糧改折又云白縈云者猶言白虹也然縈爲鬪海水蟲之名蓋借用其字耳烏程縣志作白蚘而字書無蚘字茲祟唯湖州有之

○蠶具

鄭元慶湖錄蠶具蠶之初生用鵞羽以拂之乃置于篩爲滿則用籧篨必以紙糊其眼縫爲兩眼出蠶乃置于筐或用篇筐筥大于籧器之大者可以容蠶之多也蠶室之中必用簾薦以圍之簾以蘆編薦以草織之皆所以蔽風寒也其采桑也有桑剪有桑籠至飼小蠶而切葉也有草墩用以承刀恐其聲之著也時或風雨而寒則用火盆盛炭熾于筐之下而煖之蠶將作繭則用草帚散而登蠶其上繅絲則用絲車水缸鍋竈畢具汪日楨南潯鎮志蠶具修桑有鋸有斧采桑有桑剪有桑梯按西吳蠶畧云兩梯相對高七八尺又桑譜種桑甚有籮接桑有接桑刀反手鋒修桑有鑿治桑上蟲有刮耙鐵絲貯桑葉有籍或用部字停葉用竹簾蘆簾蘆廢切葉有刀按西吳蠶畧云葉刀方而漸有草墩刷蠶烏用鵞翎分蠶小蠶用尖竹箸俗名蠶快大蠶用網小蠶貯以蒲簍按柳條所編以竹篩大蠶貯以篋音夾或用篋字亦借用筬字或以筐以匾所以架匾曰蠶架音代按或用栚字西吳蠶畧云俗名排子排當作栚見方言音摘俗讀如持此即月令曲植之植音治植持槌栚並一聲之轉禦風以蘆簾以草薦架山棚有炕有草帚按蠶書有花格竹東鄉不用又盛蠶有盤稱小蠶有戳子稱大蠶及稱葉有秤禦寒用火盆撩山棚火及車頭火亦用火盆繅絲用絲車及水缸鍋竈竈有煙囪車上有方輪有軸頭有竹槢有旋鈎有踏板按又有絲快以竹爲之如四箸平列之形亦名絲叉打緒及撩蛹用之肥絲之車有絲眼二絲以二板爲一車細絲之車有絲眼三絲以三板爲一車剝繭有竹環按蠶書有籮有篩有釜有盤有木盆治絮有篾有細竹竿或笵泥爲貓置筐中以辟鼠曰蠶貓西吳蠶畧繅車檀木爲之其牀正方轆轤在前泥竈列後轉軸於右納薪於左若架若磨並麗於牀安牀徵側以就竈轆轤之製凡四輻麗於軸活其一以利脫絲按此轆轤即方輪羅有名車衣軸端屈曲以便轉轉軸之木下連踏板竈編竹爲之泥於內以置鑊架上懸竹轆轤按此轆轤即竹鄰一名響緒下設銅針各二鑊內水煮沸乃下繭竹箸攪之按竹箸即絲叉絲頭起穿入針孔引上竹轆轤復迴繞而加諸輻輻轉即絲抽乙乙矣然無磨則徑直無緒磨以小木爲之麗牀右腰徵束環繩連於軸磨頂帶小長木列兩鈎橫於銅針之上兩兩

相對絲出針孔即著於鉤於是軸帶磨轉磨帶鉤轉絲帶絲轉乃左右交鋪有條不紊廣狹適中按此肥絲車也細絲車則針鉤各三餘並同

○栽桑

蠶所賴者專在于桑其樹桑也自牆下檐隙以暨田之畔池之上雖惰農無棄地者其名桑也不曰桑而直曰葉德清縣志明洪永宣德年間勅州縣植桑報闕株數以是各鄉桑柘成陰今窮鄉僻壤無地不桑○胡府志一

桑地宜高平不宜低溼高平處亦宜培土深厚廣蠶桑說蠶桑隨地可興而湖州獨甲天下不獨盡藝養之宜蓋亦治地得其道焉厥土塗泥陂塘四達水潦易消周禮謂

川澤之土植物宜膏原隰之土植物宜叢湖實兼之乃淮南所謂息土也地利既擅人功尤備以桑之喜疏也壅必數四深必尺餘以桑之喜肥也壅以蠶沙暨豆屑糞草以桑之惡沙礫草萊也植必平原芟必淨盡治地之道能順桑性故生葉蕃大而厚西吳蠶略桑之種不一有密眼青按此種桑甚最美白皮桑荷葉桑雞腳桑扯皮桑尖葉桑晚青桑火桑山桑紅頭桑亦曰黃頭桑槐頭青雞窠桑木竹青烏桑紫藤桑望海桑凡十有六種椏長八尺者曰大種桑密眼青次之張炎貞烏青文獻又有麻桑葉有毛高時杰枝樓小隱桑譜凡擇桑皺皮者葉必小而薄白皮而節疏芽大者葉必大而厚榖而接桑也其葉肥大按榖从殳从木一名構一名楮勿用雞腳桑近人無用此法者其葉薄若葉生而黃皺者木將就槁名曰金桑蠶所不食先甚而後葉者其葉必少有柘蠶是食柘而早繭其青桑無子而葉不甚厚者是宜初蠶若臘月開塘而加糞即壅之以土泥紫藤桑種高大其葉厚大宜遞于窗屋不必雜糞稱小之時於蠶刀稍壅之烏青文獻荷葉桑黃頭桑木竹青三種條幹堅實眼眼發頭火桑視他桑較早可飼早蠶且雨過即乾並宜多植更宜覓富陽種植之其大者可得葉數石倘不合蟲蛀及水灌其根愈老愈茂年遠不敗廣蠶桑說○按富陽桑皮堅蟲

不能蠹最爲佳種但彼地專擅販葉之利其種不許外出故求之不易得也接過謂之家桑未接者謂之野桑家桑子少而大野桑子多而小子名葚俗名桑果可啖飼蠶之家甚不樂乎其有子也○湖錄按桑上寄生入藥品甚珍又螳螂于桑上生子作窠爲桑螵蛸又野蠶繭採之亦有用然蠶家亦不樂有此必盡去之又桑根白皮入藥取土中根皮出土者傷人桑枝桑葉亦入藥家桑葉圓厚而多津古所謂魯桑也野桑葉薄而尖古所謂荊桑也按又有山桑名檿桑亦即野桑也葉貴之年亦採以飼蠶向時山鄉皆野桑近亦多栽家桑矣野桑若任其肥者成望海桑瘠者成雞腳桑蠶家賤之故莫不用接成家桑經數年高與檐齊粗如盃如盌是名嫩壯桑過十餘年則老漸稀漸薄以次添種而刪易之西吳蠶略

樹在大麥田中者食之壞蠶栽桑之時宜及隆冬遲至正一月者雖未嘗不活易生蟲廣蠶桑說

一種桑葚　採取野桑之葚紫黑者搓碎于籮入水中用手捏淘不必淘淨脂皮浮者去之用其沈者以稻稈灰拌勻曬一日桑譜一云經日曬則其出較遲宜陰乾廣蠶桑說便于空地墾五寸闊二寸深長溝溝底泥要勻細將灰拌葚勻勻撒下宜稀不宜密上覆灰一薄層桑譜一云撒于肥地以薄糞澆透乃覆以灰若覆以泥則其出又遲矣廣蠶桑說如天晴隔兩日用人糞以水三分配入均勻澆灌漸即出秧矣宜多澆灌不可重用糞肥俗謂清水糞可也大伏天氣尤宜多澆用水糞對配次年秧長二尺許即可分種矣桑譜乃鋤地分埨縷尹切土之加高處也使無積水於埨背分行栽之與治圃者排葱蒜之埨相似其栽宜疏彼此相去約八九寸廣蠶桑說行不可正對烏青文獻勤澆勤鋤至其大如指則可以接矣廣蠶桑說一法以草索浸涸溷間月餘取出曬乾取紫葚捋諸索橫埋淺土中時澆灌之經雨即芽西吳蠶略

一壓條　桑有旁出之條長二尺許去土不遠者鋤鬆其土攀條就之加肥泥於其上用石壓之露其梢使上向一年後其條在土下者根已散布可剪斷移栽廣蠶桑說一云壓桑初芽時擇指大枝條旺相肥澤者就馬蹄處劈下潤土內開溝尺許埋實自然生根布葉壓後遇旱於旁開溝灌之但取水氣到忌多著水那典書城雜著。按近時桑秧大抵販自杭州石門震澤等處其自養桑秧用種葚壓條之法者甚少

一種桑秧　穉桑初種皆名桑秧法貴稀縱橫各七尺冬種者秧宜大清明前後種者宜細董世甯烏青鎮志其根無論長短粗細皆不可動唯直下之根須剪去之開六寸深平潭宜大不宜小一人持秧枝放準潭中將根理挺鋪直如有長根亦須將潭開長根不宜曲一人墾取田中稻稈泥俗名腳乾泥鋪壓根上繼以地上燥泥蓋滿其潭以足踏平再用手將桑枝輕輕一提再覆上細泥畧踏之一年內種處不可墾動凡種桑必須兩人方得本直根挺天晴用水糞對配澆之至三四次即活矣種秧時要晴燥乃發大伏中仍如法澆灌一二次冬間或壅稻稈泥或罱河泥皆可如桑枝下本旁生細枝以桑剪剪去修平則本光好接也種秧時先剪去上梢俗名斷頭冬間再擱之一二年可接成家桑矣桑譜一云耨地而糞之截其枝謂之嫁留近本尺餘深埋之出土寸許培而高之以泄水墨其瘢或覆以螺殼或塗以蠟而封之是防梅雨之所浸糞其周圍使其根四達若直灌其本則蠹而死

矣不可灌水灌以和水之糞二年而盛又必月一鋤焉其起翻也須尺許灌以純糞徧沃于桑之地使及其根之引者禁損其枝之奮者烏青文獻

一接桑　桑本粗壯者可接細弱者不可接接法先剪家桑枝有葉芽者每枝約長三四寸桑譜置筐中以溼布覆之勿令見風日廣蠶桑說用小刀于野桑本上離地半尺許劃開桑皮農器有接桑刀又有反手鋒皆鋒利如圭角形桑譜將刀畧一擺動則皮已離骨取小竹釘長二寸許削如馬耳樣嵌入皮內謂之桑餂廣蠶桑說隨將家桑枝俗謂曆頭一頭削薄一面如鴨觜形桑譜取出桑餂而以是條嵌入皮中須以刀削一面向外乃活蓋桑之膏液皆從皮上流通故必以接條之皮與本樹之皮彼此相向乃得浹洽若以皮貼皮以骨貼骨則必不活矣○廣蠶桑說以桑皮穰定糞土包縛令不泄氣烏青文獻或用長秈稻稈縛之數轉須寬緊相宜桑譜汙泥護之西吳蠶畧慎勿動搖廣蠶桑說如天晴和暖在清明節前十日內接天寒陰雨須清明節後十日內接桑譜月餘即活西吳蠶畧甫接而遇驟雨則活者寡矣廣蠶桑說接後能得天晴二日第三日雖有細雨無害倘久晴縛處燥裂須用水潤其縛桑譜俟新條發芽將故條剪去便成家桑西吳蠶畧接而不活者可候明春再接廣蠶桑說

一縛接桑　桑已接後發葉成枝至三四寸長者遇大風防吹斷須以好稻稈二三莖浸溼帶定嫩枝中間之葉紮縛在野桑本上方無礙桑譜且可使挺然直上無橫斜拳曲廣蠶桑說

一閹野桑　如所接之條發枝約七寸長者將野桑本離接處二三寸用桑剪旋剪其皮上下兩轉約離寸許將寸許之皮剝去則脂液并發接枝上俗謂之閹閹時最要留心防搖動接枝閹後即將稻稈三根輕輕縛嫩枝于野桑本上宜寬不宜緊恐傷嫩枝也枝長至尺餘者再用稻稈縛上一層如長至二尺餘者用細草繩縛之桑譜

一紮絆接科　上春所接家桑枝本已粗壯須將所閹野桑槁本貼接枝之處依家桑皮間斜鋸去之以刀削平其皮自能漸漸包裹用稻稈數莖絆定紮緊即遇風搖無礙矣桑譜

一絆養桑　養桑者枝葉留而不剪以待長大也枝葉紛披易於招風須用細草繩紮絆庶免吹折并使小枝整齊桑譜

一擱桑枝　所接家桑順性發生必本枝直上不生旁枝所以有逐年擱頭之法即剪去上梢也本年擱頭如枝已粗壯約長三尺餘可將嫩枝直梢用桑剪擱去數寸

待發新芽澆糞一徧能當兩年如枝瘦者不可斵倘有發兩枝者擇其善者養之其不善者去之蓋兩枝並養其枝終必細軟不如一本爲壯直也一年斵頭須在清明時則葉芽之孰隱孰發易於觀察也其本長四五尺桑芽青綻者離芽四分斵之留其本約高三尺許須存粗葉芽三四箇本細者稍短亦可二年斵頭巳斵之桑如生枝二三恰好倘生枝過多卽將細枝橫枝剪去則望之如圓蓋且其地少草桑枝仍照前法斵之其存枝可長八九寸過長則枝軟不壯實矣乃下本巳長故也三年斵頭上年所斵之桑次年發生有五六枝其枝在

中而壯者約一尺二三寸長斵之可二三枝其枝在四旁者約七八寸長斵之中枝長者爲頂如寶塔狀非第爲觀美也蓋枝葉層層而上其受雨露徧而無破則葉易長大而多生也四年斵頭遠處桑地卽外圩產及漾中洲渚之類四年之中逐年如法斵之桑必枝葉茂密第五年便可開剪將桑枝帶葉剪斷以便採下飼蠶也第六年養其葉于桑勿剪勿伐如遇葉貴之年亦可從權採之第七年斵養桑約留一二寸之本剪之不可過長長則枝太高而本軟矣五年斵頭近處桑地在宅之前後左右者須斵頭五年爲率六年開剪七年養桑八年斵養桑凡斵養桑宜早在蠶將大眠時剪之則葉有用

而桑亦發也能剪小葉更妙桑譜

一假斵桑　凡桑枝巳斵過兩年者一本必生六七枝枝有葉芽而遂斵之謂之斵白條徒有葉芽不能飼蠶也葉未張而先去之殊爲可惜一法俟收蠶後陸續斵之其葉小恰宜飼小蠶不致狼籍且斵早則發亦茂盛是曰假斵頭斵時須天晴庶其脂勿流泄桑譜

一剪桑葉　桑貴剪初種剪其幹獨剩根而糞之令其發生如是三年而後留其幹烏青鎭志蠶事畢將枝髡去但髡時不可留觜角及夏至開掘根下用糞或蠶沙培壅書城雜著否則葉不暢茂其不剪者曰高桑剪而禿者曰鼓椎

桑烏青鎭志剪葉宜晴時則桑脂遇日卽乾如遇雨則桑脂隨雨而泄本不固矣如枝粗不宜留者用桑剪剪下不可徒手攀折恐連皮而下損其本也桑譜

一摘桑葉　桑通謂之葉采通謂之摘俗讀如札西吳蠶略。采桑須有次第擇其色之老者先采之留其嫩者以俟其長尤不可傷其芽觜蓋芽觜方長畧延何日便數十倍于此時且其味苦澀非蠶所宜食也蠶初生時食葉甚少只可采其底瓣底瓣者芽觜之旁先放之一兩葉也其色較老雖留之亦不甚長二眠以後食葉漸多若底瓣巳盡則采瞎眼瞎眼者芽觜巳放只兩三葉而其中心巳無未放之芽雖留之長亦不多三眠以後食葉愈多然尚須辨其老嫩至大眠以後則桑已長足可開剪矣三眠前所采之底瓣瞎眼謂之小葉采小葉得法則止望其采得百斤者合前後計之可得百二三十斤然年年采小葉桑亦易敗以隔年一采每年輪換爲妙廣蠶桑說

一耘二葉　蠶有頭蠶二蠶故目葉曰頭葉二葉二葉須老農善采者留其條爲來歲生葉之地若頭葉則盡采乃已耳胡府志　二葉唯于葉密枝叢處耘采之如有頭葉留于樹上亦可采取然飼蠶總不敵二葉之翠嫩也桑譜　頭葉不去則明春葉薄雖蠶食不盡亦必去之二葉則不須去矣廣蠶桑說　采二葉後其條復生芽是爲三葉不盡采矣西吳蠶畧

一捋羊葉　霜降後將桑枝老葉捋下桑譜　勿傷其條蓋此條卽明春放葉之條也廣蠶桑說　隨攤地上曬乾用稻稈包裹之冬間無草時代芻飼羊最宜俗謂之羊葉如捋葉過早則桑脂多泄次年發葉不茂矣桑譜○按今俗捋羊葉皆失于早無在霜降後者不知此理也

一移桑　凡家桑栽種有年根深且多設欲移此置彼其起之種之之法不可不備起時依桑枝四面盡溉處墾開其土輕輕翻杷將樹緩緩取起勿令根斷種法如種野桑式用木梢作樁捆縛其本以防風動移種時春則

二月中冬則十月中宜天晴以清水糞澆兩三徧其處一年不可搖動又不可剪動其枝葉桑譜

一修桑　春分秋分乃修桑治蟲時也用小篋籃一隻將應用斧鑿鋸子鐵絲桑剪刮杷等器置籃內則取攜甚便桑譜　擇根下細條或丫稍陰枝及眇小不堪蔭下繁密者老枝不成器者悉去之烏青鎮志　枝已枯而不復萌芽者亦去之桑譜　拳曲向下者勿留橫斜礙道者勿留廣蠶桑說　粗則鋸之細則剪之次用鑿剗平并修光使其皮漸自包裹若不修平遂成節疤風吹易折也桑條橫在空處者以繩絆之則枝條整齊矣桑譜

一治蟲　夏間有旋頭蟲將桑條枝頭旋轉生子在內嫩條卽死久而成條裏蛀見時卽將旋轉處多剪去一分便無條裏蛀之病如桑條有蛀屑蛀眼已成條裏蛀也蟲在條內可將桑條剪斷寸許自朔至望蟲在上半條自望至晦蟲在下半條以鐵絲刺其中蟲自斃矣如節邊有蛀屑名堆沙蛀刮去蛀屑用桑油以筆塗之蟲入其中蟲亦斃矣如延皮蛀穿心蛀不能用鐵絲刺之唯多塗桑油蟲亦自殺所謂無骨之蟲逢油而死也桑譜　或尋其穴桐油抹之或以蒲母草汁沃之草之狀如竹○烏青文獻○按蒲母草卽小青一名淡竹葉草　若穿心蛀不及早除蟲日大而本日空至蟲老而蛻便成黑殼

蟲有翅有鬚俗名桑牛是也桑譜一云蟲生皮內者其母爲桑牛卽天水牛也在楊曰楊甲在桑曰桑牛於盛夏時生口有雙鉗其利如剪新發之枝齧之卽折其下卵必齧破樹皮藏卵於皮內見有脂膏流出之處剔破其皮中有卵如米粒者取而碎之若已成蟲須尋其出入之戶戶外必有蛀屑故易尋用鐵綫探戶內刺死其深入而非鐵綫所及者以百部草藥名能殺蟲切碎納小甕中用水浸爛封固甕口勿令走氣取汁灌之用熟桐油亦可無不死者此蟲自初一至十五頭向上十五以後頭向下宜于十五以前清晨卽起以此法治之蓋此蟲天未明時必出戶飲露清晨或猶未歸卽歸亦未深入易于下手失此不治則愈入愈深其樹必死○廣蠶桑說又橫蟲橫去聲或子借蟥蝗字生樹上集成小堆其上似有泥蓋桑蠶子生樹上散而不成堆此兩種子色俱與樹色相似宜細看也有則用杷刮去之樹上生青苔似癬亦宜刮去桑譜一云刮蟥自冬訖春檢瞭凡三猶不能淨須六月捏頭蟥七月捏二蟥而頭蟥更宜細察留頭蟥一則二蟥百捉蛀亦須三次春分捉出屑蛀秋分捉條了蛀剪桑後或九月又細捉之恐因捉損桑則用爆仗藥綫入蛀穴燒之蟲卽死烏青鎮志如有白蠶莠蟲等爲害于六七月間蟲從葉上一過其葉徧身沙眼如紗狀不但老葉無用且來春發芽穿眼時有礙治以河中淤泥水灑之或用菸筋水菸葉筋浸

出水雖蟲可殺然蠶忌菸不若淤泥爲妙桑譜白蠶宜於初生時卽治稍遲數日便成無用小繭繭出飛蛾蛾又爲明年留種矣廣蠶桑說

一壅肥　桑宜肥肥則葉厚而光潤冬春必須沃之以糞人糞力旺畜糞力長垃圾最鬆地廣蠶桑說或用稻草灰烏青文獻或擀河泥或上田中稻稈泥或用菜餅豆餅先用鏫廚鏫鏫下而杵細勻滲潭中或用頭蠶沙雞二蠶沙雞不可用或用豬糞羊矢皆可每年壅泥一次不可少此用肥二三次足矣唯剪葉後所謂產母桑也宜用肥一次能發二葉枝條桑譜一云歲於清明時糞其四圍謂之撮桑剪畢卽灌之謂之謝桑烏青鎮志○按采葉時不可見肥肥葉害蠶　凡用肥于地上離桑尺許壅二尺闊半尺深潭盛肥在潭內緩緩用泥蓋潭桑譜使其氣下降根乃日深廣蠶桑說○按肥不可沃下桑本故必用于四周桑本沃糞必癰死俗謂之肥殺用豬糞晨澆須至晚蓋潭因性鹹也用沙雞羊矢宜少蓋泥露一半在外因性熱也用餅隨用隨蓋用河泥半乾壅轉敲碎最肥桑譜爲益尤鉅一歲中雨淋土剝專藉此泥培補根乃不露廣蠶桑說用稻稈泥最易發根桑譜

一墾地鋤草　桑地不必多墾唯冬間必須大坺音跋泥之大塊也深墾莫留宿土不但土脈活動一過雪凍則草根死而地蠶蟲亦除所謂墾過冬地也有蠶畢卽墾者謂之

墾蠶罷地然旱潦易傷實可省也凡鋤壅宜晴不宜雨桑譜桑下不可有草有草則分肥不可有石有石則礙根須鋤去之桑未盛時可兼種蔬菜諸物則土鬆而桑益易繁此兩利之道也但不可有妨根條如種瓜豆斷不可使其藤上樹廣蠶桑說○按近桑不可種大麥又不可植楊以多楊甲蟲也倘地多一千年韭其根即香附子按千年韭即莎草可爲笠及雨衣生桑地能害桑理之不淨可大伏中壅之自出梟梟曝其子遂亦除矣桑譜遇午日不可以鋤烏青文獻

一原性治病　桑地宜高不宜隰桑性惡溼而好乾惡瘠而好肥惡蔭蔽而好軒廠故曠野植之無不發也如臨

低地水漲時浸之則根受病須於水退數日後地土堅乾即用人糞澆之不致受傷有時葉黃枝槁謂之桑鷩宜用餅肥之人糞澆之亦可治桑譜桑癩以蒲母草汁沃之烏青文獻癃桑即壅去勿令纏染蓋桑癃無治法也烏青鎮志桑老而枯或中空此年代久遠不能不敗者也於其前後左右空缺處補植一株兩三年後將已敗者伐去而養其新者則土不曠矣如不補植則將已敗之樹離地六七寸截去而留其老樁以肥土堆積其上俟則春另發嫩條養成低桑亦一善法也低桑放葉較早於采小葉者最宜但去地近遇有驟雨葉上或有泥點須擦淨

方可飼蠶廣蠶桑說

〔大清一統志〕湖州府土產桑〔談鑰吳興志〕吳興烏程東南三十里有桑墟梁陳故事吳興太守周敏勸人種桑顏真卿西亭記烏程令李清種桑盈數萬本苧有山桑有家桑葉椏者名雞桑爾雅有女桑檿桑齊民要術有荊桑地桑今鄉土所種有青桑白桑黃藤桑雞桑富家有種數十畝〔明會典〕明初令天下農民凡有田五畝至十畝者栽桑麻木棉各半畝十畝以上者倍之田多以是爲差有司親臨督視惰者有罰不種桑者使出絹一匹不種麻者使出麻布一匹不種木棉者使出木棉布一

匹洪武二十七年令天下百姓務要多栽桑棗每一里種二畝秧每一百戶內共出人力挑運柴草燒地耕過再燒耕燒三徧下種待秧高三尺然後分栽每五尺闊一壟每一戶初年二百株次年四百株三年六百株栽種過數目造冊回奏違者發金齒充軍〔勞府志〕桑屬縣多有城東南有桑墟其處尤多朝廷以農桑爲衣食之本教民栽種例不起科〔王道隆菰城文獻〕桑葉宜蠶民以此爲恆產傍水之地無一曠土一望鬱然〔胡府志〕明王懋中知武康縣臨河桑樹皆其手植〔閔光德東林山志〕嘗周行村落見桑陰翳翳陂池饒衍其民拮据不少

休又無他嗜好意其家皆肥澤而顧身無完縷朝不給夕心竊恠之故老曰此鄉田湫且隘山溪不時衝溢畝收視他處僅半之而桑故難成易敗初年種次年接又次年闔三年內國課坐輸六年之後始獲茂盛非朝稽暮刷則蠹不去非旬鋤月壅則色不肥葺治稍疏水潦稍及而數載辛勤悉付烏有矣且葉之貴賤頃刻天淵甚有不值一錢委之道路者蠶之成虧斯須易態甚有竭產供蠶毫無獲繭者工費煩而利不可常舍此更無以爲生故民多瘠耳累朝定賦而地稅特減於田糧洞悉民隱哉（吳興掌故）大約良地一畝可得葉八十箇每

二十斤爲一箇計其一歲墾鋤壅培之費大約不過二兩而其利倍之自看蠶之利復稍加贏而其勢固已甚矣（廣蠶桑說）栽桑原以飼蠶然不飼蠶而栽桑亦未始非計也栽桑百株成陰後可得葉二三十石以平價計之每石五六百文獲利已不薄矣按書城雜著亦云皮可爲紙枝可爲薪兼有餘利（又）野桑雖亦可飼蠶然葉薄而小且易⿰火尌音豎故必接成家桑柘葉亦可飼蠶按武康縣志云柘產于山野曠土采飼柘蠶葉貴餘蠶亦可食其絲次于桑蠶但比桑葉較堅厚非小蠶所能食按劉沂春烏程縣志謂蠶早葉未抽則柘葉可代是小蠶亦可食也桑葉缺少可於三眠開口時初次布葉謂之開口卽餉食也令食柘葉兩三次大眠開口時令食柘葉

五六次則省桑葉矣必於開口時者柘之味不及桑既食桑葉必不肯再食柘葉也（又）大眠起後先飼以柘葉其絲乃韌而有光（西吳蠶略）柘與桑同功究蠶頗食柘其蠶養于樹繭殊大又有養于椒樹食椒葉者繭有香氣二者皆不中繅唯成綫織紬而已考爾雅注食檴葉棘葉欒葉者名雔由食蕭葉者名蚢皆蠶類又濟陰有食香草之蠶横州有食楓葉之蠶伊州有食苦參之蠶記傳所載蠶食不必定用桑吾鄉遇桑葉涌貴飼以楝葉亦能食能繭何不采諸葉廣試之（又）凡葉少時以白米粉糝葉上飼之絲更光白而級又秋葉未落時采完

好者曬爲細末留置煖處蠶時遇雨葉溼則以乾葉末糝之均其水氣兼易飽離飢省葉也見施愚山矩齋雜說按育蠶要旨云米粉糝葉之法道光二十二年曾有用及此者

湖蠶述卷一

湖蠶述卷二

烏程 汪曰楨

○浴種滃種

浴以臘月十二日爲蠶生日取清水一盂向蠶室方采枯桑葉數片浸以浴種去其蛾溺毒氣也或加石灰或加鹽滷浴後於無煙通風房內晾乾忌挂於苧麻索上孕婦產婦皆不得浴 西吳蠶畧 一云種有二一曰鹽種繭細而堅中有細頸名曰腰箍一曰灰種繭大而鬆臘月十二日浴之鹽用食鹽將種布 按用紙者則曰種紙又通名種連 置匾內鹽糝布上没子爲度用濃茶一盌候冷噴之令溼透放屋上及庭中經霜露七宿始收下 如遇雨雪宜早收 刷去其鹽灰用石灰每方尺許用欄子大一塊盛于瓮盆滾水泡化待温浸入點綫香一枝香盡瀝乾放匾內令經嚴霜凝凍至醉司命日用熱欄子湯待温將種浸入亦以綫香爲度輕輕瀝乾曬燥收藏鹽灰二種並同 育蠶要旨 是名滃種 南潯鎮志 一云臘月取布種露置庭中一宿煎茶候冷浸之糝鹽或石灰於其上曰殺種至寒食蒸粉餈祀竈取蒸餘熯水采蕓薹蛾豆等花共投其中浴之浴後晾乾曰滃種 董蠡舟南潯蠶桑樂府小序 一云醃種法十二月十二日取蠶布輕輕撲去石灰以炒熟之鹽俟其冷勻鋪其上摺好浸涼茶

中至是月二十四日取出展開承以米篩用清水頻頻輕沃之去其鹽氣 試之以舌絕無鹹味乃可 俟其自乾摺好以棉衣護之置箱中 不宜壓不宜近香氣 所以必須醃者借鹹氣以殺其子之無力者耳不醃者謂之淡種易病且不若鹹種之繭堅厚 廣蠶桑說 種承嚴霜者名寒露種他處有於二十四日浴於川或上元日及二月十二日用菜花韭花浴者有浴至三次者各處不同 西吳蠶畧 俗於臘月十二日二月十二日禮拜經懺謂之蠶花懺僧人亦以五色紙花施送謂之送蠶花 吳興蠶書 寒食節具牲醴禳白虎以祛蠶祟以米粉肖白虎神像祭畢棄之 西吳蠶畧 設酒餌以禱棟柱謂可祛鼠耗 吳興蠶書 是日市門神貼之以石灰畫地爲弓弩形以祛祟 董蠡舟樂府小序 清明食螺謂之挑青 按蠶忌青條多以此禳之 以殼撒屋上謂之趕白虎 湖錄 招村巫禳蠶室 西吳蠶畧

董蠡舟南潯蠶桑樂府浴蠶 隔歲招搖指星紀農事告登蠶事始盡攜布種置中庭一宵露置冰霜裏取潤還須茗汁淹灑以蜃灰糝以鹽田家一例鋤非種先事全將醃類殲轉眼已過百五日老婦餅盆羅滿室粉餈祀竈爲祈蠶蒸來翠釜湯餘熱油蕓豆莢花叢叢摘取一握投湯中把湯滃種令霑浥更借茅檐薄日烘摒擋怱怱日過午何暇挑青禳白虎呼兒換

卻舊門神還待布灰畫作弩

〈董恂南潯蠶桑樂府〉〈浴種〉嘉平二七良日逢以水浴種當去冬今年又到清明夜浴蠶例與歲年同門神競向白板貼以灰畫地如彎弓祈禳白虎辟蠶祟欲邀其吉先祛凶婦姑忸怩不得暇磨米作團虔且恭蒸團水香灑布上采摘花片攙其中一年蠶計此初事能慎厥始斯有終深閨努力促針黹拮据忸月無餘功

○護種

清明後穀雨前用舊絮包種六七日（育蠶要旨）或以帕裹之置熏籠一宿謂之打包天暖則置之牀上天寒則抱于胸前宜老翁老婦任之取其溫和適中也（西吳蠶略）其子變綠謂之戰色俟全綠即可收蠶倘桑葉萌芽未曾暢茂天忽驟熱宜將種放涼處使不戰色（育蠶要旨）蠶子先出者謂之破蚐（彌遙切）有破蚐須以燈草心數十莖勻鋪布上而揭之以防壓損（廣蠶桑說）

〈沈炳震蠶桑樂府〉〈護種〉林間春鳥啼布穀穀雨纔過蠶事促蠶房紙窗照眼明當戶春光快晴燠堂前老翁負朝陽室中新婦罷曉妝旋向牀頭理蠶種拂拭塵埃手自奉東家昨夜已打包西鄰擇吉問今朝香

羅包裹更重重束成囷之熏籠中晏溫暖氣長融融阿翁晚睡抱當胸非關新婦好安眠哺兒時復開胸前阿翁慎莫辭辛苦纖絲織絹先奉父

〈董蠡舟樂府〉〈護種〉深林曉聞布穀語屋角鳴鳩拂其羽微禽解報蠶候臨剛是今朝逢穀雨穀雨已過蠶難藏城中戶戶打包忙牀頭布種亟檢理護來趁此春宵長一層只隔香羅帕勝傍熏籠取餘熱明晨生意定全蘇溫摩氣借酥胸熨和服頻番掩復開嬌兒索乳數投懷枕邊低喚敎郎醒今夜憑君抱護來

〈董恂樂府〉〈護種〉東風吹破桑眼青穀雨已近天氣晴囑郎早諳日者室遴選吉日宜收成儂家蠶種已浴過須令溫燠滋初生只愁夫壻正年少心熱無乃多薰蒸不如阿翁齒衰邁微和微暖纔相應老人深夜醒尤易那須少睡煩叮嚀況自阿翁護種後年年花稅多豐盈他時酬神酒先貰任翁一醉翁無憎

○貸錢

蠶時貧者貸錢于富戶至蠶畢每千錢償息百錢謂之加一錢（南潯鎮志）富家實漁利而農民亦賴以濟蠶事故以爲便焉（董蠡舟樂府小序）

〈董蠡舟樂府〉〈貸錢〉盎中餘粟食已罄笥裏寒衣典無

賸買葉無錢餬口難何人肯乞監河潤里中豪右富熏天千鏹萬貫流如泉鑽核障簏鄙且慳今年廣放加一錢貸錢一千息一百儘許阿儂徒手得傭別何須合兩書責償毋許逾三月責歸兒女亦熙熙養蠶豈復愁無貲只期今歲還宜早料得明年借不辭子母償清絲賣矣歸來依舊囊如洗靑黃不接可奈何待哭豪家轉斗米

董恂樂府貸錢清明已過將梅夏邨農摒擋無休暇儲無儋石懸罄如安得餘錢計桑柘趁墟走訪足穀翁人未登門氣先下已慣寅年用卯年何妨潤向監河借他日甘心厚利償薪炭今時免賒貰豈料年來足穀翁慳貪心計尤狃詐較量加一息尚輕竟使錙銖到桑償先期買取奇貨居乾没還將厚利射

○糊筐

用紙糊筐飾以紙花西吳蠶略惑于二氏之說乞其符籙貼之謂足祛祟董蠡舟樂府小序率用舊書敗卷云可辟邪字紙多遭汙損毀棄宜切戒遺聞項記

紀宜蠶紙歎文字歷灾厄秦火未爲深六經已殘缺復此汙褻侵吳興四月間蠶箔紙應禁嗟哉鄒魯書竟爲蠶矢淋願此心戚然習俗痛目洗何以挽斯風放筆徒長吟

董蠡舟樂府糊筐由推簏筐必先具備豫由來是要務野人未熟攷工記善事詎知先利器傳來矩矱自先民農家者流夙所遵蘆簾織就更糊箋買來側理銀光匀噀水手斟和麥麪周圍方空黏須徧糊成倚向夕陽烘一色光明如月容更憑摻手剪方勝鏤畫一翻新喜紅先貼中央後四角勝裏香匳招百福要祈闔客錫休祥免向羽流乞符籙

董恂樂府糊筐烏兒初收門未閉蠶具安排事非細先期一一要檢點善事從來在利器已買桑籠更結蘆還教糊箋逢晴霽兒夫昨日趁墟囘買得光明紙如繭更喜聰明小女娃剪紙成花作如意調就銀漿細意糊但祝今年倍吉利去歲東鄰作道場借家符籙多眞諦阿儂幸喜收藏來廿四分收定有冀

○收蠶

蠶出率以穀雨爲期故諺云穀雨不藏蟲胡府志看布種戢色其子飽綻卽有蠶數十箇名爲橫布三朝當將種鋪開在向陽處如陰雨或在牀上或在竈上以煖處爲佳育蠶要旨或以桃葉火炙之胡府志待其脫殼採花葉少許卽野薔薇葉俗名做絲花○育蠶要旨目爲花葉者別於桑也董蠡舟樂府小

序去梗刺爝燥研末其香無比川麻布篩篩在種上蠶得此則腳鬆易刷候一箇時辰育蠶要旨蠶得葉香墊者盡出董蠶舟樂府小序用食鍋抹乾金漆大盤亦可將鵞毛輕輕刷籠收於鍋内更用小圓竹器育蠶要旨柳條者亦可忌用新油新漆者廣蠶桑說○鋪礱糠灰一層雜以石灰亦可育蠶要旨或用秈稻草灰廣蠶桑說上襯以紙即放蠶于器中育蠶要旨謂之攤烏湖府志上用切細嫩葉薄糝蠶即能食凡收下未曾食葉即一二日不飼不致餓壞倘喫葉些些以後稍飢即斷絲腸矣育蠶要旨葉稀即補之烏密處以細竹箸撥勻烏青鎮志放在暖處謂之冷看須六七周初眠倘用火較速謂之三日三夜趕頭眠育蠶要旨熾炭於筐之下并其四周上下抽番晝夜巡視火不可烈葉不可缺然又不可太緩緩則有漫漶不齊之患矣編絲白蠶薦以圍火恐其氣之散也是爲看火湖蠶小品非無速效而後日往往生病廣蠶桑說不若冷看之妥唯遇春寒用火可免眠蘒亦作蠶蘒或借用蘿蔔屜字蠶畏冷藏葉底不肯向上食葉謂之眠蘒燒炭墼一箇用灰蓋好置架下不得過熱育蠶要旨蠶初脫殼曰烏爾雅翼曰蚝餘諸書曰蟻細如髮色黑嫩桑葉切極細飼之微有聲過雷聲則以故種連鄉種布護之奉馬頭孃於室布桃莿於門戴桃茢於首以祓除不祥西吳蠶略初生之蠶俗名烏兒每重一錢十六兩戥子可

得出火一斤大眠四斤並廿四兩秤爲中平之率遺閒瑣記

沈炳震樂府下蠶

蠶生𧉦𧉦初如髮隱約難窺出復沒歷頭檢取最吉方鋪筐疊架作蠶房鵞毛細意刷更淨不教紙上猶留藏小姑持秤較多少今年定比去年好阿翁護持寒暖宜天公方便溫和早揮刀切葉快如風細作絲條香氣濃勻鋪簇面青茸茸老翁旁觀不復語唯見眉間長栩栩瓦盆有酒還可酹既醉婆娑起獨舞

董蠶舟樂府收蠶

蠶房埽罷窗已糊吳鹽裹去迎貓奴良辰急向歷頭檢城中前日齊攤烏炙殘桃葉蠕蠕動毫芒細更輸針孔紛紜紙上密成團四寸鵞翎慢撚攏刷下先將小榼承細敷花葉一層層蠶孃早欲知多少數罷還從戥上稱從此育蠶多禁忌札闥豫防生客至三寸紅箋淡墨書家家徧貼蠶天字

董恂樂府收蠶

下蠶最早推我湖昨日前日齊攤烏歷頭日腳今又好收蠶先把良辰孤鵞翎一雙早購置細意更有垂髫姑囑姑開包出布種蠕蠕戢戢生意蘇紙上拂拭置筐內攢如絲髮無細纖更教持戥較輕重背言種最今年敷小筐紙糊潔且淨一層細葉青不鋪操刀束結怭復怭何殊慈母將嬰雛

○蠶禁

蠶時多禁忌雖比戶不相往來宋范成大詩云采桑時節暫相逢蓋其風俗由來久矣官府至爲罷徵收禁勾攝(胡府志○按學政試士提督閱兵按臨湖州並避蠶時)謂之關蠶房門收蠶之日卽以紅紙書育蠶二字或書蠶月知禮四字貼于門猝遇客至卽懼爲蠶祟晚必以酒食禱于蠶房之內謂之掇冷飯又謂之送客人(吳興蠶書)雖屬附會然旁人知其忌蠶必須謹避庶不致歸咎也有實係當忌者曰雨曰霧曰黃沙(葉有霧甚毒雨亦不宜黃沙必洗)曰氣水葉(葉久貯氣熱蒸溼者)曰煙氣曰油氣(熬熱油尤忌)曰酒氣曰穢濁氣(育蠶要旨)蠶初生時忌屋內掃塵忌炙煿魚肉忌油火紙於蠶屋內吹滅忌側近舂擣忌敲擊門窗檻箔忌蠶屋內哭泣忌穢語淫辭忌未滿月產婦作蠶母忌帶酒人切葉飼蠶忌一切煙熏忌竈前熱湯潑灰忌產婦孝子入家忌燒皮毛亂髮忌酒醋五辛羶腥麝香等物忌當日迎風窗忌西照日忌正熱著猛風驟寒忌正寒陡令過熱忌不潔淨人入蠶室忌蠶屋近臭穢(西吳蠶畧)蠶喜靜而惡鬧勿任人喧嚷其旁忌醋瓶酒甕藥罏及一切有香氣之物勿使近蠶婦勿佩香囊忌煙吸煙者向蠶吐之蠶口立流黃水忌油漆勿於飼蠶處油漆器具(廣蠶桑說)苦菜蠶蛾出時不可折取合蛾子青爛蠶婦亦忌食之(李時珍本草綱目○按苦菜卽荼一名苦苣一名苦蕒又苧亦蠶所畏故蠶室左近不可種苧穿蠶種紙忌用苧綫)

○采桑

桑葉稱爲鮮貨不可多采恐其乾而蠶不欲食則暴殄矣又不可少采恐遇霧雨黃沙也倘逢大雨用繩經于檐前將桑葉挂上風乾水漬或用扇揮之(育蠶要旨)或以布夾之(新者唯白布可用舊則不拘顏色矣)或以淘過乾小麥拌之(未淘者恐有灰宜先時預備)少頃卽乾晝時所食之葉宜辰刻采之夜間及明日清晨所食之葉宜申末酉初采之日色正盛時所采必易枯蠶有不食之葉二金葉(有黃斑者)油葉(色黑若有油者儲之太堅踰時則油矣如買葉數十里外儲之不得不堅則須於中道放風放風者擇有風無日之處發而鬆之也約行二十餘里便須放風一次是也廣蠶桑說)小蠶時只采葉片出火然後開剪如蠶多則二眠卽開剪(育蠶要旨)

沈炳震樂府采桑

舍南舍北皆栽桑千株萬株繞屋旁蠶多葉少行且盡南塍一棱還蒼蒼明朝欲眠蠶食急屋裏空虛更無葉還須更采早作計莫待更深歎無繼盈籠采得負荷來倏看牆角青成堆婦姑飼蠶心手忙縱橫重疊鋪之筐忽聞堂前兒作鬧葉裏悲號正難料提燈問兒兒不言但見紫葚盈階翻

董蠡舟樂府采桑

一片碧雲籠四野戴鵀聲中見桑

者儂家有地十畝寬半在陌頭半牆下郎憐儂是新嫁孃嬌羞倘怯遵微行顧語小姑汝予助同向南塍采桑去宿葉未盡蠶未飢偷閒偶啓白板扉家家閉戶寂如水拾甚哇邏讓稚子綠陰陰地閒剪聲林中到處桑梯倚須臾夫壻負藤歸堆來滿地青玉肥只願吾蠶食葉速遂采不辭勞僕僕然思地窄葉無多飼到上山恐不足休得安全過大眠典卻金釵開葉船

董恂樂府采桑　種桑須種儂屋邊儂行采桑近且便提籠朝朝又暮暮不須南陌還東阡日日飼蠶采猶易夜行畏露零涓涓良人爲我購竹藤薄暮挑取盈窗前何待更深復外出愛儂情重儂亦憐所愁蠶多葉復少不堪無葉偏無錢卻喜今朝蠶不食滿筐滿箔齊三眠拔釵付郎去秒葉天明餉食難稽延

○稍葉

葉之輕重率以二十斤爲一箇（胡府志）南潯以束則論擔（西吳蠶略）其有則賣不足則買謂之稍（俗讀平聲或作秒字）預立約以定價而俟蠶畢貿絲以償者曰賒稍有先時予直俟葉大而采之或臨期以有易無者曰現稍其不能者或典衣鬻釵釧以償之或稱貸而益之（胡府志）蠶向大眠桑葉始有市有經紀主之名青桑葉行無牙帖牙稅市價早晚迥別至貴每十箇錢至四五緡至賤或不值一飽議價既定雖贖者不容悔公論所不予也（二葉亦同唯三葉任人采取不索值以三蠶少也○西吳蠶略）葉莫多于石門桐鄉其牙儈則集于烏鎮買葉者以舟往謂之開葉船僥倖者亦稍以射利謂之作（子智切）子葉又曰頓葉（董蠶舟樂府小序）買葉當用十擔先買五擔恐蠶或不佳不至餘葉又停葉之法亦稱佳葉葉來之時先向陰地上鋪蘆蓆或竹簾葉放其上不可鬆亦不可過緊須將每帖（俗以一枚爲一帖）豎起整齊平直清水灑之謂之封好（一周時宜灑三四次）可停三日或兩日臨飼蠶時將葉放鬆涼透（停處必熱）否則有氣水葉蠶食即壞（育蠶要旨）

董蠶舟樂府稍葉　家家門外桑陰繞不患葉稀患地少及時唯恐值尤昂苦語勸郎稍欲早我家稍時在冬月一擔不過錢五百迨至新年數已懸蠶月頓增至一千未到三眠忽復變一錢一斤價驟賤夫壻閒之咎阿儂而今欲悔已無從儂笑謂郎莫爾爾吾家所失殊無幾不見街頭作葉人折閱已過大半矣此曹平日子母權計利析到秋毫巔居來奇貨不肯鬻黃金不飽貪夫腹去有腰纏返垂橐烏戍歸來唯一哭

董恂樂府秒葉樹桑牆下地不多蠶食不足如葉何
鄰翁明日向烏戍顧語夫壻無蹉跎葉行早晚價不
一秒遲秒早宜猜摩淸明插柳妾曾卜今年平穩蘼
有他但願初貴後時賤彼做葉者空婆娑當其貴時
儂有葉牆陰屋角枝猗儺待至蠶長葉已賤葉船兩
兩門前過百斤亦祇値錢百剪刀聲裏多歡歌

○飼蠶

收下後葉宜切細初眠後可斸二眠後用葉片育蠶要旨三眠
則連枝與之出火前忌溼葉大眠餉後又惡太燥以潔
水灑葉而飼董蠡舟樂府小序○按俗呼飼曰餧讀如豫每日布葉五六次

須鋪得極勻不必過厚黃昏時一次須畧厚如遇陰寒布葉而蠶不甚食須
用棉被將盛蠶之器四面包裹使受暖氣則食矣器上以他
物架空恐棉被墜及蠶身○廣蠶桑說僧于蠶月入夜打鐘三次以警蠶
婦餇葉之候蠶畢率酬以縣施國祁禮耕堂詩集大約每蠶一斤
廿四兩秤自收下至上山喫葉一百八十斤十五兩三錢秤此上上
蠶也稍平者不到此數育蠶要旨

沈炳震樂府飼蠶初眠二眠蠶如毛飼蠶切葉嗟勞
勞辛勤半月蠶出火帶葉連枝亦已可小時食葉葉
須乾露中采得當風懸大眠餉後葉可溼淸泉細灑
明珠圓葉乾葉溼各有宜第一難防侵曉時晚來照
雲忽四布明朝定是漫天霧擷蔬芼羹罷晚膳結伴
提燈連夜剪我儂辛苦自不免隨人更復勞黃犬

董蠡舟樂府飼蠶終朝斲斫費擗搭蘘砧束作明月
樣絲絲青葉如牛毛細意聶切何辭勞夾辰之間眠
過二眠起便將完葉飼盼到幾時纔出火連枝喂食
無不可只愁霧雨氣鬱蒸檐前風戾懸長繩小蠶惡
溼大宜潤予淪寒泉細噴噀調飢未忍朝食遲生怕
蠶飢甯我飢蠶飢便恐絲腸斷未敢片時少稽緩一
宵四起黎明興阿母年邁猶能勝回眸一笑呼小妹
鋪筐未了垂頭睡

董恂樂府飼蠶蠶飢蠶飽不可過早起飼蠶何敢惰
只愁飢後斷絲腸那顧女啼與兒餓辛勤更是小時
難葉溼宜揩大宜剉盼到今朝捉大眠帶葉連枝滿
筐篋所恨連朝風霧深照料稍疏又囊破竟晝綠宵
那得閒幸是兒夫肯儂佐葉乾葉溼要關心與少與
多莫相左夜間飼罷且偷閒和衣暫向牀頭臥

○頭眠

蠶將眠不勸食曰紅嬾思又有青嬾思亦曰攬絲言口中吐絲
也胡府志一云蠶長已倍乃發油光名紅嬾思西吳蠶畧其曰
食孃者言他蠶盡眠而此猶食葉也胡府志○按青條亦在內結背

停食曰眠蜕脣向食曰起時寒則遲時溫則早此天爲之也冷看則遲熱看則早食慢則遲食緊則早此人爲之也初眠曰頭眠次曰二眠三曰暢火四曰大眠已眠者爲眠頭已起者爲起孃火蠶之眠疾而且齊如見紅攏絲即宜糝除沙綈冷蠶之眠畧分先後須審其眠十之二方糝卻不可早早則食葉者尚多不能不多飼飼多綈厚又難復綈必受鬱蒸之病亦不可遲遲則眠于沙綈者多既不勝檢捉之煩且致沙綈鬱抑之患吳興蠶書仍以竹箸細細分開去其殘葉烏青鎮志初眠雖係學眠究欲其齊朝見眠頭而夕定䅣夕見眠頭而朝定䅣其蠶必佳眠頭欲眠者數十箇也定䅣無不眠也雖廚好蠶終不免有青係將眠葉不可多采每眠並同育蠶要旨○眠則擡置他器曰捉眠頭董蠶舟樂府小序頭二眠蠶小不能捉但去沙府謂之替西吳蠶畧

一候眠頭　凡蠶之眠皆先吐絲著綈以纏其足謂之做綈須停火停葉火不停則傷蠶進葉則已做綈者復上葉面而重做矣移放帷帳之中勿使風襲風吹之則背縮而難吐西北風尤忌又不可撞動蠶筐撞之則背亦縮住初但伸背向上挺身不動謂之打眠樁再候之則吐珠矣背上忽伸出一紫色圓點如綴珠然謂之吐珠○吳興蠶書俗謂頭眠頭頂沙二眠蠶挖蠶然猶不足憑唯看其蠶身放白蠶身長大旺葉以後漸漸色黃收身褪葉背尖有黑二點此眠之候也育蠶要旨

一引青　不眠者謂之青條定綈後用礱糠灰糝于面上用葉片剪開貼在綈上其青自來謂之引青捉之自盡育蠶要旨亦名相青或以葉綈引亦可吳興蠶書

一派老底　蠶之眠貴齊眠齊起亦齊若飼葉不勻則食足者眠早不足者眠遲一筐之中眠頭與食葉之蠶糾紛雜沓飼之則綈益厚而從損眠頭不飼則缺食而愈不能眠矣須綈開而上食葉者飼之而以底中之眠頭另貯謂之派老底而上之蠶雖非青蠶收成終不及老底之豐吳興蠶書

一種眠頭　蠶至吐珠爲眠成取空筐勻糝班糠即礱糠灰或兼拌散石灰以眠頭帶綈鬆布其中謂之派綈用手宜輕不得觸傷蠶背綈中沙矢必盡故去後厚糝班糠一層安頓靜暖處謂之種眠吳興蠶書令蠶䅣乾燥眠亦易起育蠶要旨

一候起孃　自眠而起天寒約一周時天暖較速欲其速起須用抄綈法廊檐外架竹木作棚上覆蘆簾外護草薦太陽洞照移蠶筐置棚下頻頻翻動蠶綈謂之抄綈蠶乘暖氣半日即起矣先起者名搶火孃恐屬雄蠶起齊後若絆滿楊花綈須用箸分開使起孃在下者皆得乘鬆而上吳興蠶書

一驗眠頭起孃　眠頭身體堅實向明照之色深綠者爲無病疲軟紅黃則病矣提眠頭時葉雞乾燥沙矢堅結者爲無病葉雞潮潤沙矢汙手則病矣俗用清水一甌取眠頭十箇除淨纏脚絲投之皆沈者爲有十分收成沈九爲九分以次遞減雖未必盡然亦可備試驗之一法起孃初蛻昂首張尾色如羊脂者爲無病頭垂尾歛身黃如陳倉米色俗謂之著黃草布衫放葉後卽尾流清水矣火蠶須用新白紙一方置筐中眠頭起齊紙上無一點汙穢水跡者良若有跡爲傷火之徵棄之可也吳興蠶書

眠起食倍于前衡之重亦逾倍者里語謂之餉得

起反是曰餉不起董蠶舟樂府小序

沈炳震樂府提眠朝來漸見紅嬾思蠶眠應在下春時埽除筐薄教潔淨料理盤餐供晚炊巳看欲眠還復食前後參差在一刻就中一一勞揀擇堆筐重疊密於鱗此是儂家希世珍分筐合計逾十分今年蠶花勝比鄰室中搬擡還未巳小兒索乳啼不止小姑作勞一日怕頻呼不應倒空牀嘯兒未畢雞鳴猶獨自擕燈照起孃

董蠶舟樂府提眠嬾思欲眠猶未眠青紅攬出絲纊緜貯餘筐匾勤拂拭一一移置當窗前或食或眠雖晝一先後相差無半日擷此未徧彼已眠兩手拮据不遑息傾耳沙沙聲漸小知是筐中食孃少眠頭欲靜又怯寒提罷更將帷幕繞深夜提眠多苦辛妾容無復桃李春三眠四眠蠶易老鏡裏紅顏豈常好

董恂樂府提眠三眠四眠種各異欲眠不眠攬絲未小姑纔向筐薄看道是今番不須飼紛紛多見紅嬾思只在黃昏眠可遲縱有食孃也不多緣枝求葉無三四觔姑慎勿貪戲頑晚餐端整炊蔬食大家飽飯腹不飢提眠好盡今宵事巳眠未眠一一分曲植籧筐怕位置手中絲絲猶不閒早見朝曦小窗至

○餉食

眠起初食曰餉胡府志　眠後看蠶上有白絲如緜謂之楊花綫然後可以餉食或看其背上始白漸黃終至稍黑亦可餉食總以眠頭盡起爲度育蠶要旨　如起孃不甚齊不妨稍遲以俟其齊俗謂之熬遺擲瑣記　眠一次則背闊一次衣寬一次布葉太早恐背已闊而衣未盡脫者亦食之則腹大而未脫之衣脫不下矣食葉之疾徐不盡關乎冷暖初起必不甚疾將眠將老亦不甚疾最疾者中閒之兩三日耳此兩三日上葉宜較勤廣蠶桑說　食盡曰葉過以語忌而吏也董蠶舟樂府小序　二眠餉食不比頭眠及出火不

可過熬大眠餧食稍嫩亦不妨青鎮要旨

沈炳震樂府餧蠶卷帷看蠶蠶蠢起求食紛紛曲薄裏青青采得新葉歸條枝食葉疾于飛須臾速筐食更盡從頭添葉當令飢餧蠶粗了到門前偶值鄰姑采葉還鬧道市頭葉大貴只論有桑不論錢東家典衣還去買西家新婦耳無環歸來絮語鬧夫婿細數儂家蠶葉計不愁葉少便欣然留得銀釵長壓髻

董蠡舟樂府餧蠶眠頭捉罷夜未央蘧蘧一覺投匡牀筐中枕畔兩同夢良人呼起將三商飛蓬雙鬢久能櫛今朝偶到妝臺傍梳頭未半娣姒喚可是筐中有起孃女兒女兒新睡起雪色肌膚倍肥美此時飼之勿太亟少緩須臾乃餧食俄頃葉過惟留莖到耳一片風雨聲蠶身日長逢日分昔時一斤今五斤

董恂樂府餧蠶吾鄉育蠶以斤攄不以城中筐數論一斤出火至大眠稱得五斤已無恨今歲儂家喜氣多徹於此數更有進蠶眠已過一晝夜餧食須數者時趁大婦提筐采葉歸小姑提甕汲水潤密堆層疊筐籧中一色綠雲最嬌嫩到耳欣聞切切聲纔得須臾食已罄傾籃倒籠從頭添敢令遲延致飢困

○二眠

二眠疾于頭眠其除𧉅停葉諸法一切皆與頭眠同吳興蠶書

二眠退皮長二分許黑色退而漸白食葉聲亦稍大西吳蠶略

○出火

小蠶用火至三眠去之故名出火亦作輟火近多不用火而出火之名仍相沿不改遺聞項記蠶至輟火與小蠶異小蠶之眠皆派𧉅輟火必除盡沙𧉅淨檢眠頭方可用秤較量吳興蠶書不事竹箸用手一一取下烏青鎮志謂之捉眠頭其臨眠縣換之法亦異小蠶眠十之二卽可縣輟火須俟有十之三四方縣蓋蠶大筐增叉欲除𧉅捉蠶雖衆手疾檢較之派𧉅多費時刻眠頭在𧉅久最易蒸損況輟火之起較速諺云輟火打篩滾言起之速也往往有捉未齊而蠶已起者惟俟其稍多則縣眠卽眠飼亦不過一兩頓沙𧉅既薄檢捉亦易可不患其蒸損矣捉齊後秤準分兩取石灰末和班糠糝于筐中以眠頭稀布之更用班糠糝于面上則燥而暖吳興蠶書鄉人謂之拱俟有起孃卽用穀子預先曬乾拆開放在面上起孃不至沸騰如天陰用稻柴剪斷亦可起齊後方可餧食青鎮要旨長約三分映光照之頭作碧色乃出火之候起齊布葉有十字架以承筐取便旋轉始飼以整葉聲如小雨出火一斤半爲一筐亦

有以一斤作一筐者西吳蠶畧○按東鄉則論斤不論筐蠶多則論斤蠶之少則買之俗曰撥出火蠶遺閑瑣記買出火須擇其絲緒纏緜者爲上育蠶要旨

○大眠

大眠與蝃火同亦秤分兩每蝃火一兩大眠四兩爲正額過爲蠶長不及爲蠶損恆以此卜收成之豐歉吳興蠶書蠶至大眠好歹已定一半好者眠中齊集稍有青條蠶身均勻並無大小其色青白若一周外尚不眠青條無數布滌甚多其面必當棄之凡出火一斤得大眠四斤爲四斤捉得五斤則爲五斤捉看眠頭如前法育蠶要旨蝃火眠頭每筐分布三斤大眠每筐五斤筐內勻撒桑葉或寸切稻草仍以石灰和班糠篩之吳興蠶書餇食時候比出火可早食葉可灑水氣水葉終不可喫○育蠶要旨眠起長可七八分背有絲腸閃動可視食葉聲如驟雨西吳蠶畧大眠起後食葉愈速能一晝夜食葉十餘次則五晝夜即老矣能多食數次更好蓋此時多食一口葉則上山後多吐一口絲故唯恐其食之少廣蠶桑說

○分蠶

長則稠疊沙緜厚則發蒸鮮有不致病者分蠶之法所以疏繁除穢也分無定期視蠶之稀密爲之蠶亦無定

時或日中一蠶或早暮各一蠶視天之寒暖爲之吳興蠶書蠶早則足傷而絲不光瑩蠶遲則氣蒸而蠶多溼疾湧幢小品蠶性喜溫而又惡溼熱故必簌括簌則剝去底下一層括則取其面上一層而簌中猶有蠶在必當搜剔淨盡倘有殭爛白肚空頭等蠶棄之無遺每日宜簌括一回而出火及大眠時爲尤要更有救逆之法如爛肚傷熱吐水白肚二種氣水葉空頭小蠶時失葉飢傷布滌身有黑斑點生種之故必須勤簌方不傳染如殭蠶傷冷瘋孃不上葉生種時對得不深可噴燒酒或甘草水又法以馬毛鋪蠶器內可免諸病育蠶要旨務本新書云擡蠶要眾手疾擡若箕內堆聚多時蠶身有汗後必病損漸漸隨擡減耗縱有老者簇內多作薄皮繭布蠶要手輕不得從高摻下遞相撞擊因而蠶多不旺已後簇內成嫩老翁赤蛹輕疾二字最是分蠶良法顧輕易失之遲緩而不疾疾易失之鹵莽而不輕二者能兼斯盡善矣至將眠一蠶尤爲緊要關鍵吳興蠶書葉過後枝莖雜蠶矢謂之蔴子俗呼蠶沙垃圾董蠡舟樂府小序設土窖儲之浸之以水俟其腐爛取以糞田糞桑極肥廣蠶桑說

一留分地　處蠶宵稀毋密密即分不得任其擁擠小蠶尤宜寬展蓋蠶小力薄若摩肩疊跡而處則強者爭食弱者必擠于緜下而受飢故布蠶于筐不得湊著筐邊

四圍當離二三寸以爲疏蠶地步飼一次卽細看一次就其密處用箸輕揭勻布四邊或連綈鬆開務使游行自在不苦局促則食葉勻而無大小不齊之病（吳興蠶書）

一開筐　蠶已滿筐另用空筐分貯曰開筐或帶綈分開或隨綈派出總不使筐內少有堆聚處則不致蘊鬱（吳興蠶書）

一剝縣　筐內綈厚須取班穅薄糝蠶上飼葉兩三頓俟葉既過就班穅間開之處將蠶逐漸剝起勻布空筐剝須詳慎不得怱遽損蠶撤去原筐內沙綈（吳興蠶書）曰出難（董蠶舟桑府小序）

一合縣　蠶初生至二眠有用合縣者蓋小蠶體弱不任翻剝合縣較便捷亦用班穅薄糝飼葉俟過以新紙一幅鋪于蠶面（紙須大于筐上蓋空筐亦須大于有蠶之筐）兩人對撥其按緊上下兩筐覆使翻身卻揭起原筐沙綈盡在蠶上卽依班穅間隔之處捲去沙綈糝班穅一層以原筐盛之兩人如前對撥按緊翻轉須趁勢旋運不得鹵莽用力撞破蠶綈隨去空筐與紙紙上遺蠶以鵞毛淨掃之火蠶亦合縣卻不糝班穅以綫隔之綫用二三十條一頭扭一總結勻鋪蠶面飼葉兩三頓用空筐如法合轉就綫之總結處提起捲去沙綈尤以速爲貴（吳興蠶書）

一綱縣　蠶過二眠蠶身已大用大筐尖放大筐重笨殊難轉運合縣則蠶長筐增列槌厨繁若用手剝亦緩而不能一時周徧唯以綱縣之較省力較敏疾綱之宜疏宜密須酌量蠶之大小縣時取綱鋪于蠶上須平正熨貼使蠶得穿綱眼而上升飼葉三頓後蠶已就食而齊集綱面綱之眼皆爲葉蔽不復漏蠶隨以空筐置其旁兩人提綱四角移放空筐中綱底或帶綈梗亦宜摘去綱之四角須搭入筐內若懸挂在外恐槌上進出或有牽絆也下次縣另以綱鋪此綱隨沙綈撤出故一筐需用二綱（吳興蠶書）

一簾縣　禮具曲植曲卽箔也今之蘆簾是也古人盛蠶以箔今則唯以筐盛取其擡縣便易蠶過大眠又鋪地上無須筐箔故簾止爲山棚上架蠶之用然夏蠶大眠之後時正炎熱若鋪地上沙綈中溼熱之氣甚于春蠶蠶受之斷無不損若仍置于筐每日擡筐縣換又不勝擡運之苦宜遵古法以簾代筐卽于簾上縣之簾宜擡室之中架空平鋪兩旁留數尺餘地便人左右往返先於簾之左一半布蠶綈厚縣至右一半撤去沙綈右厚復縣至左蘆簾廣闊不窄邊幅蠶皆舒展葉屑沙矢之屬俱從簾縫下漏簾上止存枝梗決不發蒸（吳興蠶書）

一捉離嬝長嬝　蠶訖䌖中尙有存留俗謂之離嬝言其離散則上行疾病則沈䌖（處䌖下謂之沈䌖）䌖中之蠶決非上品然蠶時遺剩或有强健者正須子細抉擇不得槩棄（吳興蠶書）出火以後間生小蠶其細如烏俗名長筐蠶（西吳蠶畧）是爲長嬝係蠶之胎生者有此爲滋長之徵亦須檢留（吳興蠶書）隨母食葉追母蠶登簇小蠶亦隨成小繭形如梅核極可愛（西吳蠶畧）○按長嬝隨母同眠同老不可離母有愛而檢出另育一器者悉斃矣

董蠶舟樂府出蘿大起巳後食倍加須與止臕枝槎枒枝間遺矢更猥籍積來箔底何紛拏滓穢叢殘待捐棄始可再將新葉飼更欲移蠶置別筐一一掯拾談何易唯將罣罳筐上張網中層疊敷柔桑蠶從網下來就食一網舉之誠善策枯莖蘿出芻狗陳明日晨炊可代薪豈徒爨下供所乏更得草人土化法亭亭如蓋桑陰遮得氣全賴壅蠶沙

董恂樂府出蘿葉裁如縷蠶猶小葉細無餘蘿亦少自從出火過三眠大葉麤枝似芻藁須臾葉過只留枝倘教檢取亦難了御將絲網置筐中一網出之計誠好枝空留作爨材供細沙肥沃宜桑稻鄉人勤苦棄物無能供所需便堪寶最憐蝸蹶一月餘徒說山頭如雪皎待到絲成緜自時唯此區區可相依

○鋪地

蠶以居筐爲善然大眠以後蠶大筐多列槌分架擡飼難擡蠶尤難（吳興蠶書）於是埽地藉蘆蔽而散蠶其上（胡府志）以土坏闌限如筐（吳興掌故）謂之放地蠶（廣蠶桑說）亦謂之下地有大眠放葉周時後下者有放葉三餐即下者酌量蠶之多寡室之寬狹瓜分棊布幾無餘地以容人自此不擡不蠶唯朝暮勤飼以俟其老眞簡便法也蠶有忌下地者一夏蠶時居炎暑沙䌖重蒸較頭蠶更甚在地無從蠶換蠶受之即傷而無成不可下也一種蠶蠶既爲種尤宜燥潔地上終嫌潮潤且蠶少擡蠶極易不必下也（吳興蠶書）蠶既下地居高布葉須輕輕布之務使均平（有手所不能到處用細竹枝挑之使勻○廣蠶桑說）

一除蟲豸　蠶下地易爲蟲豸所傷室中先須淨埽塵埃塗塞隙穴四壁之下蟲豸得以藏匿者悉取石灰末徧撒以杜絕之（吳興蠶書○按俗以是日祀馬頭孃云能祛馬蟻）

一排蠶凳　蠶徧一室人無所駐足飼葉極難周帀須直排狹長矮凳二條凳離開約八尺凳上橫鋪三板以備飼蠶行之（吳興蠶書）

一鋪草𦻂　蠶身不可著地須用稻草葉厚鋪一層謂之草𦻂以禦潮溼然後布蠶（吳興蠶書）

布蠶　地蠶以稀勻爲主室中上下左右當離尺許以爲鬆蠶地步蠶身自大眠至老須長一倍故四圍留餘地以俟其長又蠶性喜上行上半間尤宜稀布自能走勻（吳興蠶書）

一隔潮溼　自下地至老約五六日飼久溼厚遇天時潮悶即有溼熱之氣上騰宜取乾茅草細切二三斗勻撒蠶面上飼以葉下有茅草可以隔其熏蒸也無茅草以稻草代之（吳興蠶書）

一假蠶館　凡設簇于家者蠶至大眠房屋皆須鋪蠶而蒙師亦家盡養蠶須自助勞是時村塾盡輟學謂之假蠶館（西吳蠶畧）

〔沈炳震樂府〕〈鋪地〉大眠蠶身長似指攢頭一簇壓不起農家無箔更無筐掃地鋪蠶勢難已獨憐室中如席大假饒蠶無可坐婦姑勃谿屋欲破偪塞相看嗟無奈前溪今歲作學堂抱書來讀鄰家耶先生據堂口高坐環列弟子分兩行若使堂空散學徒那愁無地可平鋪蠶多屋少無著處傳語先生暫歸去

〔董蠡舟樂府〕〈鋪地〉出火五日大眠過吾家蠶具備未多區區筐曲盛不足蠶量無計將如何打頭賴有三間屋几榻不妨藏庋閣塌地平將蘆蓆鋪暫借坤靈作蠶簇僅餘臥室在東廂上羅箔簇下支牀此際已難居八口來歲小兒又娶婦只願蠶花收倍豐不愁明年無處容別築新居高百堵華堂即是鋪蠶所

〔董恂樂府〕〈鋪地〉今年大眠十倍提蠶具翻嫌置未足具少蠶多可奈何幸得儂家富於屋房軒用當箔與筐掃除苦乏僮和僕深賴青紅兒女多一握稻柴如帚縛各自東西灑掃忙蘆蓆平鋪即蠶箔只教有地可著蠶遑計此身偏踽促況是蠶多食亦多堆葉還須讓屋角臥牀亦撤挂梁間倘要安眠待蠶熟

湖蠶述卷二

湖蠶述卷三

縛山棚

烏程　汪曰楨

蠶老作繭架棚以處之謂之山棚須因地制宜牢固平穩需用竹木簾帚繩索諸物宜先時一一整頓屋多棚與地蠶各據一室屋少者即于地蠶上架之吳興蠶書

一架棚　用竹或木依室之闊狹截爲橫楞凡室六架者楞用三根八架者楞用五根各以麻繩從梁上懸下縛住楞之兩頭楞離地約五尺按東鄉較低不過四尺欲其近火也均須齊平緊穩亦有於柱上各釘四五寸小木一段托住橫楞

者較繩懸爲省便更以竹四枝依室之淺深裁爲直楞勻架于橫楞之面用繩緊繫上覆蘆簾湊滿一室毋使少有空缺處各楞及繩並宜堅固庶免傾側覆壓之虞吳興蠶書一云搭山不宜緊靠牆壁蠶性好高必至無可高處乃止緊靠牆壁則近牆之蠶將有成繭于瓦縫間者廣蠶桑說有力之家度室之廣狹削木如其長廣一尺餘厚五之一四足如杌子狀謂之山棚凳用省架木之勞董蠶舟樂府小序

一棚高低貴得中　不可太高高則不能收火氣亦不可過低低則棚下局促不便人行吳興蠶書

一棚忌悶　以疏爽爲主疏爽則氣透無悶繭之患故樓下不可架棚吳興蠶書樓上搭之最妙廣蠶桑說

一棚宜寬　蠶多棚小則同功繭必多遺閒瑣記

一棚宜暗　老蠶見亮光輒游走無定不即裹身蠶上齊後所有窗戶悉宜遮掩吳興蠶書

沈炳震樂府縛山棚春蠶將老先縛棚蘆簾結束如砥平周遭倚牆架巨木縱橫更列花格竹不留餘地通往來儘教大小依儂屋地下鋪蠶上作山棚低抱葉嗟彎環朝來蠶食更攢攢簾空加葉無餘閒東鄰蠶早故多暇隔籬閒訊相慰藉儂蠶明早見繚孃辛

苦還拌是今夜

董蠡舟樂府搭山棚大眠餉食蠶多老料理山棚須及早盡將家具度梁間慚愧儂家屋較小架木倚竹結構牢去地未及一仞高布以蘆簾平似砥草薦三面圍周遭上蠶帚頭下撩火棚底痀僂往來可何須更列花格竹不致欹傾亦已足經營拌費一宵功切誡兒曹毋欲速鄰家家富貪安閒新製雙凳厚且堅因斯結縛遂草草棚倒覆火蠶被糜我家力不能辦此無恃乃得常無患山棚歲歲安如山

董恂樂府搭山棚蠶老須置山上頭搭山縛棚屋四

用中央巨竹横叉縱上鋪蘆席如平疇高低結束事纔了忽聽笑語談湖州不知花格竹何取工夫破費眞無謀豈如儂家最省便一般作繭無他慤上安蠶帚下灼火也如戶牖同綢繆只憐屋低立難直終朝棚底行傴僂但願今番得大熟明年起屋高于樓

○架草

蠶之成繭不能無所倚傍故棚上須立草帚（吳興蠶書）名曰帚頭（董蠡舟樂府小序）散布登蠶其上有至二三重者（汤蟬小品）墩帚折帚各隨鄉之所習（按東鄉多用墩帚西鄉多用折帚）總以密簇爲主有就簾上立者鋪一節蘆簾卽立一節草帚隨上一節蠶四圍著邊處用草一束椏（私盍切中州集有詠椏子詩）緊謂之椏邊草此隨立隨上法有離簾面尺許用細長竹縱橫搭成方格（按胡府志云方孔各尺許）以繩縛住絡于梁間謂之花格竹卻簇帚於格內（按湖濱及南潯左近並不用花格竹故帚頭時患眠山）棚上另設橫楞架板登之取蠶從高糝下繭成後除去下橫楞蘆簾謂之除托此先立後上法習俗各異然其用則一也（吳興蠶書）

一折帚　中折而盤旋之如盎如笠（西吳蠶略）兩頭向下其形下大上小（遺閒瑣記）

一墩帚　以草紥鬆鬆縛之截齊其兩頭如洗帚狀長尺五六寸（紐以上長尺許紐以下五六寸）圍五寸許（以隻手握之滿握）左手持紐縛處右手持其下之五六寸扭之使轉則隨扭隨緊隨扭隨開下如覆盌上若仰盂（廣蠶桑說）一頭向上一頭向下其形上大下小（遺閒瑣記）要灑得開立得穩不至眠山（育蠶要旨）

一殺蠶茅　草帚宜預備置高燥處庶臨用不致忙迫（吳興蠶書）暇日預取稻藁疏截整潔（西吳蠶略）用四齒鐵杷仰縛凳上持草帚于杷齒上批去其散亂者（廣蠶桑說）俗名殺蠶茅務本新書臘月刈茅作蠶蓐卽此古書皆言上簇（西吳蠶略）亦謂之斫蠶忙柴有倚者至以高價購諸鄰人云（董蠡舟樂府小序）

沈炳震樂府架草　去年田好多收稻有米冬舂尙餘藁平頭剪截一例齊留待今年作蠶草山棚堅牢已搭就次第棚間謀結構不疏不密整復斜不縱不橫還交叉短長錯綜如犬牙離披拉雜何紛拏自從蠶長不復閑前村後村斷往還鄰翁杖頭挂青錢攜杖入門笑且言君家稻堆如屋高應有留餘待索綯我家無田那得此有買豈復論錢刀阿翁相須徑相取何必區區分爾汝呼兒負送到翁家蠶忙未暇留翁茶

董蠡舟樂府架草　禾稈一握二尺高縛作帚狀繩束

腰兩頭劉切平若砥矗立豈復愁傾搭架構山棚已就緒左右前後排以序斜斜整整密于林犬牙出入相撐拄去歲豐收饒稻藁結來草堵如高崖冬春自米已上囤乘閑先斫蠶忙柴不憚勞勞到深夜閒時肯忙忙得暇今朝用去尚有餘貰向鄰村博高價

董怡樂府架草　去年田熟多收稻藁白枝枝不枯槁先留今歲蠶忙柴幸是藏多不嫌少須教平截一樣齊二尺許長乃正好每草一握巾束之散其兩頭計亦巧不疏不密置山頭不高不低互相繞簾上先教次第排那容欹側愁傾倒日來簇食竟無閒架草搭棚事難了鬬說鄰家繭已成來歲收蠶也宜早

○上山

蠶將熟脰節瑩徹 董蠶桑樂府小序 謂之通亮 忌言通 則老矣吐絲繚繞謂之繚娘 西吳蠶略 亦名考娘考即老之轉音 吳興蠶書 ○按考 或作功 色黃收身不食葉與欲眠同而沸騰不已周身通明與欲眠異 徧通明而無絲腸又是空頭出于小蠶時餓也小蠶不可失葉直至上山始見悔之已晚 或云蠶沙入水浮亦欲上山也 育蠶要旨 若見考娘須先撩上箔頭謂之撩考撩用楊條帶葉者平鋪蠶面蠶老性輒昂首上升過楊條即緣而上楊條蠶滿提起散于漆盤內次第勻撒草箔上其未老者四圍檢提集于中央薄飼葉一層謂之貼考若十蠶九老不必再撩宜衆手疾作上山遲則有作繭于簇者矣凡蠶之老性與眠同頭蠶早蔟皆眠亦早蔟皆老可以齊捉上山二蠶三蠶等至晚即不眠亦即不老須隨老隨上不能齊蔟也 吳興蠶書 一云見老蠶後已鋪葉六七次可以盡上山矣不可太遲遲則繭薄亦不宜太早早則停山 停山者上山一兩日始作繭 每一帚約可上六七十蠶 廣蠶桑說 上號好蠶上山後即作半周即如白雪謂之裹身一周有聲兩周無聲在內細作八不可動四周做好方可採取如上山不作繭必是爛死殭蠶及白肚見兩周後尚不作者即當輕輕拾去不可使其壞在帚有礙好繭也 育蠶要旨

一蠶忌熟　凡老蠶色帶青者爲生紅者爲熟帶生而上不過成繭略遲若太熟則蠶急于成繭每多同功及遺溺汙繭之病 吳興蠶書

一蠶忌稠　上蠶須疏密得中與其失之密寧失之稀密之害與熟同大約四尺架之室一架屋止可容蠶一筐 吳興蠶書

一蠶忌風雷　蠶口吐絲遇風即縮棚上宜四面圍護不使風入又畏雷上山聞雷即驚而不成繭宜用蠶蛻紙覆于棚上相傳以爲蠶蛻即蠶母有母在足以護其子

之毁也故扣烏之後蛻紙不可擲棄（吳興蠶書）

一作繭紙法　蠶老不登簇置之平案上卽不成繭吐絲滿案光明如砥吳人效其法以製團扇勝于紈素卽古之繭紙也宋史景祐四年蠡河縣民黃慶家蠶自成被見五行志由今觀之自成被之説得非人力爲之耶（西吳蠶畧）

沈炳震樂府上山　吐絲繚繞蠶已熟蓐呼兒女就地捉兒男上山據巨木蠶盛于盤運陸續先周四角後中央高低分布皆成行山頭蟲蟲蠶草密僕緣已見輸毫芒今年蠶好十倍過山棚過仄可奈何不愁今日相攢聚但恐釆繭同功多上蠶未了日在山門前人語忽諠喧鼓鉦擊鼓聲闐闐轟轟爆竹飛青煙兒童訢譁齊爭先出門四望新月懸弃山白蠶還當天

董蠡舟樂府上山　繚嬛不眠亦不食脰節通明無葉色撤向昔頭俯作繭早晚不過一二日盤盂一一各分盛蠶喚家人來并力攢似同風雪六花飛空蠶向山頭擲日未過晡事已竣久勞得逸翻欠伸棚邊地聊假寐背臀脛忽濺于雲何事鄉人競奔走伐鼓摐金疑逐疫婦女駭詫兒童藏共說弃山來白蠶鬧言瞿然遽驚起浚階明月涼如水夢想顛倒乃若是一笑吾鄉本無此（按相傳弃山白蠶不至東鄉唯道光中年曾見一次）

董恂樂府上山　縛棚初就蠶初熟已見繚嬛滿蠶箔合家飽食趁朝閒排擋今朝蠶上簇小兒捉蠶盛向盤大兒上蠶據山角取蠶散布蠶草間疏疏密密山頭蟲今年蠶好勝往年御苦山棚限于屋上山已罷暫休息棚底相偕坐瑟縮小姑作勞倦不支看山卽向山旁宿關心忽憶嫁衣裳軋軋聲驚眠不足

○擦火

山棚下著火一周用炭火極旺（育蠶要旨）曰擦火（廣韻擦祭制七曷二切）（烏青鎭志）亦曰灼山（胡府志）亦曰炙山（烏程劉志）小蠶宜暖老蠶亦宜暖暖則易于成繭况老蠶多溺著繭卽潮不得火焉能使燥火盆離棚約二尺不可過高亦不可過低（吳興蠶書）使熱上升則乘此縈絲作繭不停口而盡出腹中所有矣（烏青鎭志）城中必蓋以灰不欲其過熱南潯則必吹使極熾蓋肥絲細絲各有所宜也（遺閒瑣記）先是有烏鳴如曰葉貴了至是又有鳴者曰灼山看火意似相警者然（胡府志）靑者倦極常有火忌（湧幢小品）棚下宜貯水一桶以爲不虞之備凡蠶作繭以灼火爲第一要著少不得宜繭雖豐收決多病繭做絲無分兩矣（吳興蠶書）又有冷種不必用火（遺閒瑣記）凡不用火者絲縷終不如著火之光（吳興掌故）

一打悶煙　蠶初上山皆聚簇面未升于帚驟進火即損蠶須燒草以煙熏之按即川曬燥之蠶䗃謂之打悶煙蠶畏煙即上帚頭尖吳興蠶書○按蠶得煙即遺溺可免上帚後遺溺汙繭

一火宜柴炭相兼　砂盆貯火盆底先以灰護之用四寸長堅硬乾柴填實半盆再鋪炭一層上加炭一層發火煨之樹柴煨旺火力耐久最省炭吳興蠶書

一排火盆　火盆多寡須視屋之大小亦當酌量炭之大小若用江炭屑或川炭屑火雖旺卻不生燄盆宜墊高令稍近棚又宜密布室大者二十盆小者十八盆火稍微即撤開面上之灰使火長旺如用近地之大炭其火生燄盆宜稀排室大者十六小者十四離棚須稍遠晝夜在棚下照瞭一看火力微旺加減柴炭一防火星飛爆預為撲滅吳興蠶書

一灼蠶不灼繭　用火宜乘蠶未裹身時旺灼之不宜灼繭旺灼蠶身則乘熱攤花蠶溺皆燥繭成即不颺緒蠶絣統謂之攤花繰絲時絲斷繭颺不能并緒謂之颺緒攤呂支切太元經云張也若旺于成繭之時則吐絲繚亂不及盤旋縈繞繭成厚薄不均故蠶既裹身不得太旺以簇上常熱為度吳興蠶書

一關火氣　棚下不可使火氣散漫四圍用簾席遮蔽務令熱氣上騰簇帚皆暖則蠶即攤花而裹身矣吳興蠶書

一均火力　用火第一要勻若或驟或熄則成繭繰絲必至蹦頭颺緒諸病百出矣繰絲時其繭跳躍上撞謂之蹦頭蹦丑犯切跋足也俗以跳躍為蹦讀平聲旺火宜灼一日夜周時後減炭兩日後可熄火吳興蠶書

一察天時　天寒火宜旺天熱火宜微天燥火宜緩天潮悶雖極熱亦宜旺吳興蠶書

沈炳震樂府擦火　山頭作繭聲唧唧棚底瓦盆光烈烈積薪投炭當風爇掀騰暖氣如炎熱抽毫布繭絲不絕羅列煇煇萬點星隨風飛燄舞流螢茅檐打頭絕低小且為汲水高建瓴今年葉貴錢不足絮被典盡更質襦三春餘寒風破內趁暖還來棚下宿欠伸睡思未全刪看火春禽叫屋山滿山如雪昨夜添鬖鬆一望盡埋尖

董蠡舟樂府擦火　棚底煇煇爓火爛老瓦盆中熾薪炭更番守視不逡安自明至昏又達旦性愛溫和怯寒沍要得微陽相嫗煦暖氣掀騰舉體熱乙乙抽毫絲不絕靜中似聽唧唧聲山頭作繭半已成去歲連旬不開霽市中炭值頓翔貴今年天氣獨暄和差喜所用猶無多祇恐周防稍怠慢視融回祿能為患東家莪莪好堂宇可憐一炬成焦土樹杪禽言如警我

請君灼山須看火

〔董恂樂府〕〔撩火〕山前山後聞鳥聲灼山看火作意鳴蠶性愛暖要火力紛紛薪炭盆中盛山頭繭密白似雪山下火烈同光明繭聲唧唧響不絕祇覺暖氣周掀騰全家聚坐共閒話門外忽爾喧譁生東家撩火失防檢不幸飛燄延柴荊四鄰奔救咸歎息可憐一炬無餘羸歸來舉室更相戒慎勿貪睡當兢兢

○回山

山棚上采繭曰回山上山過五日蠶已化蛹始可采繭蛹音悲搜神記南方有蟲名蟓蝌形如蟬子著草葉上如蠶種湖人呼蠶蛹如悲有音無字今借用此字亦有作女

者見譚貞默著作堂集　夏蠶須早采一日蠶夏蠶之時多蠅蠅子寄生蠶身入腹化蛆能穴繭而出早采早繅庶蛆不及鑽穴而繭無病也吳興蠶書一云三日而關戶曰亮山五日而去藉曰除托七日而采繭爲落山湧幢小品一云如用火三周回山不用火四周回山不動不易出蛾如少人做絲可遲一日回也稱繭廿四兩秤或八斤或七斤爲一吊不可再少恐做絲單薄無神氣也兩吊可做絲一車必須安放匾內令其涼爽毛繭易蒸恐其出蛾也育蠶要旨若繭多天暖則以甕藏之以免出蛾西吳蠶略

一涼山　上山後三日繭已做厚須洞開窗戶一切攔護之物皆撤去使風氣往來謂之涼山亦曰亮山蓋火盆已熄繭恐復潮必藉風以扇之俾之常燥吳興蠶書易于繅絲否則纇多難繅而虧折尋斤兩矣烏青鎮志

一采繭　用花格竹者先除去蘆簾使死蠶沙矢悉墜于地然後采繭不用竹格者卽就簾上采之采時不貴速而貴淨蓋老蠶之中難免無一病蠶草帶上必白殭而烏殜鹵莽采摘決致觸破殜蠶汙及淨繭惟緩緩拆去有則摘出庶免遺染吳興蠶書

一較銖兩　大眠後秤得六斤爲一筐率收繭一斤爲一分以十二分爲中平過則得利不及則失利湖府志東鄉南潯左近則以出火一斤得繭一斤爲一分遞增至六

七分爲中平十二分爲上上矣諺云蠶花廿四分乃頌禱之夸詞也董蠡舟樂府小序一云舊規四眠蠶大眠一斤得繭二斤三眠蠶大眠一斤得繭三斤爲對花湖人以秤上所劃斤兩數之星爲秤花言適如其額也過則得利不及則失利嘗取四眠蠶之眠頭與繭細較之出火蠶一兩約計二百五十五六箇大眠蠶一兩約計六十三四箇是出火長至大眠實增四之三好蠶每兩計二十二三箇次者計二十六七箇是一兩大眠箇箇成繭好者應得三兩次者應得二兩六七錢俗以蠶一斤得繭二斤爲對花者猶屬八折算也采齊稱準庶知一歲蠶事之豐歉吳興蠶書

一安頓毛繭　新采之繭有統纏裹謂之毛繭最易蒸損卽難做絲故以淨筐貯之安頓淸涼處庶不發蒸（吳興蠶書）

沈炳震樂府采繭　山棚白繭重布護高下紛紛綴無數舉頭一望成雪山下箔仰窺成玉樹光明潔淨堅且圓如珠纍纍相駢聯漫誇圜客繭同甕但願蠶好還年年婦姑兒女齊共采一餉筐間色璀璀大筐小薄無弗盈堆牀疊架環如城老翁抱孫閑相評從頭一一計重輕少焉采盡上權衡與翁所揣銖兩爭拍手自詑老眼明

董蠡舟樂府回山　西鄰傷冷蠶則殭東鄰過熱蠶破襲功敗垂成自古有奇變難防上山後山前百徧行徘徊七宵魂夢常驚猜凌晨一眺喜過望滿山雪壓光皚皚踴躍大聲呼起起吾家今日回山矣繭多還恐器難盛檢點瓶甖及筐簏匀圓萬顆明珠垂間以黃碧光陸離堆來高與山棚齊不須如甕誇神奇持衡細把分數計何敢癡心望廿四卻嗤老媼太貪愚還祝明年勝今歲

董恂樂府回山　屈指上山已七日山頭璀璨堆如雪層層密壓滿四圍蠶簇不分只一白明珠纍纍相貫聯不須如甕誇圜客今朝已屆回山期相呼并力全

家集男兒取高還取低婦女采疏復采密只愁繭多無處盛草帚桑籃盡堆積去年記得十分收何幸今年一倍得爭把權衡度重輕婦姑兒女齊歡悅

○擇繭

諺云蠶忙不如繭忙言拗繭之功忙也蓋回山之後卽繅絲毛繭堆屯又易蒸損須于兩三日中治淨繭統抉擇精粗以爲繅絲計其時甚促故其功較蠶爲更忙常見村巷婦女交相援助往往不算工食止取繭統亦古之通功易事法也（吳興蠶書）

一拗繭除統　繭外散緒曰繭衣俗謂之繭黃（董蠡舟樂府小序）亦作繭統統不淨則蒙茸難繅必逐繭翻剝去此一層粗衣蠶種不同統亦分厚薄丹杵種之統最厚每繭一斤約有統一兩拗時須用疏眼篩盛繭凡葉屑沙矢之夾雜統中者可以隨拗隨漏若潮軟難拗不妨暑于太陽中晾之（吳興蠶書）

一選擇　有誤食熱葉及觜傷縈絲寬慢其繭軟而鬆者是爲緜繭有蛆生蠶腹繭成穿穴而出者是爲蛆鑽繭（吳興蠶書）亦曰香眼繭（大眼後爲麻蒼蠅所嚙作繭後蠅子自出而有此眼也蠶時蒼蠅必須常拂點綫香亦避○育蠶要旨）有老不化蛹蟞煉繭內積汁浸潤者是爲映頭繭（吳興蠶書）亦曰烏頭繭（胡府志）又曰爛死繭（育蠶要旨）有

薄緒纏身赤蛹外露者是爲凹赤繭吳興蠶書亦曰薄繭育蠶要旨四者皆屬蠶病有山火太旺怒遽吐絲不及周徧環繞其繭一頭穿破者是爲穿頭繭有黏箔附帚結成深印者是爲草凹繭吳興蠶書亦曰棱角繭限于地而不能舒展故不圓○育蠶要旨有蠶溺霑染漬成黃瘢者是爲尿緒繭吳興蠶書亦曰推出繭胡府志又曰尿暈繭爲他蠶所汙○育蠶要旨有上山太稠或二蠶三蠶共成一繭者是爲同宮繭吳興蠶書亦作同功繭胡府志又作唐公繭聲之譌也董蠡舟樂府小序四者止屬繭病吳興蠶書又有黃繭碧繭黃者緒粗碧者質厚董蠡舟樂府小序碧繭又名絲松繭當一一選出擇其圓白者然後其絲光而且白鄉人往往貪重選之不淨以致其絲黑色其質多而不精無益也育蠶要旨大率蠶豐收則繭皆整齊歉收則繭多參錯拗時逐一從手上經過並須逐一簡擇若遲至拗後濤盤又多費一番忙工夫矣吳興蠶書

一分繭 繭有中爲絲者有不可絲而爲緜者有絲緜均不可而成絮者其質各殊其用亦迴別繅絲之繭不計大小圓長唯以緊厚瑩淨爲上緊厚則絲多瑩淨則絲潔每淨繭八斤可得絲一斤其不中爲絲者一同宮衆口共縈抽一緒卽各緒纏繞有粗纇不勻之病按亦可作肥絲俗所稱唐公絲也一尿緒蠶溺鹹著繭卽黴不任抽繅按亦可作肥絲一草凹衆物成印有印處其緒無論或凹或平俱不能條分縷析一穿頭亦作斷頭結緒叢雜引其端輒連繭躍起不足以擡斷他繭之系一蛆鑽攻刺成穴灌水卽沈無從牽掣其緒按此二種並只有孔則緒斷故不可繅斯皆不中爲絲而成緜者也其不可爲緜者一凹赤瘢軟飄薄不堪挪輾一映頭臭腐穢濁汙絲損繭貽累滋多一緜繭蓬鬆棼亂入水翻撈唯紐結成片斯皆不中絲緜而止成絮材者也繅絲繭中雜一二緜絮繭卽足塏淨絲之疵緜絮繭中雜一二可繅之繭又當爲良繭惜唯拗擇之時一一剖析分儲不使薰蕕同器斯繅絲無雜糅之患矣吳興蠶書黃繭緣松繭可做經絲亦可作緯絲黃絲染紅色最鮮育蠶要旨一云黃繭別繅以爲絲縛胡府志○按雖志有此語今人未見有用之者

沈炳震樂府擇繭堂前作箔排絲車室中擇繭煩鄰家同功推出各裁別緜繭爲頭喜盡絕更留黃繭作絲縛餘外一色眞如雪飼蠶哺兒日夜忙一覺安眠宵可望今朝擇繭方靜坐懵騰睡思正初長不是鄰姑言語妙那得消閒同一笑回頭更憶少年時倏忽風光去若馳垂髫已有嬌癡女偷眼還將白繭取剪虎鏤花過端午

董蠡舟樂府擇繭呼兒堂前撤山棚命匠新造絲車

成迹招鄰媼共擇繭選來晾趁天晴明繅繭黃繭區以別叚若醇疵細抉擇今年差幸少烏頭不乏同功與推出此類惟供煮作緜其餘一色光瑩然繭衣蒙戎搓作團持贈鄰媼爲傭錢留取幾枚白勝雪去蛹藏儂鍼綫帖他時擕往阿母家倩人翦作𩎞頭花

董恂樂府選繭　烏頭推出繭不一更有同功繅不得儂家幸是好蠶花潔淨光明同一色東鄰西鄰繭更多碧繭黃繭不勝擇倩儂相助遴選之卻緣晾繭無暇日偶遣嬌女暫分忙可笑童心猶似昔翻將白繭幾許藏道是明朝逢午節鏤出新花待繡𩎞翦成飛鵠堪簪鬢排車作縋事紛紜坐向深閨不肯出

○繅絲

煮繭抽絲古謂之繅今謂之做 吳興蠶書 先取繭曝日中三日曰晾繭然後入鍋動絲車 湖府志 陰雨則火烘之使蛹不化得以徐繅之諺曰小滿動三車謂油車水車絲車也 董蠶絲樂府小序 凡絲之輕重以兩計或十兩爲一車或十餘兩或二十餘兩至不等也鄉人故有大車頭小車頭之名 董恂南潯蠶桑樂府小序 四車爲一把 西吳蠶畧 頭蠶絲光而韌二蠶絲鬆而多類各鄉所出有粗有細粗者兩緒做細者三緒做俱隨其鄉之所素習昔人稱細而白者爲合羅稍

粗者曰串五又粗者爲肥光 按今稱粗絲爲肥絲蓋本于此 見朱雷西吳里語 吳興蠶書 又有荒絲絲之最下者即屑絲也 湖錄 今則無此等名目矣凡繭初采蠶蛹皆嫩絲不易繅過七八日蠶蛹已老亦不易繅唯四五日間爲恰好時候并工急做則成功易且得絲多 吳興蠶書 絲欲其細而白欲白必多換湯水欲細不可惜工夫絲必欲其好做好做則蠶蛹身上無衣絲多而工夫不費若好做而繭選得白是爲上號倘繭白不好做終是次號因繭在湯中多滚去其顏光矣其故由于上山時潮溼悶熱則絲必不好做上山之不可不講究如此 育蠶要旨 近時多有往嘉興一帶買繭歸繅絲售之者亦有載繭來鬻者 董恂南潯志稾

一澄水　絲由水煮治水爲先有一字訣曰清清則絲色潔白須于半月前用舊缸貯蓄以待其清 繅絲之時恆多雨水河流漲溢渾濁難清故須先時預貯缸舊則水不汎 如或不及預貯臨時欲其澄澈當取螺升許投之螺涎最能潔水大忌用礬絲遇礬水色即紅澀又須明水性使水不爲絲疵山水性硬其成絲也剛健河水性軟其成絲也柔順流水性動其成絲也光潤而鮮止水性靜其成絲也肥澤而綠山水不如河水止水不如流水 止水不宜獨用須用流水對半調和以其色太綠也 ○吳興蠶書 勿用井水用井水者絲不亮 廣蠶桑說

一儲薪　亦須揀擇最好是栗柴按即橡樹桑柴次之雜柴
又次之切不可燒香樟其氣能使絲紅色育蠶要旨○按薪宜乾故
必預儲曬燥
一安竈　做絲之竈不論缸竈竹竈瓶竈總宜於數日前
砌就使泥皆乾燥方易透火缸竈竹竈須安置平穩不
可少有欹側釜宜大宜舊大則可多容水舊則見水不
銹新則汗絲新釜見水即銹如用新釜須先以油擦之○吳興蠶書　竈高二尺寬上
窄下使繅絲者有容膝處也置鍋其上以泥護之勿使
漏煙廣蠶桑說　必須用煙囱使煙直透絲上無煤氣育蠶要旨　竈
左須設一木盆架高使與竈齊以盛蛹與繅不上絲之

蠶三　繅絲　十九

熟繭廣蠶桑說
一排車　安頓車牀宜貼近竈基傍竈一面牀腳須墊高
三四寸使牀身稍側高與牌坊可架釜面側則車軸利
于旋轉牀腳之横檔用繩纏絆以石壓定否不可輕恐
車牀移動又不可高恐礙貫腳之轉運貫腳中之楔音砧
木須緊之使緊不緊則貫腳為絲所束必致逼入軸中
與楉木齟齬難以脫軸矣牀之上有牌坊所以縮絲有
牡孃鐙有秤所以運絲牀之外有踏腳所以轉軸並須
一一布置周正所謂工欲善其事必先利其器也吳興蠶書
○按車軸方輪上先以新潔白布閣之所以襯絲謂之車衣

一打緒頭　釜中貯水八九分滿竈內架粗塊乾柴燒之
候水大熱然後下繭用做絲手就水中將繭左右撥
令繭推盪滾轉挑惹起絲謂之打緒頭按宜用快挑撥絲隨以
一手捻住粗緒頭就水而上界提撥數度按此則必用手使各
繭粗鬆之絲併好一緒看緒頭下之絲光潔即將粗緒
頭摘去是為絲筋頭亦曰絲挖頭凡剔撥緒頭用手宜
輕如重手攪撥或以做絲手纏繳數過及提掇起四五
尺高是繭上好絲十分中已為緒頭去其一絲之分兩
何能不減吳興蠶書
一分緒上軸　抽繹繭絲唯憑軸運緒頭既清即須分緒

蠶三　繅絲　二十

上軸以引其端而竟其委兩緒做者分兩緒三緒做者
分三緒各穿過牌坊板上之絲眼引上響緒即竹筘將絲
頭于響緒下交互繳一轉使響緒隨絲運動遂牽上車
軸舉足踏動腳板往來伸屈以運車軸軸轉絲抽咿啞
有聲顧絲之上軸不可直運直運則系聚于一處併而
難分即不足以供絡緯之用矣當取絲擦入秤上之送
絲鉤俾之左右移動秤左右移絲亦左右移其上軸也
始橫斜交錯而無直縷吳興蠶書
一勻繭窩　絲以勻為主或粗或細須使始終如一然絲
之勻全在繭窩勻吳興蠶書三四枚合成一緒者細至七八

枚則粗董蠡舟樂府小序一云粗絲以二三十繭爲一窩細絲以六七繭爲一窩多則損之少則益之不得乍多乍少吳興蠶書

一撈著衣　凡繭做薄而見蠶蛹者謂之著衣須撈出不可使蛹脱出蛹若脱出其衣即黏連蠶蜕上抵絲眼足以撞斷絲緒否或徑過絲眼與緒相併使光潔之絲受增粗纇實絲之病也然去之須待其薄如紙若太早則衣厚而損絲之分兩又脱出之蛹在釜水最易渾亦宜速去毋使浮沈以汙湯吳興蠶書

一添絲接緒　繭窩抽繹良久必有絲先盡而脱蛹者有

絲中斷而颺開者繭漸減少絲即失之太細宜酌量增添况颺開之繭浮游釜面若不搜緒歸窩適足使繭煮熟須掠聚一處添入生繭伴打起緒頭蓋颺開之繭絲已光滑不易打撈必以生繭伴打方能惹起絲緒謂之伴繭將清絲抽出對酌肥細分搭入窩中自能蟬聯而上無接續之痕吳興蠶書

一辨生熟重輕　凡繭生則絲重熟則絲輕繭之熟由于繅之緩手足遲鈍轉運不捷繭在釜久適足煮熟故打緒宜速脚踏宜緊眼專覷窩手頻撥繭添搭緊踏緊轉則繭皆歸緒即時繹盡而不煮熟絲成自增銖兩矣吳興

蠶書

一理野絲　凡絲上軸不可隨手亂搭亂搭則掌口板爪之間絲在貫脚之背者謂之板爪多縱横游颺之絲是爲野絲雖無甚害終不美觀唯于上軸時引絲使直然後入送絲鈎自不致雜亂無章吳興蠶書

一防跳花　絲著貫脚須錯綜其緒則緒鬆而易分方不礙于絡緯若壯孃繩寬縱則鐙隨軸運鐙之棱角盤旋處不能變動即緒緒著于原路而成花紋或大塊或細塊其緒併而不可分矣唯用油注于繩上繩得油則潮而緊用水亦可然水易乾不如油之常潤轉移之間自能參錯并將絲秤

頻頻撥動即不成花吳興蠶書

一防走板　車之有秤所以約束絲緒使之錯綜旋轉然秤之移動全憑一壯孃繩繩之寬緊終始如一則運絲于軸板爪整齊起棱闘角如寬緊不常則秤亦左右無定板頭即有偏東偏西之處是爲走板雖無損于絲終是一病吳興蠶書

一蓋面　絲將脱車須揀取緊厚圓淨之繭數兩做絲蓋之謂之蓋面細細板板縛開不相套襲宜逐板蓋用揀出之繭打一緒分入各窩中將熟繭緒摘出俟抽至半又另以生繭打一緒續之仍摘出熟繭如此則窩中無

一熟繭其絲自生而有光（摘出之熟繭以水養之另做一車之底）粗絲兩板相套可止盡一板用揀出之繭打一緒搭入熟繭窩中俟上絲眼將熟繭盡摘出併歸一窩更替抽換一窩純生一窩純熟繭盡脫車以生者外裹倍覺光采（此爲求售計不妨有內外生熟之別今之作僞者恆以苧麻椎熟搭入板爪中或更鑲入鐵片以增銖兩此則小人之譎張爲幻矣）吳興蠶書

一換湯　絲之色湯清則鮮湯渾則滯故繅絲之湯不可不頻換然待其渾而後換則時清時渾即絲不能一色到底矣精于治絲者時時察看湯色微變即取出三之一以清熱水添滿頻頻添換謂之走馬換湯之色始終如一絲之色亦始終如一矣（吳興蠶書）

一架火　絲竈架火宜緊對繭窩或旺或微須審察繭性繭有宜涼湯者有宜熱湯者極宜斟酌凡湯之涼熱以蠶蛹之浮沈爲準沈則湯涼浮則湯熱要在火力長勻無忽旺忽微之失則做絲者易于調劑矣（吳興蠶書）

一煽車火　絲從水出必用火炙軸上約做絲兩許即以砂盆爇炭焙之謂之煽車火亦曰車頭火爇大炭盆離車軸約五寸緊對絲板安頓（按肥絲兩板則兩盆細絲三板用三盆）用石墊高少側向裏火盆旺盆佳時時加炭絲之顏光全在此火火旺則絲鮮明火微則礓邊而色滯（絲潮則邊相併謂之礓邊）

○吳興蠶書　所用之炭須無煙且不爆者煙則熏壞絲色爆則燒斷絲條（廣蠶桑說）

一各繭做法　繭有颸緒者抽緒上軸數轉即斷宜以火焙燥沸湯做有生蹦者上軸即蹦宜灑水潤潮溫湯做有熟蹦者上軸不蹦繅至中突然上撞宜摘出免致蹦斷緒頭有颸且蹦者湯熱即蹦湯涼即颸須燒火者調劑得法耐性緩做至尿緒映頭亦屬好繭但一爲溺汙須擇其斑點少者用醋微洗之即可做一爲死蠶所汙其色濁不可與他繭雜須揀出另做勤換清湯他若黃繭其絲染色極鮮唯不得與白繭同做絲繭其色肥嫩

用以蓋面能增絲之光彩（吳興蠶書）

一脫車　粗絲日脫一車細絲須日半或兩日脫先須除去野絲挑淨粗纇用苧皮或粗綫鬆薄絲板以硬樹爲送椹（音砧）木抵住椹木之小頭用椎重擊椹即脫矣擊不可偏恐傷絲隨取車軸離牀將絲連車衣揭之揭不可重亦不可速恐裂破板爪更用苧皮或粗綫縛定藏燥潔處（吳興蠶書○按絲入市必先絞之成把乃以絲縛縛之若散板不絞唯不成車之絲如此耳）

一擇良工　絲之高下出于人手之優劣同此繭同此斤兩一入良工之手增多絲至數兩而勻稱光潔價高而售速故不可不慎擇其人也（吳興蠶書）

大清一統志湖州府土產絲明統志各縣皆出舊志菱湖洛舍者第一高士奇金鼇退食筆記西十庫在西安門內向南丙字庫每歲浙江辦納本色絲縣合羅絲串五絲荒絲以備各項奏付李吉甫元和郡縣志湖州開元貢絲布吳興志絲續圖經載又舊編云安吉絲尤好今發上供絲五萬兩係安吉以稅絹折又湖絲雖遍天下而湖民身無一縷可慨勞府志絲頭蠶爲上柘蠶次之屬縣俱有唯菱湖洛舍第一張鐸湖州府志絲出歸安德清者佳湧幢小品湖絲唯七里尤佳較常價每兩必多一分蘇人入手即識用織帽緞紫光可鑑其地去南潯七里故名有即其地載水作絲者亦只如常蓋地氣使然南潯鎮志舊以七里絲爲最佳今則處處皆佳而以北鄉爲上按有他處攜繭至湖濱繅之者謂之南繭北做絲肆中老眼能識之

沈炳震樂府繅絲汲水然薪將煮繭繅車搖動風雷轉轟轟一刻千百迴旋風莫及奔車緩絲又打繭水百沸提起絲頭正無既從斷御更續來萬緒千頭難數計插秧車水闊如雲男兒下田屋無人小姑添水更加薪新婦繅絲色勝銀儂家戲語姑勿嗔傳聞百兩近良辰絲成織絹白且長與姑裁作嫁衣裳五紋刺繡雙鴛鴦記儂辛苦毋相忘

董蠡舟樂府繅絲舍南舍北綠樹濃軋軋聲徹村西東竈燃薪蒸傍熾炭瀫洄轉軸轉如旋風蟹眼已過湯正沸赤手招來緒無既如衣挈領綱在綱衆縷皆從一頭曳一蠶爲忽十忽絲繭數由來多寡異三眼兩眼復不同繅成以此分粗細手挛足踏珠汗淋阿姑憫儂勞不任令儂少息起相代追涼閒步來深林林邊偶值鄰村嫗爲語今年絲好作立談半晌亟趨還如雪軒梅滿歸路入門相視一笑誰滿頭插徧繅絲花

董恂樂府繅絲絲成論車以兩計兩眼三眼別粗細手撩足踏爾許忙爇炭焚薪水百沸鄰家老翁身手好一樣作絲更光膩他家蠶早絲已成聞說歇車已無繼當時儂早下聘錢一車兩車肯儂替阿姑助理不勝勞換水添薪最留意自繭通教繅合羅其餘只好肥光曳更抽黃繭作絲團奉與阿姑姑所憙

〇剝蛹

繭質過厚且粗繅時浮沈水而不得盡其緒曰軟繭留以作綿取蛹棄之或以油煎食之曰爛蠶女董蠡舟樂府小序

沈炳震樂府剝蛹繅絲腹繭薄如紙水而浮沈緒難理止堪去蛹剝爲綿留得三冬作絮被耘田已了更

日長婦姑絲陰同追涼還將軟繭絍作綫織成繿帛裁兒裳可憐農家無長物天寒屋破風弗弗賣絲得錢納官租大縣平準償私逋獨嫌軟繭質地粗棄置不要還之吾

董蠶舟樂府剝蛹串五合羅繰繭早蠶事今年已粗了農家那得常優游薄筐滌淨俱藏收煮餘軟繭猶堆積緒亂質粗繰不得少遲便恐蛹蒸腐棄置未免同雞肋綻衣縱未純絲如撚絍作綫原無殊剝來蠶女煎作鮓堆盤還足充庖廚投箸令予三歎息藉爾謀生翻爾食漠然未是負心人世上紛紛怨報德

董恂樂府剝蛹繅絲煮繭事已竣良人戽水忙插田呼兒洗刷潔蠶具阿儂今日多空閒鍋中賸繭軟且薄絲頭已斷難相聯其中蠶女猶待剝莫教臭腐徒棄捐趁此長日一事無相偕去蛹臨窗前沸湯浮沈煮已熟薄者澼絮厚者絲地藏王誕日已近燒香茹素年復年他時抱向街頭賣施與和尚為香錢

湖蠶述卷三

湖蠶述卷四

烏程　汪曰楨

○作絲

絲有頭蠶二蠶之別以頭蠶為善絲亦如之絲之上者同功繭所作謂之純絲推出次之蛾口又次之繭已出蛾者○按俗稱紅口繭烏頭軟繭為下俗謂作絲曰剝絲兜董蠶舟樂府小序手絲剝在手上環絲則有竹環育蠶要旨須于晴日遇陰雨則絲不速乾而纏脆湖府志頭蠶之絲韌二蠶之絲鬆僞者以繭統雜之甚有攙和白石粉以取重者謂之藥絲繭統絲易敝當拗繭時預為剝絲地步每拗一繭取統翻套木槌上套至十數層取下用草一莖環其中以便剝時分開牽扯攪和同功蛾口絲中規取善價石粉取其色白體重湖地之絲以出烏鎮者為上勻薄如紙瑩淨如玉大要不可使邊厚亦不可使中厚須層層勻展內外如一最忌有繭片成塊或穿破如綱其色之潔白雖由淘洗之功然亦須當日曬燥方有光彩若遇天陰色雖白而終滯古者年五十始衣帛今湖人無老無幼俱藉此禦寒其輕㬉適體遠勝木棉也吳興蠶書

一淋灰湯　煮繭須灰水用稻稈燒灰入籮取水再四淋之其澄澈較速于樹柴灰欲辨灰水濃淡用盌盛香油半杯沖以澄清其水淡者黃濃者白以色如豆腐漿無

一點浮油爲度（吳興蠶書）
一煑繭　繭必煑熟方可成絲須用絲包裹（不包易亂）煎滾灰湯下釜煑之又以大盌盛香油一杯入灰水中沖滿俟繭將熟分一半勻澆釜中煑一二沸將繭翻轉以所留一半油澆入再煑務使極熟亦有用桕油者凡煑繭灰水輕則絲溷重則絲黴加油輕則絲澀煑不熟則絲成塊而不勻太熟則絲又爛須各得恰好乃佳（吳興蠶書）
一淘洗　繭潔淨則絲白煑既熟繭中穢濁悉已沸去宜乘熱取置河中淘洗之淘用篩盛繭於水面蕩滌數次不得揉攪即連篩撥起就岸上按去濁水再蕩再按須

按出水淸繭方潔淨（吳興蠶書）
一剝手綿　絲套于掌者爲手綿用大木盆上鋪蠶篩取淨繭置篩中逐箇剝開翻套于手掌上摘去蠶蛹蠶蛻大率同功繭可套十五六箇小繭可套三十餘箇更取淸水一桶將掌上所套者就水中雙手展拓使圓轉寬大以便上環（吳興蠶書）
一上絲環　絲不上環則口小而不適于用用大木盆滿貯淸水中置絲環（按環以竹爲之）兩人取手綿就水中扯約尺餘長復移轉扯之使方即帶水上于環上用力挐下則彎環如兜名曰絲兜凡上四箇手綿可成一厚絲兜取

下絞乾日中曬燥（吳興蠶書）
一水浸　凡煑熟之繭須用水浸不可使乾若一日不能剝盡及已剝之手綿當日不及上環並宜以淡油灰水養至次日再剝再上（吳興蠶書）
大淸一統志湖州府土產絲唐書地理志湖州土貢絲紵舊志各縣出武康有蠶脂絲爲最吳興志舊圖經載舊編云武康絲號蠶脂上供綾絹內藏庫今發上供絲歲五萬餘兩安吉以産絹和買折納烏青文獻大環絲頭蠶造成白如雪甚韌他處不及湖錄絲以頭蠶同功繭作者爲上若軟繭絲絲之最下者也用織綿紬曰軟繭紬

沈炳震樂府作絲繰絲剝蛹事已了煑繭作絲須及早黃梅風雨鎮長有趁此風光正晴昊瓦盆盛水滿漬絲竹架彎環比月圓擘開帶水施架上潔淨如紙當風懸門前鄰婦黃犬吠隔籬知是買絲客今年蠶好絲倍多儂絲待價不輕挪何况高田麥有秋冬春未動困如郎莫愁權長多科派還有同功絲可賣
董蠡舟樂府作絲淸風泠然日卓午煑繭香中聞鍱釜老嫡難遇熟梅天妯娌相將同剝絲蛾口居後同功先竹架彎彎白月圓土銼烈烈朱火然瓦缶漬以泉涓涓水中擘出架上懸當風高挂迸門前潔如素

紙薄且空笑謂小姑速相助先著袴襦奉翁媼仲冬二七是良期雙星已近銀河渡好染新紅裝嫁衣與姑將向郎家去

董恂樂府作緜同功推出不中繅用以作緜白且嫣更有蛾口好種繭汲水同向鍋中燒陰雨怕近入梅候朝來喜見晴光搖相偕妯娌趁早起劬勤那惜身手勞瓦盆漬水潔且淨輕剖重掣十指操疊成一緜繭八九竹竿挂向風中飄卻憐盡供償逋用溫噢只讓財奴驕何曾作絮身上著嚴冬不免寒仍號

○澼絮

繰釜中撈出之著衣上岸繭薄者爲著衣厚者爲上岸及烏娘繭繭絨之屬俱不堪爲絲爲緜俗通名之曰下腳以其不材而賤之也然煮而治之既是禦寒復可績綫以供經緯之用吳興蠶書繭黄澼花滯頭三種並可撚緜綫總名水絮絲拖頭亦可撚緜綫但覗純緜爲費功耳南潯鎮志蠶之所吐眞無棄物諺云寶貴藥不如養病蠶正以蠶雖歉收絲之外必有此等贏餘實日用所不可缺也吳興蠶書

一㷶汏頭　汏頭即著衣吳興蠶書亦作汰頭亦作達頭又名滯頭南潯鎮志做絲終日著衣堆積無算入手衆者即可剝去蠶蛹使繭殼潔淨若無人翻剝晚須以清水煮之俟半熟就釜中翻轉再煮俟極熟取出將蠶蛹散淨自成片段隨于河中汏去汙濁故曰汏頭次日晾乾凡蠶蛻蛹殼之留餘不盡者啟剝使盡做絲畢乘暇以水浸去汙濁仍于河中汏淨置箔上或蘆簾上用細竹竿就河中擊之至絲緒颺開潔白如玉方取起曬燥衣被中皆可褻以禦寒吳興蠶書

一煮繭絨絲筋　繭絨拗出須曬燥啟去蠶沙葉屑用清水煮熟溪中洗淨堆置檐下陰處五六日每日以清水淋洗不淋色不白隨取就溪中敲擊成絮絲筋頭煮熟即向溪中洗擊不必如繭絨堆置陰處也吳興蠶書剝繭衣

合之成絮納被中禦寒烏程劉志

一㷶軟繭　上岸烏娘等繭悉先焙燥去蛹止存繭殼故名軟繭吳興蠶書亦曰澼花南潯鎮志用清水煮極熟烏娘繭宜隔宿用水浸去汙濁方煮向河中澼洗擊鬆較汏頭更瑩淨吳興蠶書

一忌油灰水　灰水最去濁亦極能損物治絮用灰取其剝穢然絮之易黴實由于此油取潤繭日久色必變黄故治絮宜用清水煮不宜用油灰水絮成後用以績綫慮其澀滯則以豬脊髓揉于溫水中浸之使潤不唯無黴爛之患抑且肥膩粹白永不變色吳興蠶書

董蠡舟樂府澼絮新絲賣卻償加一新緜準折還租

畢僅餘軟繭是蠶材區區猶是儂家物春花豆麥方
登場夏至已過齊插秧阿儂此際獨無事剝煮功多
趁日長煮成要借清流漱小竿持至溪頭纍揀取一
方涼最多柳陰濃處來洴澼晚來邂逅東家姝爲言
夫壻耽摴蒱漂成攜向博場去不足供渠一夕輸
董恂樂府避絮　擇繭繅絲事已畢軟繭剝綿薄難疊
亂頭墜緒更紛紛偷教棄置甯無惜幸喜今朝事不
忙繭衣同向湖邊澼籧底平鋪水面浮綠楊陰裏無
炎日一手持竿擊不停跳珠那顧霑衣溼卻有鄰孃
作伴來渡頭閒話消岑寂道是新綿賣不留好綿又
爲私遁質賴此粗庸不值錢至今尚是儂家物

○生蛾

蠶之種不一所出之地亦不一丹杵種出南潯太湖諸處
白皮種三眠種泥種出千金新市諸處餘杭亦出白皮
及石小罐種有以賣種爲業者其利浮于賣絲當出蛾
之後鄉人向各處預購謂之定種每幅紙小者值錢千
文大者千四五百文亦有購取諸種向各村鎮叫賣者
謂之闖路種其價頗賤但鬻種之家唯利是圖恆以不
中爲絲之繭生之未有刖留種蠶者夫蠶之得失雖由
飼養所致然亦必須種好方不易受病故育蠶者當自

留種蠶生子不可苟且買種也吳興蠶書
一擇種蠶　留種之要在先擇蠶種蠶無病子方無病大
眠後當揀取整齊强健之蠶日以蘋頭葉飼之蘋胡貢切枝頂
最茂處也蘋頭力旺蠶食之其力始旺吳興蠶書必頻頻飼之勿
令稍餓育蠶要旨一切祭換諸務更宜勤愼老則另棚上之
溫以微火俾速成繭吳興蠶書一云不可用火育蠶要旨按用火無礙○
凡繭之尖細緊小者雄圓慢厚大者雌采時對半兼收
攤蠶繭統置于通風涼房內淨箔中一一單排不宜重
疊堆積致傷變蒸吳興蠶書勿搖動搖動則受驚蛾不能生
子俗謂之癡蛾勿靠牆靠柱防鼠也若前此未及擇蠶

則於簇之上半截在下半截者少子擇繭之堅硬潔白者留之
廣蠶桑說每繭二斤半生子可滿一幅紙紙大者需繭三斤
吳興蠶書大約留種繭十斤可得三眠之蠶四十斤烏青文獻
一提蛾　俗云十八日蛾頭轉言蠶蛹化蛾之期也吳興蠶書
天暝旬餘即出然極遲亦無過十八日者故俗有蛾頭
長蛾頭短之語董恂樂府小序蛾餂出繭口金門黃色爲上銀門
白色次之育蠶要旨多在子丑寅三時其性淫出繭即交須時
時照瞭吳興蠶書否則即于繭上配合俗謂之抱繭對而對
之時刻不準矣廣蠶桑說出一蛾即提一蛾分雌雄各貯一
器吳興蠶書腹小者雄腹大者雌廣蠶桑說器內密豎草帚使蛾

窠集帚上不致鼓翅盤旋游走無定不可任其自相配
偶任蛾自偶則蛾出有先後即交有遲早不能齊壹矣
吳興蠶書
一放對　蛾之出繭天明即止日初升即提集雌雄各蛾
使之同時配偶謂之放對蛾須一一揀擇凡拳翅禿眉
焦尾赤肚等槩棄不用吳興蠶書如未對即將雌雄提成對
育蠶要旨須其數相當設有多寡留其餘以待未出之蛾既
對之後一一提置空筐關閉門戸勿令見風見風則易
拆散滿筐擾亂矣亦有不見風而拆散者謂之走對將
兩蛾提置一處以小盃覆之則復對廣蠶桑說

一解對　蛾交須氣足以六時爲期自辰至酉其氣方足
其交亦鬆即解去雄蛾取雌蛾勻緩連紙上每幅約三
百五六十蛾看疏密增減連紙須緊厚按亦有用布者蠶種紙出嵊縣
者最佳乃知沈氏樂府用剡藤字非泛辭也　先以滾水泡過曬乾生子方不
脫落吳興蠶書○按烏青文獻云沃以繅絲之湯　淩交不可過交亦不可如
雌多雄少雄蛾可復對解開時須深黃昏方可育蠶要旨
沈炳震樂府生蛾　大眠已過蠶鋪地揀取種蠶貯筐
筥儲敎食葉不復靳珍重特與他蠶異果然作繭大
且厚白雪作團淨無垢蠕蠕已知蛹欲化栩栩又見
蛾出口雌雄對對自成雙長身窈窕疏眉麗霏霏翅
粉點明釭孕含但見軀胮肚細觀物理三歎息同是
春蠶何抉擇可憐薄命鼎鑊烹爛額焦頭更誰惜

○布子

川桑皮紙每方廣尺許爲一幅引蛾布種其上鄉人謂之
蠶種紙胡府志○陝川布者曰種布亦曰種連　子以勻爲貴疏不留白密
不成堆須入爲提攜左右之連紙宜挂起不宜平鋪倘
無力之蛾盡墜于地其踞於紙者各精力充足所生之
子方純而不雜吳興蠶書有空缺處須即日補之越宿再補
則來年蠶出不齊矣廣蠶桑說晝則避光夜徹留燈西吳蠶略庶
便檢點蛾之游行紙外及生子不勻處俗謂不用燈火暗中生者蠶即
病暗脹頭若依此說則病兒頭者又當歸咎于用燈矣殊屬荒謬○吳興蠶書

一種宜一朝生　蛾之出繭約三朝始齊第一日謂之破
膩所出不多第二日爲旺朝第三日爲末朝提蛾生子
每紙一幅必於旺朝一日生足則次年之出蟻亦齊若
兩日三日陸續布滿者蟻即不能一朝齊出故初生之
苗蛾及後出之末蛾皆不可用吳興蠶書
一種有變換　當生子之時天暖子即多天寒子即少有
不因炎涼而一歲獨多一歲獨少者至若同此種子育
之數年或繭形變小或絲之分兩變輕須仍向原出之
地易種育之老農云欲知種之變否即于做絲時驗蠶

蝎凡蝎色白者爲未變有黑翅者爲已變宜換種（吳興蠶書）

一淡子　不交而生者爲淡子蛾若雌多於雄無與爲偶至晚卽生淡子矣淡子色不變久之自癟不能成蠶（吳興蠶書）

一新定子　生子後取蛾之有氣力者再配之則復生矣是爲新定子子少之年亦有取以爲種者究不如前所生者之佳（廣蠶桑說○按雌蛾再對生子變三眠種唯雄蛾可再對）

一喜紅子　原蠶生子皆圓轉如錢不與諸蠶同中有一種帶紅色者俗以爲吉祥之徵名曰喜紅子至夏蠶之子則又散布而不成圈矣（吳興蠶書）

一梅蠶　黃梅時出者爲梅蠶凡蛾交未久或自解散不復配合所生之子卽于黃梅中成蠶而出化育之氣不充雖生不長隨飼隨斃間有老者亦唯作薄繭而已（吳興蠶書）

一送蛾　俟子滿將蛾祝而送之（西吳蠶略）小兒引置水盆旋轉而游祝曰阿蛾轉團團今年去了來明年（胡府志）

沈炳震樂府布子　剡藤一幅潔且光農家亦復勤收藏引蛾著紙密生子紛紜瑣碎何可甚眼看粒粒細于粟咫尺應知千萬屬莫言此貨稱易得卽使豐年勝珠玉蛾兒生子旋棄捐翩飛更引羣兒顚盆中盤水語噴闘遶盆共祝轉團團阿蛾去了來明年拍手一哄水盆翻

董蠡舟樂府生種　種蠶食葉一倍多作繭別貯留生蛾輪囷密緻厚且白持比他繭雖同科閉置筐中過旬日栩栩齊看破口出麗軀粉翅兩眉彎雌雄相對排成列赫蹏裁來一尺長將蛾引著紙上方少焉生子已布滿如芥如粟紛難量鳥盡良弓藏不用一時齊向東流送嬴得兒童喜欲顚祝伊去了來明年

董恂樂府生種　種蠶食葉倍于衆種蠶作繭大如甕莫辨蛾頭短與長已見蠕蠕繭破縫須臾蛾口出紛

然粉翅修眉堪鄭重雌雄相配各成雙軀腹膖肛子已種引蛾紙上密密生紛紜散布無缺空似此幺麼細已甚衣被翻爲世所用一年一度轉團團功業何人能與共却恨蠶家太貪心佳種生成水濱送

○相種

蠶蛾布子參錯不齊村嫗以相種爲業者就種之斜整疏密擬其形似撰爲致語以占吉凶相欺誑曾無中也（胡府志○按此風唯南鄉盛行）

沈炳震樂府相種　蛾生蠶子鋪重重縱橫紛錯尋無蹤誰能於此辨疏密何况從之定吉凶前村老嫗门

懸河家家相種工揣摩强尋形似相髣髴約畧推求多荒忽斜行如葉復如花圓轉成錢更成月就中一幅勢如龍蜿蜒天矯下碧空誠哉天造非人工此圖最吉餘難同無端蠶紙成卦繇世俗荒唐那可究不聞相馬與相士猶或失之肥與瘦

○藏種

貫以桑皮忌麻苧之綫懸于涼處忌煙熏日炙（烏青文獻）其色必戰紫戰色後可用石灰篩在上面（育蠶要旨）但要勻不要厚以不露蠶子爲度不以石灰制之則梅風一起卽破殼而出不能留至來春矣隨卽摺好以小帶縛之懸靜室（廣蠶桑說）交夏時必須用縣薄包外面用紙裹好恐有竄魚傷子待浴種時再打開浴後仍必包裹來歲方得無礙（育蠶要旨）

○望蠶信

繰絲時戚黨咸以豚蹄魚鱐果實餅餌相饋遺謂之望蠶信（董蠡舟樂府小序）有不至者以爲失禮蓋非特蠶時禁忌久絕往來亦以蠶事爲生計所關故重之也（追閑瑣記）○按此風東鄉尤重之

董蠡舟樂府望蠶信

親串過從情密邇昏姻不出一鄉裏課晴問雨每相偕只隔盈盈衣帶水一自蠶房深閉門從教彼此絕音塵不知蠶信今何似消息傳來苦未眞算來前日回山始料應今日繰絲起江魚白白枇杷黃去問諸姑及伯姊沸耳伊軋搖車聲絲窩滿室縱復橫入門一笑不須問黃上眉間喜氣盈

董恂樂府望蠶信

育蠶無奈怕蠶節親朋遂使音塵絕道是蠶家禁忌多不教來往成疏闊邇來鄰右競回山聞得收蠶同一日未識收花得幾分搖船親自探消息門外相逢一笑迎紅燈昨夜花昔結入門無暇道寒暄致語先敎詰得失歡呼只有稚兒慧翻道客休問盈歉試聽儂家軋軋聲絲車十部繅還急

○賣絲

小滿之日必有新絲出市諺云小滿見新絲（湖錄）列肆購絲謂之絲行商賈駢坒貿絲者羣趨焉謂之新絲市（董蠡舟樂府小序）向之頓葉者至此則轉而頓絲焉（董恂樂府小序）細絲亦稱經絲（經去聲）可爲緞經肥絲可織紬綾有招接廣東商人及載往上海與夷商交易者曰廣行亦曰客行專買鄉絲者曰鄉絲行買經造經者曰經行别有小行買之以餉大行曰劃莊更有招鄉絲代爲之售稍抽微利曰小領頭俗呼白拉主人每年杭州委員來採辦北帛絲蘇杭兩織造皆至此收焉（南潯鎮志）

董蠡舟樂府賣絲闤闠填咽駔儈忙一牓大書絲經行就中分列京廣莊畢集南粵金陵商商多竊揣絲當貴亟向絲行埭上賣一車値不盈三千牙郎吹毛恣狡獪相逢南舍足穀翁亦爲貿絲來市中向予搖手呼莫莫留待明年高價糶深感翁言良不誣其奈霹靂飛縣符打門胥吏豺狠如不爾何以輸官租況復私逋遞相促二者兼償猶不足典去布襦幾時贖秋露兩尻跣雙蹋三旬勞勞睡不熟那得一絲身上著

董恂樂府賣絲初過小滿梅正黃市頭絲肆咸開張臨衢高揭紙一幅大書京廣絲經行區區潯地雖褊小客船大賈來行商鄉人賣絲別粗細廣莊不合還京莊行家得絲轉售客蠶家得錢不入囊急譁過付算私債所負加一錢須償償時不難借亦易小民意計工罔防那知贏餘却有限年年空爲他人忙

○紡織

一紡織具南潯鎭志絡絲有籆子有絡車有碌礡牀絲有牀車有緯管合絲作經有經車雙林鎭志織絹先絡絲有絡度有挑頭受絲有竪貫籆有掉梗經絹則橫筬作以穿絲曰撩眼兩旁植木作鋸齒形曰杷頭中鑲二長木曰經欹木盤絲曰筵牀承絲曰狗頭機上坐身者曰坐機板受絹者曰軸絞軸者曰緊交繩曰緊交棒過絲者曰筬裝筬曰筬腔撐絹者曰幅撐挂筬者曰搨滾繩上曰衆木推筬者曰送竿棒提絲上下者曰滾頭有架有綫挂滾頭者曰丫兒踏起滾頭以上下者有踏腳棒有橫沿竹花絹機有旗腳竹旗腳綫擷花綫有旗坑濯攀花有接板架板如梯曰花樓凡織散絲者一梭織紗則順逆二梭緯絲有搖車有緯管打綫有車頭有扯車天潮則筬下用火盆燥則噴水織紬布之機女工用平機與絹機相仿唯客工用棧機制度迴別

一造經南潯鎭志經讀去聲合二絲爲一以經車紡之成經必塗以餳取其黏潤也自紡其絲售于經行曰鄉經取絲于行代紡而受其値曰料經

一打綫雙林鎭志以白絲雙股打成包頭機所用有花本綫旗腳綫橫綫直綫滾頭綫等名緜紗必用單股緊絲兩梭順逆合成業打綫者甚衆焉

一打緜綫南潯鎭志銅叉木柄左手擎之置緜于叉上又有木鋌貫銅錢十數文上貫蘆管其形如錘以右手旋轉撚緜成綫繞管而積劉沂春烏程縣志引湖婦吟云蛾口不作絲作緜還打綫左手擎緜叉右手蘆錘旋

縷轉如妾心一日幾千徧是也〔吳興蠶書〕績絮成綫謂之打綿綫湖地所產之綿紬蓋此織成凡綫不論粗細以光潔勻緊爲貴鄉村婦女晩作晨攻得寸則寸得尺則尺此婦女消閒之活計也

一織絹〔吳興志〕舊圖經重面絹今唯納衣絹歲萬匹舊編云武康安吉絹最佳〔勞府志〕絹闊而長者爲官絹今納貢又有狹小絹〔栗祁湖州府志〕有官絹生絹唯局絹有五色可同嘉興〔邢澍長興縣志〕前明長邑歲貢絹匹〔練溪文獻〕絹有篩羅神袍等名而唐村絹尤著〔雙林鎮志〕杜生絹以粗絲爲之有冬生絹夏生絹二種又有燈絹褄絹俱付別工小機織之元時有絹莊十座在普光橋東凡收絹黎明入市曰上莊辰刻散市曰收莊主其事者有司歲有司月取絹者曰絹主售絹者曰機戶凡絹染皁必煮以橡斗針沙漂以清流敷以蔴粉擣以砧石抹以絮布其工最繁故染有竈有場有架名皁坊唯耕塢一帶居民爲之又有小絹雜用紅白粉充作蘇杭市中人物花草名燒灰絹其最下也又有一種膠坊取綾絹之極輕而染色者拌以粉名曰膠用刀刮治之或砑以石謂之膠綾粉絹〔新纂湖州府志案〕王獻之書羊欣白練裓練卽絹也梁武帝小名阿練因改練爲絹

一織包頭絹〔雙林鎮志〕包頭絹婦女用爲首飾故名唯本鎮及近村鄉人爲之通行天下閩俗男子亦裹首北地秋冬風高沙起行者羃面護目通稱淸水包頭明正嘉以前祇有南溪沙帕隆萬以後機戶巧變百出名目甚繁有花有素有重至十五六兩有輕至二三兩行連爲數丈有闊爲十方方自三四五尺至七八尺其花有四季花西湖景百子圖百壽雙胡蝶十二鴛鴦福祿壽喜八寶龍鳳雲鶴冰景花籃等樣其名有加長放長中六眞淸福淸提淸溫膠緞本波絹輕長加闊細粉出灰漿綾五縐六縐加縐放縐花縐准連分兩淸光行脚地改連等名各省客商雲集貿販里買往鬻他方不絕今買者欲價廉而造者愈輕矣

一織紬〔或作綢〕〔大淸一統志〕湖州府土產紬舊志出菱湖者佳〔吳興志〕舊志土產花綢唐貢綢今夏稅納產綢四千餘匹〔勞府志〕湖紬散絲而織曰水紬紡絲而織曰紡紬〔烏程劉志〕有光絲紬花絲紬〔仙潭文獻〕綫紬者絞絲成縷而織裁爲衣衾可數十年不敝

一織絲紬〔烏程劉志〕有絲紬花絲紬斜紋紬兼絲紬[illegible]抽絲綫而成之者〔雙林鎮志〕有藍邊紅邊等名又有[illegible]經絲緯絲經綿緯等紬絲經木棉紗緯名木絮紬最下

〔仙潭文獻〕緜紬以緜綫染淺深黃褐二色間配以織絁類山左蕉繭〔湖錄〕今處處有之然高低不啻倍蓰佳者謂之杜機惡者謂之客紬客紬唯以漿勝雖鬆薄易於動目杜機有水綢不甚裝飾而價比客紬爲昂稱爲勘著云

一織綾〔大淸一統志〕湖州府土產綾唐書地理志湖州土貢御服烏眼綾明統志各縣皆出〔吳興志〕今發上供綾五千餘匹並安吉縣折納到舊編云亦出武康安吉〔勞府志〕湖綾唐時充貢謂之吳綾今有二等散絲而織者名紕綾合綫而織者名綫綾其綾練染光彩異於他

處唯郡城中織之〔湖錄〕烏眼二字未詳德淸陳志載有花綾素綾串五綾〔雙林鎭志〕散絲所織有花有素有帽頂綾裱綾裝潢書畫造作人物所用以東莊倪氏所織爲佳名倪綾奏本面用綾上有二龍唯倪姓所織龍睛突起而光亮其法傳媳不傳女近無子因傳女女嫁倪家灘王姓而倪綾之名不改

一織包頭綾〔湖錄〕雙林又有包頭綾

一織紗〔大淸一統志〕湖州府又出各色紗雙林出包頭紗按一統志不載縐紗蓋統於紗也〔吳興志〕紗續圖經載今梅溪安吉紗有名〔勞府志〕紗有數等出郡城內〔雙林鎭志〕素曰直

紗花曰軟紗葵紗巧紗燈紗夾織紗最輕而利暑曰冰紗每匹重不過一二兩花素皆備吾鎭所造他處不及〔烏程劉志〕無花而最白者曰銀條紗按即方空紗〔胡府志〕今有黍紗

一織縐紗〔湖錄〕湖縐起于明時見五石瓠亦有花有素而素縐紗大行於時〔長興邢志〕縐紗出湖城長邑湖㳇一帶亦有善織者〔新纂府志稿〕亦名縐紬俗名洋縐先經絲使左戾右戾謂之打綫然後左右相比織之故有縐紋今湖地產帛唯此最多通行最廣

一織包頭縐紗〔勞府志〕包頭紗唯雙林一方人織之〔雙

林鎭志〕包頭縐起于明天啓間皆打綫爲緯向以絹包頭謂之一幅巾取其可不梳髮也今唯老嫗用之餘皆用素縐紗約長四五尺包額有餘纏束髮際有闊宮狹宮頂宮上重綫縐海縐西莊名目不一〔又〕明里人姚俞事專擅包頭業有加重加闊加縐放縐通名姚本

一織手帕〔湖錄〕縐紗手巾雅俗共賞〔新纂府志稿〕今俗呼縐紗曰手帕布曰手巾以爲區別

一織汗巾〔何國祥歸安縣志〕有汗巾〔新纂府志稿〕今以縐紗或緜紬織成

一織羅〔董斯張吳興備志〕宋太平興國六年罷湖州織

羅放女工〔羅樣烏程縣志〕有素羅起花者爲綺羅又有帽羅〔歸安何志〕有帳羅〔新纂府志稾〕今織羅者較少

一織緞〔唐樞歸安縣志〕有紵絲〔新纂府志稾〕紵絲俗名段因造緞字製冠履曰帽緞今織者尤少

一織錦〔費著蜀錦譜〕蜀中錦有眞紅湖州大百花孔雀錦有四色百花孔雀錦有二色湖州大百花孔雀錦〔新纂府志稾〕此蓋蜀中仿湖州爲之故有湖州之名舊志引此乃删去首六字及末八字句讀不明全失本意矣今湖地絶無織者

一撚絲綫〔新纂府志稾〕撚絲合成綫供縫紉有頭扣二扣三扣衣綫等名以粗細爲次有擘之而不撚者曰花綫亦曰絨綫染色爲刺繡之用

一結流蘇〔新纂府志稾〕流蘇俗名廻鬚亦以五色絲綫打成按又有帽緯綫絡絨球等皆絲爲之不可悉數

蠶四　紡織　二十

○賽神

俗呼蠶神曰蠶姑其占爲一姑把蠶則葉賤二姑把蠶則葉貴三姑把蠶則倏貴倏賤按俗以寅申巳亥年一姑把蠶子午卯酉年二姑辰戌丑未年三姑而吳興掌故集引蜀郡圖經曰九宮仙嬪者蠶本之列仙通記所稱馬頭孃今佛寺中亦有塑像婦飾而乘馬稱馬鳴周密癸辛雜識作名王菩薩鄉人多祀之詢府志下

蠶後室中卽奉馬頭孃遇眠以粉繭香花供奉蠶畢送之出火後始祭神大眠上山回山繅絲皆祭之神稱蠶花五聖西吳蠶畧謂之拜蠶花利市董蠡舟樂府小序考通典周制享先蠶先蠶天駟蓋蠶與馬同氣也按今俗稱蠶王天子漢制祭蠶神曰菀窳婦人寓氏公主北齊乃祠黃帝軒轅氏湖州向奉先蠶黃帝元妃西陵氏嫘祖神位于照磨故署乃折衷後周法耳不知始于何時嘉慶四年撫浙中丞以浙西杭嘉湖三府民重蠶桑請建祠以答神貺奏奉俞允乃建廟於東嶽宮左曰蠶神廟有司祭祀鄉氓雖瞻敬惟虔而蠶時猶不敢褻祀先蠶是小民知禮處第五聖之名鄙俗不典民間報賽祀菀窳婦人寓氏公主亦無不可或祀蜀君蠶叢氏亦得馬頭孃援爲九宮仙嬪語本搜神不免荒誕按身女好而頭馬首固五帝所占蠶理也語出荀卿足爲典要他說可廢西吳蠶畧湖俗佞神不指神之所屬但事祈禱不知享祀之道藉以報本非所以祈福免禍也或曰蠶月人力辛勤正須勞以酒食屢借祠神以享餕餘是亦一道也吳興蠶書

〔沈炳震樂府賽神〕今年把蠶值三姑葉價貴賤相懸殊儂家幸未食貴葉唯姑所貺誠難誣豬頭爛熟粉餌香新篘茅柴炊黃粱高燒樺燭光煇煌大男小女

蠶四　賽神　二十一

拜滿堂酹酒燒錢神喜悅偏使送神脯酒撤團欒共坐享神餘大肉硬餅堆盤列老翁醉飽坐春風小兒快活舞庭中酒餅已罄盤已空堂前掀擋還悤悤貍奴不眠勤捕鼠牘有魚頭卻賚汝

董蠡舟樂府賽神　近寒暖蠶無病燥溼有患煩護呵蛇鼠不秏葉不貴蠶姑降福亦已多貧家何以酬神惠牲醴蠲潔恭報賽挈籃市物向街頭拚把新絲一車賣花冠雄雞大㲉首佳果肥魚舊醳酒兩行紅燭三炷香阿翁前拜童孫後孫言昨返自前村聞村夫子談蠶神神為天駟配嫘祖或祀菀窳寓氏主九宮仙嬪馬鳴王衆說紛綸難悉數翁云何用知許事但願神歡乞神庇年年收取十二分神福散來謀一醉開圩明日到處同插秧農父多悤悤又將疊鼓祈先農

董恂樂府酬神　育蠶有秋生計足蠶家有願向神祝今年大好稱意收酬神拚費絲一握九宮仙嬪馬頭孃稽首焚香更燒燭甕中有酒新釀成割得雄雞配豬肉願神護庇自年年絲滿筐籠繭滿箔大兒祈福拜不休小兒索果爭啼哭迎神已罷還送神酹酒撤肴事忙碌晚來團坐聚堂前得意高談散神福

○二蠶

二蠶於頭蠶種時始生（按亦曰夏蠶）十八日即成蠶（西吳蠶畧）夏蠶性與春蠶迥別春蠶之眠無分早暮夏蠶晚刻不眠故日中見眠傍晚自能眠齊若在中刻眠起不過眠成一半餘則直須至次日午刻方眠不可不分開另貯使眠眠如此即不勝其分矣故諺曰二蠶十八派也三蠶四蠶性亦同（吳興蠶書）與二蠶時方農忙故養者十纔二三養法雖同然天氣漸暑隄防蠅蚋之類尤勞心力且沙矢蠶蛹臭穢熏人最易致病蠶家作苦殊可矜也（西吳蠶畧）○（按二蠶之後有三蠶四蠶并有五蠶其絲宜作琴絃及彈棉絮之弓絃當別有取種之法近地育者殊少無從訪求西吳蠶畧謂三蠶乃頭蠶種紙收藏不慎夏月輒生小蠶抯取養之再出而曰三者所以別二蠶也其說疑誤此乃梅蠶非三蠶也果如費說則四蠶五蠶又何從得種乎）

○桑蠶

爾雅蟓桑繭即今桑蠶亦稱野蠶（遺聞瑣記）生于桑間形與蠶同色黑而差小其繭一面著樹而平色亦不白（西吳蠶畧）每年五六月採一次八月又採一次此農家自然之利也（南潯鎮志）雙林人繅絲用織皐綾諸史載野蠶成繭表獻為瑞亦有司緣飾之詞蓋多則害桑湖人每于桑上刮去其子何瑞之有（西吳蠶畧）

○占驗

占候古法也蠶與田並重故農家推測田之外唯蠶術士之說與謠諺所陳或驗或否正不必盡斥之爲無稽也吳興蠶書

一占蠶　湖以春初迎廬姑卜蠶卽古紫姑遺意西吳蠶略正月中旬延陰陽家擲錢布卦以卜蠶事又以大姑把蠶多損傷二姑最吉三姑則吉凶無定村夫村婦共相推論而于古人占候之書罕有明其術者按淮南子云攝提格之歲寅蠶不登單閼之歲卯蠶昌執徐之歲辰蠶閉大荒落之歲巳蠶小登敦牂之歲午蠶登協洽之歲未蠶登涒灘之歲申蠶登作鄂之歲酉蠶不登閹茂之

歲戌蠶不登大淵獻之歲亥蠶閑困敦之歲子蠶稻麥昌赤奮若之歲丑蠶不出此以歲陰論也史記天官書云正月上甲風從東方宜蠶周益公日記云正月丙有三子葉少蠶多無三子葉多蠶少田家五行云穀雨日辰值甲辰蠶麥相登大喜忻穀雨日辰值甲午每箔絲緜得三斤羣芳譜云元日值巳蠶傷此以日辰論也便民書云元日霞氣主蠶少陶朱公書云二月虹見在西主蠶貴此以雲物論也田家五行云清明午前晴早蠶熟午後晴晚蠶熟齊民要術云要知蠶善惡常以三月三以是日天陰無雨不見日大善臞仙神隱云立春天

陰無風蠶麥十倍此以節候陰晴論也至俗所傳流耶歌地母經多隱語鄙詞不足盡信吳興蠶書正月九日爲蠶晴則吉拔俗云七八八蠶九蠶十麥十二月十二日爲蠶生日宜晴諺云三月三落雨落到蠶頭白又云有春好看蠶無春好種田謂立春節南潯鎮志。王歷通政經舍北種楡九株蠶大得西吳蠶略

一占桑　正月一日納音屬木爲蠶食一葉至九日納音屬木爲蠶食九葉少主貴多主賤南潯鎮志歲支在丑屬牛在卯屬兔在午屬馬在未屬羊並主貴以其皆食芻也或以枯葉貴則次年之葉亦貴賤則亦賤所謂桑條無

二價也便民書云元日有霧主葉貴田家五行云諺曰三月初三晴桑上挂銀瓶三月初三雨桑葉成苔脯又云雨打石頭斑桑葉賤價難言蠶損葉無用也吳興蠶書一云三月三日有雨則貴四日雨尤貴諺曰三日猶可四日殺我西吳蠶略清明日插柳卜桑葉貴賤柳葉早瘁則桑葉貴菰城文獻今俗專以三月十六日爲主謂是日天做葉市終日晴或終日雨則葉價貴賤有常若乍陰乍晴則貴賤無定朝更暮改也吳興蠶書

一占絲緜　絲緜之貴賤由于蠶之荒熟亦由于商估之聚散古人有測候法陶朱公書云元日日出時有紅霞

主絲貴羣芳譜云元日值丁絲繇貴農政全書云重五日雨主絲繇貴今農家官租私債悉絲以償絲脫車卽公私交迫豈能推測以待價哉然亦不可不知吳興蠶書○按俗又以迎春時芒神手執絲鞭主絲貴執苧鞭主絲賤

一擇吉日　五行各書有浴蠶吉日爲甲子丁卯庚午壬午戊午五月有出蠶吉日爲甲子甲寅甲午乙巳乙未乙酉丙午丁未戊午戊申庚午壬午癸卯癸酉十四日有繅絲吉日爲子寅午申酉亥日及成收開日又庚午爲蠶父生日尤吉庚戌爲蠶姑死日忌鋪蠶房又陳藏器本草拾遺云二月上壬日取土泥屋之四角宜蠶吳興蠶書

野蠶録

（清）王元綎　撰

《野蠶錄》，（清）王元綎撰。元綎字文甫，山東寧海人，光緒戊戌進士。山東登、萊一帶的野蠶向來有名，作者對蠶桑生産也很關注。據本書自序所説，中國蠶桑之利冠於五洲，言蠶之書很多，但言野蠶者卻很少，其鄉人張崧的《山蠶譜》已失傳，韓夢周的《養蠶成法》又嫌簡略，且其法已不大合乎時宜，於是就平日見聞所及，並輯錄其他書中的有關資料，撰成此書，光緒壬寅年（一九〇二）在安徽刊行。

該書對中國各種野蠶的名稱和野蠶所食樹葉的種類，特别是柞樹種植、柞蠶飼養以及繅絲織綢技術、繅絲用具等，都有詳細説明。書中還有光緒元年至光緒三十年的『野蠶繭綢出口表』可供參考。作者所繪蛾圖、蠶圖和飼喂野蠶所用九種樹木的圖，可與書中文字記載相輔相成。

版本除安徽原刊本外，還有光緒三十一年商務印書館鉛印本，宣統元年安慶文官印書館鉛印本，湖南官書報局石印本以及一九六二年農業出版社的校訂本。今據清光緒二十八年進呈寫本影印。

（惠富平）

恭錄

高宗純皇帝聖諭

上諭軍機大臣等據四川按察使姜順龍奏稱東省有蠶二種食椿葉者名椿蠶食柞葉者為山蠶此蠶不須食桑葉兼可散置樹枝自然成繭臣在蜀見有青杠樹一種其葉類柞堪以餧養山蠶大邑縣知縣王雋曾取東省繭數萬散給民間教以餧養兩年以來已有成效仰請飭下東省撫臣將前項椿蠶山蠶二種作何餧養之法詳細移咨各省如各省見有椿樹青杠樹即可如法餧養以收蠶利等語可寄信喀爾吉善令其酌量素產椿青等樹省分將餧養椿蠶山蠶之法移咨該省督撫聽其依法餧養以收蠶利再直隸與山東甚近餧養椿蠶山蠶不知可行與否並著寄信詢問高斌

乾隆八年十一月初八日

敘

中國蠶桑之利冠於五洲以故家有撰述言蠶之書幾充棟而言野蠶者獨鮮登萊野蠶自古有之甯海張仲峯著有山蠶譜一書惜兵燹後稿已散佚惟州志僅存其序每思攷其種類詳其飼養以紀一方物產之盛有志未逮也戊戌秋分發來皖晤同鄉于苐航於來安因詢以史稱滁州野蠶食槲葉成繭大如柰今滁屬果否宜蠶苐航言乾隆中濰縣韓公復任來安嘗募東省蠶工教民野蠶當時甚蒙其利公復手訂養蠶成法今尚載來安縣志中乃索而讀之惜其簡畧且其法與今多不合因不揣固陋謹就平日所見聞者彙而錄之並搜採雜書以附益之編次既竟名之曰野蠶錄時

朝廷以和議成力求變法以圖自强竊謂富者强之基也故泰西各國莫不以商務為重中國出口之貨以茶絲為大宗近年以來茶業敗而絲亦因之議者以為各國皆產絲且製作尤佳不復仰給於中國故出口之數日少此論似是而實非中國養蠶之地莫

辨苓齋

盛於湖州乃近年所出之絲除出口外並不足供本地之需遂越太湖往無錫購買麤絲攙雜之以為緯每年多至數百萬斤而紬緞之屬價且日昂而未有極足徵中國蠶種受病之日深實出絲之不旺非有絲而不售也野蠶之絲雖不如家蠶而其工省其利倍柞櫟等樹隨處有之緣山彌谷不比栽桑之煩擾我中國疆土寥闊誠使逐漸推廣飼養得法將出口之數日多一日未始不足以補家蠶之缺而失之東隅者或收之桑榆也是則區區之意也夫

攷證

野蠶不知始於何時荀子蠶賦入屬所利飛鳥所食似即今之野蠶特古人不知收養聽其自生自育故紀載亦絕少漢唐而後以為瑞應至宋元而繅織之利始興迄今飼養日多幾與家蠶並重因蒐集舊史及古人詩文中之言野蠶者錄之以備攷證

古今注元帝永光四年東萊郡東牟山有野蠶為繭繭生蛾蛾生卵卵著石收得萬餘石民以為蠶絮

後漢書光武帝紀建武二年野穀旅生麻尗尤盛野蠶成繭被於山阜人收其利焉一見東觀漢記漢記續漢書

魏畧文帝欲受禪野蠶成絲

三國志吳大帝本紀黃龍三年夏有野蠶成繭大如卵　按江甯府志建興九年六月建業有野蠶成繭大如卵後漢建興九年即吳黃龍三年當係一事

宋書符瑞志元嘉十六年宣城宛陵縣野蠶成繭大如雉卵彌漫林谷年年轉盛

宋書符瑞志大明三年五月癸巳宣城宛陵縣石亭山生野蠶三百餘里太守張辯以聞

梁書武帝本紀天監十一年二月戊辰新昌濟陽二郡野蠶成繭

隋書禮儀志赤雀蒼烏野蠶天豆

新唐書高祖本紀武德五年四月梁州野蠶成繭

新唐書太宗本紀貞觀十二年滁濠二州野蠶成繭

按冊府元龜貞觀十二年滁州言野蠶成繭徧於山阜九月楚州言野蠶成繭徧於山谷濠州廬州

辨香齋

獻野繭亦見唐會要

新唐書太宗本紀貞觀十三年滁州野蠶成繭

新唐書太宗本紀貞觀十四年六月滁州野蠶成繭

按舊唐書太宗本紀貞觀十三年滁州言野蠶食槲葉成繭大如柰其色緑凡收六千五百七十碩十四年六月己未滁州野蠶成繭凡收八千三百碩亦見唐會要

冊府元龜末帝清泰三年六月洺州獻野繭二十斤

宋史太祖本紀乾德四年八月辛亥幸玉津園宴射京兆府貢野蠶繭　按玉海乾德四年八月京兆府野蠶成繭節度使吴廷祚織絲以獻纖潤可愛

宋史太祖本紀開寶七年正月庚申齊州野蠶成繭

按玉海開寶七年齊州奏野蠶成繭二萬枚七月陽武縣野蠶成繭

玉海咸平二年七月庚戌開封獻野蠶絲

玉海祥符五年七月京兆野蠶成繭

宋史仁宗本紀嘉祐五年冬十月乙酉深州言野蠶成繭被於原野亦見五行志

辨香齋

宋史哲宗本紀元祐六年定州野蠶成繭　按五行志元祐六年閏八月定州七縣野蠶成繭

宋史哲宗本紀元符元年真定府祁州野蠶成繭

宋史五行志元符元年七月藁城縣野蠶成繭八月行唐縣野蠶成繭九月深澤縣野蠶成繭織紝成萬匹

宋史五行志元符二年六月房陵縣野蠶成繭

宋史徽宗本紀政和元年野蠶成繭　按五行志政和元年九月河南府野蠶成繭

宋史徽宗本紀政和四年相州野蠶成繭亦見五行志
宋史五行志政和五年南京野蠶成繭織紬五匹緜四十兩聖繭十五兩
宋史高宗本紀紹興二十二年五月容州野蠶成繭
宋史甯宗本紀嘉泰二年九月庚午臨安府野蠶成繭
金史太宗本紀天會三年七月己卯南京帥以錦州野蠶成繭奉其絲緜來獻命賞其長史亦見五行志
金史章宗本紀明昌四年邢洺深冀及河北十六謀克之地野蠶成繭亦見五行志
元史世祖本紀至元二十五年秋七月乙巳保定路唐縣野蠶成繭絲可為帛
元史成宗本紀元貞二年五月野蠶成繭　按五行志元貞二年五月隨州野蠶成繭亙數百里民取為纊
明寶訓洪武二十八年七月戊戌河南汝甯府確山縣野蠶成繭羣臣表賀太祖曰人君以天下為家使野蠶成繭足衣被天下之人朕當受賀一邑之內偶然有之何用賀為
大政記永樂二年七月辛酉禮部尚書李至剛奏山東郡縣野蠶成繭繅絲來進請率百官賀命止之上曰野蠶成繭亦常事不足賀使山東之地野蠶盡繭足以被其一方而未徧天下朕之心猶未安也朕為天下父母一飲一食未嘗忘之若天下之民皆飽暖而無飢寒此可為朕賀矣乃止
大政記永樂十一年十一月以野蠶絲制衾命皇太子奉薦太廟先是山東民有獻野蠶繭絲者羣臣奏賀瑞應上曰此祖宗所祐也特命織帛染柘黃制衾以薦
畿輔通志永樂十一年東鹿縣野蠶成繭
名山藏英宗正統十年十二月真定府所屬州縣野蠶成繭知府王以絲來獻製幔褥於太廟之神位
廣東通志成化二十三年文昌縣野蠶成繭
管窺輯要雜蟲占野蠶成繭人君有道其國昌大
廣志有原蠶有冬蠶有野蠶有柞蠶食柞葉可以作緜

風俗通旅穀彌望野繭被山

枚乘七發野繭之絲以為絃

王朗魏受禪碑甘露零於豐草野蠶蠒於茂樹

梁簡文帝筝賦異東垂之野繭非山徑之漚絲

庾信文人共官園家同野繭

王建田家行野蠶作繭人不取葉間撲撲秋蛾生

張祜車遥遥樂府桑門女兒情不淺莫道野蠶能作繭

王禹偁黑裘詩野蠶自成繭繅密為山紬

蘇軾數珠篇安居三十年古衲磨山繭

范成大打灰堆詞野繭可繅麥兩歧短衲換著長衫衣

馬祖常詩水牛礪角嫌耕淺野繭抽絲喜價低

吳偉業夜宿蒙陰詩野蠶養就都成繭村酒沽來不費錢

袁枚沭陽雜興詩絲抽野蛹都名繭土作荒城又當山

按古之野蠶即今之柞蠶也雖野蠶之類不一然他項野蠶究屬寥寥惟槲柞隨處有之成繭最多故凡言野蠶者皆柞蠶也不知者或以禹貢之檿絲當之攷書禹貢厥篚檿絲集傳云檿山桑也詩大雅其檿其柘集傳云檿山桑與柘皆美材可為弓幹又可蠶也爾雅檿桑山桑郭注云似桑材中作弓及車轅攷工記弓人取幹之道柘為上檿桑次之今山蠶所出之木並不可以為弓檿而係以桑知檿固桑之一類也郝氏爾雅義疏釋木云今山桑葉小於桑而多缺刻性尤堅緊禹貢青州厥篚檿絲蘇軾注檿絲出東萊以織繒堅韌異常東萊人謂之山繭然則檿絲可供織作即於今登州山繭織成者非獨絲中琴瑟取貴也竊謂蘭皋先生登州人當知山繭之所從出且既明明見山桑矣當知山桑仍所以飼家蠶何復以檿絲為山繭乎又釋蟲云柞蠶出柞樹上其紬為大繭紬又為雙絲今登州人貨之以為利是非不知山繭之所從出也何前後之矛盾若是耶時珍本草綱目曰桑有數種白桑葉大如掌而厚鷄桑葉細而薄子

桑先椹而後葉山桑葉尖而長又士農必用曰桑種類甚多不可偏舉世所名者荊與魯也荊桑多椹魯桑少椹葉薄而尖其邊有瓣者荊桑也凡枝幹條葉堅勁者皆荊之類也葉厚圓而多津者魯桑也凡枝幹條葉豐腴者皆魯之類也荊桑之類宜飼大蠶其絲堅韌中紗羅書禹貢厥篚檿絲注曰檿山桑此荊之類而尤佳者也魯桑之類宜飼小蠶其說極為明晰登州府志云檿絲出棲霞縣文登招遠等縣亦有之其繭生山桑上不浴不飼

居民取之織為紬久而不敝胡氏禹貢錐指曰今青州濟南等處皆有繭紬其蠶乃人放椿樹上（作樹上居多椿樹上另是一種間有之）食葉作繭絲不甚堅韌嘗詢之土人野蠶食山桑葉作繭高巖之上樵者往往得之不過數枚欲製為紬須廣收積多乃成一匹所出至少官長欲市取亦無從也蓋必此種而後可以當禹貢之檿絲古今事變不同不得以今之偏地皆有而疑古之獨出於東萊也今按桑上有野蠶一種詩豳風蜎蜎者蠋蒸在桑野集傳云蠋桑

蟲如蠶者也玉海唐開成二年陳許奏野蠶自生桑上三編成繭連綿九十里百姓以為絲綿紬絹又宋開寶七年九月長葛縣桑蠶成繭祥符五年八月亳州桑蠶成繭皆野蠶也此蠶凡桑樹上皆有之而生於山桑者尤佳且其生也較家蠶稍晚在家蠶大眠以後此時桑葉翦伐已盡故多出於山桑也又此蠶亦有春秋二季春桑飼蠶、秋桑或不飼蠶故多成於八九月也胡氏以為禹貢之檿絲確切不移與歷來詩文家之以檿絲為野蠶者

說亦相符（庾信鄭常墓誌山桑野繭足充貢賦自六朝以來已沿用之矣）而獨以為今之柞蠶則誤矣因附記以質諸博物之君子又按本草有山桑家桑之別家桑即今之接桑山桑即今之野桑其不由人種而生於深巖之中者則為山桑意大利蠶書言野桑飼蠶力大於接桑況山桑不由人種而生其力大尤屬可信張子中蠶事要畧謂潮俗桑樹無有不接者不接則為野桑椹極多而葉極少不足以飼蠶誤矣自來解經者先由不知檿為何物故以檿絲為今之柞蠶山

繭若知繁之爲桑其是非固不待辨而明矣

辨香齋

雜錄

試行山蠶疏　　　蔣溥

再楚南山澤樹木中有青岡槲木等樹均可放飼野蠶且桑蠶每歲止獲利於春而山蠶可兼收於秋據道州辰州報稱已於四月間成繭絡絲州民無不懽忻鼓舞並將養蠶收種繅絲始末載爲條規一冊臣刊刷頒發各屬令依照領種放養報聞

廣行山蠶檄　　　陳宏謀

陝省山嶺樹葉最盛宜養山蠶康熙年間甯羌牧劉公從山東僱人來州放養山蠶織成繭紬甚爲匀細到處流行名曰劉公紬劉公陞任漸次衰微乾隆九年三月奉
旨勅行山東將山東養蠶成法纂刊送陝本部院初莅陝省即已發司刊刻分發通省倣效學習隨有鄠縣知縣紀虛中募得善於養蠶之魏振東立爲蠶長教人放養已得春繭四十餘萬合之秋繭可得八九十餘萬統計可織紬一千餘丈民間已有販賣鄠繭者又有藍田令蔣文祚商南令李嗣洙連年倡率教

辨香齋

習該二縣每年獲繭成紬已自不少其隴州汧陽放養未成同官令曹世鑑從山東覓人來此放蠶因北山早寒秋繭難成興安州劉李二牧亦曾放養未報得繭近據甯羌州禀稱連年借給工本設法鼓舞所得繭紬比前較多畧陽縣早已成繭近竟中止再近省到處椿樹易長易成可養春蠶曾經咸甯令柳大任試養得蠶因為烏雀所傷而止就陝省情形而論雖不能處處可以放養山蠶而山蠶所食之槲樹隨處有之可以放養山蠶之處亦正不少若得地方官設法勸導接續行之鼓舞推廣自可漸覩成效況徧山槲樹可作蠶場不比家蠶之必須種桑也繭紬麤細皆宜又耐久穿亦不比絲紬之貴而難賣也本部院前後經理設法振興幸有可興之機並非迂而難成今又莅陝覩此山場美利不肯坐聽中止除同官以北毋庸再行外仰布政司轉飭西同鳳漢興商邠乾等屬境內凡有槲樹之處官為勘明砍伐雜樹修理蠶場可養山蠶或僱人試養或官出資本而招民同養或給民人口食令其學習或官借資本聽民人結夥學養其抽絲拈線毋論老少皆可學習其蠶種必須官為購覓其器具亦須官為製給其中氣候事宜備載山東養蠶成法或於本省之甯羌鄠縣商南等處僱人教習或於山東河南僱覓善養山蠶之人來此教習地方官用些心思費些物力為本境倡此美事成此美利俾滿山槲樹向時作為柴薪棄為無用者將來皆百姓資生之物養命之源政蹟可覩功德無量本部院拭目以觀山蠶之盛并紀循良之績矣

請種橡育蠶狀　宋如林

查黔省山多田少土瘠民貧生齒日繁除遵義一府農桑並行生計較裕其餘各郡耕種而外別無利生之業惟黎平一郡漆與茶亦間有之亦不過數邑惟遵義之紬廣行他省詢其由來皆云從前亦無是繭自乾隆中郡守陳君像山東歷城人見此地有青棡樹即山東之槲櫟樹其葉可飼山蠶惜民間徒供薪樵之用乃捐俸遣人至山東買取繭種僱覓蠶師廣為教導期年有成至今利賴蠶子甫出置之於樹即

能自食其葉及至成蠶即能依枝作繭取繭繅絲俱不費力惟絲麤不能織爲綾緞僅可織紬與山東繭紬相仿現在遵義繭紬早已興販他省可見其利甚溥惟是創始之年收買橡子及收買蠶繭令民遠攜資本收買樹育亦勢有所不能茲公同商議由藩司籌備經費詳請給發委員賫赴遵義定番一帶先行收買橡子散之各府廳州縣令該管衙門就近分給居民不許經書役之手以免滋擾並諭各處教諭訓導官廣爲勸諭於不堪播種五穀之地及時種植二

三年後橡已成樹即可收買蠶繭照依散給橡子之法辦理民不出資而實獲其利似與民生稍有裨益是否有當伏候查核批示遵行

通飭黔省種橡育蠶檄　宋如林

照得衣食爲民生之本農桑視物土之宜地無餘利人無餘力斯民氣可以漸舒黔省跬步皆山田土磽薄恆多苦貧十三郡州惟遵義務蠶功亦惟遵義稱富厚是蠶絲之利不可不講也各屬種橡養蠶已經飭行在案查橡子即青㭎子種各不同應用真青㭎子其葉方宜飼養如水青㭎只供染房之用不可收買買獲之後埋藏不能如法即易生蟲種之亦難發生其種植處亦須相度其地應於不能樹藝五穀之處排列埋種人力易於經管至橡子雖産於遵義者多然路途賫重收買維艱聞上游一帶皆有橡子居民不知育蠶之法收獲轉售殊爲可惜且事在創始人皆畏難若但多張告示諭令栽種禁止斬伐差赴四鄉督責巡查以爲認真未覩日後之成效但見目前之紛擾是未得橡樹之利先受橡樹之累民將畏

避之不暇其何能踴躍從事以興此美利耶總之此事不惟不可視爲具文並不可視爲公務府廳州縣於因公下鄉之便接見士民詳細曉諭俾知其事非難其利甚厚售絲之利倍於售繭故云利無算橡本無稅蠶亦無稅故云永不稅民雖至愚未必無領畧其旨者能領畧則肯試行試行獲利則衆皆信從轉輾傳播漸次推廣不必董率而自知栽培不必禁令而自知愛護地利可收民生可裕全賴司民牧者善爲之勸導耳查遵義府屬初亦不知養蠶前守陳公

遣人至山東購買繭種廣為教導至今利賴陳守能以山東之利行之遵義現任各官不能以遵義之利行之諸郡當仁不讓見義必為者當不至此合再札飭仰各該府廳州縣務須實力奉行實心勸諭必使民間知其利而樂為不得迂緩置之亦不得滋擾閭閻其有無賴之徒盜伐他人樹木者有犯必懲毋以細事置不理問以期良法美意得以徧行實有厚望焉

勸種橡養蠶示　宋如林

照得本司蒞任以來訪察黔省地固瘠薄民多拮据推原其故由於素不講求養生之道則地利不能盡收而民情又耽安逸無怪乎日給不暇者多矣查遵義府屬自乾隆年間前府陳守來守是郡知有橡樹即青棡樹可以飼蠶有蠶即可取絲有絲即可織紬隨覓橡子教民樹藝並教以養蠶取絲之法故至今日遵義繭紬盛行於世利甚溥也他處間有種植青棡樹惟取以燒炭並不養蠶且樹亦無多若將不宜五穀之山地一律種橡養蠶則民間男婦皆有恆業

其中獲利不獨遵義一府矣查種育之法其樹有二一名青棡葉薄一名槲櫟葉厚其子俱房生如小棗植法於秋末冬初收子不令近火冬月將子窖於土內常澆水滋潤逢春發芽無論地之肥瘠均可種植三年即可養蠶春季葉經蠶食次年仍養春蠶或養秋蠶亦可須隔一季四五年後可伐其本新芽叢發又可養蠶其春秋二季養蠶及取絲之法各有不同一得其法殊不為難端在地方官首為之勸諭也此時種樹飼蠶大率皆知更非從前陳守之創始者可比惟收買橡子必須價本如令民間自備資斧遠處收覓亦勢有所難茲本司籌辦經費委員前赴遵義定番一帶採買橡子收貯在省各府廳州縣酌量多寡赴省領回散之民間勸諭居民無論山頭地角廣為種植二三年後即可成樹俟至可以養蠶之日由地方官查明申報仍由省收買蠶繭散之民間令其蓄養於樹凡收橡子蠶繭無須民間資本不過自食其力而已至種橡育蠶之法現在刊刻條款先發各府廳州縣隨同橡子分給居民及將來散給蠶繭均

文各學教官率同鄉約地保分散絲毫不經胥吏之手以期實惠及民至成繭之日務宜繅絲售賣蓋售絲之利倍於售繭也為此諭仰闔省軍民人等知悉爾等於耕作之外更宜盡力蠶絲俟橡子及條款發到該管衙門即向教官及鄉地處請領如法照辦凡書役人等不許經手以副本司籌裕民食之至意

請放養山蠶稟　俞渭

竊查卑府所屬地方山多田少地土瘠薄民苗生計維艱惟東北近河一帶栽種杉木轉售商販放運出江籍可獲利而近年來出產木植亦較前漸少此外間有栽種木棉及茶油等樹者亦屬無多尚不足以供地方之用卑府自蒞任以後急欲為民興利因思民間之利莫重於栽織兩端查郡屬四鄉橡樹頗多除作柴薪外並無他用卑府即擬仿照遵義辦法令民間放蠶收繭以盡地利傳詢地方紳耆均各稱善隨稟奉善後局憲發給樗繭譜二本以資效法惟是苗民愚頑凡事難與圖始若非官為倡辦則空言勸諭未必遽能信從再四籌思是以由卑府自行捐廉二百兩購種試辦先為倡率原擬赴遵郡購買蠶種因查該處亦係買自河南茲特派令文生謝文謨帶同府役二名前往河南南陽府購種及置備繅絲織機等項器具已於九月初旬起程計可買獲繭種六七萬擬於明春距城三十里橡樹較多之黎平寨先行試辦仍僱令熟習之人來黎教導以期有成他處亦飭令趕緊栽種培植護蓄成林以便推廣辦理並於署後空地播種桑秧轉發民間一體栽種倘天時得宜能有成效數年之後即可徧及一郡將見耕與織相輔而行民間之生計不憂則衣食足而禮義興民風自可蒸蒸日上矣除俟辦理如何再行稟報外所有卑府現在先行捐廉試辦緣由理合據實稟陳伏候俯賜察核示遵

山蠶說畧　黎平府志

黎平放養山蠶自道光己酉始郡人以本境多植橡櫟攷物土之宜醵金赴遵義購子種覓工匠擇附郭櫟林放養之咸豐初年知縣陶履誠知府胡林翼先後捐助以苗亂廢道光三年知府袁開第闢公桑園

辦香齋

諭郡人購種河南歸養黑洞頭二眠約三十萬三眠以雨雹損十五年知府俞渭慨然於大利中輟捐廉銀二百兩購種河南魯山札委紳士周文郁謝文謨等經理其事通稟在案十六年三眠成繭抽絲織絹滑澤有光不亞遵郡復籌銀二百兩助養從此地利將興倘順以天時助以人力不且駸駸乎與吳越豫晉爭繅織之富哉

蠶織說畧 懷遠縣志

欲厚民之生必先有恆業懷邑水患頻仍十室九空而窮簷之民謀生之計百出長淮肥渦之產民業寄焉水濱蒲蘆可織席夾岸細柳可編筐筥地宜麻者可索綯其婦女或萁麥稭為笠豈盡游惰哉顧不蠶織與不稼穡等今吾懷之民僉曰皆欲蠶而乏桑皆欲織而無木棉奈何夫河北白壤與桑宜河東赤泥與木棉宜用椹種桑及種木棉之法皆可按籍而得或就江浙父老而諮之良法具在况吾邑風土頗近齊豫而蠶織之利不僅江浙齊豫所出絲繭土紬之屬通大商賈大布白氎之美尤彰彰者豈吾懷獨不如齊豫哉互相講習以廣民業亦此時之急務也

訓俗遺規補 陳宏謀

豳風諸詩蠶利始於關中繼因桑樹漸枯蠶織遂廢今則獨盛於江浙矣議者皆以北地產馬馬蠶不能並行其說謬甚豈關中產馬始於今日耶予撫秦時有興平楊監生屾家居首先植桑養蠶并以此倡率鄉人織繭繅絲著有豳風廣義一書予因其有益於關中蠶政招之來省設立蠶館發給工本養蠶織縑屢經奏明每年供進
御之用荷蒙
聖主嘉納今楊監生衰老不能專司其事有朱孝廉石琪於蠶館教人繅織廣種桑秧鄉人知種桑養蠶繅絲隨在皆可得利聞俱踴躍從事至於山蠶別為一種山中槲橡青杠柞樹及村莊之椿樹皆可飼養陝省椿樹自生自長不須種植郊原村野處處有之槲橡等樹則鳳翔之岐山漢中之鳳縣甯羌南北棧中徧山皆槲就地立為蠶廠更不費力久奉
勅行山東將山蠶事宜刻送各省今隨地效法關中

辨香齋

甯羌向有劉牧養繭成紬向稱為劉公紬近中督理
無人不甚如法民閒以利微中止近如郿縣令紀君
虛中於山東覓人來郿立為蠶長廣行教習咸甯令
柳君大任試養椿蠶通判張君文信倡行鳳翔均已
成繭無論官紳果有耐煩樂善之人首倡養蠶繼續
推廣設法防護家蠶山蠶椿蠶均可望其有成官斯
土者尚其加之意焉

書橡繭事　　程恩澤

黔郡州十三富郡二曰黎平曰遵義黎平以木遵義

以繭繭不以桑以橡然非朔於遵義人也乾隆閒陳
君實教之於是食繭利凡數十年春秋繭成歌舞祠
陳君如生道光三年冬澤試遵義旋過橡林閒風策
策然葉鱗鱗然記所歷郡皆有橡不以繭今過平越
都匀土益沃宜橡因嘆曰處處有橡處處可繭也富
獨遵義乎過鎮遠見方伯吳康訪宋頌今甲勸民種
橡詞懇懇著街亭時夕陽爛如駐馬讀之過思南遇
萬校官世超粹刻出則方伯康訪督使上下游購橡
子教播種期三年成食繭利嗟乎居尊官親為民謀

百世利思深哉可謂君子儒矣黔土瘠黔民勞勞無
所獲遂頹廢不自振曉之曰利在某不信視其地民
遂然顧牆角畦稜有美蔭皆金錢其黠者又慮利與
害俱且椎之曉之曰有百世利無一日稅也則又慮
購繭器織具紛然皆未入先貸曉之曰如購種法皆
官為夫民驕子弟官慈父母也驕乃惰慈乃周以周
起惰惰乃勉皆可學而能也數歲利必若遵義富甲
西南維矣

種樹法　　楊名颺

青棡樹類亦同橡木有三種細皮橡結繭絲多麤皮
橡結繭絲少木橡葉尖不可飼小蠶九月橡子熟掘
坑深三四寸每坑種一子拌糞土築平來年二三月
即生或挖一窖將子貯於筐內放在窖中以板蓋上
來春生芽二三寸清明前後栽之三年後即可飼蠶
橡子易生蟲須速種槲樹有二種一叢生而小即樸
樕也一高大似櫟俗名大葉櫟實似橡子可食栽如
上法此說採於甯羌廷俊趙刺史　青棡橡槲等樹
山中處處有之人多不知取以養蠶康熙年閒山東

劉公榮來牧甯𦤺始教以繰織之法至今利賴稱為劉公繭因民之所利而利之亦在為民父母者隨處留心耳

養野蠶法　楊名颺

野蠶生於青棡樹上橡樹等葉皆食之立春日攤繭筐中閉門窗勿令通風燒柴火令室常暖至春分前五日共四旬晝夜不可間斷天寒加火天暖減火四十日則蛾出辰巳時令雌雄相匹申時摘去雄蛾編有蓋大筐（徑三尺深一尺）將雌蛾百餘放筐內以蓋合定令

其下子三五日後去蛾懸筐於無煙涼房待陽坡青棡等樹葉長寸許燒室令暖懸筐室中五六日蠶生辰巳時揀寬平處將筐安置水渠中（筐底支以石）插葉梢於筐之周圍（取其不乾）蠶聞葉氣出筐上葉未出者取回仍懸暖室次日又出仍如上法常換新葉勿令蠶餓搭一草菴彈弓鳥鎗日夜防守飛鳥蝙蝠各物傷害待陰坡葉生方可轉移樹上使自食葉將蠶帶梢放提籃內提至山中有葉樹下將蠶連梢放於樹上食葉將盡用利翦連枝翦下放於籃內移置有葉樹上

此蠶亦三眠三起眠時不可移動能耐風寒但怕久雨夏至後結繭樹上摘來攤於涼箔數日蛾生寅卯時令雌雄相配午後摘去雄蛾以線縛雌蛾一翅拴於樹上次日下子伏後五日其蠶自出看守轉移如上法白露後結繭收貯次年立春日養如前法此繭不能繰絲須於蛾出後製而紡之

紡野繭法　楊名颺

用木炭灰以滾水潑之淋得極釅將繭子盛於篩內重一觔許將灰水入鍋內燒滾勻潑繭上數過將繭

篩置鍋上淋灰水入鍋中再取潑數次手試扯之以絲開為度又置篩鍋內蒸少許取出套於筯上一筯可套十數個浸於水盆揉洗十餘次去灰水之氣於繭外橫扯起絲頭脚踏紡車上紡之層層扯紡勿亂色道其法將葦筒貫於鐵錠上以線纏於筒上既成繰（音臧絲也）（捲）取下俟紡數十繰貫於經板之上往來牽引經之成縷收於絧孖（音牀）之上撒放二丈餘中架一梁如四丈長架二梁將經縷勻擺梁上手執縷刷（疏布器也形如鍋刷）蘸稀糨水或糯米汁刷之令勻務要經縷條

條疏通或日曬或風吹將乾要縷過一徧庶無糊綹不至粘連後用油水相合（芝蔴油最好菜油次之每水一斤用油四兩）攪打百餘次使油水混合用縷刷輕輕蘸而刷於經上使光滑易織待乾捲於機上平機高機油機俱可織又有䌒線一法將紡成緤用拐子拐成把重四五兩卸下用糯米熬汁麵䌒亦可將線揉䌒令勻挂在椽上再用石杵子挂在線把一頭扭去汁滓令絲乾散為度再上絡車纏在籰（音約絡絲具）子上經同上經油法

山蠶說　孫廷銓

安丘石門村多生槲樹林土人謂之野蠶繭按野蠶成繭昔人謂之上瑞乃今東齊山谷在在有之與家蠶等蠶月撫種出蟻蠕蠕然即散置槲樹上槲樹初生猗猗不異桑柔聽其眠食食盡即枝枝相換槲樹相移皆人力為之彌山徧谷一望蠶叢其蠶壯大亦生而習野日日處風日中雨中不為罷然亦時傷旱潦畏雀啄野人飼蠶必架廬林下手把長竿逐樹按行為之察陰陽禦鳥鼠其稔也與家蠶相後先然其穰者春夏及秋歲凡三熟也作繭大者三寸來許非黃非白色近乎土淺則黃壞深則赤埴墳如果蓏綮實離離綴木葉間又或如雄雞𪃸也食槲名槲食椿名椿食椒名椒繭如蠶名練如繭名又其蠶之小者作繭堅如石大纔如指上螺在深谷叢條間不關人力樵牧過之載橐而歸無所名之曰山繭也其練備五善色不加染黯而有章一也浣濯雖敝不易色二也日御之上者十歲而不敗三也與韋衣處不已華與紈縠處不已野四也出門不二服吉凶可從焉五也

紀山蠶　王沛恂

吾鄉山中多不落樹以其葉經霜雪不墮落得名一名槲葉大如掌其長而尖者名柞總而言之曰不落皆山桑類山蠶之所食也蠶作繭視家蠶較大禹貢萊夷作牧厥篚檿絲顏師古註檿山桑也作牧言可畜牧以為生也蘇氏曰惟東萊有此絲以為繒堅韌異常雖樸質無文然穿著多歷歲時故南北人通服之人食其力習為業勤苦殆有倍於力田者初春買蛾下子出蠶蠶形如蟻採柞枝之嫩葉初放不及麥

大者置蠶其上捆枝成把植淺水中不溢不涸方不為蠶患看守不問昏曉謂之養蛾保護如法蠶長指許納筐筥中肩負上山計樹置蠶場大者安放三四十千次則二十餘千或十餘千不等狐狸狼鼠鷙鴟鳥雀蛙蟆蟲蟻無巨細皆嗜蠶防禦疎則飽無厭之腹以故晝則持竿張網夜則執火鳴金號呼喊吽之聲殷殷盈山谷極其力以與異類爭如此者兩閱月鳥獸昆蟲之所餘者十纔四五顧又有人力不得而爭者旱則蠶枯澇則蠶濡雖經歲勤動而妻啼兒號不免矣嘻四民莫苦於農而蠶夫則又加甚記之以誌感焉

山蠶譜序　　張崧

登萊山蠶蓋自古有之特前此未知飼養之法任其自生自育於林谷之中故多收輒以為瑞宋元以來其利漸興積至於今人事益修利賴亦益廣立場畜蛾之方紡績織紝之具踵事而增功埒桑麻矣顧不知者每以禹貢之檿絲當之先儒說部名賢歌詠往往謬誤目未親覩堇堇以傳聞之辭臆而書之論多歧出無足怪也每思考其族類以備一方物產之畧苦於固陋遲遲未能偶閱王阮亭居易錄言孫益都沚亭顏山雜記山蠶琉璃窰煤井鐵冶等文筆奇峭曲盡物性急披而讀之則諸文咸在獨無所謂山蠶說者益用耿耿於懷後見周櫟園書影節記載是文信如阮亭所稱然猶憾其畧也誦讀暇日因其說而暢之期於族譜分明使覽者知有蠓蚢之列嚳柞之別不至混淆而已若云箋註蟲魚貴於典古則未遑也

樗繭譜書後　　莫友芝

貴州府十二直隸廳州四屬州縣四十八而遵義縣為大縣疆域廣袤三四百里戶口二十萬零賦稅幾敵全省半歲科鄉會人士亦居十二烏虖盛矣而其先廣袤者如故也戶口租賦十無四五也歲科鄉會如故也人士十無二三也何今之美昔之陋歟抑其致此者皆有所自來歟夫遵義之地岡巒峯阜相攢沓無一里原無五里陸依山為田皆如梯梲其土瘠石瘦不可田又不可勝計也以二十萬戶人裦然耕

鑿其中我知各糊口之不給而何有以輸納租税而何暇於陶冶詩書也而後乃今知陳省菴舊守之遺澤遠矣夫子之言曰富之教之又曰不患寡而患不均不患貧而患不安盡縣而山則難均難均則多貧多貧則難安難安則民皆思去而至於寡此理勢之必然者而遵義自有樹繭來寡者日以衆貧者日以富數十萬户罔不含哺鼓腹怡然於樹陰絲竈之間而其秀者亦得所憑藉以優游乎文林義府争閑雅都麗以與吴越齊秦人士相軒輊均無貧和無寡既

富乃可加教意在斯乎陳公去遵幾百年矣仁聲恵政猶幸嘖嘖人口而志乘闕如因陋就簡再數十年遺老向盡一邑之衣而食之社而稷之者恐至不能道其姓字摘果而忘樹飲美而忘水君子有世道人心之患鄭君樗繭譜之作蓋大懼乎此也故首之以誌恵也定樹以辨物也定繭以正名也别地時析利病詳其烘覼眠食居守移下之方著其炕煮繅淨導牽之事白紬品之良否明易且要之器用形狀然後以種樹終焉蠶始即食樹也終終始始之義也凡皆

陳公以庶富遵民之遺法也且夫四十八州縣其十九皆山猶遵義也山之宜樹猶遵義也而户口獨少於遵義賦税獨少於遵義歳科鄉會人士獨少於遵義論者以為疆域之廣狹土地之肥磽習俗之文野不可强而同吾獨惜無有若以樹繭福民之陳公也不爾則三四百里之州縣貴州所常有而遵義一縣能幾膏腴能幾材俊哉守土者盡能依其法而行之則不必陳公而山國皆可遵義也夫

陳密山方伯事畧　李元度

陳君德榮字廷彦號密山直隸安州人登康熙五十一年進士出趙恭毅徐文定門皆器君榜下充武英殿纂修時陳恪勤掌殿中修書事嘗語方公望溪後進中有為有守者以君稱首初授湖北枝江令鄂省大府即思得君守巖州劇郡既典郡即思得君為監司故論薦者如争其以黔西州服闋引見

世宗即命赴貴陽以牧守用其守大定以江西巡撫薦遂命補道府皆前此所罕見也君服官二十餘年勛績尤著於滇黔其為政急民之病如其私而務以

殖其衣食為本在枝江修百里洲隄除解餉入川雜派攝饒九道剔潯陽大孤兩關錮弊辨誣獄出無辜者七人未數日經畧張廣泗以貴州按察使保奏方是時羣苗交煽軍旅四出古州姑盧朱洪文叛案非君莫能定也逾年攝布政使黔地多山岨少穀兵餉半移調於鄰省民尤貧瘠君奏給工本築壩堰引山泉以治水田貴筑貴陽開州威甯餘慶施秉閒不數年報墾升科者三萬六千餘畝遂課種桑募蠶師教民蠶出署內所登繭於大興寺繅絲織作使民豔其利開野蠶山場百餘所比戶機杼聲相聞又以其閒大修城郭壇廟學舍廣置棲流所以收行旅之病者益因食方冬寒恤老疾煢孤之無依者躬課諸生開以立志為己之學立義學二十四所於苗疆未幾遷江南布政使徐鳳水災流民爭趨金陵君竭俸賜編棚蓋席以栖災黎重建陽明書院以實學開羣士其卒也官吏士民皆雨泣生平孝友任恤仁於故舊像友懿行不可備書弟惠華雍正甲辰一甲一名進士授修撰子策乾隆丙辰進士筠荃皆舉人

劉孜子方伯事畧

李元度

劉君諱棨字孜子山東諸城人父必顯官戶部員外郎乞歸遂不出君年十一補諸生康熙二十四年登進士三十四年出知長沙縣居官廉惠見義奮發尤善應變時城中譌傳將裁兵撫標千餘人皆震恐環轅門而譟君謁巡撫出為好語解之令齊赴縣倉預給三月糧示必無裁意衆乃帖然居三年遷知甯羌州一日出郭見山多槲樹宜蠶乃募里中善蠶者載繭種數萬至教民蠶繭成復教之織州人利之名曰劉公紬其後桂林陳文恭為陝撫請下其法於他州縣由是陝人之蠶者益衆立義學購書人載書費之親為正句讀釋其大義甯羌士始有得第者四十年遷甯夏中路同知未行丁母憂居三年服闋召見授平陽知府四十八年九卿奉

詔舉才守具足者知府中舉君友陳公鵬年以對即擢君天津道副使累遷四川布政使每治事暇喜讀宋儒書曰吾晚讀此等書轉益有味五十七年有疾語諸子曰吾夜誦屯之三爻易象告我矣為我具奏

乞休勿悮國事居數日移榻中堂就寢而逝年六十二子統勳孫墉官皆至大學士語在名臣傳

陳省菴太守事畧　李元度

陳君玉璧山東歷城人進士乾隆三年任遵義知府郡故多槲樹以不中屋材第供薪爨君出巡見之曰吾得以利吾民矣乃遣人歸歷城取山蠶繭種且以蠶師來行抵沅湘蛹出不克就六年復遣人往取期歲前到蛹得不出明年治繭於郡治側西小邱大獲乃遣蠶師分教四鄉授以種且給工作費民爭趨若取異寶至八年秋民間所獲繭至八百萬自是郡善養蠶而遵紬之名遂與吳綾蜀錦爭價乾隆十三年正安州吏目徐君階平亦自浙江購繭種來教民蠶至今皆食其利云

韓公復先生事畧　李元度

韓公復名夢周一字理堂濰人也少孤力學揭毋不敬思無邪二語於齋壁跬步必以禮乾隆二十二年進士知來安縣始至懲蠹役斥淫祀勸農功訓民節儉逐黠商之以窳物網民者刱江清書院已又立恤孤嫠地故產椿槲以爲薪先生止之曰是宜蠶手訂育蠶及種樹法募沂兗工師教其民民用以饒嘗欲開黑水河以利圩田事成當爲百世利會鄉試奉檄爲同考官而縣有蝗災監司遂以捕蝗不力罷之歸講學程符山中凡二十有六年嘉慶四年卒年七十

山蠶詞四首　王士禛

清溪槲葉始濛濛樹底春蠶葉葉通曾說蠶叢蜀道險誰知齊道亦蠶叢

那問蠶奩更火箱春山到處是蠶房槲林正綠椒園碧閒卻猗猗陌上桑

春繭秋絲各自諳一年三熟勝江南柘蠶成後寒蠶續不道吳王八繭蠶

尺五竿頭絡色絲龍梭玉鑷動妍姿紅閨小女生來慣中婦流黃定未知

遵義山蠶至黎平歌贈胡生子何　鄭珍

大利天開亦因人胡六秀才名長新作文不動主司聽作事乃與君相覯當年讀我樗繭譜心知足法黎

平民自恨家無樗樹林又乏材力先椎輪逢人即講利且易金帛滿山那苦貧事既少見多所怪譜復棘口難俗論疑者自疑笑者笑生也不顧適津津黒洞宋氏亦深計種橡於今及三世有錢能致遵義繭無術能行譜中事胡生大喜得憑藉韋合遵人負種至八千蛾走一千里上已和風與清霽胡生幐種宋氏迓男婦爭觀夯且躋入林下擔發荆筐茶樹杉林皆失氣羊鳴豕哭閧一村五牧作搞壯供祭蠶師善禱紛拄地宛窳西陵鑒誠摯使爾繭如甕與盎使爾蠶

無斑與縊使爾遵人無癘疫教使黎人似遵義胡生此時六國蘇手執牛耳縱指呼十年紙談一朝見不信此中天意無昨日歸來夜過語快聽使我張聲鬚貧惡棄地不必己衣食在人何異吾男兒不食四海俎桐鄉豈無朱畲夫昔我與婦論蠶事本期溥利彌黔區黎播相望幾江水豈料生能行我書書行我到兩無意事會天定非人圖看生此舉必獲願己說蠶花香四數不須快擬欒公社譜到他年蜀狗蜀

野蠶名

野蠶種類甚多今之柞蠶其一也惟他項野蠶飼養者少而野蠶之名遂專屬之柞蠶矣攷韓公復所輯養蠶成法中有養椿蠶之法知各種野蠶無不可以收養因為辨其種類詳其形狀使留心蠶事者有所攷焉

柞蠶

柞蠶生柞樹上色綠長三寸許身有稜上生細毛繭褐色大徑寸蛾作土色兩翅有眼作淡金圈橫四寸

餘春秋再熟野蠶中之上品也凡食槲櫟青桐者皆其一類

桑蠶

桑蠶生桑樹上色白有黑紋似家蠶而小嘴甚長繭白而暗尖而細小而堅蛾亦白色春秋再熟張籍詩宅邊青桑垂宛宛野蠶食葉還成繭許渾詩野蠶成繭桑柘盡辛棄疾詞桑嫩野蠶生見於古人吟詠者甚多其生於山桑上者絲尤堅韌即禹貢之檿絲也或言爾雅蟓桑繭即今桑蠶蓋以下文樗繭棘繭欒

繭蕭繭推之知蝝為野蠶非家蠶說見間遺瑣記

柘蠶

柘蠶生柘樹上與桑蠶同玉海祥符五年五月藤州鐔津縣野蠶成繭是州素不産蠶此蠶食山柘而成州絨絲以奏是柘蠶自古有之又柘亦可飼家蠶蠶書柘葉飼蠶其絲作琴瑟絃清響勝凡絲今養蠶者於桑葉未發時多有用之者

樗蠶

樗蠶生樗樹上色白長三寸許身有肉刺如海參狀繭灰色細而長繭頭有系亦長甚蛾黑色有紅紋翅亦有眼作紅圈橫四寸餘春秋再熟爾雅所謂樗繭是也按樗繭俗名椿繭其實生樗樹上樗俗名臭椿故以椿繭為名郝氏爾雅義疏云樗即臭椿其繭為椿紬今之小繭紬也鄭氏樗繭譜以遵義之槲繭即齊之椿繭斷為爾雅之樗繭並以樗繭譜名編失之矣

椒蠶

椒蠶生椒樹上色黑有白紋長寸許繭白而微紅小而堅蛾與家蠶蛾相似絲織為紬有椒香或言樗蠶頭眠後移置椒樹上即為椒繭不知實另一種也

荆蠶

荆蠶生荆條上色綠長三寸許與柞蠶相似繭色白而微紅蠶食葉後入於地中作繭成團刨地者往往得之蛾碧色有絳紋翅有兩眼作金圈兩眉亦作絳色絲織為紬污則和泥洗之潔白如初或云其紬入火不爇恐不確

柰蠶

柰蠶生柰樹上色綠長三寸許身節節作高稜有毛成簇作紅色如八角紅狀繭作粉紅色上圓下尖大徑寸蛾灰色有黑紋橫四寸餘凡菓樹上如林檎蘋婆之屬多有之不獨柰也

柳蠶

柳蠶生河柳上色綠長三寸許身有碧粉瑩地則縠縠然落繭粉紅色大如鷄卵作繭多在樹下石罅中蛾亦大倍常蛾按此柳生河套中故俗名河柳其實河柳一名三春柳即檉也今河套中所生者乃杞柳

辨香齋

非河柳也

娑羅蠶

娑羅蠶生娑羅樹上色綠長三寸許身有肉刺繭栗色大徑寸蛾碧色有黃紋兩翅亦有眼橫四寸餘按娑羅樹即七葉樹所謂一莖七葉是也此樹北方不甚多京西山中有之

榆蠶

榆蠶生榆樹上色綠長寸許惟繭不恆見或言其作繭亦在地中不知確否

松蠶

松蠶生松樹上色黑身有毛能螫人繭灰色薄甚不中繅土人多取其蛹而食之

橘蠶

橘蠶生橘樹上色白長寸許頭有肉角一繭亦薄甚不中繅范成大詩橘蠹如蠶入化機枝頭垂繭似蓑衣是也今江南多有之

棘蠶

棘蠶生棘上色紅綠相間絢爛可愛繭粉紅色蛾黑色有白花爾雅所謂棘繭是也或言爾雅蟓繭即今柘繭按本草云奴柘似柘而小有刺葉類柞可以飼蠶或亦棘之屬也

欒蠶

欒蠶生木蘭樹上爾雅欒繭說文繫傳云欒木蘭也其樹生吳越間今北方無之

蕭蠶

蕭蠶生蒿上爾雅蚢蕭繭玉篇云蚢蠶類食蒿葉繭即蕭也又詩豳風春日遲遲采蘩祁祁集傳云蘩白蒿也所以生蠶今人猶用之蓋蠶未生齊未可食桑故以此啖之也是蒿亦可以飼家蠶今草上蟲食葉作繭者甚衆但不能詳其名故不備紀

凡諸草木皆有蚅蠋之屬食葉作繭化而為蛾如蝶之類不可以億計也事物紺珠云楓葉始生有蟲食葉如蠶赤黑色四月吐絲光明如琴絃或言楓葉味甘本可以飼蠶然又有野蠶生紫蘇上若參上者大抵生而安之如冰蠶火蠶之類無足異也登萊所謂野蠶除柞蠶外惟樗蠶一種間有飼

者其餘則無聞焉嘗詢之父老如椒蠶荆蠶之類何獨不可收養據云柞樹係易生之物且隨翦隨生於飼蠶為最便槲樹較柞樹少故飼蠶者亦少況難生之樹耶葢好逸惡勞人之常情其有柞蠶之處以種他項樹木為煩難而不肯為其無柞蠶之處亦必以種柞為煩難而不肯為是在牧民者倡導之耳野蠶種類甚多不可徧舉苟能隨處留心辨其絲之有用與否而收養推廣之其為利豈有旣哉

樹名

野蠶所食之樹俗名榑欏樹其種類不一攷之毛詩及爾雅若柞若櫟若棫若栲若槲若栩杼若樸抱解經者紛紛聚訟莫衷一是夫古今之命名不同南北之方言互異使執舊說而憑臆斷其不涉於附會穿鑿者幾希是編悉以今名為據而附攷證於後

黄櫟

黄櫟葉短而厚無歧缺兩邊有細刺半以上始出初生作嫩黄色故名黄櫟四五月開碎白花七八月結實圓而微尖外有殼可以染皁詩秦風山有苞櫟陸璣疏云秦人呼柞櫟為櫟河内人呼木蓼為櫟此秦詩也宜從其方土之言柞櫟是也郝氏爾雅義疏云今東齊人通謂櫟為柞或曰樸櫨亦曰榑欏皆苞櫟之聲相轉耳

灰櫟

灰櫟葉微長有歧缺無刺初生面作白色背有細茸作灰色故名灰櫟木甚堅又有一種葉尖作白色者

瓣香齋

名白尖櫟六書故曰櫟冬不彫其實如斗有黑心櫟白櫟緜櫟緜櫟以堅忍得名灰櫟或即緜櫟之類也

紅柞

紅柞葉尖而長無歧缺兩邊有細刺銳如針實與櫟相似皮紅色故名紅柞一名栩爾雅栩杼郭註柞樹也又名棫詩大雅芃芃棫樸陸璣疏引三蒼說棫即柞也陳氏毛詩稽古編曰唐之苞栩秦之苞櫟皆有柞櫟之名說詩者不明言其為兩木宋嘉祐本草指為一木亦莫辨其非惟嚴氏詩緝云詩有二柞櫟謂

爾雅栩杼唐風之苞栩是也爾雅櫟其實梂秦風之苞櫟是也草木疏二風之柞櫟各有釋藝文類聚亦分柞櫟為二木於柞引爾雅栩杼及車舝采菽旱麓緜諸詩於櫟引爾雅櫟其實梂及秦風苞櫟之陸疏則嚴說非無據矣按今柞櫟確係兩種惟或呼櫟為柞或呼柞為櫟則方言互異耳

白柞

白柞葉較小皮白色故名白柞李時珍本草綱目曰此木高者丈餘葉小而有細齒光滑而韌木及葉了

皆有針刺經冬不彫五月開碎白花不實心理皆白色俗名鑿子木按今柞櫟二種皆有結實有不結實者俗以為雄雌之分亦臆說也

栲柞

栲柞葉似櫟而微圓無歧缺兩邊有細刺七八月結實蒂蒙茸如苔蘚皮麤厚俗名栲柞按詩小雅南山有栲唐風山有栲毛傳俱云山樗也陸璣疏山樗與下田樗畧無異葉似差狹耳吴人以其葉為茗方俗無名此為栲者似誤也今所云為栲者葉如櫟木皮

厚數寸可為車軸或謂之栲櫟又詩詁曰今山間有木如櫟生子如橡栗而無橐韜呼如栲平聲與櫟並言亦曰栲櫟按今俗名栲柞故仍之

小青棡

小青棡葉小而尖有歧缺作鋸齒形甚利色青故名青棡又一種葉大小相似齒密而鈍亦名青棡柞唐史開寶五年資州獻梅青棡二木合成連理即此木也救荒本草云青棡樹處處有之木大而結橡斗者為橡櫟小而不結橡斗者為青棡其青棡樹枝葉條

幹皆類橡櫟但色頗青而少花味苦性平無毒按今青棡多有結實者其殼於染皁為尤宜

大青棡

大青棡葉大而長有歧缺齒甚利色青俗名大青棡又一種枝下垂如柳亦名青棡柳戊已編棡木有數種一曰青棡平越呼為麻子樹能肥豕葉薄而青以飼蠶即山蠶也一曰羅鬼青棡葉如猴栗一曰水青棡一曰紅紬青棡葉均不彫按今俗多以青棡與槲為一種其實青棡葉長而直槲葉上寬下窄不相混也

小槲柞

小槲柞葉麤厚頂微圓上寬下窄大如掌捫之滯手邊有歧缺甚疏闊齒短而鈍色微黃一種色青者頂微尖齒亦微尖葉大小相似叢生幹直立無旁枝北齊書所謂槲木不扶自立也按爾雅檄樸心郭註槲樕別名又爾雅樸枹郭註樸屬叢生者為枹郝氏疏云今棲霞福山人呼柞櫟為樸樕聲轉呼為薄羅沂州人名槲不落以其葉冬不彫然不落亦即薄羅聲

語之轉也今日照棲霞俱饒薄羅既收山蠶之利野人兼可樵採為薪爾雅此條蓋言樸枹及櫬梧皆堪採取為薪樸枹即薄羅矣

大槲柞

大槲柞葉較小樹高而有旁枝實圓而微扁亦分青黃二種又一種葉小而短齒甚密俗亦呼青棡實槲之別種也本草圖經曰槲木高丈餘與櫟相似亦有斗又本草曰槲有二種一種叢生小者一種高者名大葉櫟似栗而長大麤厚花亦如栗冬月彫落實似橡子稍短小味惡荒歲人亦食之按今槲叢生小者葉大高者葉小然則本草所謂大葉櫟者殆較櫟葉為大耳

橡子

橡子皮黃色肉微白大如蓮子味澀磨粉及蒸食可禦饑年亦可以飼猪晉書庾袞傳與邑人入山拾橡是也按博雅云橡柔也說文云柔栩也栩柔也其實皁一曰樣今書作橡柔通作杼又名芧莊子狙公賦芧司馬彪註芧橡子也今俗以橡為木名誤矣

辨香齋

橡椀

橡子房生俗名曰椀圓如荔支色緑層層如鱗甲周裹其子子漸長椀乃漸脱既熟僅包其半與子俱落亦名曰斗爾雅櫟其實梂郭註有梂彙自裹是也其汁可以染皁亦名皁斗（皁說文作草）橡通作象亦謂之象斗周禮地官掌染草鄭氏康成註染草藍蒨象斗之屬又山林宜皁物鄭氏衆註皁物柞栗之屬今謂柞實為皁斗

柞櫟之屬俗通名之不落郝氏爾雅義疏謂或曰欂欏或曰樸樕皆芑櫟之轉聲攷周官掌染草鄭註曰藍蒨象斗之屬至後註則又曰染草茅蒐橐盧豕首紫茢之屬賈疏謂二註不同互言畧見耳按爾雅茹藘茅蒐郭註云即今之蒨也爾雅茢藐豕首本草名蝦蟇藍其狀似藍當即藍草之類紫茢即爾雅藐茈草郭註云可以染紫獨橐盧爾雅不載賈疏亦未明言其為何物說文云櫨欂櫨也一曰宅櫨木出弘農山段註即疑為周禮鄭註之橐盧竊謂鄭前註云藍蒨象斗後註如茅蒐之染

絳即蒨豕首之染青即藍又加以紫茢之染紫而獨遺象斗之染皁何哉蓋盧者或即橡之一類橡子外有橐韜故曰橐盧然則俗之呼樸櫨呼欂欏者或亦橐盧聲之轉也因附記之以俟攷

種樹

收子

橡子房生至七八月子熟自落此物與栗相似最易生蟲為蟲所蝕則入土不生須於園圃中挖一深窖堆置其中用土埋之勿令見風不惟可免蟲蠹且免朽壞擱乾之病

種子

柞櫟宜山阜須審其山勢隨山之高下相距二三尺排列種之種法於十月中用鐵鍬掘土為坎深三四寸置橡子一二顆和糞少許或塗以猪血以土覆之築其土使平則橡殼經冬凍裂而來春萌芽矣或云冬月將子散置土中如畦菜之法頻頻用水灑之來春生芽一二寸於清明前後栽之法殊未善北方亦有春種者仍種橡子不過出土較晚南省冬月不上凍自以春種為是或於十二月種之來春雨多生芽亦早

澆灌

柞櫟初種皆先生根而後長枝葉其根入土最深與榆同春乾無雨須用水澆灌以便生根若南省種子較晚當未出土時雨水不多尤須時常澆灌

防護

芽初出土不過二三寸混雜草中易被踐踏或牛羊從而牧之宜妥為防護培之以土以為標誌又山上有草即足以分土之肥氣芽為草根所蟠亦不欲生須盡薙而去之其餘雜木亦一律斫伐

割槎

柞櫟初生最不易長一年長至二三寸三年尚不盈尺以力在生根也二三年後根固於八九月用鐮貼地割之俗謂之割槎（槎說文云衺斫也）來春復發陡長至二三尺至八九月再割一槎來春復發陡長至四五尺即可以飼蠶矣

留椿

柔條叢生四五年後擇其條之麤大者留之俗謂之留椿餘盡從而翦之則生氣聚於一枝不逾年而椿成矣

去梢

辨香齋

椿高不過四尺即去其梢以太高則人力所不及即不便飼蠶也其下叢條飼蠶後八九月仍翦去之蓋柞櫟因隨翦隨生雖飼蠶亦兼可為薪也

翦枝

椿上新生之條其性剛而力勁以手攀之立折飼蠶最易受病須連翦一二次以手攀之下垂而不折是其性柔而可用矣蠶有春秋二季一年祇能飼一季須出以間隔如今年飼春蠶明年則飼秋蠶俗謂之歇樣若枝幹漸老亦不相宜須隔五六年翦一次

伐木

椿至十餘年後亦漸老而所發之條不旺可伐之以燒炭八九月葉枯後先翦其枝乃貼地伐之（其伐用鐵鋸兩面對扎椿即倒也不須斧斤也）或離地寸許若深入土中恐生氣在地底孳任來春即不復發芽

刨根

柞櫟隨翦隨生其翦每在八九月冬令不復發芽則生氣聚於下愈聚則根愈大年久根柢盤固生機亦為之不暢須於四周刨其根但勿令絕其根大者如斗冬置竈中燒熟後再移置爐中亦可以為炭俗謂之刨火頭根經刨後而來春之芽又萌矣

儲材

柞櫟樹不宜高為飼蠶也若山之四周或中央不妨畧留一二株以為蔭庇且可以結橡子以飼蠶者皆按年翦伐新枝小樹不能結子也其樹不過十年即長成齊民要術曰柞宜種於山阜之曲十年中椽可雜用二十年中屋槫柴在外

燒炭

秋後伐木就山坡下挖土為窯積木其中以乾柴引火燒之三日而炭熟取出以土壅之其炭一名白炭以上有白霜故也許渾詩櫟塢炭煙晴過嶺又蘇軾詩櫟林斬冬炭知櫟炭之由來尚矣

治蟲一

樹無不生蟲者爾雅蝎蛣蝠郭註云木中蠹蟲即詩所云蝤蠐也凡樹皆有之而生於柞者獨大色白麤如指長幾三寸其種出天水牛亦名齧牛背黑色有白點頭兩角如八字形緣樹而飛小滿後將樹皮齧

破遺子其中初生形如蛆鑽穴而入愈入則愈深及冬蟲如指而樹空矣治法尋樹身及大枝有流黃水處用小刀剔出其子如子已成蟲穴外必有蛀屑亦用小刀剔而出之或所入太深用芫條塞其穴則蟲立死或用百部草水及桐油灌之此蟲每月十五前頭向上十五後頭向下又蟲於天將明時必出戶飲露須於上半月清晨起而治之

治蟲二

夏秋之交有蟲名蟳蛓色綠背有毛能螫人間有生紅毛者俗名八角紅或名蝎亦名蛅蟖爾雅蜭毛蠹郭註即蛓又螺蛅蟖郭註蛓屬也秋吐白汁如漿凝聚如雀卵以變為繭作蛹其中及春化為蛾生子如蠶子復化為蟲其甕本草名曰雀甕俗名蟳蛓罐粘著樹枝甚牢須折而去之

治蟲三

螗蜋亦名蟷蠰爾雅不過蟷蠰郭註螗蜋別名又莫貈蟷蜋蛑郭註蟷蜋有斧蟲色綠長身細項臂有雙斧或謂之巨斧秋生卵著樹枝上如繭及春化為小螗蜋俗名蟳蟭爾雅所謂其子蜱蛸是也按蟳蟭及蟳蛓罐二物柞樹上最多粘著樹枝即咂樹之水氣及化為蟲不獨食樹葉而於蠶尤不利故去之務淨

育蠶

蠶種

育蠶莫要於擇種種不佳則蠶不旺而收成亦歉擇種之法於下蟻後剔其蟻之碩大無病者以兩指捏之試其厚薄如捏之隨指而起始堅實而可用次舉而搖之其聲大而輕者蛹已死不復生其無聲而重者蛹或受病亦不復生惟搖之在似動非動不輕不重之間方為合用蟻頭有系視其系左旋者雄右旋者雌或云小而尖者雄大而圓者雌大約雌者一百雄者在一百一

二之數以雄者不盡交也

蠶山

春蠶山宜向陽向陽則暖秋蠶宜山之陰陰則可以避秋陽之烈惟作繭時天氣漸寒亦以向陽為主大抵春蠶上山時宜在山之陽作繭時可移置山陰秋蠶上山時宜在山之陰作繭時可移置山陽凡山高而多霧及當西曬者避之

蠶場

場有蟻場蠶場之分蟻場俗名衣子地其樹初生者為頭芽宜育子蠶其二芽三芽則壯蠶食之凡場要平坦若升降不平則照料有所不周場要齊整若參差不齊則防護有所不及場之地泥為上挾沙次之沙而多石者為下

蠶食

日未出葉上霧氣太重蠶不食日正午葉上熱氣太重蠶亦不食凡樹必翦伐至二三次乃食之若未經翦伐之樹性剛蠶食之必病春蠶所食之樹不復食秋蠶須間而食之否則力薄而蠶亦瘠

蠶眠

蠶合春秋計之凡九眠大約春蠶四眠秋蠶則五眠春蠶五眠秋蠶則四眠眠時必先吐絲於葉上俗名沸絲亦名絆脚絲眠起時全賴此絲絆住脚跟始能脫去外殼若將此絲誤斷則不能脫殼而出蠶必死

蠶喜

蠶純陽之物喜燥而惡溼傷溼則不食或身生黑點又最喜潔凡場中有穢物除之務淨育蠶者衣服亦要潔淨鄉俗蠶工多於衣上笠上拴一紅布角以為

標誌

蠶忌

蠶忌香辛酸辣等物故場有雜木則去之最忌桐油凡烘室中有燃桐油及誤以其木烘者所出之蠶多不旺又忌蘿蔔蠶筐有誤盛蘿蔔葉者觸之則死又食白楊葉者亦致病

防守

鳥獸蟲多之屬害蠶者不可以數計日間不時防邏夜間亦必篝火看守至下繭乃已最為害者有野蝦蟇蹲伏樹底無論樹之高下仰面吸之蠶自落其口中至螗蜋蟳蛓及蚱蜢之屬秋蠶之受害尤酷或用白砒合米飯撒置草中蟲食之立死名為藥嵐子北方呼蠶場亦曰嵐子

巡視

蠶進場後每日必巡視二次密者疏之墮者升之又秋蠶多懶天氣漸寒墮地即不復升故秋蠶巡視較春蠶為勤大風大雨中尤宜多巡幾次

占驗

俗以五月初一日雨春蠶歉收七月初一日雨秋蠶歉收史記天官書正月上甲風從東方來宜蠶今野蠶亦以是為占驗

祈報

春蠶以五月端陽祭山秋蠶以七月中元祭山壘石為台供山神位於上香花酒果爆竹聲震陵谷亦祀先蠶之意也

蠶病

蠶之病不一有沿樹游走不食者曰懶有吐絲少許即僵者曰縊有身生黑點者曰斑有身出黃水者曰爛懶與縊多係種內受病或云傷歷之病至斑與爛則移樹時壓積所致又有大眼後頭忽全黑俗名之老虎頭多不成繭即成繭亦薄甚

蛾病

最先出者曰苗蛾最後出者曰末蛾皆不可作種二日以後出者方合用其有拳翅禿眉焦尾黑頭諸病則去之又有沿筐游走而不交者或交時拍拍作聲及亂交者皆蛾之病也

辨香齋

繭病

繭之病有輭而不堅實者為薄繭有堅實而不封口者為穿頭繭有未化蛹而僵者有已化蛹而僵者有蛹已敗而衣染黑汁者三者繭之病亦蛹之病也

春蠶

收種

春種出於秋繭蠶將作繭時擇其蠶之碩大無病者湊置一二樹留心飼養繭熟時諸繭皆下而此繭仍留於樹並留人看守俟冬冷雨雪時乃連枝斫下挂清涼室中最忌煙火薰蒸一經傷熱則種必不育或飼蠶時未及留種則於下繭後擇其繭之堅實者收儲之

出蛾

春分後將繭用細繩穿之成串搭於長竿上移暖室中用微火烘之審其節之早晚量其地之寒暖暖則撤火寒則加火總計作樹生芽之候以為出蛾之候候至則蛾悉索有聲咬破繭頭而自出春蛾約在清明前後俗云清明蛾子穀雨蠶乃提置筐中分雌雄貯之

配蛾

凡蛾眉麤者雄眉細者雌腹小者雄腹大者雌先分貯於兩筐俟出齊然後提置一筐聽其自相配合其有不合者取出以小杯覆之則復合有貪嬲而拍拍

作聲者去之不去則合者皆為所解凡雄蛾多不合故留種時必雄多於雌或雄蛾不足則將雌蛾筐蓋揭開懸挂屋外自有雄蛾飛來覓配俗名風蛾蛾翼有眼如鏡名隔山照

生子

配後將雄蛾提出雌蛾以兩指捏去其溺仍置筐中微火烘之（天暖即不用火）蛾自沿筐生子矣筐用荊條為之而紙糊其內須時時摇動恐蛾聚於向明處以致生子不勻生子後再將雌蛾提出明日出蛾又如之以

子滿筐為度大約一筐之蛾極於五百每蛾能生子二百合計可得螘十萬

出蟻

生子後仍不能斷火或借陽光煦育之至十餘日蟻出大如針皮黑色採柞枝嫩葉置筐中蟻聞葉香自緣附而上用水生之倏出齊然後移置山上分樹擱之韓氏養蠶成法中有插墩坐墩立幃上幃之法今鮮有用之者

移樹

移無定時以葉盡為度用鐵剪連枝翦下盛於筐中移而分擱於他樹其移也按樹之大小分蠶之多寡大約一樹足供蠶五日之食蓋春蠶喜移愈移而蠶愈旺並有此山樹盡而移之他山者惟眠時切不可移動

頭眠

春蠶自出蟻後算至八九日或七八日即頭次將眠之候身肥皮緊口吐沸絲於葉上頭向上僵而不食縮嘴吐嘴一晝夜始眠起（陰雨則眠兩晝夜）黑皮脱而身驟

長色變綠是為頭眠

二眠

自頭眠起後算至六七日或五六日即二次將眠之候其狀與頭眠同縮嘴吐嘴一晝夜始眠起皮脱而身又長色不變是為二眠

三眠

自二眠起後算至四五日或三四日即三次將眠之候其狀與頭二眠同縮嘴吐嘴一晝夜始眠起皮脱而身又長色不變是為三眠

大眠

自三眠起後筭至三四日或二三日即大眠之候亦有五眠者則以五眠為大眠其狀與頭二三眠同縮嘴吐嘴一晝夜始眠起皮脫而身又長後不復眠蓋春天日暖一日故蠶眠日早一日也

作繭

大眠起後蠶食葉日急至六七日天暖或至四五日即將作繭之時口吐沙淨喉間色發亮內外通明以後六足攀樹枝以前六足牽引兩葉相合或以一大葉相合而吐絲其中一日繭成三日漿固然後下繭

下繭

春繭成熟在五月最早者五月初即見繭至五月杪始收齊連葉摘下剔其上者次者分而貯之其薄繭及油爛者又分而貯之攤於箔上置清涼室中以備繅絲之用

秋蠶

收種

秋種出於春繭下繭後擇其繭之堅實無病者攤於箔上置清涼室中攤繭之法宜疏不宜密並隨時檢閱其有油爛及帶臭氣者剔而去之蓋時當夏令天氣炎熱繭與繭相蒸稍一傳染種全受病矣

出蛾

小暑後將繭用細繩穿之成串搭於長竿上門窗俱要開敞令其透風切不可見日秋蛾到時即出人不能為之遲早秋天作樹都已長成亦無用計其遲早大約自下繭後不過十餘日即出矣（秋蛾約在入伏前後俗云入伏蛾子立秋蠶）牆上釘葦席一牀隨出隨提置席上蛾自抓住屋有燈火須障之以防其飛撲又穿繭須穿其小頭大頭有糸若誤針其糸則蛾不能出而死於繭中

配蛾

出蛾每在申酉戌三時過時則弗出出齊然後按其雌雄提置一筐聽其自相配合以六時為準過時則須人為之解蓋不及則子多毈過則雌或脹而死又

雄蛾不足或留待第二日以配他雌所生之子亦多毈其不毈者蠶亦瘠以父氣弱也

生子

配後將雄蛾提出雌蛾以兩指捏去其溺仍置筐中攜至山上用五寸許細麻線拴其大翅兩頭各拴一蛾分中搭於樹枝蛾即就樹上生子矣雄蛾提出後須剪其翅否則飛入山中蹋雌不止致不能產而脹死

出蟻

秋蠶蟻出較速約七八日即出齊大如針皮黑色用鐵剪連枝剪下分樹擱之其樹宜用初生之頭芽若置之老樹上蟻必病又蟻不能耐熱若天氣亢旱須用水時時澆灌其樹或灑其葉以涼之

移樹

頭芽食盡然後移置他樹或移之他山亦可惟在筐中不可壓積以天氣炎熱一經壓積必鬱蒸而為病又蠶在大枝上不能剪者須出不意手捉之若驚之或捉之少緩則粘綴樹枝雖中絕不下也其移也按樹之大小分蠶之多寡大約一樹足供蠶十日之食蓋秋蠶不喜移屢移而蠶不復成繭

頭眠

秋蠶自出蟻後算至二三日或三四日即頭次將眠之候身肥皮緊口吐沸絲於葉上頭向上僵而不食縮嘴吐嘴一晝夜始眠起（陰雨則眠兩晝夜）黑皮脫而身驟長色變綠是為頭眠

二眠

自頭眠起後算至三四日或四五日即二次將眠之

候其狀與頭眠同縮嘴吐嘴一晝夜始眠起皮脫而身又長色不變是為二眠

三眠

自二眠起後算至五六日或六七日即三次將眠之候其狀與頭二眠同縮嘴吐嘴一晝夜始眠起皮脫而身又長色不變是為三眠

大眠

自三眠起後算至七八日或八九日即大眠之候亦有五眠者則以五眠為大眠其狀與頭二三眠同縮

嚙吐嚙一晝夜始眠起皮脫而身又長後不復眠蓋秋天日寒一日故蠶眠日晚一日也

作繭

大眠起後蠶食葉日急至八九日天寒或至十餘日即將作繭之時口吐沙淨喉間色發亮内外通明以後六足攀樹枝以前六足牽引兩葉相合或以一大葉相合而吐絲其中一日繭成三日漿固然後下繭

下繭

秋繭成熟在七月最早者七月中即見繭至八月中始收齊連葉摘下剔其上者次者分而貯之其薄繭及油爛者又分而貯之攤於箔上置清涼室中以備繅絲之用

繅絲

剝繭

下繭後必剝去其葉名曰剝繭繭頭有系順其系而剝之不可倒剝若誤傷其系則不中繅又繭外有浮絲爲繭繖俗名爲衫或言留之織紬有花紋今繅絲者剝去之

烘繭

凡繭多不及繅則蛾穿繭而出即不中繅於是有烘房以烘之房置火坑周圍以牆前開一小門坑下置火將繭盛筐中用木板支之離坑二寸許層累而積之火氣上升最上之筐先熱蛹在繭中翻動自有聲以至無聲然後將最下之筐挪移於上其火候以蛹乾爲度不可過亦不可不及（又有蒸繭法但蒸必須曬陰而不能曬繭多爛）

煉繭

繅絲必先煉繭置大釜注水其中攪以鹹攪之令勻每繭一千約須鹹三四兩水沸時將繭傾入釜中用鐵叉頻頻翻弄以濆透爲度鹹用土鹹麵鹹柴鹹俱可而尤以洋鹹爲佳（舊法用莜灰水今不用）

蒸繭

煉繭後將繭出置筐中滌其釜更注清水連筐置釜中釜中之水令與筐底平火以漸而加水以漸而升極猛時水必沸入筐內直注釜蓋然後火以漸而減水以漸而落仍與筐底平則筐中之域氣淘淨而繭亦熟若火忽微忽猛致水落後又沸入筐內則域氣亦因之而入從此再不能淨矣（舊法車在釜旁隨煮隨繅與家繭同今蒸繭繅絲各為一事）

上車

辨香齋

繭熟後將繭盛於盆內移置床邊先以手提去其麤絲以清絲頭穿入牌坊板上絲眼又由絲眼引上牌坊上響緒交互一轉再由響緒送入絲秤上之絲鈎由絲鈎搭上車軸下有脚踏板以繩係於軸上用脚踏之車自旋轉絲便環繞於軸上

運秤

絲之上軸不可直運直運則糸專聚於一處併而難分即不足供絡緯之用故有秤以為之約束秤左右移絲亦左右移須時時抬動其上軸也始橫斜交錯而無直縷

緊繩

秤之移動全憑一牡嬢繩繩之寬緊始終如一則運絲於軸板爪整齊如寬緊不常則秤亦左右無定板頭即有偏東偏西之處是為走板須用油注於繩上繩得油自潮而緊或時時以水潤之

添繭

絲之麤細不等有四箇繭為一緒者有八箇繭為一緒者謂之細絲有十二箇繭為一緒有十六箇繭為

辨香齋

一緒者謂之麤絲（凡出口者皆細絲內地織紬用之）麤無論麤細必須始終如一若少一繭即麤細不勻急須另挑一繭以清絲搭入

搭頭

搭頭亦謂之拾頭有薄而絲先盡者有颶而絲中斷者又有上撞而抵住絲眼者皆須剔去另配以清絲法以左手兩指分開絲窠以右手兩指執清絲將絲頭搭入窠內自然夾帶上去天然無迹若從絲窠外纏繞便有接續之痕

下車

絲分絡上軸有兩絡者有三絡者約重一兩一錢餘爲一絡繅畢連車頭一併卸下另換一車頭大約每車有三車頭方敷用輻俗謂之車頭舊法繅畢即將絲卸下今仍留於軸上候絲乾再卸之

烘絲

新繅之絲不乾不可以收貯仍置烘房以烘之法以木板支火坑上約離二寸許將車頭排列於上層累而積之上下挪移以絲乾爲度不可過亦不可不及亦有曬者但陰雨不能曬仍須烘忽烘忽曬絲之顏色不勻即不易售舊法以火籃置車後隨繅隨乾惟車多則不便

卸絲

車頭有六輻者有四輻者名爲貫脚其六輻者則活二輻四輻者則活一輻爲卸絲也絲乾後以木抵住村木之小頭用椎擊之村木脱貫脚鬆而絲自脱乃提其頭雙挽之

綑絲

綑絲有絲架架木爲之長一尺寬六寸高如之上下

有板板有橫渠二以細繩置底板橫渠内並鋪以紙置絲其中將繩繞一周兩頭交互於兩旁隨將頂板蓋上用村木抵緊以繩之兩頭分係於兩旁再將頂板卸下則綑之大小整齊始終如一矣

裝箱

出口必裝箱箱務令乾潔不可稍有潮溼如有潮溼絲爲所蒸顏色必然發變今出口細絲每絡約重一兩一錢有奇七十絡爲一綑綑五斤二十綑爲一箱箱百斤每箱百斤其大較也實則萬不能准今繅絲者多用英磅不如即以磅數計算改爲每絡重一兩二錢八十絡爲一綑重六斤合英磅八磅十八綑爲一箱重一百八斤合英磅一百四十四磅

繅盆

車置釜旁隨煮隨繅此爲法也今繅房之大者多則安車一二百架少亦安車數十架若一車一釜一釜一竈勢不能容多車其繅幾何盛繭於盆無論車之多少繭皆出於一釜先分置於絲盆而後分於各車

繅車

一人搖車一人理絲每車須用二人再加一司火者是每車用三人矣今用脚踏車名爲坐繅以手理絲

以脚踏車一人可兼二人之事況一車用二人其遲速總不相宜若以一人兼之則遲速得自由旋轉如意而絲必勻矣

繅工

繅絲須良工極一日之力四箇繭者一人可繅五兩八箇繭者一人可繅七兩十二箇繭者十六箇繭者一人可繅八九兩不善繅者工多而繅少或黯而無光或麤而多纇皆不易售

出絲

繅工之良者不惟繅多出絲亦多每繭一千上者出絲十六兩次者出絲十二兩又次者出絲十兩最下者出絲七八兩量繭之厚薄即知出絲之多寡不善繅者或打頭緒太重或餘衣太多出絲即不能如數

亂絲頭

繅絲先以手提去其麤絲頭挂於車旁俗名大挽手隨繅隨摘及搭頭時所剔下之絲俗名二挽手又名亂絲頭亦隨絲價之高低而售之

餘衣

凡繭繅將盡而見蛹者或蛹已脫出者謂之餘衣粘連絲上上抵絲眼即足以撞斷絲綹若經過絲眼與綹相併必使光潔之絲突增麤纇須剔而出之可拓以為緜

各種棄繭

凡繭之不可繅者則為棄繭其薄繭油繭及不封口繭於摘繭時剔出出蛾破口繭於下蛾時剔出不上絲眼之水繭於繅絲時剔出是皆不可繅者也有打線紡線之法

拓緜

辨香齋

拓緜以稻草灰泲水將繭放釜中煮之並加豆油少許煮熟後取置清水中浸之一日一夜再用清水一盆將繭撕開一一洗淨層累套在手上或十餘箇或二十餘箇不等用兩手拓之既成緜然後取置日中曬之（野蠶緜色不甚白無大用處祇供被絮或打線紡線亦可）

打線

打線之法將繭煮熟（煮繭法與拓緜同）去其蛹洗淨用一尺之竿層累套於上或拓為緜挂緜又上另用銅籤下

鎮鉛墜上扭為螺紋尖有小鉤中貫蘆筒以左手執絲叉以右手大指二指抽絲撚而為線將線先纏蘆筒上餘繞於銅籖上鉤之撚其籖籖愈旋墜愈下絲亦愈引愈長將及地乃收之蘆筒上積寸許為一維

紡線

紡線以左手執絲叉以右手大指二指抽絲撚而為線用脚踏紡車紡之較打線法為稍速但紡線與打線所織之紬甚麤為毛紬登萊人又謂之山紬

繅具

牌坊

牌坊上下横梁各一下横梁左右兩頭均裁成方榫下横梁長一尺三寸八分榫頭在外右邊榫頭嵌入右邊長柱之下截横孔内左邊榫頭嵌入車牀前左柱之前面横梁短柱榫口内下横梁中間直開一孔上横梁中間及左右兩頭亦各直開一孔長一尺五寸五分右邊長柱一上下兩頭均各裁成方榫柱長一尺五寸八分榫頭在外上截榫頭嵌入上横梁右邊直孔内下截榫頭嵌入車牀前右柱之前面横梁直孔内下截榫頭之上横開一孔以承下横梁右邊

榫頭

中間長柱一上下兩頭均裁成方榫柱長一尺三寸五分榫頭在外嵌入上下横梁中間直孔内響緒在中柱之兩旁

左邊短柱一上截裁成方榫嵌入上横梁左邊孔内短柱倒懸於上横梁之下長二寸五分麤細與長柱同

短柱長柱均平穿一孔以細篾一條或鐵絲橫貫孔内以綴響緒

下橫梁之前面開二孔此孔與彼孔相去四寸五分另用小方木二段長二寸四分寬六七分一頭平鑲下橫梁孔內一頭破一小口以安做絲眼

做絲眼

做絲眼一名絲窩以銅條為之長三寸一頭椎匾插於下橫梁短木之橫口內一頭椎匾鑽眼以盆內之絲從此眼內度出搭上響緒眼須光滑庶免割斷絲

縷如屈銅為鉤絲縷一挽即入勿庸穿度較用絲眼更為簡便

響緒

響緒以小竹為之長四寸圍圓約四寸兩頭留節中刻條縷節上穿孔貫以篾條將盆內撈起之絲先度入做絲眼內再由絲眼搭上響緒或小竹管為之亦便利但嫌聲大嘈雜

絲秤

絲秤俗名抽鎗所以制絲使之橫斜上軸不致混成一片今交清而易尋以木條為之長二尺頭寬一寸尾寬四分自頭至尾由寬而窄秤頭開一圓孔套於牡孃墩小直柱上孔比牡孃墩直柱畧大秤尾貫於車牀前右柱孔中

送絲鉤

送絲鉤以銅為之鐵亦可一頭釘絲秤之上一頭屈而為鉤盆內之絲由絲眼引上響緒挽入此鉤搭上車軸

牡孃墩

牡孃墩以桑木為之面平底平腰細身高二寸底面各圍圓八寸六分腰圍圓七寸正中開一直孔貫於車牀前左柱圓榫上中腰周圍削凹如蜂腰形或八稜或十稜以環牡孃繩墩上兩耳各橫穿一孔耳高八分以小木作閂一頭橫貫兩耳孔內一頭留孔外作橫梁閂長五六寸一頭寬四分長三寸餘貫兩耳孔內一頭寬八分長二寸餘留孔外橫梁上安直柱一根上半截削圓以承絲秤直柱長四寸下半截方而匾寬八分長一寸五分上半截圓如筆管長二寸

五分

牡孃繩

牡孃繩以麻絞者為上椶絞者次之長約四尺兩頭交結使緊前套牡孃墩蜂腰上後套軸柄上中間須交互一轉方能使墩隨軸而運絲之成片必由於墩墩之靈否半由於繩纅絲時須如法用之

車軸

車軸以堅木為之軸右邊盡頭處裁為圓榫嵌入車牀後右柱榫口内左邊盡頭處留一短筒軸身之左

短筒之右裁成圓榫嵌入車牀後左柱榫口内軸身長一尺三寸榫頭與短筒均在一尺三寸之外軸中間圓圍九寸兩頭近榫處圓圍八寸短筒長三寸六分圓圍七寸榫頭長一寸五分圓圍三寸榫頭嵌入榫口不可太緊太緊則運不動取不出短筒靠圓榫處削成蜂腰形並起八稜以環繞牡孃繩蜂腰口寬一寸三分深五分圓圍五寸五分蜂腰之左鑲直木一條短筒長三寸六分除去蜂腰一寸三分尚餘二寸三分即在此二寸三分之中間一方孔安直木一條長五寸寬一寸厚一寸直木將盡頭處鑲橫木一條以作軸柄直木下截將盡頭處留五六分即在此五六分之上開一橫槽以鑲橫木橫木長四寸六分一頭長二寸一分麤細與直木同其形方即在此二寸一分之中開一橫槽鑲入直木橫槽之内一頭長二寸五分削圓為柄不善纅絲者用手轉車即執此柄搖轉善纅絲者用脚踏車即將脚踏板上橫木條圓孔套於此柄之上

貫脚

貫脚四具安於軸身四面以襯絲縷每貫脚用橫梁一根直柱二根橫梁之上開鑿二孔以二直柱之榫頭嵌入橫梁孔内柱長六寸五分榫頭在外寬一寸二分厚八分橫梁長一尺二寸六分寬一寸二分厚一寸二分四面貫脚三面嵌緊一面用活者可裝入亦可取出軸上鑿一橫槽活貫脚正面槽長四寸二分寬八分反面長三寸八分寬七分深以兩面開通為度以活貫脚之兩柱嵌入槽内盡頭處兩柱中間尚有空槽以朾木嵌入空槽用椎重擊貫脚自緊

朾木

朾木一頭大一頭小長五寸自大頭至小頭由寬而窄大頭寬二寸二分厚八分小頭寬一寸二分厚七分嵌入活貫脚兩柱之間重擊大頭則貫脚緊重擊小頭則貫脚脫

踏脚板

踏脚板以堅木一片爲之長九寸寬三寸厚六分一頭裁榫如工字形套入車牀前左柱脚下榫口内底板榫頭寬七分長一寸五分車柱榫口靠地以底板榫頭套入車柱榫口則底板被車柱壓緊脚踏之時不致移動一頭安兩耳耳上各橫穿一孔耳高二寸五分安於底板面上孔寬四分離底板一寸三分再以木板一片削鞋底樣長八寸面平底不平底下前六寸由薄而厚薄處三分厚處一寸四分後二寸由厚而薄厚處一寸四分薄處六分便不失之平底下平則脚踏鞋板時鞋尖雖落地而鞋板不斜不過微起微落而已直條橫條即不能大起大落車柄車軸亦不能旋轉如意前宜寬後宜窄自前至後由寬而窄寬處二寸六分窄處二寸寬處可以踏脚窄而厚之處旁綴二榫穿入底板兩耳孔内榫頭宜圓不宜方方則運不動鞋板宜畧小於孔不可嵌太緊緊則鞋板踏不動矣又鞋板下底板上須空寸許不可緊貼緊亦踏不動另用直木一條長一尺七寸寬一寸二分厚五分以一頭嵌入鞋板木嵌在鞋板至厚之處底板兩耳之内以一頭開一小孔又用小木一條長一尺七寸寬一寸二分厚三分一頭開小孔與直木小孔相對用竹釘管之不可太緊緊則橫木轉不動一頭開圓孔橫貫於車軸之柄孔比軸柄畧大兩木條一直一橫形如曲尺踏動鞋板則鞋板帶動直條直條帶動橫條橫條帶動軸柄軸即隨之動轉矣如不用小橫條貫軸柄以麻繩縛直木之頭另用老筍殼浸溼作紐套上軸柄下接麻繩以運動車軸更覺輕靈

車牀

車牀形方牀之四角各安一柱四面各安橫檔二層檔之兩頭各有方榫嵌入柱内前檔後檔均橫長一

辦香齋

尺三寸六分左檔右檔均橫長一尺零六分嵌入柱內之榫頭均在一尺三寸六分一尺零六分之外

左右上下檔與前後上下檔高低不一左右下檔各去地一寸八寸左右上檔各去地一尺四寸二分前後下檔各去地三寸前上檔去地一尺五寸後上檔去地九寸後上檔去地尺寸較前左右上檔獨低者因車軸架在後二柱之頂此處上檔低則上檔之上地步空闊可容貫脚轉旋也

後左角後右角各一柱柱頂各開榫口以承車軸柱高二尺零五分寬三寸厚一寸四分榫口寬一寸深一寸五分

前左角一柱柱頂裁成直榫以貫牡孃墩柱高二尺零八分寬二寸八分厚一寸四分榫頭徑九分圓圓二寸七分高二寸七分此一寸七分即在二尺零八分之內

柱脚裁成榫口以套踏脚底板之工字榫頭榫口靠地寬八分長一寸四分

前右角一柱柱頂橫鑿一孔以套絲秤柱高二尺一寸五分寬二寸八分厚一寸四分孔寬一寸高五分

前左前右二柱之前面各安一小橫梁前左柱橫梁之上安一短柱短柱之頂裁成榫口以嵌牌坊下橫梁之左邊榫頭前右柱橫梁不安短柱只於橫梁盡頭處鑿一方孔以承牌坊右邊長柱之下截榫頭橫梁長五寸寬一寸厚一寸去地一尺六寸短柱高二寸五分寬窄與橫梁同榫口長一寸寬六分深八分

二柱之前面下截靠地處各安一小橫梁以木板擱橫梁之上以磚石壓木板之上庶免車牀移動

脚踏紡車 附

紡車制用木造成地平方架長二尺五寸闊一尺五寸於二尺五寸中間安一方木樁高三尺徑二寸半於近上三寸處安一橫木長五寸徑一寸五分此是安定處若欲紡絲安二定者橫木宜闊三寸立樁亦宜闊三寸若欲安三定橫木當闊六寸樁亦闊六寸梢頭留寸許安一立木牌高二寸厚七分闊與橫木齊上刻一小口如豆大如欲安二定者刻二口以容鐵定項對牌口後樁上鑽一孔內樓細鐵筒約深三

分以容定尾定長一尺中間硬安一木轂轆子長二寸徑一寸周圍刻渠子二道以承轉絃樁下離地八寸安一鐵軸長九寸大如小指軸上貫一車輪其制用木板六箇均長一尺四寸厚七分闊一寸二分以三板正中斜鋸扣子硬安成輪子以二輪相去四寸中安木檔枕六箇便相合成一輪周圍用皮絃攀緊以承轉絃絃用線繩一條用蠟擦過壯如錢繩將輪與定攀任令其活轉又在前面地平木上復安一横枕長與地平木等闊二寸半厚一寸半兩頭用立柱高二寸枕中間安一鐵榳大如小指長六七分以承脚踏板形如鞋底厚一寸中間刻一小窠如指頂大深二分活安在鐵榳上令其活動板一頭中間安一鐵攪杖壯如細筆管長六寸攙於輪板近軸處孔内孔像輪上預先鑽下去軸寸半用脚踏紡之

織紐

絡絲

織先絡絲以絡張絲架上架木為之以絲束之大小為準（有用車者倒如紡車之半其上下兩輻者尤妙）絡子亦有二式或方或圓隨人所用法以右手攙絲左手抛絡旋轉如風而絲盡繞於籰上積三寸許脫之易籰

倒經

絲既上籰然後分別經絲緯絲擇其細而勻者為經絲先將絲籰用水漬透再用紡車筵貫蘆筒以左手牽絲右手攪車倒於蘆筒上其麤纇者隨手摘去之積寸許為一維脫之以為經絲之用（北省用蘆筒倒為維牽經時有經板將維貫於板上牽之南省用籰排列於地較為便宜可仍倒於小籰上）

倒緯

倒緯與倒經同惟單經則用雙緯雙經則用三緯既成維另用一尺之竿為道軌（俗名維杖）中箝牛角尖長寸許將絲頭拴於上以左手牽絲右手搦道軌中顛倒收其絲為長維角半沒脫之出其角抽内絲頭束於外以為緯絲之用（北省梭扁而長故須做為長維置梭中抽内絲頭穿過梭眼往來牽

引由內及外維層層自解南有棧圓而短祇須倒為小繅貫於棧中

牽經

橫經架二上排經柱每行三四十根旁置交墩上安竹棍五以為編交之用壁上挂經竿竿繫小環下排絲籰如用繅另有經板貫之將籰上絲頭貫於經竿環內總收一處以手牽引挂於經柱上挂徧再牽引至交墩旁以兩手拾而為交層層牽挂回回拾交周而復始以足數而止絲頭或八百或一千量所織之輕重以為多少

糨絲

經既成縷以麵糨盛瓦盆內和水攪之將經縷交處用繩繫緊不繫緊則交開滿架經縷俱歸無用置盆中以手揉之令勻如不勻再和水揉之挂於長竿上漉去渣汁用力抖之俾經縷條條自開免致粘結不清

紖絲

紖絲將絲收紖牀上撒放二丈餘交用二竹棍夾之將兩頭繫緊從交棍中將絲頭一上一下分別清楚貫於筬齒以數絲挽一結用竹棍貫住牽引至縢梯將竹棍橫架縢子上一人搬轉縢子一人手執撥簪往來挑撥如有粘縷結絲俱用簪撥開筬齒一過隨搬轉縢子隨撥隨捲盡捲在縢子上

上機

經縷捲在縢子上然後授之機機制甚多高機平機俱可織用綜二付先將經縷根根穿過綜環又將經縷前後二根相並穿過筬齒以數絲挽一結貫在小竹棍上牽引經縷縛在捲幅上面用撐幅二根撐緊以免鬆漫之病

下機

經緯安放妥當一人足躡踏竿推撞拋梭自然成幅隨織隨捲至將縢子上經縷織完尚有尺餘不能織者用刀割斷其捲幅上經縷亦用刀割斷俗謂之割機頭大約每疋準裁尺五十一二尺之數

湅

凡寗紬宮紬及貢緞之屬皆先湅而後織並有染而後織者繭紬則織而後湅法用城水將紬漬透放釜中蒸之以絲輭為度取出置冷水中浸之一日一夜

然後濯之纍之即㡆氏湅帛之遺也

染

登萊舊俗多尚質樸繭紬皆因其本色無須染也今則踵事增華凡紬無不染染亦無色不備時行者以竹灰色繭褐色為多竹灰色用淺靛水染之繭褐色用蘇木水染之後用蓮子殼青礬水蓋之

紬名

紬之名不一多因其所出之地以為名如貴州之遵義紬河南之魯山紬通行南北人所共知近東三省如營口錦州岫巖等處所出之紬亦極精細山東則以萊州之濰縣昌邑為上登州青州次之沂州泰安又次之有單經雙緯者有雙經三緯者絲頭有八百者有一千者有一千二百者至用打線紡線所織之紬麤而多纇俗名之毛紬亦曰山紬（野蠶初行時以為不可繅皆打線紡線為之後繅絲織之益佳則別乎山紬而名之曰繭紬其實山紬乃本名也）

紬病

紬權輕重為價銖兩同價相若而作偽者即因之而出下機後築綠豆為粉以膠之候乾再用碾碾之則粉與絲合而為一其增重於原來者十之三亦有於染時帶膠者但膠必須碾以紬面有無亮光為別誌

野蠶絲出口表

自中外通商洋貨之進口者歲以億萬萬計策富國者思所以塞漏卮而保利源亦惟有推廣出口貨物以冀互相抵制而已登萊之有野蠶其利與家蠶等特流行未廣故出口之數亦少近年以來已徧及遼東諸郡出產之豐反倍於登萊工而繅之商而通之年大利者轉轂百數廢居居邑如水之趨下日夜無休時故綜核出口之數最盛者莫牛莊若而煙臺次之牛莊一口間有徑行出洋運赴日本者至煙臺則以運往上海而轉售於歐美者為多利之所在波及重瀛商務之殷繁亦云極矣夫豫之魯山黔之遵義皆有野蠶以距通商口岸較遠故祇銷於內地東南各省沿江濱海廣袤數千里商賈輻湊四會五達倘能仿而行之其出口之數安知不更勝於今日也因為攷其大畧起光緒元年訖二十六年列表如左庶有志富國者得以覽焉

年分	石數	價值
元年	五七三一石	六一八〇五三兩
二年	三〇九四	三六六一八三
三年	三〇二九	三六五一九〇
四年	四二〇〇	四一〇九四二
五年	四七一六	四〇九四六六
六年	四一〇一	三八五八七六
七年	五一九九	五〇九四四一
八年	四〇八九	三四四七二〇
九年	五八三六	五一〇九七四
十年	六六五一	六〇九四六三
十一年	七八七一	七二三九八三
十二年	一二五五四	一二八八六五五
十三年	一二〇四一	一〇八三八三〇
十四年	一三一二八	一三六〇八八一
十五年	一七八二七	一九五五七二五
十六年	一九九七九	二〇三二四〇八
十七年	一七〇四三	一五一三六七〇
十八年	一六四三三	一四七九二二五
十九年	一三七五八	一四〇二五七七

二十年	一六二四〇	一九三九五九四
廿一年	一五九四二	一九六七〇三八
廿二年	一六三七〇	二四〇三八二七
廿三年	一九〇四六	三〇五九一五七
廿四年	一六四八九	二八〇五三三二
廿五年	二四六七四	五二二六五七二
廿六年	一八八六七	二六五九五一二

以上出口野蠶絲數皆係運赴外洋其運往各口銷售者則歸之沿海貿易不在此列稅銀每石二兩五錢

繭紬出口表

山東繭紬宋以來名始著其時紡線為之弗以繅價騰踊定值錢至十千今以繅家蠶者繅之紬精緻而價半而繭紬遂徧被於內地矣通商後泰西人以為輕氣毯用爭購之近年登萊所出之紬其幅面較寬銷路益廣至有運往奧大利亞者此後倘能加意織造亦出口貨物一大宗也

年分	石數	價值
十三年	二二一〇石	三三九〇九〇兩
十四年	一八五四	二九七〇六五
十五年	一九〇一	三〇〇三四八
十六年	一二八一	二〇一三七四
十七年	一二八〇	二〇二〇三五
十八年	二七五一	四七一九四四
十九年	二五二三	四〇五五八九
二十年	二七一八	四三五四二五
廿一年	二六二一	四一九七〇一
廿二年	二五九〇	五八九八七四

廿三年	一九六三	四一九七八八
廿四年	一七八二	三六七二八三
廿五年	二四一八	五六六五三一
廿六年	二四五三	六八三五六一

登萊繭紬皆由煙臺出口登州繅絲者多而織紬者少故出口之貨以萊州為盛自膠州通商後萊州繭紬多改由膠州就近出口而煙臺商務為之減色聞奉省近年所出之紬亦不少惟查通商關冊牛莊尚無繭紬出口是宜亟為推廣已出口稅銀每石四兩五錢

圖說

野蠶產於登萊萊有檿絲之貢蘇氏遂以東萊之山繭當之而後儒多沿其誤近人詩文集雜著中則或誤以為樗繭或誤以為柘繭或誤以為椒繭此皆不知其所出之樹也其知者則又作與櫟莫辨梱與槲不分良以野蠶之流行不廣在作者既未目覩而道路之傳聞言人人殊其膠葛固無足異焉南皮張孝達尚書書目荅問中有劉祖震橡繭圖說二卷今物色之其書已不存因仿其意繪為圖而係之以說共計蛾圖一蠶圖一樹圖九雖形似麤具而物類分明不至混淆或亦多識者之一助也至繅織之法則與家蠶大畧相同近人蠶書中多有繪圖者茲不復贅

瓣香齋

蛾圖說

蛾蠶蛹所化也大戴禮曰食桑者有絲而蛾而野蠶蛾爲最大兩翼展開橫徑四寸許色赭黄沿淺而中暗每翼各具一眼中明如鏡外作黄圈上有白痕一掠如半月小翼眼亦如之身生細毛觸之則簌簌落雄者眉麤雌者眉細雌雄配合生子復化爲蠶

瓣香齋

蠶圖說

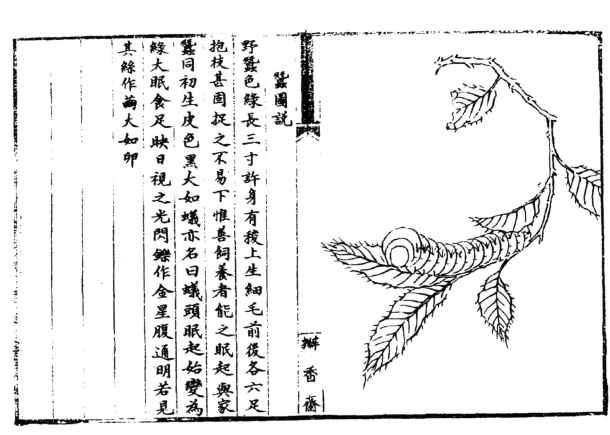

野蠶色綠長三寸許身有稜上生細毛前後各六足抱枝甚固捉之不易下惟善飼養者能之眠起與家蠶同初生皮色黑大如蟻亦名曰蟻頭眠起始變爲綠大眠食足映日視之光閃鑠作金星腹通明若見其絲作繭大如卵

黃櫟圖說

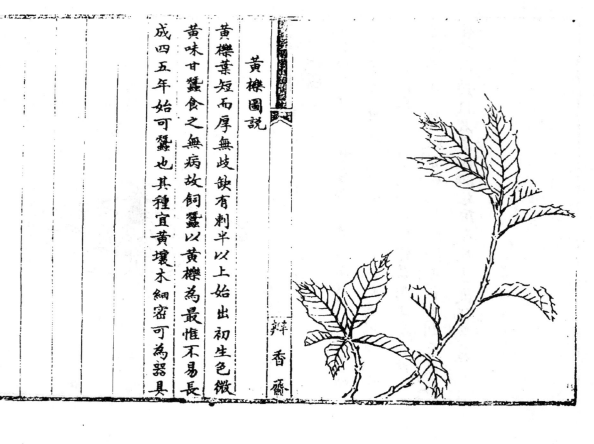

黃櫟葉短而厚無歧缺有刺半以上始出初生色微黃味甘蠶食之無病故飼蠶以黃櫟為最惟不易長成四五年始可蠶也其種宜黃壤木細密可為器具

辨香齋

灰櫟圖說

灰櫟葉微長有歧缺無刺初生色微白背有細茸作灰色味微苦然多汁飼蠶易致肥且出絲堅韌其種宜白壤木亦堅甚

辨香齋

辨香齋

紅柞圖說

紅柞葉細而長無歧缺有細刺銳如針初生色微黃味甘最發蠶早眠早起繭大而厚且葉盡易生春秋相繼宜於頭眠後食之其種宜赤埴墳木細密色紅

辨香齋

白柞圖說

白柞葉微小無歧缺有細刺銳如針初生色微黃味甘發蠶與紅柞同以飼小蠶尤佳其種宜白壤木細密心理皆白色

栲柞圖說

栲柞葉似櫟而微圓無歧缺有刺色綠甚光滑味微苦以飼蠶出絲堅韌惟易致病宜於大眠後食之其種宜黑土木麤而勁

辨香齋

小青桐圖說

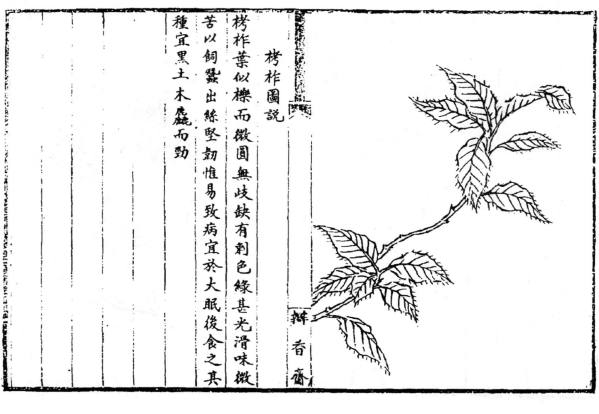

小青桐葉小而尖有歧缺形如鋸齒甚利色青味微苦飼蠶亦易致病然萌蘗最早蠶初生食之故種者多其種宜黑土木麤甚

辨香齋

大青桐圖說

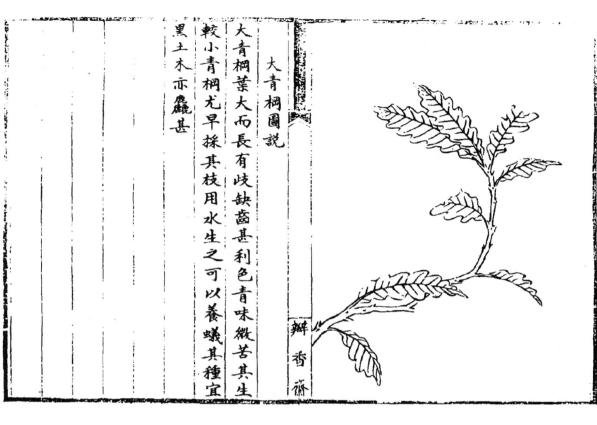

大青桐葉大而長有歧缺齒甚利色青味微苦其生較小青桐尤早採其枝用水生之可以養蠶其種宜黑土木亦麤甚

小槲柞圖說

小槲柞葉麤厚頂微圓上寬下窄大如掌有歧缺齒亦微圓初生色微黃味苦蠶食之多瘠有色青者一種飼蠶頗肥美凡沙石之地皆宜之叢生幹直立無旁枝

大槲柞圖說

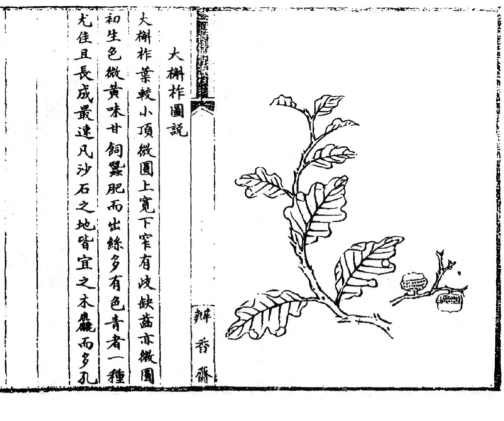

大槲柞葉較小頂微圓上寬下窄有歧缺齒亦微圓初生色微黃味甘飼蠶肥而出絲多有色青者一種尤佳且長成最速凡沙石之地皆宜之木麤而多孔

外紀

泰西古無蠶種凡絲皆仰給於中國故通商之始絲之出口日旺其後法人首仿中國法聘中國蠶師教以種桑育蠶不數年延及意大利西班牙等從此各國皆產絲而中國蠶利遂為所奪野蠶之興較晚然在西北一帶已為商貨出產大宗聞近年泰西各國亦以家蠶飼養易致病不如野蠶之繁盛故講求不遺餘力逐漸推廣而種類日多侯官陳壽彭輯有蠶外紀一書中分紀種紀樹等門其紀種一門言家蠶者十之二言野蠶者十之八因摘錄之以便與中國野蠶互相攷證其書原名蠶外紀故仍外之云

紀種

蠶為蛾屬譯語謂之旁卑司爹化為蛾乃謂之利皮都特母拉士其初以為屬於志故尼特之類嗣而改入懿皮意利打類中（曰利皮都特母拉士曰志故尼特曰懿皮意利打三者皆蛾屬分類專名右有絲無絲之別耳）近今蟲學昌明格致之功益精所得蠶屬若干種如下

旁卑司爹之初亦野蠶也法國謂之拉要坑毋黑色間有數點灰色徧身有毛生松樹上甚夥食松楸殆盡即結繭於松樹間絲不甚白蛹與蛾亦較他種而黑此係蠶種之發原也

旁卑克司摩毋利乃尋常家蠶也食桑色白其絲獨佳產於中國日本印度漸至於歐州之南然此家蠶之種又從沙湯尼打種類化出

沙湯尼打種類甚繁蛾較大兩翼張開或至徑尺拍拍然如葵扇每翼之中各具一眼有時亦有五色者英人謂之蛾王其繭大如鵝卵然不常有也

沙湯那皮毋利野蠶也蛾王之屬蠶身長六七寸色

綠過身節節有稜稜藍色或帶微紅稜上發小辮如花花心有鬚甚長食各種果樹結繭於樹枝間上圓下銳狀如甕歐人呼其蛾曰大孔雀蛾翼張開徑六寸翼暗灰色沿淺而中暗歐州以南嘗有之惟巴黎（法都名）與維仁那（奥國都城）以北不概見

沙湯那加拆尼嘗產於英亦蛾王屬然其蛾較小兩翼張開徑不過兩三寸雌者灰白色雄者翼前有紅沿翼後微有黃點眼紋之上又有白痕一掠如初月眼旁之環黑黃色蠶亦綠色徧身短毛所食之樹曰懿司（小叢樹名詳於後）結繭甚固亮如珠英人謂之珠繭

沙湯那司庫路巴與沙湯那皮毋利相似蠶身肉稜有花而不鬚頭上三節之稜尤麤繭大於拳種子亦大於粟

沙湯那詩連亦野蠶之大者蛾白色翼薄如蝙蝠翼眼較小股後雙翼拖長如雙尾翩翩有致繭橢圓外結實如殼

沙湯那皮毋利拖獵毋亦野蠶也產於中國

沙湯無樂潑士乃那土塘逞司種類也英國謂之潑

斯此亦尋常蟲類也然有絲繭不得不以蠶視之其蠶綠色頭大而縮交節處色紅背上色較暗灰棕色或紅色一道直下自首至尾界於背上扁而闊與腹交界處一綫白色瘦削至尾尾有雙歧如燕翦食樸皮拉與毋亦路其吻有雙尖甚長其絲即由此而出化為蛾兩翼展開徑三寸色白黑紋間之有灰點首及胸有黑點潑斯在英者有三種皆駝背而歧尾者也實因大小之分有時亦呼之為橄登士

夏巴亦潑斯類也英語呼為樂卑司底樂卑司底乃

龍蝦名因此蠶有類於龍蝦故也蠶身栗棕色近首處四足皆長腿背則節節起稜如峯肉焉雙行並列尾扁圓如人面而無鼻口者又分雙尖於外行止之間常首尾並舉但仗其腰下八足而已此係最奇之種也食各種大樹之葉化為蛾棕灰色間以黑紋兩翼展開徑二寸有半其繭與潑斯畧同云

新詩亞又名亞他恰士又名亞毋林地又名兒毋利亞產於印度之尼烹老（北印度鶯嶺之巔緯線赤道北二十六度二十五分至三十度十七分經線由英京起算偏東八十度十五分至八十八度十五分）蔓延於五印度

西及於歐州之南近時有人試飼於香港亦能生育爪哇以東益昌盛焉所食之樹曰矣連杜故又名為矣連杜蠶雖野蠶沙湯尼打之類飼之甚易足與家蠶旁卑克司並蓄而兼收其繭亦佳足為大宗商貨蓋所謂半家半野之蠶也繭栗色望之如紙雖能牽緩堅固不至傾墜然大風暴起必至歉收聞此產於中國北境甚多歐洲則放種於樹焉其蠶黃色或綠色或灰藍色因其長大之層遞而變間有黑點至半大時圓身中長出肉刺節節皆然色白狀如癰核中

存蠟粉化為蛾大者兩翼橫徑五六寸色淡綠眼紋在大翼沿亦有在中者翼沿黃色翼紋散闊如翦春羅花瓣又有黑白相間而橫畫之

鶯爾毋利亞耶馬馬乃食惡克之蠶也惡克或譯為橡樹此蠶產於日本繭綠色大而精美此亦半家半野之種日本政府嘗欲獨專此蠶之利封禁海口有帶此蠶而出者殺無赦歐人則私挾其種走漏之非彼所覺也然而雖到歐洲頗不易育不久即行衰壞矣豈天氣地利有所不足此蠶乎抑其中別有收養

之法爲日本所秘耶其蠶似亞他恰士而大化爲蛾兩翼展開徑長七寸黄色而有圜點

鶯爾母利亞彭而産於中國北地亦食橡樹其絲頗佳惜予未知推廣收養之法

拉沙坑怕魁恰士亦耶馬馬種類也又曰惡克依假亦食橡樹之凡蟲也黑色白毛邊有白紋繭大如卵故以依假名焉依假譯之言卵也化爲蛾大同耶馬馬其尾之沿如齒雄者栗棕色雌者灰黄色其翼横出有淡黄紋中有白點分别兩半翼沿白紋雄者目間四飛而出若能收育其雌以線牽而引之則雄必因雌而至雖遺擒亦不恤也此蠶雖與他種草木亦能食

鶯爾母利亞邁利他乃塔司許種類也塔司許野蠶而有毛生於蕭葦間似即爾雅所謂蕭繭也本種甚少而邁利他甚大産於印度尋常有之其絲雖麤劣而堅固特甚梳篦亦不傷損往往其母織衣以遺其女女又以遺其子數世相承尤未壞也（其母織之句以下皆西國成語也）

皮母路特他亦邁利他種類也産於中國之北

母雷利産於茉遜母利（在印度中一郡名緯線赤道北三十度二十七分經線由英京起算偏東七十八度五分）

懿老非母利産於打字林（在印度中一郡名屬於邦哥老）

查耶産於爪哇

符利時亦打字林所産

拉母利沙産於爪哇自邁利他至此凡七種皆塔司許之屬

巴非亞乃塔司許正種也産於印度疏林間野蠶之類也其繭存捲樹葉中甚澆薄覓其蹤跡而得之取出慎恐傷損然所産甚繁取之無禁其蛾與蠶亦如尋常家蠶者

厄克地士即沙湯那詩達之屬亦産於打字林其蛾翼後雙歧如燕翦翼上亦具有眼或黄或綠色甚美兩翼展開三寸至六寸不等東印度一帶甚夥西班牙等處及墨洲之北亦有之惟其翼展開無過三寸者又有數種其尾且長至六寸

亞拉士乃亞他恰士之類其蛾大者展開其翼可徑

尼黑黄色每翼有三角紋透光點
亞沙馬亦謂之恭加產於亞沙母（在東印度北部緯線赤道北二十六度至二十八度經線由英京起算偏東九十度至九十七度）蓋以地而名焉
母利尋尼亦產於亞沙馬然乃塔司許之類也
亞他恰士尼特拉產於印度其絲與塔司許同然其蠶乃亞他恰士之類
尋甯塞士產於中國家蠶之屬也
庫利時亦家蠶之屬其絲精美無匹產於莱邏母利合倘尼

宅士拖與合倘尼皆產莱邏母利家蠶別種也
荷士非老地亦家蠶類產於爪哇
奶母林尼乃亞老恰士類產於東印度那尋老（即東印度全部）名
麥曾姑母利亞乃鶯爾母利亞種類其蛾甚有名即稱為麥曾姑母利亞絲蛾
利怕加遲加
庫利恰拉與利怕加遲加同產於爪哇
姑樂持乃沙湯那種也產於打字林

尼惡母利士合拖母
加利夾拉地卑他與尼惡母利士合拖母皆產於莱邏母利
沙拉沙樂拉產於鶯嶺東南
尋母拉
此外尚有縊女之屬似蠶而小亦能化蛾然其絲短澀而亂雜無適於用故不錄
各種之蠶大抵雌大於雄化為蛾雌者腹肥胖雄者腹瘦長

辨香齋

各種之繭以家蠶旁卑克司摩母利為最以其絲厚而純也塔司許之繭雖過堅硬亦佳絲也恭加之繭兩邊堅厚中有一線甚鬆薄取之易壞其中之蛹兒母利亞之繭色雖非白亦精純可喜取之不易傷壞織為繭紬漆之窑不通風以為輕氣球之用最良（按吾國山東有繭紬當即兒母利亞之種）

柞蠶雜誌

增韞撰

《柞蠶雜誌》，增韞撰。增韞（一八六〇—一九四六），字子固，蒙古鑲黄旗，奉天長白山（今屬吉林）人。蔭生，曾於東北歷任多職。清光緒三十一年（一九〇五）任奉天府尹，旋署湖北按察使，調直隸按察使、布政使等，累官浙江巡撫。辛亥武昌起義爆發後，不從浙江咨議局之請，拒絶宣佈獨立，因而被俘，未幾獲釋遣歸，後隱居遼沈。

此書約成於清光緒三十二年。增氏任職直隸，見當地近山州縣多橡樹而不知養蠶，乃精簡當時流行之種橡養蠶之法，結合其在奉天十餘年倡行放養柞蠶之經驗，撰成《柞蠶雜誌》一卷，引介奉天地區柞樹栽植方法與野蠶放養技術。書成之後，又恐鄉里老農未盡通曉，乃以問答形式重述全書内容要點，成《柞蠶問答》一卷。書末附光緒三十二年增氏特爲勸諭種柞養蠶所出之『白話告示』、道光五年貴州按察使宋如林『勸種橡養蠶示』及『養蠶事宜五條』，其中亦含柞蠶放養技術。

此書篇幅不大，意在引介傳播柞蠶放養技術，創新之處無多。書以問答形式呈現種柞養蠶知識，頗具新意，更有利於掌握與推廣技術要領。『白話告示』亦具明顯特色。

此書不知最初刻行何處，有清光緒間浙江書局刻本、光緒三十二年江蘇官書局刻本及宣統元年農工研究會刻本等。今據清浙江書局刻本影印。

（熊帝兵）

弁言

嘗謂聖門論政曰因民之利而利之蓋所謂因者因時之所需因地之所產因人之所知知如是而已矣直隸近年舉辦新政皆須借資民力元氣未復亟宜另闢利源竊在奉天親見種橡養蠶之利極力提倡十餘年來已收成效本省近山各州縣亦有此種惜民不知養蠶僅作染色燒炭之用殊屬可惜因採集種樹養蠶之法名曰柞蠶雜誌又演爲問答名曰柞蠶問答並道光間貴州按察宋公勸民告示及養蠶事宜五條後附此次白話告示另刊成本發給各州縣總期人盡通曉俾知所法至於未盡事宜則必須實驗以漸改良原不必膠執成見也前民利用雖不敢居然當民窮財盡之時即土產所固有而教其所不知於至聖因利之說庶幾無悖焉耳

光緒三十二年　月　日直隸布政使增韞序

柞蠶雜誌

柞　詩小雅閒關車之牽兮篇、陟彼高岡、析其柞薪。又采菽篇。維柞之枝。其葉蓬蓬。

柞有三種。其葉光澤。尖而長者。名尖柞。枝葉與栗子樹等。所放之蠶。其繭小而堅實。

一名青㭎柳。其葉尾宻頭寬。較尖柞葉大可兩倍。厚薄同。所放之蠶。其繭大而匀。

一名槲欏。又名槲樹。其葉怒生。較青㭎柳葉尚大一倍。色濃厚而質堅硬。所放之蠶。其繭較青㭎柳繭尚大一二分。不等。色微赭。

此三種樹木。統名柞木。其葉皆宜養放野蠶。

青㭎槲欏之葉。俗名橡欏葉。附梗最固。大半枯而不脫。至新葉將發。舊葉始落。俗名不落。非是即春種春落。秋種秋落。亦非是。東省漫山遍野。悉生此樹。落子苗根皆在秋後。固知俗說秋葉不落之誤。

按柞樹叢生。木最堅重。然多擁腫拳曲。如櫟樸之屬。千百中無一直者。雖不中他材。而獨宜放蠶。

放蠶須擇其低者。不惟其葉濃嫩。亦易挪移攀折。其樹如大。須由三四尺高以上截去。使之另發葉。最暢茂。用之放蠶。人少仰攀之苦。亦免蟲蟻傷害。此種樹截去兩三次之後。即須全行伐去。使與地平。其另生者。名曰芽棵。壯更倍昔。春初伐去。秋間即可放蠶。並無耽悮曠廢之虞。此樹亦有生蟲之時。然容易尋覓。蟲子多在枝梢盤環若籠。剪而焚之。即不爲害。

有樹之山。一經放蠶。易至薄瘠。不第蠶糞（俗名蠶沙）性寒之故。蓋一經殺蟲驅鳥。遷移屢經人迹踐踏。根下浮土。一遇暴雨沖刷。隨水而下。致有路根葉薄之患。如放三四年後。總宜閒過一兩年。以養地力。

柞樹落子即生。最易種植。惟其根不固。本亦單弱。當年不過七八寸。次年不過尺。三年不過尺五。然欲使速長。須於春初以寬薄快鐝貼地伐之。令其精氣無處發洩。則先向下茁根。夏間怒生。當年即長尺餘。如此三年。則一發一叢。皆高三四尺。本年秋間即可放蠶。再過二三年。後枝幹已粗。應擇其直者只留一本。已足供養蠶之用。

此三種樹。除養蠶之外。尚有四大利。其實房生。名曰橡子。橡子之殼為橡椀。可以染青。南省綢緞其青色者。雖敝垢而色不落。即用橡椀所染。

其粉可食。晉庾袞傳。與邑人入山拾橡。唐杜甫流離同谷。拾橡而食。皆食其粉也。然須用水漂去苦澁。磨成細粉。再用水漂淨。即可食

其幹可令生木耳。樹過老即不中放蠶。當樹身粗如人臂。即全行斫伐。俟另長條方合放蠶之用。至伐下之樹本。鋸作二三尺餘長。以一木豎立地上其上再橫架一木。然後兩邊挨次斜鋪之。如屋椽式。使其去地甚近。當春夏秋三季陰雨蒸鬱之時。便生黑木耳。用處甚多。青棡柳於生耳尤宜。如見銀耳。即木氣已盡。便須剔出。陸續可摘三年之木耳。再行以之燒炭。較他種樹木尤爲耐火。奉天青棡生耳後。即不中燒炭。或亦地氣使然

其皮可熬樹膠。現今泰西各國樹膠爲用尤夥。中國人呼爲象皮。其實乃橡樹之皮煎熬而成。當再求製造此種橡皮之法。彷照辦理。以期地無棄利

近人又有製造橡椀之法。此物染青色用極廣。然質體笨重。遠運維艱。若將其碾碎。用水煮透。去其渣滓。取其精華。熬煉成膏。用時以水化開。略加黑礬。即可成色。則運售遠方。可獲厚利。

野蠶

後漢光武紀野蠶成繭被於山阜

野蠶之繭有灰白二種○其白者較上○然最易變幻不能選擇單放○秋間選蠶蛾之最興旺者○每一人卽由其處購買繭種四五千枚○以荆筐擔歸○以免動搖○蓋以蠶初變蛹最爲脆嫩○一有微傷出水○其蛹卽死○

繭種如經秋雨淋濕○急宜曝乾○此後置不寒不燠處○清明後卽將繭種用細繩穿底成串○或三百或五百○隨人自便○挂置向陽當風處○五六日後○卽可出蛾○

蠶蛾之出○皆在晚六點鐘至八點鐘○以翼之長短辨蛾之牝牡○須分兩籠置之○以免配對不時○出蠶不齊之病○

野蠶做繭之日不齊○出蛾亦不齊○頂好者二三日卽可出蛾○次者卽五六日

不等。每日晚於出蛾時。即以牝牡爲之配合。由晚入點鐘起至次日早六點鐘止代爲分解。旁晚其卵即已生淨。

公蛾一箇可以配母蛾兩度。如有公蛾翅翼完全者。仍宜留作次日之用。倘次日母蛾出多。如無公蛾配合。是將母蛾一併棄員。

春季天寒。將蠶子生於紙上。秋季天暖。將蛾子拴之樹杪。按繭出蛾子、生蠶早晚皆由人便。置避風寒冷處。即暫不出、惟不宜太久。恐遲節候。致蠶不旺。

蛾生子之次日。其子由微黃變而發黑。三四日後即出蠶。其不變發黑者即蝦宍。俗名寡蛋、

蠶生之初。先食其殼。以淨盡者爲佳。

東省天寒。樹發每晚。先將樹枝折插水中。使之生芽。將小蠶用雞翎埽置芽

上。蠶即因而食之。俟樹發後。再移置樹上。

秋季用細草繫蠶蛾腰間。拴於粗不盈指之樹枝。其蛾即將子繞生枝上。其子既竭。其蛾亦死。

然既拴妥之後。仍須不時查看。恐有飛來野蛾再配。以致母蛾不能生子。配蛾之時。尤宜加慎。老嫩均不相宜。

春秋小蠶初上樹時。最爲緊要。此時蠶小體弱。螞蟻最易啣食。亟宜保護。

野蠶與家蠶等。三眠後即便繃繭。除眠時不動不食外。其餘則晝夜食葉。只不令其困乏飢餓。則收獲可計日而得。

蠶場春宜山背。秋宜向陽及窩風處。秋季蠶初食葉時。即山背亦可。惟繃繭時非背風不可。蓋以風吹葉動。其繭不易成也。

高繭之樹。其葉要密。並審其蠶之多少。恐其葉少蠶多。繇同工之繭也。

按同工繭蛹多顛倒。不但不能出蛾。亦不易桃絲。販者多剔之。以其絲係兩頭。多纏繞不解。

蠶尾後之足。抱枝甚緊。非猝不及防。或猛風暴雨冰雹。不能搖落。挪移時須由尾上倒捉之。即脫。不然。雖斷不脫也。

蠶之受病。皆由勞餓。或樹葉稍遠。就而食之。未免勞乏。多歇而不食。或葉已食盡。不為移樹。其蠶多黃黑而死。俗名曰蠻老虎、以其有黃黑文也、

繭種宜二三年一換水土。由此移彼。互相購買。愈換愈盛。至近亦須四五十里水土不同。蠶始易旺。勿以為歷年繁盛。年久不換。致受覆没之害。

野蠶畏踐。一經蹂躪。輒竟日不食。

鵪鶉之嘴甚利。雖蠶已結繭。亦能啄而食之。故結繭後。仍須看守。

柞蠶問答

前編所採集者○大率係奉省情形○雖詞意極其淺近○猶恐鄉里老農○未盡通曉○茲將前意○演為問答如左○

問柞樹○形色子葉何似○共分幾種○

答有三種○一種名為尖柞葉○似栗子樹一種為青棡柳○葉子頭大尾小○一種為槲樹○葉子比前兩種尤大○奉天呼為不落樹○

問宜何時下種○

答立春後開凍可種○秋雨多時下種亦好○均於次年春後發芽○

問樹出之後如何○

答一年只長尺餘○總須人工培植○三年之後○生長已高○可以打尖○令其多生旁

枝放蠶始便○

問將長成之樹○移植他處○是否可行○

答臨近之地○容或有之○亦只可移小樹○若移栽遠處○多不能活○就使能活○亦不

如種子之便○

問樹既分數種○宜以何種爲先○

答一山宜兼種數種○

問何以故○

答因一年之中○分春秋兩季放蠶○春蠶喜食不落○秋蠶喜食尖柞○故兼有方妥○

問春秋二季之蠶○何以分食兩種○

答因不落葉較尖柞發芽略早○且嫩○故宜春蠶○尖柞葉比不落能耐寒○故宜秋

縱然不落放秋蠶亦可○

問春秋之蠶○宜於何時上山○何時下山○

答春蠶宜春分上山○小滿下山○秋蠶宜夏至前上山○秋分下山○

問春蠶出時○若植樹芽尚小○不足食用○宜用何法○

答若蠶出無食○可以無論何種○將嫩枝折下○泡水發芽○令蠶生枝上○旬日之後○再放在山樹亦可○

問秋蠶如何生法○

答彼時樹葉正茂○當出繭蛾之後○即按雌雄分對○拴於樹上○使其生卵在枝葉之間○蠶出之後○然後將小蠶匀在各樹○按樹之大小○必使多寡相均○

問放蠶在樹○及看守山場○其要何在○

八

答將小蠶均在各樹之時○斷不可將山放滿○不留餘地○須一山之樹○只放半山○看守之人○尤宜時時經理○若此樹食盡○即移遷彼樹○此其最要○

問放過數年○其樹已大○仍可放養否○

答樹大則其葉枯老○不宜放養○放四五年後○必將樹頭伐去○另使抽芽○方能適用○每四五年○即須斫伐一次○愈伐愈盛○愈宜放養○

問小樹不能放蠶○新伐之樹○能否放蠶○

答新伐之樹○與初生不同○因其根基已固○故秋後伐下樹頭○明春即可放蠶○毫無妨礙○

問蠶子如何辨法○

答購于舖販繭種○

問繭種亦有優劣否。

答須選肥重之繭方妥。如繭種有病。則出蠶之後。無病之蠶。亦往往沾染受病。故繭種必宜詳察。

問繭種之價若何。

答好繭價貴之年。每千個需銀一兩。至一兩二三錢之譜。

問一繭可以出子若干。

答每一母蛾約出百子。以千繭得五百母蛾而論。可得子五十千個。

問一人每年可以放繭種若干。

答每人約放繭種四千個之譜。

問一人所放之種。占地若干。

答茂盛之山塢。約占三十畝之譜。

問四千繭種。能得繭若干。

答豐收之年。每人約摘繭五六十千個。減收不等。

問每人所摘之繭。可以出絲若干。

答每千個好繭。可桃好絲十兩之譜。次者不等。故一人所得之絲。約數五六百兩。

問一人每日能桃絲若干。

答每人每日手快者。能桃絲一千繭。

問近年絲價若何。

答頂好者。每百斤可得價銀三百兩。至四百兩。次者貳百餘兩不等。

問此絲之資質如何○

答其色微黃○東省人用織粗綢○因其色不甚白○且不能如家蠶之絲之細潤○

問絲之資質有法改良否○

答其質雖遜於家蠶之絲○然用洋鹹浸洗○色即變白○風聞此絲銷路之廣○多係日本購買○東洋所織洋綢○即擬用此等山蠶之絲○一入伊之工廠○所挑之絲○與家蠶無甚差別○如能調查其法○次第改良○亦必大有進步矣○

問山蠶與平地比較○其出產多寡如何○

答以奉天而論○平地三十畝○所產之粮○可得銀七十餘兩○山繭三十畝○所產之絲○至次者亦可得銀百兩○是平地所產粮食○不及山蠶十分之八○

直隸布政使司布政使增爲 光緒三十二年

勸諭種柞養蠶○特出白話告示事○ 現在

宮保○ 袁奉

朝廷旨意○舉辦新政○學堂巡警○都是有益百姓的事○是以都要百姓出錢○還要替你們想出個生財的法子○你們更好囉○我從前在奉天作安東縣官時○見本地有柞樹槲樹橡樹○可以養放野蠶○可惜本地人不知道○曾經極力勸導他們○教他們種樹養蠶○如今有十來年○昨見大公報上○說安東縣同那金復海蓋一帶○野蠶所出的絲繭○每年要值六七百萬銀子○這些利益○都是那塊地方的人得了○可見實係厚利○因查我們直隸也有這樹○這樹共三種○一種名叫桃柞子樹○

同栗子樹似的。一種叫槲橡樹。葉子大些。有一尺長。一種名叫青槲柳。葉子比槲橡小。這三種樹結的果子。都叫橡子。大半在山場地方生長。因爲好地。人都種糧食。誰肯種樹。其實平地也可養成團子的。如今那台内邱等縣。及近山各州縣多有這樹。可惜本地人。只知拾那橡碗。賣去染色。或是砍去燒炭。不曉得養蠶。我今告訴你們。養蠶每年可養二季。春天樹要發葉的時候。把紙上的蠶子。放在透風和暖處。他就出蠶。再把蠶放在樹上。秋天將蠶蛾拴在樹枝上。配合下子。都在樹上。三天就可以出蠶。無論春秋。蠶就在樹上食葉。樹上結繭。只要人看守。不要叫鳥鵲蟲蟻傷害他。每季不到兩月。就可以摘繭賣錢。山東河南貴州四川陝西。都有。

就是野蠶絲織的。查各處未種柞樹的時候。也都不知野蠶的利益。
即如貴州遵義府。是乾隆年間一個姓陳的知府興起的。陝西甯羌
是雍正年間一個姓劉的知州興起的。如今直隸。是沒人教導你們
你們不知道這樣大利。我是從安東縣。眼見這事的好處。故此不憚
煩。細細告訴你們。現在我叫人到奉天。及出產的地方。買來橡種
蠶子。發交各廳州縣。百姓們有山場的。速赴本地方官稟領。請頒
試種。不准向你們要錢。凡有這幾種樹的地方。速赴本地方官衙門。
請領蠶子。也不要錢。你們如法放養。摘下繭來。官商均可承買。
照時作價。不准抑勒你們。你們不要愁無銷路。如果樹多蠶旺。
還要在那裏設廠。教你們學織絲綢。至種樹養蠶的詳細法子。現

已刻出來。發給各縣散與你們。再教勸學員。演説給你們不識字人聽。可以照着樣辦。我想此事。與你們甚是有益。願你們聽我的話。試辦辦看。日後纔曉得好處呢。毋違特示。

附記

查種樹必俟數年方可放蠶。深恐不易保護。現已通飭各屬責成巡警保護。並以爲地方官之功過。如遇新舊交替。須將已種成數具文申報備查。但能保護三年。則根株已固。自可年盛一年矣。

附道光五年貴州按察使宋如林勸種橡養蠶示及養蠶事宜五條。

勸種橡養蠶示。

照得本司等莅任以來。訪察黔省地固瘠薄。民多拮据。推原其故由於素不講求養生之道○則地利不能盡收○而民情又耽安逸○無怪乎日給不暇者多矣○查遵義府屬自乾隆年間前府陳守來守是郡○知有橡樹卽青棡樹可以飼蠶○有蠶卽可取絲○有絲卽可織綢○隨覓橡子○教民樹藝○並教以養蠶取絲之法○故至今日遵義蠶綢盛行於世○利甚溥也○他處間有種植青棡樹○惟取以燒炭○並不養蠶○且樹亦無多○若將不宜五穀之山地○一律種橡養蠶○則民間男婦皆有恒業○其中獲利不獨遵義一府矣○查種育之法○其樹有二○一名青棡○葉薄○一名槲櫟○葉厚○其子俱房生○實如小栗○植法於秋末冬初收子○不令近火○冬月將子窖於土內○常澆水滋潤○逢春發芽○無論地之肥瘠○均可種植○三年卽可養蠶○春季葉經蠶食○次年仍養春蠶○或養秋蠶亦可○須隔一季○四五年後○可伐其本○新芽蘖發○又可養蠶○其春

秋二季養蠶及取絲之法○各有不同○一得其法○殊不爲難○端在地方官首爲之勸諭也○此時種樹飼蠶○大率皆知○更非從前陳守之創始者可比○惟收買橡子○必須價本○如分民間自備資斧○遠處收覓○亦勢有所難○茲本司籌辦經費○委員前赴遵義定番一帶○採買橡子○收貯在省○各府廳州縣○酌量多寡○赴省領回○散之民間○勸諭居民○無論山頭地角○廣爲種植○二三年後○即可成樹○俟至可以養蠶之日○由地方官查明申報○仍由省收買蠶繭○散之民間○令其蓄養於樹○凡收買橡子蠶繭○無須民間往來○不過自負其力而已○至種橡育蠶之法○現在刊刻條欵○先發各府廳州縣○隨同橡子○分給民間○及將來散給蠶繭○均交各學教官○率同鄉約地保分散○繅絲毫不經胥吏之手○以期實惠及民○自成繭之日○務宜繅絲售賣○蓋售絲之利○倍於

豐爾也。爲此諭仰闔省軍民人等知悉。爾等於耕作之外。更宜力蠶繅絲。俟樣子及條款。發到該管衙門。所向教官及鄉地處請領。如法照辦。凡書役人等。不許經手。以副本司體裕民食之至意。

養蠶事宜五條

一春季養蠶之法。於隔年小陽月何後。揀其繭之重實有蛹者。以幾筐盛之。迨次年立春後。紙糊密室。將繭筐置於中央。以柴火微烘。晝夜無間。漸略增火。至春分前後。覺蛹稍動。用線穿繭成串。搭於四圍竿上。仍以火烘。量其地之寒燠。寒則微火。緩爲出蛾。燠則甚火。急爲出蛾。隨抬入筐。雌雄配合。眉粗者雄。眉細者雌。次日摘取雄蛾。另貯數日。自僵止。提雌蛾微以手捏去溺。否則不明。置筐中微火暖之。始能生子。在筐猶不斷火○或借陽光○旬餘蠶出大如蟻○以青桐嫩葉○置筐內外○其蠶自上枝葉○即將枝上蠶置樹上○先食嫩葉○五六日初眠不食葉○二三日脫去黑殼○色分青黃○又五六日二眠○纔三眠四眠後○食葉旬日○噤口退膘○吐絲成繭○閱三日桀同○連葉摘下○去葉繰絲○如不即抽絲○越十餘日○遂變蛹出蛾○不堪抽絲○如留備抽絲○以火熛之○即不成蛹○每遇蠶眠時○不可剪移○俟起眠後葉盡○用剪連枝剪移他樹○蠶一入山○須人看禦鳥○其蠶筐以黃荆嫩條爲之用○蓋其條竹木所爲○則不能粘子○次年定須新製○

一秋季養蠶之法○於端午節前後○收入春繭時○將繭穿串○晾於竿上○不使蠶壞○旬餘成蛹出蛾○拾入篋簍○雌雄配對○次日午後○只將母蛾去溺○以四寸長線○兩頭各繫一蛾○搭於青桐樹上○葉盡剪易○秋蠶宜少撤樹巔○

由蟓食老。秋天林中多油蚱蜢。宜夜間伺聲以捕。

一取絲之法。以大鍋盛冷水。每二三千繭煮半時。翻轉又煮三四刻。再翻俟繭將軟。用莜草灰所淋之汁。量繭多寡酌傾入鍋。再煮一二刻。視其生熟。試加不熟。再加灰汁略煮。以短竹棍攪其浮絲成緒。分作數提。仍存鍋內。不可斷火。若絲不順。稍加以火。水熱則絲易抽。絲之麤細。視提絲纔之多寡。由絲籠上車。旁以大車桄之。取剩餘殼。名曰湯繭。及破口繭不堪取絲者。另作紡線。墜絲水中所抽。名曰水絲。織綢綿軟。再合成線。織爲合線綢。尤爲結實。所提浮絲。亦可洗淨作絮。

一繭質輕薄。不堪繅絲者。名血繭。蠶出蛾之殼。並湯繭。均用豬油少許和水浸煙蒸透。以水洗淨晾乾。扯絲織綢。彷彿新繁所產。故名繁繭。又法以荍灰水煮後。撈起套如筝扯絲墜線織爲毛綢。其需用器具。如抽家繭法。

一收種橡子之法。凡青棡樹橡一樹。至九月間子熟自落。檢收時。必須挖窖深埋。毋使見風日。若散置房屋。則閱日生蟲蠹成空殼。入土不生。其種植之法。與種山蠶異。遵義等處。俱用大鐵鍬。長二尺許。於瘦土中用椎築入土三四寸。少者。揉土隨置橡子一二顆。以土蓋之。春即發生。其工甚省而易成。

浙江官書局刊

內閣侍讀潘　鴻

江蘇通判姚丙杰　同校

樗繭譜

（清）鄭珍 撰

莫友芝 注

《樗繭譜》，（清）鄭珍撰，（清）莫友芝注。鄭珍（一八〇六—一八六四），字子尹，號五尺道人、柴翁等，貴州遵義人。清道光十七年（一八三七）舉人，大挑二等，歷任古州廳、鎮遠等地教官，補荔波訓導。治經學、小學，兼擅詩古文辭，著作頗豐，有《儀禮私箋》《説文新附考》《巢經巢經説》等。莫友芝（一八一一—一八七一），字子偲，號郘亭，晚號眲叟，貴州獨山人。清道光十一年舉人，曾入曾國藩幕。專小學、經學，善藏書。其學與鄭氏齊名，並稱『鄭莫』。曾與鄭氏合修《遵義府志》。另撰有《唐寫本説文木部箋議》《郘亭知見傳本書目》等。

此書成於清道光十七年，《清史稿・藝文志》農家類著錄。鄭氏爲紀念乾隆間郡守陳省庵在黔推廣柞蠶的事迹，總結其柞蠶放養及繅織遺法而作此書，共五十一條，重在總結柞蠶放養技術經驗。書中放養場地選擇、繅絲及織綢技術等皆爲首次記載，尤其重視柞蠶絲織程式與細節。全書文辭雅質，多難字、僻字，尋常百姓不易理解。後遵義縣宰德亨請莫氏詳加音釋注解，疏其難明，補其未備，以便於流傳與推廣。莫氏所注内容及文字均超鄭書，亦有新經驗融入其中，注釋之功，不減鄭氏。

此書是繼韓夢周《養蠶成法》之後一部重要柞蠶著作，傳佈甚廣。吴其濬《植物名實圖考長編》收錄此書内容。四川推廣山蠶時，亦曾多次刊印。然而全書文辭艱澀，雖經莫氏注釋，亦未能盡免，且鄭氏誤柞蠶爲樗蠶，書言柞蠶，而以『樗繭』名之。

此書版本頗多，善本有清道光十七年刻本、光緒七年遵義華氏瀘州重刻本、光緒八年河南臬署重刻本等。今據清道光十七年刻本影印。

（熊帝兵）

樗繭譜

原叙

遵義爲黔郡邑皆古梁州之域攷禹貢桒土既蠶朙載
兗州若豫若青若徐若揚若荆皆有織文絲枲厥篚
之貢而梁與雍兾無聞盖非其地所自有也遵處邊
徼其民又烏知其地之宜蠶也有前太守省菴陳公
教㠯蠶而利斯溥矣丙申冬余出爲遵守詢㠯其地
其民之利興自陳公百餘年來居人猶頌其德勿衰
先是請崇祀而未許也閒與雲衢邑宰言欣然與余

復爲遞請於上游古者有功於民則祀之是安可使
湮沒而弗彰乎雲衢作吏稱朙達才因㠯爲蠶之教
既可施於遵則黔中他郡邑皆可施思欲廣其法而傳
之而未得盡詳得鄭君子尹所著樗繭譜言陳公教
遵民蠶事始末甚悉其書良澤於古又得莫君郘亭
爲之攷證疏通皆不忘陳公之德教也亦欲朙其德
教並布於無窮也雲衢慨焉爲付之梓也固宜後有
欲行其法者知不必擇乎地地無不可蠶即民無不

可利曩見程春海少農視學黔中時撰有橡繭一序適足爲茲證弁首中言嘗事曹頒令申勸民種橡亦㠯可蠶之地居多是在守土者善敎之耳余泣遵歷半載矣念一無所利於民竊有愧前人之所爲而益望是譜之傳之果不脛而走也夫道光十有七年歲次丁酉夏五山陰平翰

橡繭譜　平叙　二

原叙

丙申五月亨自仁懷移攝遵義既受事自其煙戶總總而田疇甚衆私有不給之慮徐察之其號素封稱足穀翁者隨在皆是也即其最下者徒手漫無憑藉亦各有㠯奉其身而不至凍餒始而疑焉繼而審焉則舊大守陳公省菴槲繭之遺惠也夫自三代㠯還井田制壞而農各私其畎畝商各私其壟斷其富者寗弃於地而不㠯予人其貧者至求並日之一食而不可得可勝歎哉而遵義自有槲繭來猶不至於是者何也槲之生也不必膏腴雖磽确之區皆可植繭之成也不必其自爲雖行道之人皆有功㠯無用之地植有用之材即㠯無業之人而納㠯不費之業傭之者受小貲主之者高大利所謂交易而退各得其所者也蠶事畢繅事起煮繅紡織需人愈多雖有瘖聾跛躃斷者亦各得盡所能㠯餬其口而貿遷子本之獲更可不必言矣夫㠯食爲衣者利一定㠯衣爲

橡繭譜　總叙　一

食者利無方貴州則皆山縣也皆山縣則皆可使自致此無方之利者也皆可致此無方之利何以皆莫之致也豈無師陳公之遺法而為之者耶抑頗有行之而法有未盡也耶案牘之暇嘗與紫泉莫君緒論及此屬為訪種槲食蠶繅絲織繭諸成法艸為一書鐫本分致寅好冀各布之所土以廣陳公之恵而莫君以謂其友鄭君子尹舊著有樗繭譜最詳悉可無別起艸當為索之亨亦舊耳鄭君名知其制行端潔著作繁富為黔中不易覯人物思一至吾室而渺不可得幸是時方延主啟秀書院講席候其來得領言論風采諒哉卓然有道之士渴願於此大副因乞其繭譜稿而鄭君再三以麤粗辭不肎見示固乞乃曰某之為此特紀舊守名蹟以示子弟使不就墜失非法施書也且詞亦不便俗倩莫君摭此別為之庶有裨乎乃授而讀焉文辭雅質古色斑駁欲施之民閒果難家喻戶曉乃商之莫君屬加音釋疏其不易明

而補所未備既就緒付之梓人乃書數語志其緣起嗚呼一槲繭也得二君譜釋之言之文行則遠發皆賢之潛德而普美利於無窮未必不兩得之矣道光十七年五月廿日長白德亨

程春海侍郎橡繭書事

黔郡州十三富郡二曰黎平曰遵義黎平以木遵義以繭繭不以桑以橡然非刱於遵義人也乾隆間陳君實敎之于是食繭利凡數十年春秋繭成歌舞祠陳君如生道光三年冬澴試遵義旋過橡林間風策策然葉鱗鱗然記所歷郡皆有橡不以繭今過平越都勻土益沃宜橡因嘆曰處處有橡處處可繭也富獨遵義乎過鎮遠見方伯吳廉訪宋頒令甲勸民種橡詞懇懇著衙亭時夕陽爛如駐馬讀之過思南遇葛校官世超韡劉出則方伯廉訪督使巡上下游購橡子敎播種期三年成食繭利嗟乎居尊官親民為謀百世利思深哉可謂君子儒矣黔土瘠黔民勞勞無所獲遂頹廢不自振曉之曰利在某不信視某地民蘧然顧牆岡畦稜有美蔭皆金錢其黠者又慮利与害俱且榷之曉之曰有百世利無一日稅也則又慮購繭器織具紛然皆未入先貸曉之曰如購種法

皆官為夫民驕子弟官慈父母也驕乃惰慈乃周以周起惰惰乃勉皆可學而能也數歲利必若遵義富甲西南維矣

樗繭譜

遵義鄭珍篹
獨山莫友芝注

誌惠

乾隆七年春。太守省菴陳公。始以山東槲繭蠶於遵義。公山東歷城人。名玉壂。音殿。字韞璞。由蔭生補光祿寺署正。出同知江西贛州。贛。音紅去聲。乾隆三年來守遵義。日夕思所以利民事。無大小具舉。民歌樂之。郡故多

槲樹。槲音斛。以不中屋材。薪炭而外。無所於取。公循行往來見之。曰。此青萊間樹也。吾得以富吾民矣。四年冬。遣人歸歷城。售山蠶種。兼以蠶師來。至沅湘間。蛹出不克就。公志益力。六年冬。復遣歸售種。且以織師來。期歲前到。蛹得不出。明年。布子於郡治側西小邱上。春繭大獲。嘗聞鄉老言。陳公之遣人歸售山蠶種者。凡三往返。其再也。既於治側西小邱獲春繭。分之附郭之民為秋種。秋陽烈。民不知避。成繭十無一二。次年烘種。鄉人又不諳薪蒸之宜。火候之微烈。蠶未繭。皆病發。竟斷種。復遣人之歷城。候繭成。多致之。事事親酌之。白其利病。蠶則大熟。乃遣蠶師四人。分教四鄉。收繭既多。又於城東三里許白田壩。誅茅築廬。命織師二人。教民繅煮絡導牽織之事。公餘親往視之。有不解。口講指畫。雖風雨不倦。今遺址尚存。邑之人過其地。莫不思念其德。流連不能去。公遂遍諭郿里。教以放養繅織之法。令轉相教告。授以種。給以工作之費。經緯之具。民爭趨若取異寶。皆乾隆七年事。八年秋。會報民間所獲繭至八百萬。是年。蠶師織師之徒能蠶織者各數十人。皆能自教其鄉里。而陳公即以冬閒致政歸。挽送者出貴州境不絕。莫不泣下也。唯蠶師織師仍留。自是吾郡善養蠶。迄今幾百年矣。紡織之聲相聞。槲林之陰迷道路。鄰叟郿媪相遇。惟絮話春絲

幾何。秋絲幾何。子弟養織之善否。而土著裨販。著。入聲。走都會十十五五。駢坒而立眙。坒音比。眙音眥去聲。遵綢之名。竟與吳綾蜀錦。爭價於中州。遠徼界絕不鄰之區。秦晉之商。閩粵之賈。又時以繭成來墆鬻捆載以去。墆鬻音垤育坐買也。與桑絲相攙襍。以為緜越紈縛之屬。縛即綃字。使遵義視全黔為獨饒。皆先太守之大造於吾郡也。故譜之作。誌遺愛於首。

定樹

蠶之樹。罷人名青棡音岡。其繭即曰青棡繭。前輩呂為樹是櫟。櫟之子名橡音象。㠯字曰橡繭。然其樹實槲也。攷櫟一名栩。一名柔。音杼。詩集於苞栩。陸疏曰。栩今柞櫟也。徐州人謂櫟為杼。或謂之為栩。其子為皁。或言皁斗。其殼為汁可以染皁。今京洛及河內多言杼斗。或云橡斗。謂櫟為杼。五方通語也。說文曰。柔栩也。陸疏之杼。即說文之柔。二字同。一名柞。一名棫。詩芃芃棫樸。陸疏曰。柞棫。三蒼說棫即柞也。李時珍曰。櫟有一種不結實者。其名曰棫。其木心赤。結實者其名曰栩。其實名橡。一名櫟。其實名草。即皁字。說文作草。詩陸疏作皁。下同。一名樣。音象。說文曰。樣栩實也。一名草斗。一名象斗。其房可以染皁。故名皁房。半實似斗。故名皁斗。名象斗。象者侶也。一名芧。音余。又音序。見莊子。案昔人皆謂莊子食芧栗。即是栩實。杼芧同字。非也。爾雅栩栭注云。子如細栗。江東人亦呼栭栗。今俗謂之芧栗。猴栗。柯栗。皆此類。莊子之芧正此物。即今貴筑縣之毛栗。亦呼茅栗者。族生鼠難長。而其花葉其梂裹實。一梂一三實。又皆侶栗。与櫟及槲之一梂一實且不周裹說異。且芧栗並言。芧斷是栗類。亦猶樗櫟並言。樗亦斷是櫟類。一名柞實。李時珍曰。一名柞子。一名杼。樣字俗別作橡。故又名橡。晉人皆目橡為樣之俗愚。獨謂以其實名象斗。俗人不解象字義。妄加木旁。後又省斗字。單名之橡耳。槲之房亦作斗。亦可以染皁。知其名槲。猶名斗之意。古但名斛。後人加木作槲。故橡槲二字古皆無之。其房名梂。音求。謂其苞求求然。據鄭氏詩箋云。柞之葉新將生。故乃落於地。李

時珍言。櫟葉如櫧葉。櫧音儲。櫟別也。花亦為穗。其實如槲而小。山經有之。而文理皆斜句。音鉤。則俗名水青棡者。櫟也。今食蠶作繭者。即毛詩樸樕。樕聲轉為槲。樕後又損一字為槲。槲樕即殼餗。其子欲落時殼餗然。因名之。又疑名槲者。以殼餗之義。裁一字而別制槲字。古一名栲。一名山樗。一名栲櫟。皆本詩陸疏。一名心。爾雅云。樕樸心。樊光注。樕樸。槲樕也。有心能濕。能即耐字。江河間呂作柱。是也。唐書后妃傳。載后封嵩山。禪少室。封壇南有大槲。赦日置金雞其杪。賜號金雞樹。故又名金雞樹。俗以葉倍櫟大。故名大葉櫟。又名櫟橿。音疆。實名櫟橿子。俱見本艸。其葉。蘇公頌圖經名槲若皮。俗名赤龍皮。俱入藥。罷人呼青棡者。或橿棡聲近。遂轉橿為棡。曾見唐史載開寶四年。資州獻梅青棡二木。合成連理。則知青棡為蜀地舊稱。其來已久也。槲與櫟大致相類。嘗細驗之。櫟幹老猶侶栗枝。槲生二三年即甲皵。音鵲。櫟皮橫皺而不裂。槲皮直皺而痱癗。音匪壘。皺裂貌。櫟葉短厚光滑。半已上始出芒短而句。槲葉長者五六寸。捫之滯手。盡葉

一絞一苡。長而直。櫟之實長而細。槲實大而圓。櫟葉冬夏常青。新生而故落。槲冬零。故盡而新生。櫟四五月開花。槲三四月開花。皆為穗如栗。七八月內結實。此其別也。自槲与櫟相類至此。言蠶樹形狀冣悉。辨樹者審之。其人。歲儉。皆可採食。人者。實中肉也。下槲人同。但僵澁甚。食必浸至十日㠯外。槲人倍之。二木之葉㠯食蠶繭成一也。但櫟少。種之四倍遲於槲。始可蠶㠯。故無種者。間有之。其理堅密。器尤取材。亦不㠯食蠶也。若槲林中有一種樹。族生。難長。甚類槲。惟葉粗大而色較

《檽繭譜》　五

青。俗名扶櫟。即郭璞爾雅注云。詩所謂枹櫟者也。李時珍曰。槲有二種。一種叢生。小者名枹。即此。一種即前所說槲名狀。不煩引。於毛詩為苞櫟。郭注所引出三家詩。枹音夫。夫扶聲有輕重耳。其葉不中食蠶。食之肥者亦瘠。扶櫟。俗又呼槲櫟。扶槲二字。遵義人讀之聲畧同也。又呼為㡿皮青棡。山東人謂遵義之青棡為槲櫟。而遵義又以謂葉青大一種。貴州一省。及湖南晃沅之間。皆謂遵義青棡者櫟木。而謂遵義槲櫟者青棡。皆方言之小異也。又有一種樹。狀亦如槲。種之成林。亦如槲。惟葉較槲青。而稍短狹。子亦如槲而細長。皮稍白。亦直皺。而㢑𤻲畧少於槲。幼無皺裂。老乃皺裂。唯大幹然。小枝否。槲則小枝亦皺裂。唯嫩莖否。為異耳。稍難長於槲。土人亦謂之扶櫟青棡。

或謂之槲櫟青棡。与槲襍種。亦有專種一山者。㠯食蠶。繰冣韌。幾敵桑絲。為山繭中第一。不佀難長而葉獨粗大之扶櫟瘠蠶也。不可不辨。

定繭

山海經載歐絲之野。歐即嘔字。一女子據跪樹歐絲。又載𢧐民之國。𢧐音至。不績不經而服。知天地既生斯人。憫其寒。不知自為計。有受自然之衣被者矣。自伏羲化蠶為繭。西陵氏身教之。繭帛之暖遍海內。於是蠶功盛焉。降及少昊㠯鳥名官。而九扈為九農正。扈音戶。其一

《檽繭譜》　六

桑扈竊脂。為蠶驅雀。可見唐虞以前。大抵皆山蠶耳。爾雅云。蟓。桑繭。蟓音象。雔由。樗繭。棘繭。欒繭。蚢。蕭繭。蚢音亢。此五繭。唯食桑者成於蠶室。餘四種竝山蠶食棘者。或即今椒繭之類。椒繭。蠶食椒葉所成。今山東有之。其種同槲繭。案李時珍說柘曰。其葉食蠶。取絲作琴瑟。絃清響勝常。爾雅所謂棘繭即此蠶也。又說奴柘曰。佀柘而小。有刺。葉亦如柞葉而小。可食蠶。棘繭當謂此兩種。今有一種野蠶。成繭於蒿艾間。蕭繭或即類此。唯欒繭不可知。今之槲繭。正即古之檽繭。或曰。檽。山椿也。槲与之不類。不得强㠯檽繭合之。

曰。皆有言之者矣。夢溪談記。案爾雅雠由樗繭即今萊陽之山繭紬。畧𦘕臆說則云。山繭即禹貢之檿絲。今之山紬。樗繭又別一種。乃今之椿紬。樗不材木。土人嫌其名。故偺名椿。爾雅所云蟓桑繭即今山桑檿絲。雠由樗繭。今樗絲借名椿繭者也。如仲威說今遵之槲繭。種即齊之椿繭。其爲爾雅樗繭明矣。樗栩疊韻。樗柔雙聲。特平上之分。槲。櫟類。亦可名栩柔。名樗一也。詩采荼薪樗。唯樗即是槲。乃中薪材。堅耐火。若必指爲臭椿。則腐臭特甚。今亦從未有以爲薪者。何詩必取之也。且莊子言樗必兼櫟。少有單言者。其爲一類明甚。合鄭君所引諸說。樗繭之名。雖不可易。或曰。㠯槲爲樗。古無是說。究不若食槲稱槲。名實相副。曰。艸木之名。㠯時地變。其形狀要不可誣也。爾雅。栲山樗。郭璞注。栲佀樗。色小白。亦類漆樹。毛詩艸木疏云。山樗與下田樗略無異。葉佀差狹。方俗無名此爲栲者。今所云栲者。葉如櫟木。皮厚數寸。可爲車輻。或謂之栲櫟。如陸氏言。是後世所謂山樗者非栲。所謂栲者不名山樗。而古名山樗也。其稱栲之形狀。正即是今之槲。郭氏但據當時所

謂山樗。㠯當栲。不知名是而實非也。又孫炎爾雅注。櫟佀樗之木。今櫟與山椿無一相佀。知所云佀樗。蓋主槲言。然則樗自是山椿。生山中。與生下田。本非兩種。於古止名樗。後世增稱山樗。始與栲名相亂。栲山樗自是槲。省稱樗。即與山椿同名。雠由樗繭。蓋食山樗葉者。非食山椿也。樗繭即槲繭。亦可呼柞繭。御覽引廣志曰。有野蠶。有柞蠶。食柞葉。可以作綿。即是此種蠶也。

蠶期

春蠶三月始。五月畢。清明後十日上樹。夏至畢。遲者繭不封口。秋蠶五月始。八月畢。夏至前後上樹。白露畢。遲者繭不封口。春蠶自上樹至畢繭。約七十五日。秋蠶自上樹至畢繭。約七十日。

蠶山

山必謹其陰陽。蠶陽物。蠶之出卵。自子至午。未以後則否。蓋十日而出畢。皆如之。惡溼喜燥。山陽耐日。其蠶美。大繭成亦如之。陰則否。可移作繭。食蠶宜向陽。陰處但可作繭。此謂春蠶。唯秋蠶宜山之陰者。爲可避穮陽之烈。凡當西晒之山。秋蠶最忌。○蠶最畏霧。著之甚者死。不甚亦病斑。不

能作繭。山有空穴。雨欲晴。晴欲雨時。霧氣甚。相蠶山者謹避之。故有烟瘴之處。斷不可蠶。

蠶地

相地之法。泥爲上。挾沙次之。紅沙火石地爲下。沙石者。所樹葉細且瘦。繭成如之。且葉盡時。蠶或四下。値曰烈地熱。要善死也。秋蠶尤忌。蠶初上山。要宜向陽畧平泥地。

蠶樹

斛種二三年。及伐而蘖者。蘖伐後之芽也。曰火芽。亦曰頭芽。育子蠶宜。子蠶謂初出卵者。壯蠶不宜食。食則病瀉。不能退臙而死。經蠶者曰二芽。再蠶者曰三芽。凡伐後次年之蘖曰火芽。二年曰二芽。三年曰三芽。壯蠶食之。老而喬者。尙作繭。凡相樹。高毋過一丈。已高則苦翦移與下繭也。已。太葉以厚大而青老者良。否則力薄。良者春生時。薹葉皆小白色。薹音臺。帶赤者味辛。蠶不喜食。食亦不肥大。

蠶祥

子蠶之林。蠶上樹五六日內之林。名衣子地。或謂衣子林。中有香如蘭者。謂之蠶花香。此上祥也。後必大熟。眠後有一二

紅黑頭者。亦兆美收。蠶率青黃色。間有色深碧。頭崢雙角。小於常蠶者。林中見一二。亦上祥也。凡蠶在此樹葉未盡。不必往食他樹。惟此蠶朝東見之。暮或西見之。但同林。雖間一二里。亦能往來。而不見其來往之迹。土人謂之神蠶。稍驚之。但有希希聲。

蠶忌

蠶酷忌油桐。酷。甚也。李時珍曰。罌子桐。又名虎子桐。又名油桐。亦或謂之紫花桐。案油桐葉微似桐而小。榦率曲屈。無直上者。至三四尺。枝即四出。長頗遲。開花微紅。子大小如石榴。而皆尖如桃棗。拾之去其外軟皮。中爲瓣如蒜。或二或四。瓣各有硬皮。乾之。去其硬皮。肉白色。以榨油然燈。亦可和漆。貴州是處有之。經其樹上其葉者死。烘室中然桐油者。及誤以其木烘者。後生之蠶死。李時珍謂其子味甘而吐。又謂桐子油氣味甘微辛寒。有大毒。故毒蠶尤甚。山有桐。除之。家有桐。謹之。又食白楊者死。亦食他樸木致病。食他木之味辛澀者。皆致病。其餘雖不病。亦瘠繭。惟嫩楓葉蠶食之無害。𣗥林時亦不去之。

蠶害

害蠶。鳥一也。將曙及薄晚。力防之。時其來。驚之以蠶銃。鳥之中。惟鴉鼠繁。又鼠無畏。銃所不能禁。獨畏神枝箭射之。則去可半日。蟾蜍能吸其卑枝者。蟾蜍俗謂癩蝦蟆。有則攖去之。其害猶小。唯蛇升木。野猪拔樹。茲二害特酷

善守者亦無預防術也。二者唯見則力驅之。若山蚱蜢音乍猛形如蚱蜢而大。色微赤黑。俗名績麻婆。馬蜂山蜂之大者。二物食繫樹秋蛾。枇杷蟲似蜣螂而微長。張翼則能飛。三者食蛾與蠶。皆咂破其皮。而吸其肉汁。蠶即死。之屬。唯秋蠶受其害。雞狗亦食蠶。皆宜防。

蠶病

蠶之病二。縕與斑。縕者自吐少絲。挂樹上死。斑者發黑點。自墜地死。蠶縕原於寒。俗名黃瓜皮。初眠後始有。各自受病而不傳染。斑病原於火。俗名斑狗。莊朧後始有。其傳染。一林俱為之臭。病之原三。未蛾蛹受雜木煙氣一也。此種多病斑。一。卵出時。烘之火已烈已微。已太也。烈則卵受熱。後必斑。微則受寒。後必縕。一。剪移時。率滿筐省一二往復。蠶為所罨。致吐其沙。此種多病縕。即不病。繭成亦敗。繭亦薄不中繅。○蠶當上樹後。或天氣寒熱不一。蠶值之。至三眠後滿腹絲化為滿身毛。毛皆躍躍自動。謂之飛絲。一二日即死。此感天時不正之氣。欲避之無由也。然必主廠者運厄始遇之。

蠶眠

蠶四眠。上樹約七日則眠。蛻厥黑而起。是為初眠。子蠶黑色。蛻黑而褐。又約七日二眠。蛻厥褐而起。蛻褐則色青黃。又約七日三眠。又約十日大眠。一名四眠。凡蠶眠時。必自吐絲絆其後脚於葉。為蛻時用力地也。若偶傷其絲。則不能蛻而死。其起也食益力。唯勤移為功。大眠後。蠶食愈增。至一日夜盡七葉。蠶肥甚。澤澤有光。謂之莊朧。凡十日朧既滿。不復食。倚葉似眠。大遺屎。漸小如二眠後時。謂之退朧。朧退盡。始吐絲纏三四葉自裹。如繭謂之縔。縔然後於中周回往復。任絲作繭。每眠約一日。陰雨二日。眠時慎無剪移。移則傷其絆。○凡蠶出卵時旋必食其殼之半。每眠起時旋必食其蛻之半。不令食。則蠶弱繭薄。此事頗與馬子之食胞同。似蠶馬二物當相關也。方悟搜神記載太古時馬皮捲女化蠶事未盡誣。且周禮原蠶之禁。亦掌之馬官也。

蠶食

蠶曉不食。為露也。晞而食。日出露乾曰晞。午不食。為熱也。昃而食。日西下曰昃。食必十日增半葉。其極食之極多時也。朝移之。午樹冬矣。冬盡也。時日五葉。夜復二葉。

居守

主廠者。蠶匠也。其傭曰蠶火。所居曰蠶廠。分駐曰蠶蓬。器備曰蠶刷。曰蠶覽。曰蠶剪。曰蠶銃。充去聲。即鳥鎗也。空發以驚鳥不置子。曰薅刀。即鐮刀。曰排套。曰機竿。曰響哥。曰沙撮。曰敹霹。音料辟。餘如成家。飲食器用。或妻兒具也。

春蠶

春蠶秋繭出也。十月擇種。收秋繭時粗擇之。十月又再擇之。取大且厚。大兼尖與圓，非惣謂大也。揀種者當各擇均而取之。蛹雌者繭多大，雄者繭多小。若專取大者，來年蛾出無雄。皆棄蛾也。色黃而赤，指衡之重，搖之活，而耳之不悉索者。悉索，繭中蛹聲。擇種當取無聲者良，有聲者為響繭，但可繅絲。以為種。雄者稍尖，雌者稍圓，略可別也。皆針其後，串之，毋針其系。繭兩端有系者頭，無系者腳。蛾之出，必齧系間作孔。若串其系，來年烘種，蛾無由出，皆死繭中矣。○串繭為可挂，便出蛾也。亦有收種後不即串，散布之竹簾上，寒天盛以筐，置窖室，將烘始串之者；有初烘時未串，撒布竹簾上烘之，至蛾將出前半月始串之者，皆可。然先串便收拾，且環室與簾挂之，亦便烘。

室中先置平架，席竹簾。編簾用一寸之篾，以篾絲緯之，使疏而透風，始不壞蛹。若置之平實不透風處，蛹必鬱壞。布繭其上，風之，或疏挂之，均無使受艸木之煙。若冬臘兩月值大寒，又當置之複室，或室中置微火，恐蛹凍死。若受，來年育蠶必病。

烘種烘種為蠶事利害關頭，蠶之孰否皆係乎此，必諳練者數十日夜更守無稍懈。

烘春種必四十五日而蛾成。立春始事，春分蛾出。先設一窖室，毋入風。倚四壁懸平竿，高五六尺。疏列繭串，去地尺餘。中置盆火，火以槲，他木必病蠶。令其氣暖之，以變蛾。蛾以次齧繭系出。始終烘，毋失火。火力以漸而增，四十餘日夜無絕火。又必視天之寒燠，節薪之多少。毋已烈，烈則蛾速出，卵先槲葉生，無以食，且必受病。○蛾之出，率自未至亥，凡十日而畢，皆如之。有出者即捉置筐，入夜尤宜速，恐其撲燈自斃也。

蛾覯俗名配對。

脩眉腹坐坐者雌，淫淫者雄。雄者眉粗而短，雌者眉細而長；雌腹腴，雄腹瘠。縱之昏於筐。昏，配也。聽自合，司昏者擇其合，寑之他筐，其覯也期對時。覯，交搆也。對時者，如今日子時始，明日子時畢，否則人為拆。毋使過不及。過則雌脹死，不及則氣不化，卵多瓣。覯已絕夫而閉其妻。夫去以鰥死，妻畢產亦自枯。若歲生之雄少，則一夫可兩妻也。分兩日配之。今日配此雌，對時，又拆以配他雌，然後配之雌之卵終多瓣。其不瓣者，蠶亦瘠，又氣不足故也。

昏時有貪嬲而掐掐有聲者。嬲音擾。此為狂夫。不去必亂群合，合亦為所解。不去此等蛾，他蛾之合者皆為之解，有則立除之。昏之前必去雄之溺，去聲。否則難為雌。不去則傷精路，雖覯如勿覯然。亦有無溺之雄，尾瘦不濕，不煩去也。覯之後必去雌之溺，否則難為產。去溺，以兩指輕搦雄雌之後捋之。

蛾卵卵仍無失火。若天氣温。可暫輟火。筐置蛾二百五十。皆已配之雌蛾。越三日布卵已出之。盡出其蛾。復置亦如之。一筐之蛾。極於五百。一蛾之卵。極於一百。卵約十五日而蠶出。筐約十日而出盡。除不生及生而損壞受戕者。後獲繭三萬者上。二萬者中。一萬者下。若烘不盡法。烘兼烘繭烘卵而言。則一繭不收。

售種

售蛾於烘戶。蠶少者不自烘種。皆售於烘戶。烘戶者專烘種待售。凡村落皆有之。使人亦自便。售卵於市。卵者已布卵之筐也。春秋皆售蛾。春蛾亦在筐。但於未卵時即售也。春蠶售筐。蛾價秋出者一當春之三。秋出者秋繭出也。春種也。一歲之蠶。春為正收。秋季斑緼尤甚。有收者堪種亦少。且多勞數十日之烘。故蛾視春繭出者為貴。售蛾待卵於烘室。此下專謂春種。售卵者已歸候蠶一二出。則肩之山。售蛾者。於烘室候蠶出。售卵者。如其已出。則肩之山。未出則以歸候之。急若置郵也。於是時也。夜不閉關。

辨筐專謂售卵之筐。

春卵善者必堅附筐。堅固也。不附者敗。不可蠶。治種者刷以薄麪糊或猪血黏筐上。俗名搭子。原蛾布卵時。即有血汁膠黏筐上。故用淡猪血黏敗卵效之。以惑人。麪糊但取其黏而已。詐售之。其卵不生。生亦必病。若辨之。有汁痕。凡蛾自布之卵。多積為堆。黏搭者皆散著筐上。亦其辨也。○此等作僞者。先置空筐。累以數蛾布卵其上。候善筐卵出畢。刷其餘不出者。簸去其半殼。以麪糊猪血搭於空筐中。僞真卵一二出。售之。人之受愚在此。不可不察。

上樹

布席襯筐搘蓋。襯音親去聲。墊也。搘音支。撐也。蓋筐之蓋。蠶將出卵時。事以席墊筐。欲子蠶不散於地。且便掃。撐其蓋。欲便置樹枝。且蠶性向明。使其見明而出。以待卵生蠶出卵。針大而黑。即以樹嫩枝置筐弦。邊也。聽自上。筐中亦置一二小枝。亦不無上者。午以後子蠶有散走筐席間者。掃以蠶刷。撮以箏䉶。仍置之樹枝。與自上者同架之樹。移之火芽地架樹枒。聽散食。俗名開衣子。故謂其地為衣子地。次第盡卵出而止。

秋蠶

秋蠶出自春繭。春繭成時。暑蛹化也速。急擇之。如春種串其後。縣而涼之。約二十日。蛾畢出。其覯蛾視春蠶既覯。秋蛾已覯。即盡斷其雄之翅。恐其飛入林間。嬲雌。致不能產而脹死。則析椶心或麻纏縛雌一翅，繫之衣子地火芽間，其卵即布著樹。

蕁林蕁音藹。

蕁林。除荊棘襍艸木也。去荊棘以便循行，去襍木使無溷蠶羞食也，唯艸不務盡，欲蠶墜之不至地也。土人云雜木之中楓亦不去。嘗見事物紺珠載有楓蠶，楓葉始生，有蟲食葉如蠶，赤黑色，四月吐絲，光明如琴絃，海上人取作釣繩，知楓葉可以飼蠶也。蕁不盡地，今日移蠶，昨日蕁林矣。其杵即僕薪蒸，若衣子地則蕁也，必務盡淨。艸亦務盡，衣子地皆未頭眠之子，蠶力不健，風震葉易墜，艸不務盡不易拾。

剪移蠶食葉盡，皆附空枝，盡捉而移，則不勝煩，且易傷蠶，故剪枝載移。

剪無時，枝空為度，載以筐，已少則勞人，已多則勞蠶。載太少則多往復，太多則罨蠶，當酌中，與其勞蠶寧勞人。慎毋罨音遏，出而午之，午散布也。使怠移家，寧令暫飢，毋令去不能食枝大者。若鋠之，鋠手折枝也，音覓。傷樹且損蠶，捉之毋驚，毋絕。蠶附大枝或榦者，不可剪，捉置筐以移之。出不意驟捉之，即立下；若驚之，或捉稍緩，則抱枝固，雖中絕為二，不下也。捉者留心。其攫也如虎，謂捉之。舍筐如鼠，謂置之筐。移必依林之次，能

量蠶權葉，無使有餘不足，是上火也。凡移蠶但以所剪枝架樹杈，如上樹時蠶自能緣樹食葉，不一一捉上也。墜地者拾而上之。

下繭

繭成，有未繭者，未爬蔟而尚食葉者，如已爬蔟則聽之。方爬蔟若驚之，則四散妄吐絲不作繭。移之他樹。不移恐摘繭時礙食。次弟候其韌摘之。韌音刃，堅也。繭成後，蠶自瀉白漿，漿其繭，必三日漿始乾，繭韌始可摘，若濕摘之，則其繭必壞。已高梯之，橙之。橙音鄧。毋搦使餒，中敗曰餒。毋按使凹，音坳，外不圓滿也。筐載而歸之廠，晞其葉。葉爬蔟時自裹之葉。

剝繭

晞已，剝其葉，必順其系，逆則傷繭。繭系為上，剝必自上而下。必汰其病。汰音太，擇去也。病見下條。存則痓繭，痓音註，蟲蝕也，留之生蟲，兼痓善繭也。近山者畢而歸之家。

繭病

繭病三：大而厚，將不封口，值口有黑迹，而濕，是曰油頭。口封而汁汁濕，是曰血繭。二者蛹皆餒，為敗水所漬，謂善繭為其所漬。漬音自，浸也。則善亦敗。其薄而不堅曰二皮繭

之末完者也。油頭血繭，蠶之斑病未發者所爲。二、使蠶食不足，及作繭時爲人偶搦者所爲。

炕繭

置架牀，布筏薄，累繭其上，下烈火炕之。炕之固宜大火，但亦不可過烈，恐絲脆。○炕時以筏席覆繭上，中留一孔，以乾稻艸掩之，其繭色始佳。爲取汗。蛹索索若驟雨。候經時無聲，死繭降，升生繭。撤下已炕之死繭，另上生繭炕之。炕畢，盛於篼。盛音成。篼音兜。售則肩諸市，非強有力者不勝三萬也。蠶遠者山炕之，售絲復凶繅之。就山炕與繅。

繅絲 以下諸條，其有非師授不能，爲非親見不能知者，雖釋之，人亦難解，即不加釋。

[illegible]獨竈。[illegible]音綁。置繅斛，斛音戈。中盛莜灰水。莜音喬。候沸極，入繭。煮二三沸，即繅。去竈右尺，置繅車。車六幅，徑四尺，必活二幅，以脫絲。軸修五分徑之一。牀修三軸之修，去其半爲高。容車半，以閣軸。岩而岩活之。一岩畜曲柄，末𣪠四尺之綯，活之。斜而左下，結於絲竿斛之上閣木架。一橫之岩出斛二寸，於橫之一正中畜方柱一，高四尺。上三尺釘筦繇弓。釘筦音頂管。弓末懸環，鐵爲之。柱之顛橫一木，長三寸，兩頭各植一，長二寸，令執斜

橫近岩圜鑿，以銜天輥。輥音衮。輥六𨊠，中鍥一縫。鍥音猰，刻也。縫去聲。以迎送絲上下。司繅者執繳竿。繳音矯。繳其繭，和其絲，引其緒，去其縋。縋音強，上聲。司火者節火力，足踏絲竿。竿運繩，繩運柄，柄運車，車運天輥。絲出斛上，貫弓環，又上從輥外入輥縫，繂出輥外，下縈於車。去車底五寸，置盆火，以炭，毋猛，使絲旋乾，畢脫之糾之。糾音九。繅堂二人，不能踏車則三人。

繅別

車急則絲急，緩則絲緩。急絲爲水絲，緩絲爲府絲。織府紬，繅水絲。合三忽府絲，倍之緯，則再倍之。緒之繭曰餵頭。餵音畏。繅者隨盡隨續，毋絶餵，則絲均。繭舞躍湯面，能終繅無增減，是上工也。

淨絲

繅已，以絡張繃車。絡音栖。繃音柵。車方趺，趺音扶。植一柱，柱中置輪，輪徑如繅車。列左右，列淨車前。左者尺，車製與紡緫車等，長其筳。筳音廷。貫䈥篗。篗音矍。左𥎡繃車之緒，謹去其類節。

（顆音類）右轉淨車收淨絲於籰車一左旋一右旋其行亦異遲速也籰中積徑三寸為一筒脫之

道經

盛淨筒吕絡車收之車如繃車軸有柄出於背收訖列左右列維車（維音翠）籰長淨之半貫於筳轉車收左之緒謹去纇之不盡者籰中積徑寸許為一維脫之易籰著水絲收絡車訖脫之吕米泔漚之宿之（泔音甘漚謳去聲）

道緯

小趺方四寸厚半寸中植筳揉竹片為提中孔之長尺徑二分之木為道執中鉗牛角尖（鉗音箝）長二寸筳貫徑筒緒出提孔左引之右搦道執中（搦音溺）顛倒收其絲節則勻吕唇齒角半沒則出而脫之抽緒頭束之絲之筦也活當角者穴吕貫梭緒先裏而外如纓絲然也水絲經緯同維緯小經者半

牽經

橫經架二上排經杙行架如之貫籰有柄吕次牽縮經柱足篋數止（篋音扣）訖摠之又貫篋牽之數吕茅刷梳之蘸米泔光之（蘸音贊）而隨吕火晞之自是上機與他織同

諸紬

曰府紬其上也其粗勁而皺者曰雞皮皺次也毛紬又其次也水紬雖先於府紬品最下而名目獨多其雙經單緯者曰雙絲單經雙緯者曰大雙絲單經單緯者曰大單絲小單絲者但疏而狹亦曰神紬

紬病

售紬權輕重為價銖兩同價相若（此謂府紬水紬價吕匹不吕銖兩）織戶吕此故膠吕米粉吕綠豆紬下機則畢築粉吕膠膠之吕碾碾之（碾音研上聲）吕炕輥炕之令粉與絲化府紬增重多者至十分匹之三（今府紬已有行禁不為此惟水紬仍舊）若水紬則築於染其青色紫色大紅天青佛青岡青者築蜀穄（穄音祭）其黃綠淡綠魚肚白喜白水紅桃紅洋

監椶色秋湘玫瑰諸色者。綦綠豆各有法。惟膠者同至增重十分四之五。紬㠯此病利之所在。終不能止也。然貨善速售。利與僞相得。惜不爲。

䏔紬䏔音夷。

府紬劑。先入䏔戶柔之。後入染。戶柔㠯猪䏔。

毛繭

蛾出者曰毛繭。被齧齧不可繅也。蛾之出。但齧繭頭一小孔。雖不盡斷。已不可繅矣。但煮之。去其蛹。用一尺之竿。叠冒繭於上。別一竹籤長竿之半。底鎮鉛環。左執冒。右績之。掌摩籤令旋。而墜冒續續如抽綿筒。其旋益下。絲因急。右疾提收之。去絲節。惟特唇齒。往來在手。不廢遊談。而功自就。又有用脚車者。脚車。方二尺之架為趺。左植方柱高二尺五寸。上八寸。穿之。貫長六才徑一寸之軸。不出於外。兩輪各六輻。徑一尺六寸。輻方二寸。中穿徑一寸六十分寸之十二。上穿二寸。植一横聯之。徑六十分寸之三十六。以竹為牙。互以索。徑一尺六寸。錯之上軸一尺一寸。貫一方橋。長六寸。廣二寸。厚一寸。不出於外。末植鐵衘。衘高二寸。上兩歧。高一寸六十分寸之十八。相去六十分寸之二十四。下以長三寸廣半寸之錢為趺。横鍥之。傍柱植一釘。上為環。令与衘平。當環外穿柱溪一寸。當輪中

横鍥一木於方橋。徑六十分寸之十二。出各三寸。右趺植柱三。高五寸。上加方梁。梁如趺之長。令中一柱出梁六十分寸之三十六。為踏板。長尺五寸。廣三寸。末圓之。當中一柱鑿深六十分寸之二十四。以衘柱之出者。以一輻去牙三寸穿之。徑多踏板三之一。以受踏板之末。於方橋上設筳。中方而漸銳至耑。紡絲時。先貫一木於筳中。使錯衘後去末二寸。貫竹竿。使收絲。然後置一頭入衘。令竿在外。置一頭入環出柱間。軨之中環一繩。上繞出筳。乃坐而以左手執絲竿右抽之。以兩足踏板。使板運輪。輪運繩。繩運筳。以急絲。板可出可入也。人之坐高軸五寸。二曰得可當尺竿之三曰。惟其絲差緩。此絲善且急者所織為雞皮繭。其鬆惡者織毛紬。麤而多纇。麤麤音粗。然苦衣且易有勞者服之

湯繭

忽內本而外末。繅餘衣。一繭之絲為忽。五忽為糸。十忽為絲。繭之忽頭在內。繅者掇其頭引之。繹繹而外。凡繭上者無餘殼。中下繭皆有分厚薄耳。山之謂繅餘衣。若不善繅者。雖上繭亦有餘衣。及敗繭。謂油血破口之類。其絲皆斷不中繅。不引緒。並不可手絡也。名湯繭。業被絮者賤售之。和而絮之。先罨之。翻去其蛹。湯洗淨。乾之。然後和絮。網以為絮。欲踏裂近亦三十年。

簪簍筐口徑二三尺。底高尺益高七八寸許。

筐編以荊條。或蠟條。荊條為上。蠟條次之。竿有用之者。知其不佳。密而實

疏。使透風。可緩卯之育。其條蹝。（音灑。不滑也。）附卯斯固。（筐必用新者。編筐必用生條。使卯受生氣。乃易生。若以舊筐布卵。則一子不出。）

蠶刷（以掃出筐之子蠶。）

剪茅穗。捋其花。數十莖爲束。（四五十莖。）束其稈。（捋去花之穗尖不束。）長六七寸。已大則傷蠶。已長則礙用。

繭箢

篾爲箢。廣三尺。濶二尺。下殺。（衰去聲。）高四尺。貫擔者中。其疏可出半繭。堅而實柔。滿中則合其口。若肩蛾卽緣附其外。其翼相接。不識者以爲乾槲葉也。

蠶剪

剪似縫剪。短而厚。以裁枝遷蠶。

響哥（音可。一名響篙。一名響槁。）

五尺之竹。下多裂之。無傷上三尺。執而振之。互相擊而鳴也。以驚鳥。

機竿

鳥至。先栖高木。左右顧。始下食蠶。守者相厥。當置機竿當厥樠。竿長四尺。横縛一耑於樹。末繫繩。繩前尺五寸結一楔子。（楔音屑。）長三寸。又前結活套。末繫於樹上竿尺。長竿尺別伐一搭鉤。長竿三之一。上竿尺二寸。如縛竿下迤。則鉤末與縛處平也。上横一木竿爲機。長如搭鉤。不繫。一耑倚樹。一耑屈竿。令楔子倚之鉤末。上活套環機。鳥以機爲枝也。蹈之機隕。楔子發。竿疾回。引套。鳥足結。無脫者。

排套

用馬尾。每三四莖爲活套。餘者雜以麻。續（辮音辨。）之爲綱。綱寸套一。套交如連環。長其首末。繫當杈枒間。（杈枒音叉牙。）尾細而光滑。鳥集枝不見也。視其首入套中。遽驚之。首或進退。皆結也。

沙撮

竹四五尺。析其末五六寸。篾絲編之。略如箕而小歛。本侈口。子蠶時。（上樹十四五日內。）撮沙土撒以驚鳥。（以沙與土細。隨不傷蠶。）

鞶靋（鞶音料，斜擿上也。蠶至二眠後，始可用鞶，靋以前用沙攏。）竹長平人頭，摩節令滑，上五分之三貫三寸管，糾櫻繩如指大，一頭環之，屈中以細繩經緯為兜，一頭繫管下。一頭貫竿末至管，兜與竿下齊，盛石向空擲之。石去，繩亦從竿末出也。去遠者可半里，聲鳴空中如驟雹，以驚鳥，值之則斃。（兜有不以竹者，以繫管繩套套於右中指，屈之，以右大指食指擫其末，鞶之。鞶時必弛其擫，石始脫去。去之遠，稍遜於竹鞶十之三。）

茅刷（蠶經用以刷。）

刷，以茅之老根為之，取其勁滑，且竝鬆不刺，腰束之，下徑四寸，中留竹柄。

《樗繭譜》　三十七

種槲

槲實，九月拾之，掘坑埋其內，令芽，二月出而種之。（九十月間，槲實老自落，拾其堅好者，擇潮潤處為坑，聚而土覆之，至來年二月，皆生芽，乃分種之。若不窖之潤處，則乾且蠹，乾則難生，蠹則不生也。不即種而必行埋俟來年二月者，方冬土燥，仍恐其乾而不生也。）必相距三尺，毋已密。（太密則得地薄，枝條不茂，且蠶時不便循行。若疏過三尺，又曠土可惜。）其生也，明年耘之，三年稍稅之，四年五年可蠶也。或生三年，盡伐之，俟蘖又殺之，則速成樹。凡下種能和以猪血者，易生，且他日葉美宜蠶。（槲子入土，多為田鼠所食，分種時，以猪血塗子，可無山患，易生，美葉猶其餘事。）槲生一二年，行間可種菽麥，三年則止。（凡今年飼蠶之林，明年必不飼，謂之歇樹。不歇樹則葉不茂，蠶亦瘠。新種之樹，四五年始蠶，間年歇而蠶之，則三飼蠶之林，其樹必近十年，則已高，移下難，即伐之，留其根，次年之蘖可飼子蠶，二三四年皆可食，壯蠶亦間年一飼，已高仍伐之。一種可十餘伐也。種槲一事，可謂一年之勞，百年之利。）

自叙

戴君者民也，養民者衣食也，出衣食者耕織也。不耕則飢矣，不織則寒矣。飢寒亂之本也，飽煖治之原也。故衣食自古聖人之所盡心也。堯命羲和為此謀天也，禹八年於外為此謀地也，舜咨九官十二牧為此盡利也，湯武誅放桀紂為此去害也，周公夜思繼曰求善此之法也，孔子孟子老於栖皇求善此之柄也。無衣食古今無世道也，舍衣食聖賢無事功也。自井田廢而食之路隘矣，雖名至治無干戈而已矣，無災

《樗繭譜》　三十八

異而已矣豪富者無惡歲也貧苦者無豐年也爲食之路隘也若衣之路則倍於古矣古麻絲葛而已今則中土之克絲也鹵北之毛也絨也其名不可勝數也而惟富人得是也天下率衣木棉也而十五猶僅蔽前也古之桑麻婦功也皆自爲自衣也餘始通易也雖王后亦親蠶織以供天子冕服也今則男事也非爲衣也以謀食也故古之民上勸之而猶惜其力也今之民不惜力而惜其無地可施也故雖堯舜亦無法也有可衣食任自爲也今貴州之地十九山也田不足食居人也無吳楚齊秦利也檞繭先郡守遺以食遵民者也今食者十之八矣有田者且食之也皆檞也但有山也皆可檞也檞則食矣但知蠶也山人之山而亦食矣非一遵義也非一貴州也此誰之所以作也

書後

貴州府十二直隸廳州四屬州縣四十八而遵義縣爲大縣疆域廣袤三四百里戶口二十萬零賦稅幾敵全省半歲科鄉會人士亦居十二焉虖盛矣而其先廣袤者如故也戶口租賦十無四五也歲科鄉會如故也人士十無二三也何今之美昔之陋歟抑其致此者皆有所自來歟夫遵義之地岡巒峯阜相攢簇無一里原無五里陸依山爲田皆如梯桄其土瘠石瘦不可田又不可勝計也以二十萬戶人薿然耕鑿其中我知各糊口之不給而何有以輸納租賦而何暇於陶冶詩書也而後乃今知陳省庵舊守之詒澤遠矣夫子之言曰富之教之又曰不患寡而患不均不患貧而患不安盡縣而山則難均難均則多貧多貧則難安難安則民皆思去而至於寡此理勢之必然者而遵義自有檞繭來寡者日以衆貧者日以富數十萬戶罔不含哺鼓腹怡然於檞陰絲籠之間而其秀者亦得所憑藉以優游乎文林義府爭閑雅都麗以與吳越齊秦人士相軒輊均無貧和無寡旣

富乃可加教意在斯乎陳公去遵幾百年矣仁聲惠
政猶辛嘖嘖人口而志乘闕如因陋就簡再數十年
遷老向盡一邑之衣而食之社而稷之者恐至不能
道其姓字摘果而忘樹飲羹而忘水君子有世道人
心之患鄭君樗繭譜之作盖大懼乎此也故首之以
誌惠也定樹以辨物也定繭以正名也別時地析利
病詳其烘覼眠食居守移下之方著其炕煮繅淨道
牽之事白紬品之良否明易且要之器用形狀然後

以種槲終焉蠶始即食槲也終終始始之義也凡皆
陳公以庶富遵民之遺法也且夫四十八州縣其十
九皆山猶遵義也山之宜槲猶遵義也而戶口獨少
於遵義賦稅獨少於遵義歲科鄉會人士獨少於遵
義論者以為疆域之廣狹土地之肥磽習俗之文野
不可彊而同吾獨謂無有若以槲繭福民之陳公也
不爾則三四百里之州縣皆州所常有而遵義一縣
能幾富庶能幾材俊哉守土者盡能依其法而行之

則不必陳公而山國皆可遵義也與獨山莫友芝
註叙
德雲衢明府涖遵義唯民之利病殷殷然耳孰槲繭
之法昉舊守陳公百年以來惠澤湊溥而邑無志乘
循蹟就湮曰思所以表彰之而未發適邑人以從祀
名宦請大憾所願未洽旬而詳牘抵上游矣既又孰
處陳公法施遵義效如是貴州州縣土地物宜亦遵
義也槲繭何以不遵義也皆法未施也乃詢友芝以

種槲飼蠶繅絲織紬之方麤麤猶未能覼縷審我友鄭
君子尹艸有樗繭譜聯語應責而明府是時方延鄭
君主講時其來亟索稿將授梓以分遺寅好期各行
之所土此其便民之意與陳公同而其觀成也尤大
誠所謂不朽盛事之美也顧鄭君書文詞雅奧伯仲
乎有宋之陳秦農蠶二著閒頗無意於規模攷工而
筆墨時時與之律有非過目可了了者在鄭君不過
偶焉落簡藉以旌紀前賢藏之名山備異日地志掌

故使他人不嗤陋我邦已耳明府而欲併闡名蹟詡飾山縣則是書誠卓矣而不然者此斑馬古色眩於目而棘於口者將覆瓿不暇而尚欲吕家喻戶曉不幾於秦人之入越夏蟲之語冰也哉因屬友芝加之音釋辭不獲命暇日逐事咨訪舉鄭君書細校一過爲疏其難明而附吕未備徵文攈典皆在所畧凡三日夜卒業而敘之如此烏虖友芝之居遵義十五年不能濡翰傳記其大夫之賢者徽法注鄭君書而益滋愧矣道光十七年四月既望獨山莫友芝

廣蠶桑説輯補

（清）沈練 撰
仲學輅 輯補

《廣蠶桑説輯補》，（清）沈練撰，（清）仲學輅輯補。沈練，字清渠，江蘇溧陽人。清道光元年（一八二一）舉人，官安徽績溪訓導。攜家赴任時，隨帶一具繅車，並在學舍隙地栽桑養蠶，就地推廣蠶桑技術。引退後，聞海陽（今安徽休寧）宜蠶桑，遂卜居，海陽人亦化之。晚年主講涇川及淳湖書院。撰有《禹貢因》《廣蠶桑説》等書。仲學輅（？—一九〇〇年），字昴庭，錢塘（今浙江杭州）人。清同治元年（一八六二）恩科舉人，曾任淳安教諭。博學多才，好二程之學，晚年精研醫術，主持浙江醫局二十餘年。撰有《本草崇原集説》《傷寒論集注》《金龍四大王祠墓錄》等。

沈氏依據平素植桑養蠶經驗撰成《蠶桑説》，清咸豐四年（一八五四）後得見《蠶桑輯要》一書（非沈秉成所撰《蠶桑輯要》），採錄其法而擴充前説之未備，增訂爲《廣蠶桑説》，次年稿成。光緒初，浙江嚴州知府宗源瀚設蠶局，推廣蠶桑，請淳安縣學博仲學輅疏通增補沈氏《廣蠶桑説》。原書各條，凡有不完備處，仲氏皆參以平日見聞雜記及沈秉成《蠶桑輯要》之言增補，並加按語，重新付刻。故此書仲氏輯補之功亦不可小覷。

此書以沈練《廣蠶桑説》爲主體，其他文字低一格載錄，文中多附插圖，似爲仲氏輯補時取自沈秉成《蠶桑輯要》，末附新增蠶桑總論六條。《清史稿・藝文志》著錄此書爲《廣蠶桑説輯要》，仲學輅撰，書名與撰者略有不符。全書述植桑技藝自桑地起十九條，養蠶方法自留種起六十六條，系統總結蠶桑技術，對桑地選擇、桑樹品種、繁殖、病蟲害防治、桑園間作，蠶大眠後食量與吐絲量關係等皆有獨到見解。桑樹栽種『品字樣』分佈、『平頭接』（袋接）、枯老樹更新和放養地蠶等技術成就亦高。

該書條理分明，次序井然，便於按蠶桑生産過程依次操作。文字簡練，明辨以晰，明白如話，絶不引徵經史，婦孺皆能通曉。所引内容及所加按語，如分見於二處者，必加標注，以便查找和互參，爲蠶桑書中上乘之作。光緒末年，歸安章震福又加補訂，成《廣蠶桑説輯補校訂》四卷行世。

此書有漸西村舍本，《叢書集成》本據此排印。今據南京圖書館藏清光緒二十三年（一八九七）重刊本影印。

（熊帝兵）

廣蠶桑説輯補

廣蠶桑説輯補

一

光緒丁酉

九月重刊

廣蠶桑說輯補序

自來言農之書必兼言蠶後魏之齊民要術宋元之農書明之農政全書莫不皆然農桑者衣食之大本凡宜五穀之地無不宜桑即無不宜蠶見之前人論說者屢矣不獨槩絲桑土著於青兗蠶月桑田播於豳衛已也近代擅蠶桑之利莫如江浙浙之杭嘉湖紹比戶皆嫻蠶事嚴地與爲接壤顧獨遜謝弗能耳食者且以爲其地不宜於桑予考舊志宋時嚴有絹稅南齊沈瑀爲建德令課一丁種十五桑夫民習有勤惰物力不能不因

之爲盛衰而土之所宜亘古弗爲變兵燹以來郡圃樹木斬伐殆盡獨餘老桑十數株披露含烟亭亭如蓋乙亥歲予於署中選僕嫗育蠶丙子募紹人於府倉開蠶局招嚴之男婦與共居處講習得絲皎如霜雪又於杭境購桑秧數千種於西郊外思范亭故址逾年可成林比聞建之東鄉人頗事蠶桑且持所繅絲來城相較自以爲弗如蓋嚴之人甚有志於此特未盡得其竅要耳言蠶專書自宋秦湛後不乏作者惟　本朝沈清渠廣蠶桑說明辨以晰婦孺皆能通曉淳安學博仲昂庭志薄華靡究心本務其孺人又工蠶事儼然有沈君之風乃屬昂庭取沈君之書疏通證明采湖人蠶桑輯要之言稍稍附益而昂庭又時伸己意爲廣蠶桑說輯補條理始末燦然畢備予亟刊以貽嚴人以此爲導師無地不可蓄桑無人不能育蠶夫力田爲農民之先務而山多田少暘雨愆時嚴之農則久困矣婦女以蠶桑爲職自飽食而嬉不衣其夫嚴之婦工又甚荒矣誠能以蠶桑濟稼穡之艱以婦工補丁力之絀賦事獻功勞思而不忘善富教之道豈遽遠哉在嚴之人勉之而已矣光

緒三年春正月浙江補用道嚴州府知府宗源瀚

原序

農桑之書莫古於賈思勰之齊民要術而其間名物訓詁通儒或不盡解何論耕夫織婦故便民之事必取通俗之文以曉之至于蠶桑則婦人女子之專職古者后夫人親繅世婦獻繭及其成也元紞紘綖以供祭服命士以上皆衣其夫故漢詔以錦繡纂組爲害女紅女紅者女工也然則四德之一其無與于百工之事明矣今則不然自康熙二十一年平台灣開海禁于是番舶歲至中國貿易于舟山四明之間率取頭蠶湖絲滿載回

國以爲常至乾隆三十四年始嚴絲觔出洋之禁復經兩廣督臣奏請照東洋銅商搭配之例每船准買土絲五千觔二蠶湖絲三千觔著爲額又不數年而頭蠶湖絲之禁亦弛矣燮昔撰中西紀事一書參核西人月報計湖絲近年出口之數歲不下二千餘萬幾幾乎與茶利相埒然則竭東南婦人女子之力其足以給中外恒河無量之求乎葢自女紅失其職而牟利者干乞乾嘉以後承平既久晏安成習蘇湖之間婦人靡不麗服靚裝粉白黛綠以相夸耀詢以蠶桑如扣槃捫燭莫識誰何而至於奇技淫巧踵事增華則一衣一裙一純緣之費其足以耗蠶事之杼柚者方且百人并力幾度拋梭于是利之所在蟻附蠅營反使工得之以居奇貨商操之以利轉輸而婦人女子逸居思淫其與乃逸乃諺之男子不知稼穡之艱難者何異哉吾友沈君清渠憂之自其爲秀才時與德配陳孺人積苦自勵塾中誦讀之聲與閨中機杼之聲交相和荅無間寒暑洎道光辛巳

恩科與燮同出蕭山文端公門下是年榜首不祿君遂以第二人領解赴南宮一時同譜之彥僉奉君爲一日之長

而燮過從獨久其後菼甫伯兄司訓婺源與君同舟又近十年人但知君以文名譟海内揣摩家奉爲金科而不知君務爲有用之學生平撰著酌古準今以卓然可見之施行者爲貴其初至績也琴書在前繅車在後人鮮不以迂濶誚君迨數年間見縣廨之旁桑柘成陰蘧筐盈載乃稍稍從君講求蠶事不得則遣其家人入署從陳孺人口講指畫并刊蠶桑説以示之迨大吏書之上考君顧皤然引退就近卜居海陽海陽宜桑之土多於桑安君益督家人植桑飼蠶又增輯前説所未詳以

期行遠而傳後君之卓然見諸施行者多此類也頃君之季子季美謀刻君廣蠶桑說屬爲校正以廣其傳嗚呼晨星落落予髮種種追憶四十年來滄桑變易讀君之書不禁感慨係之矣爰序而歸之

同治二年歲次癸亥立秋後一日當塗同歲生嗛甫夏燮

原序

蠶桑之載於經籍者與農事並重而其法或不盡傳然繹禹貢桑土既蠶一語則物之宜與地之宜可體驗而得也近世浙西之嘉湖二郡土最宜桑而湖桑爲尤盛湖絲之美甲於中土達於外洋然止習俗相沿初非有成書可述而志也吾邑土產之桑甚多而葉稀閭閻之飼蠶者尠乾隆中葉茂林吳公學濂來爲宰始教民植湖桑其夫人又嫻蠶事招婦女之明慧者至後堂授以機要自是遞相傳習漸推漸廣數十年後桑陰遍野蠶

絲之精好媲美吳興商賈輻輳富其利者立專祠以祀之如古人之祀先蠶焉然吳公亦未嘗著書以傳敎也余執友清渠沈公練以道光初元辛巳　恩科江南鄉試第二人司鐸績溪多士以公之闈墨膾炙人口爭以制舉業就公問學然公固自有經濟非僅爲文章宗匠也公之至任也德配陳孺人偕焉但見圖書擔囊繅車在後有嗤公者謂援陸清獻公之故事以博令名而不知公刑于式化一家之中自孺人以至子婦皆業蠶桑蒞任後見學舍墻外多隙地遣人赴湖買桑秧來徧植

之未幾成林蠶用蕃息績人聞而效之每至蠶月城鄉士女紛至來觀公約令分日以進孺人及長公子爲之口講指畫既各得其意以去公復於校文之暇諮詢孺人取育蠶培桑之所宜忌條舉件繫彙爲一編名之曰蠶桑説以貽績人俾之鐫板流傳家喻戶曉由是麥秋之外增一歲收績人德之會逢計典大吏遂書公上考以堪膺民社薦公以年逾六旬不耐簿書請免送部願就京秩蓋又懼前之忌者藉口也公家無恒產解組後不能具歸裝乃就近卜居休甯買荒地十餘畝悉以樹

桑兼種蔬茹以佐盤飧又以其間應李鐵梅學使選刻試卷之聘者一年主講涇川書院兼攝渲湖書院者又二年咸豐甲寅始以避寇歸課諸孫讀又購得近人蠶桑輯要一書見其中徵引之詳有足補前説所未備者采錄而增訂之爲廣蠶桑説將授梓以永其傳乃甫經脱稾而公以疾作遽捐館舍兩公子謹守父書珍藏篋笥者八年於茲矣余與公同里同窗最稱莫逆自乙未大挑後宦轍分馳久不相見己未秋公之子琪字季美者由郡庠援例得縣丞分發江西庚申暮春余自玉山

來省以賊氛梗阻不得歸遂下榻季美寓中詢知陳孺人年近八旬尚滯海陽會是年之秋歙休失守季美亟求得糧道委札前赴饒州守催七縣道款希冀就便回休迎養詎行至樂平譁言寇至卒不得達迨十二月初旬而陳孺人罵賊遇害之凶問至季美痛不欲生時公之同年夏君嗛甫方在祁門曾帥幕府乃撰爲事實由嗛甫以呈請大帥歸入忠義科彙題請旌焉辛酉夏季美回休安葬於書冊狼籍中檢得公之手澤尚存禹貢彙詮及廣蠶桑説二編攜歸示余將并

壽之棗梨以垂久遠余與公相處最久知其盛年稽經諏史援古證今務爲有用之學雅不欲以空言表見故生平所作詩文隨手散佚所輯禹貢彙詮未遑付梓而蠶桑説則既刻於梁安復于退居海陽時推廣其説思續刻以行世于是季美仰承先志問序于予予知季美他日爲肖子爲循吏而公之力學實志與孺人之取義捐軀其食報豈有艾哉豈

同治元年歲在壬戌正月上澣前任江西玉山縣知縣同里姚繼緒拜撰於樂平旅次

廣蠶桑說輯補凡例

一廣蠶桑說平陵沈公練所著明白如話絕不引徵經史蓋詞繁則意晦不如掃去陳言故說桑僅十九條說蠶僅六十六條說桑則自桑地說起說蠶則自留種說起次序一絲不紊眞善本也業蠶桑者當以此爲定盤鍼指南車。

一蠶桑爲民生之大計前人本有成書農政全書中亦有圖有說近日新輯湖州府志於蠶桑一門徵引頗富惟初學閱之或覺其繁或嫌其簡常鎭通海道沈公秉成所刊蠶桑輯要不簡不繁有裨實用惟頭緒與語意亦皆不如廣蠶桑說之清茲但摘其要語分附各條之後。

一各條有未備暨未愜之處復於蠶桑輯要外參以平日見聞雜說及各種經驗法門作爲按語綴於各條之下使初學者一閱了然。

一各條之下所附蠶桑輯要及按語閒有略於此而詳於彼者下必註曰詳第幾條與第幾條下有見於彼而又見於此者各從其類故也下必註曰見第幾條與第幾條下若前後條相去甚近則註曰詳見某條與某條下皆取其便於尋覽而已至於器用圖內器各有式其可無式者仍照式註明註或盡用蠶桑輯要或稍改竄總求醒目。

廣蠶桑說輯補目錄

廣蠶桑說輯補卷上

培養桑樹法十九條

桑地說一條

一桑地宜高平而不宜低濕低濕之地積潦傷根萬無活理高平處亦必土肉深厚乃可

按地將栽桑須鋤地分塍使無積水詳第十七條

栽桑說二條

一栽桑之法不宜太密須隔六七尺而栽一株於其栽

處掘地成坎深尺五六寸廣三尺儲水糞其中和泥攪之務令濃厚取桑秧栽之加土其上築之使堅則不須日日澆灌矣

將栽時桑根用水洗淨剪去根之腐而無用者所留之根安置得要舒暢不宜稍有拳曲

蠶桑輯要曰條桑栽法宜五尺許一本如品字樣不可對植 按品字樣者如東邊第一行桑樹不與第二行作對而與第三行作對第二行與第四行作對大約三四行為一塍或二行為

一埨

一栽桑之時宜及隆冬遲至正二月者雖未嘗不活易生蟲

按隆冬栽桑須是陽回時候若陰寒正盛地氣尚伏恐被凍受傷不如遲至春初爲妥

又按條桑栽法剪去上條留離地二尺許而蠶桑輯要則於次年剪之見第八條下

又按未成條之桑長不過一二尺只好分種約離地二三寸剪去上條俟來年長成粗條移栽如法

肥桑說四條

一桑宜肥肥則葉厚而光潤冬春必須沃之以糞糞桑之法於桑旁掘一小坑實以糞以土覆之使其氣下降根乃日深

一肥桑之物不一人糞力旺畜糞力長拉颯最鬆地而河泥之爲益尤鉅蓋一歲中雨淋土剝專藉此泥培補根乃不露諺所以有桑不興少河泥之說也去河遠則取諸池塘

蠶桑輯要曰二五八月及冬月要上肥豬羊牛馬之糞皆可人糞尤肥棉子油渣豆餅之類性緩更肥

按豆餅菜餅之類性肥力長但上面蓋泥須厚以防惡物蹧蹋戕及桑根最好冬月壅餅上蓋河泥不獨惡物難聚而且河泥經凍之後其土易鬆凍融則肥氣歸根枝葉自茂

又按一年之內惟小蠶食葉時不宜壅糞壅糞之地物采桑葉俗名肥葉是也蠶食之則當眠不眠矣若蠶大眠後糞始無妨然采葉須在糞後二三日使穢氣稍退纔可飼蠶

一桑下不可使有草有草則分肥而地力易窮不可使多石多石則碍根而生機不暢須於農隙時以四齒鐵耙鋤去之

按桑下無石亦宜鋤地翻土使土氣鬆動草亦在下不復上生若鋤土未久一經時雨又見嫩草叢生者祇須將刮子刬去草根不必用四齒鐵耙

又按蠶桑輯要曰土乾便灌意謂桑未盛時其根尚淺護根之土須帶潤也灌用水糞不宜太濃至茂密成陰根已深入上面土乾無礙可以隨時上肥不必頻灌

一桑未盛時可兼種蔬菜棉花諸物蓋兼種諸物則土鬆而桑益易繁此兩利之道也但不可有妨根條（如種瓜豆斷不可使籐上樹）

按土肥則桑亦肥桑下兼種穕物究分土力俗名奪肥宜於上肥時令肥稍厚

桑須修剪說一條

一桑之茂者四面圓勻如雨蓋狀修剪得法故也修剪之法刪繁補缺去舊換新而已（補缺非另植一株以補之也於缺處多留幾枝嫩條使之散布則補矣換新非另植一株以換之也舊條既去其著剪處自然抽出新條）栽桑既活於芽嘴透露後用桑剪剪去頭上枯枝餘俱留之第二年（從芽嘴透露時算起若從栽時算起則第三年矣）立夏後於第一年所養之條上每條留大而長者三四枝餘俱剪去第三年立夏後於第二年所養之條上每條再留大而長者二三枝餘俱剪去第四年立夏後仍於第三年所養之條上每條更留大而長者二三枝餘俱剪去至第五年則所養之條業已四層可將所發嫩條於立夏後盡行剪去而專養歷年所留之條矣拳曲向下之枝勿留橫斜礙道之枝勿留

所留之條亦非全不剪去也留其近幹之五六寸而已（幹字不可泥如第一次則以本身爲幹第二次則即以第一次所留之五六寸爲幹矣）

蠶桑輯要曰條桑栽法如品字樣（詳第二條下）待次年正月天氣清和離地二尺許剪去上條候芽出時只留二芽秋後條成又五六尺許待次年

正月離丫尺許復剪去如丫樣式再留頂上各兩芽餘芽抹去來年又剪新枝總留尺許仿前法再剪再留而枝葉又增倍矣約五六年至立夏後開剪連枝葉盡行剪下飼蠶剪至數年桑成拳式八九十拳不等（言八拳九拳十拳不等也）次年立夏又將拳處剪下飼蠶

按栽桑之次年或第三四年須接桑者接之（接法詳第十七八條）

又按立夏拳桑放剪不過約計時候並非呆板

詳第十二條。

蠶桑輯要剪桑及拳桑圖如左。

栽桑剪去上條如此樣。

來春頂上又留兩芽。長成雙條。冬令又剪去如此樣。

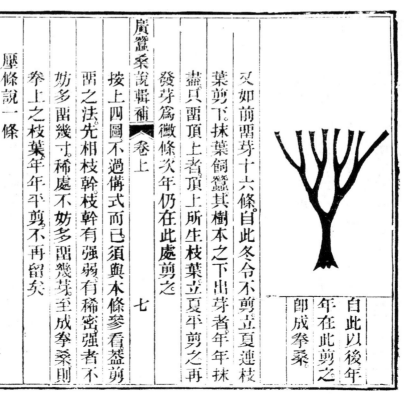

留兩芽者如此樣則本條盛旺。須留三芽者可以類推若接桑之次年正二月。見所接之條業已滋長。亦照樣留之

清明出芽頂上又各留兩芽。冬令又剪如此樣

春芽又如前法留之冬令又剪成八頭如此樣

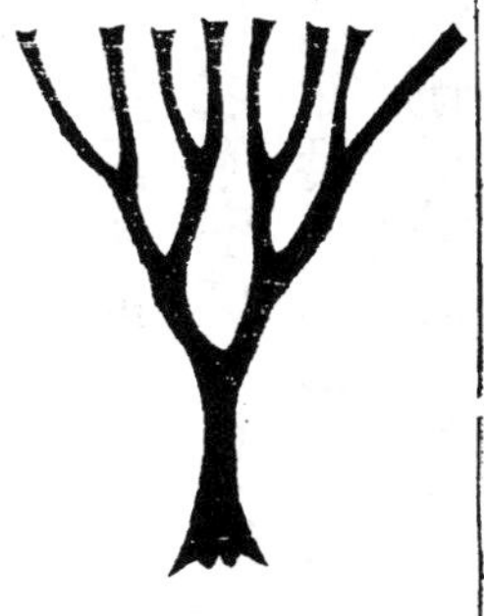

自此以後年年在此剪之即成拳桑。

又如前留芽十六條。自此冬令不剪。立夏連枝葉剪下。抹葉飼蠶。其樹本之下出芽者。年年抹盡。只留頂上者。頂上所生枝葉。立夏平剪之。再發芽為徽條。次年仍在此處剪之

按上四圖不過備式而已。須與本條參看。蓋剪留之法。先相枝幹。枝幹有強弱。有稀密。強者不妨多留幾寸。稀處不妨多留幾芽。至成拳桑。則拳上之枝葉。年年平剪。不再留矣

壓條說一條

一桑有壓條法。所栽之桑。有旁出之條。長二尺許。而去土不遠者。鋤鬆其土。攀條就之。加肥泥於其上。用石壓好。露其梢使之向上。一年之後。其條之在土下者。根已散布。可剪斷移栽。

除蟲傷說一條

一所栽之桑，歷年未久，人功地力俱足，而其葉黃瘦多枯枝者，蟲傷故也。蟲有二種，一生皮內，一生皮外。皮內生者，其母爲桑牛，（即天水牛也。在楊則曰楊牛，在桑則曰桑牛。於盛夏時生。）口有雙鉗，其利如剪，新發之條，齧之輒折。其下卵，必齧破樹皮，而藏其卵於皮內。治之之法，於樹之本身及大枝上，見有脂膏流出之處，剔破其皮，中有卵如米粒者，取而碎之。若已成蟲，則須尋着蟲所出入之戶，（其戶外必有蛀屑，故易尋。）用鐵線向戶內刺死。其深入而非鐵線之所能及者，以百部草（藥名，能殺蟲。）切碎，納小甕中，用水浸爛，封固甕口，（勿令走氣。）取其汁灌之，（用熟桐油亦可。）無不死者。（此蟲自初一至十五，其頭向上，十五以後，則其頭向下矣。治蟲者宜於十五以前，清晨即起，以此法治之。蓋此蟲天未明時，必出戶飲露，清晨即起，或猶未歸，即歸亦未深入，易於下手。失此不治，則愈入愈深，其樹必死。）皮外生者，常在五六月間，狀與蠶同而差小，俗謂之白蠶，專食桑葉。桑葉雖肥大，一經此蟲，便如麻布，而明春所發之葉，亦不能繁。治之之法，用煙油（即煙筋所熬之汁。）和水，以洗帚於葉上密密灑之，（用百部草汁亦可。）蟲食其葉則死。然宜於初生時即治，稍遲數日，便成無用小

蛹。蛹出飛蛾，蛾又爲明年留種，治之益費力矣。

按：食葉之蟲，亦名蝗，必遺子在桑身，或在桑拳及丫內，浮結上面，微高起成堆，形色與桑皮稍別。冬月或正月，逐樹按驗，遇此即將刮桑刀括下，蟲自不生。較煙油灑葉之法，似更簡捷。

蠶桑輯要曰：有一種時蟲，立夏時遇西南風，戌酉時從土中飛出食葉，至卯時復入土，捉之不能盡。黃昏時灼以亮火，蟲盡投火而燒除之。宜遠燒於下風，葉忌煙熏。

初桑二桑說一條

一桑之萌芽於二三月間者，謂之初桑。既剪後旋復抽條放葉者，謂之二桑。初桑不去，則明春葉薄，雖蠶食不盡，亦必去之。二桑則不必去矣。於經霜後，取以飼羊甚肥。（取葉時勿傷其條，蓋此條即明春放葉之條也。）

按：初桑之葉飼頭蠶，二桑之葉飼二蠶。但飼二蠶，須於枝之過密處及枝之少力者，酌量刪下。抹葉飼蠶，如無可刪之枝，則於各枝上刪葉飼蠶。每枝祇刪三分之一，於近拳處刪下，若拳下

及桑丫䅶生之枝葉卽二蠶過時亦宜一概剪去俗謂之刪莓丫

采桑有次第説一條

一采桑須有次第擇其色之較老者先采之而留其嫩者以俟其長尤不可傷其芽嘴蓋芽嘴方長略遲旬日便數十倍於此時且其味苦澁非蠶所宜食也蠶初生時食葉甚少只可采其底瓣（底瓣者芽嘴旁邊先放之一兩葉也其色較老雖留之亦不甚長）二眠以後食葉漸多若底瓣足以供之則仍采其底瓣底瓣已盡則采瞎眼（瞎眼者芽嘴已放只兩三葉而其中心已無未放之芽雖留之長亦不多宜采去）三眠以後食葉愈多然尚須辨其老嫩至大眠以後則桑已長足可開剪矣（桑有遲早則開剪亦自有後先以長足爲度可也）

三眠前所采之底瓣瞎眼俗謂之小葉采小葉得法則止望其采得百斤者合前後計之可得百二三十斤然年年采小葉樹亦易敗以隔年一采爲妙（如植桑百株則今年采此五十株留彼五十株至大眠後開剪明年采彼五十株此五十株留至大眠後開剪）

按老蠶時桑脂盛旺開剪之後其脂必從剪處流出故某埨剪完卽就某埨鋤土令鬆沃以水糞如是則桑根氣暢且得所養自能攝脂使不上溢

又按桑地開剪之後俗名産母地可悟調養之宜急矣

桑老補種説一條

一桑老而枯或中空此年代久遠不能不敗者也於其前後左右空缺處補植一株兩三年後將已敗者伐去而養其新者則土不曠矣如不補植則將已敗之樹離地六七寸截去而留其老椿以肥土堆積其上俟明春另發嫩條養成低桑亦一善法也（低桑之放葉較早於采小葉時最宜但去地近遇有驟雨其葉上或有泥點須擦淨方可飼蠶）

按葉上有泥點者俗名泥葉如忙時不及擦淨棄之可惜養蠶者不妨帶養泥蠶令食泥葉（泥蠶者蠶之一類二種眠起皆同依後飼蠶法飼之）

柘葉説一條

一柘葉亦可飼蠶但比桑葉較堅厚非小蠶所能食桑葉缺少可於三眠開口時（第一次布葉謂之開口）令食柘葉兩

三次。大眠開口時。令食柘葉五六次。則省下許多桑葉矣。所以必於開口時者。柘葉之味不及桑葉。既已食過桑葉。必不肯再食柘葉也。

桑秧說三條

一桑秧出浙之嘉湖等處。相距數百里。非旦夕所能致也。好在此樹最易活。雖離土二三十日。而其根未枯者。栽之亦活。可無以道遠爲疑。

按禹貢及國風所載。則各州皆有蠶絲。皆有桑樹。雖梁州未有明文。而自蠶叢氏教民養蠶。後世蜀錦重天下。則梁州蠶桑之盛。亦可想見。本

條言桑秧出浙之嘉湖。就近處多處而言。非謂二郡有之。而他郡不能有也。但遐僻之地。乏人教導。未習蠶桑。遂疑風土本不相宜。闕焉不講。因此沃野釀成瘠土。婦人不識女紅。若非因逸生淫。卽是逐末忘本。亦可哀已。

一桑種甚繁。以荷葉桑黃頭桑木竹青爲上。取其條幹堅實。眼眼發頭也。別有一種火桑。視他桑較早。可飼早蠶。且雨過卽乾。飼蠶家宜多植。若住基寬曠。牆下可以植桑。宜覓富陽望海等種植之。其大者可得葉數石。能不令蟲蛀。及水灌其根。則愈老愈茂。不以年遠而敗。

蠶桑輯要曰。桑本箕星之精。種類不一。葚少葉圓大而豐厚者。皆魯桑之類。葚多葉小邊有鋸齒者。皆荊桑之類。荊桑宜飼初生之蠶。魯桑宜飼三四眠以後之蠶。

按魯桑之類家桑也。荊桑之類野桑也。家桑見第十七條。野桑見第十八條。

又按望海桑。須植土氣深厚之處。

一桑秧皆以桑葚種之。種葚之法。於五月間。以桑葚純黑者。置水中搓碎。去其浮者。而取其沉者。陰乾之。經日曬則其出較遲。撒於肥地。以薄糞澆透。而覆之以灰。覆以泥則其出又遲矣。芽出更以薄糞勤澆之。明春則其長尺許。可以移栽他處矣。移栽之法。鋤地分埨。縷尹切。土之圳高處也。使無積水。於埨背分行栽之。與治圃排葱蒜之埨相似。其栽宜疏。彼此相去須在八寸外。勤澆勤鋤。至其大如指。則可以接之使變家桑矣。

按接成家桑後。再要移栽。恐有傷損。且根頭漸

大移亦費事。若不移栽則彼此相去祗八寸外。勢必不能兩大。何如先照第一條栽法栽之。至大如毋指或如兒臂纔用接條。

蠶桑輯要曰桑本有三寸圍圓接之最妙。

接桑說二條

一接桑宜在驚蟄以後。清明以前天色老晴時接之。甫接而遇驟雨。則活者寡矣。其法擇家桑條如筆管粗者剪下。謂之接條。其條上半空而下半實。空者無用。擇其實者用之。每一條約可接野桑三兩株。剪下接條。置筐中。以濕布覆之勿使見風日。

將野桑根旁浮土抓開。見有絲根。即將樹身齊土面剪斷。剪不斷者。以小鋸斷之。於剪斷以下。擇光潤無傀儡處。用快刀豎劃破其皮寸半。隨將刀略一撬動則皮已離骨。取小竹釘長二寸許者。削如馬耳樣。嵌入皮內。嘉湖人謂之桑餂。剪接條三寸。削一寸如馬耳樣。上二寸留芽嘴二。取出桑餂。而以是條嵌入。其嵌入也。須以刀削一寸向外乃活。蓋桑之膏液。皆從皮上流通。故必以接條之皮。與本樹之皮。彼此相向。乃得浹洽。若以皮貼皮以骨貼骨。則必不活矣。用桑皮繞緊。以土擁之。但露芽嘴二。於土上。慎勿動搖。清明後即漸漸發芽。八九月間其高大。已與未接時之本樹等矣。俟至冬月。移至他處照第二條栽法栽之。

野桑雖亦可以飼蠶。然葉薄而小。且易爊。音儵故必接成家桑。

接樹身齊土面剪斷。嵌入接條。俗名平頭接。若土面有物經行。最易碰動。碰動則壞。且接之不活。則桑本之生機亦絕。來春不能再接矣。補種又覺費事。不如離地數寸。樹身大者離地較遠。勿斷樹身。但照法接入。用稻草緊縛之。再用潮

潤細土封之。上露接條芽嘴。如本條所說。俟來年接條滋長。然後用刀從本樹接處之背。將上段截去。勿傷接條。截處帶斜平勢。不令聳突。如恐風折。則第十九條保護之法。仍用一次。數年後接條盛大。刀疤塡滿。不見接痕矣。倘接時不活。則本樹之根幹具在。生氣無虧。來年再接可也。

又接接條既活。蠶事已畢。可將接條以上本樹用刀橫劃之。祗劃斷樹皮。而本樹之上段自枯

其生發之氣盡萃於接條矣。至來年正月將上段照法截去。

一接桑所發之條，高至尺許，即須用立夏後所剪之粗桑條他條之堅實者亦可。牢植其旁，用桑皮鬆鬆縛住，以防風折，且可使挺然直上，無橫斜拳曲之枝。接而不活者，其本身必更發新條，可候明春再接。

解此二條，則桑秧可於本處取辦，然必先栽有家桑乃可，否則無處取接條。

按本條接法，得活固佳，然接而不活，本身未必

更發新條，或者雖齊土面剪斷，近根處尚有芽口，得以透達生機，不至悶絕也。

以上十九條內，都說桑樹，其培養之法已略備矣。植桑者依次行之，初無難事。然有恒產貴有恒心，亦有恒心斯有恒產，無窮之利益，非由無倦之精神得來耶。

廣蠶桑說輯補卷上

廣蠶桑說輯補卷下

飼蠶法六十六條

留蠶種說一條

一養蠶必先留種，留種先宜擇蠶，蓋必蠶無病，種方無病也。於大眠後，擇蠶之整齊強健者，用以蕻頭葉飼之蕻胡貢切，音鬨，枝頂最茂處也。蠶食之，其力自旺。老則另搭一山，以上之，溫以微火，使速成繭。拗繭時，辨其雌雄尖而腰小者雄，圓而腰大者雌。分作兩筐單排之不宜堆積，致傷鬱蒸。置之透風之靜

室，勿搖動搖動則受驚，雖變蛾而不能生子，俗謂之癡蛾。勿靠牆靠柱避鼠也。約半月而蛾出矣。若前此未能擇蠶，則須於蔟俗謂蠶山。之上半截在下半截者少子。擇繭之堅硬潔白者留之。

蠶事收成之豐歉，雖由飼蠶所致，然亦須種好，方能不受病蠶之於人，先天之氣足，則風霜雨露猝不能傷。而鬻種之家，乃往往以繭之不可繅者留種，此最造孽，慎勿效尤。

按留種之繭，平鋪篇內架上，蠶植外用稻草簾圍之，以避風霧。

又按初次養蠶，必先問人買種，須於蠶事將畢

時。採得實種之家素不欺人者與之訂定隨時往取然種類不同問明爲要。詳見第五條。

對蛾收種說三條

一蛾出時揀去拳翅禿眉焦尾赤肚諸病蛾而取其無病者。判雌雄腹小者雄。腹大者雌。分儲之。所儲之器先以稻草心鋪其內使蛾有立脚處乃不致鼓翅盤旋空耗氣力。候其出已多將雌雄併在一處須其數相當設有多寡留其餘以待未出之蛾聽其自相配合俗謂之對。既對之後。一一提置空筐關閉門戶勿令見風見風則易拆散滿筐擾亂矣。亦有不見風而拆散者謂之走對。

走對者將兩蛾提置一處以小盃覆之則復對對滿四個時辰卽分之謂之拆對之。如子初對者於卯未拆卯初對者於午未拆之。不宜拆得太早早則來年多不眠之蠶亦不宜拆得太遲遲則來年大眠後多高節而拖白水之蠶。

蛾之出於五更前後者多。四更時便須有人守候其旁。俗謂之看蛾。出卽分儲之否則蛾性極淫雌雄相遇卽於繭上配合。俗謂之抱繭對。而所對之時刻不準矣。

按對蛾時如遇風和日朗生子必佳最忌大風大霧臭穢氣油醋煎熬氣須圍護如前。

一拆對之後鋪蠶布不拘新舊以方爲貴。於筐中。於一筐鋪許多蠶布者須配搭得好。勿露筐底。而勻置雌蛾於布上疏則子有空缺處密則子有堆積處須頻頻檢點遇有疏密卽宜移密補疏。四面用木界尺攔住。恐其生子於布外也。更以他物架空蓋好。使透風而不見日光過半日而蠶子滿布矣。有空缺處須卽日補之越宿再補則明年蠶出不齊矣。

生子後。取蛾之有氣力者再配之則復生子是爲新定子。子少之年亦有取以爲種者然究不如前所生者之佳。

按拆對後卽將雌蛾一一提置空筐或用裱過厚皮紙以代布分鋪一處俟蛾已去潑勻置紙

上。聽其生子其潑粉紅及微黃者爲上。白色次之。黑色勿用須揀去。

一蠶布既滿擇室中潔淨通暢處。仍不可靠牆靠柱。以竿懸之收其濕過六七日而其色變黑。初下之時色黃次轉青後又轉黑至轉黑則子中已成蠶矣。則用陳石灰研細以絹篩篩在蠶布之上。但要勻不過厚以不要露蠶子爲度。隨卽摺好以小帶縛之懸淨室待隆冬時取下醃之。

色已變黑而不以石灰制之則梅風一起卽破殼而出不能留及來春矣。

蠶桑輯要曰：挂於高處，遇霉不致受濕，亦忌煙熏。

醃種說一條

一醃種法，於十二月十二日取蠶布輕輕撲去石灰，以炒熟之鹽，俟其冷，勻鋪其上（以不露蠶子爲度）。隨卽摺好，浸涼茶中。至是月之二十四日，將蠶布取出，展開，承之以米篩，用清水頻頻輕沃之（重則恐漂去蠶子），去其鹽氣（試之以舌，絕無鹹味乃可）。俟其自乾，照舊摺好，以棉衣護之，置箱中（不宜壓，不宜近香氣）。待來年清明後取出，使受人身暖氣而出

之。

種之所以必須醃者，借鹹氣以殺其子之無力者耳（無力者不得出，則所出皆有力者矣）。不醃者謂之淡種，淡種易病，且蠶身較大，食葉較多，而其繭轉鬆而薄，不若鹽種之繭堅厚。

按：淡種不用鹽，祇將風化石灰沖入沸湯，置盆內，候手指可探，卽將蠶布浸在盆底，以手掌連捺（邱禁切，欽去聲，按也）數周，但布須對摺，子在裏面，捺宜不重不輕。捺後以雙手托起，離水爲度，緣水中之熱氣尚在，不可久浸，暫令出水，以疏其氣也。旋又入水，照樣浴之，如是三次，則子之氣機通暢，來年易生易育。且十二月十二日爲蠶生日，故於此日浴之。浴畢，去盆內之水，盛以極濃熱茶，亦候至手指可探，將蠶布粘定之灰末輕輕洗去，以竿懸之。設遇冰凍，亦無碍矣。蠶桑輯要以裱過厚皮紙收種，取其耐浴，與用布同意。

又按：醃者爲鹹種，其蠶將老，宜鋪葉愈勤。已老者宜上山，未老者尚須食葉。比淡種稍覺費時。

（詳第三十二條）食葉多寡相仿，但鹹種繭小而絲則重，淡種繭大而絲較輕。鹹種見亮則遊山，淡種不甚遊山，爲異耳。姑附辨於此，聽人擇取。

又按：另有重絲種，亦淡種之類，近時浙右盛行。其繭堅小，確似鹹種，絲亦輕重相當，得此一種，則鹹種可勿備矣。

熯子令出說三條

一蠶子得人身熯氣而生，清明後，視桑已放葉如錢大（若猶未也，便須略遲），取蠶布摺好，以桑皮紙包好（其包不宜太厚，太厚則暖

氣有達不到處矣。且須表裏互易。如今日以這一面著裏衣。明日便以那面著裏衣。使所受之氣無不勻。其出乃齊整。晝則置不做粗活做粗活則恐其多出汗而蒸壞蠶子。者胸背間。須在絮襖之內。裏衣之外。夜則置之被絮絮宜新舊則不復暖矣。間。不可壓。

若天氣和暖。而又無不做粗活之人。則晝亦置之被絮間可也。如是者六七日。而蠶子出矣。

一蠶子之先出者謂之破蚢。彌遙切。有破蚢。即須以燈草心長四五寸者數十莖。勻鋪布上而摺之。以防壓損。

按冬時桑葉須收拾潔淨處。當子出未齊時。可燒一撮於房內。子聞葉香則出矣。是導引法。

一蠶子之出。大勢已齊。於巳午間。小蠶畏寒。恐前此尚有餘寒。日已西。則暖氣。又退矣。擇室中無風處。鋪紙於桌上。紙宜白。宜光滑。宜比蠶布大些。其下宜襯以棉被。使兩人執蠶布之四角。以有子一面向桌離紙三寸許。一人以尺餘小竹片。於布背輕輕細敲。俟所出之蠶均已落紙。用鷄毛輕輕聚之。盛以竹器。柳條者亦可。忌用新油新漆者。○器內先實以秈稻草灰半寸。更以紙平鋪灰上。而以鷄毛所聚之蠶置之正中。四面皆留有餘。爲後此漸漸撥開地步。以蠶筋以竹爲之。長七寸。比日用之筋差小。上下俱圓。尖其末而磨之使極光。輕輕撥開。不可稍有疏密。有疏密則眠得不齊矣。其未出者。仍用前法煖之。至明日再敲之。另置一處。

一法。先勻鋪細切之葉於紙上。而以蠶布有子一面向下覆之。蠶聞葉香。自離布就葉。較用竹片敲下之法。更穩更簡便。

按蠶子之出。不過三日。當齊。既齊然後布葉。過三日而出者棄之

又按子之初出者名蠶花。亦名蟻。又名烏。本條所謂竹器。是筐籩之類。器之小者盛小蠶。大者盛大蠶。蠶花稱法。及量葉下蟻。詳見第五十條。

布葉說二條

一蠶既勻開。便須布葉。所布之葉。須切得極細。鋪得極勻。不必過厚。天氣晴和。每日可布葉五六次。黃昏時一次須略厚。如遇陰寒。所布之葉。而蠶不甚食。須用棉被將盛蠶之器四面包裹。使受暖氣。器上須以他物架空。否則恐棉被壓及蠶身。則食矣。

欲速者。一遇陰寒。即置火缽於其旁。非無速效。而後日往往生病。宜戒之。

蠶桑輯要曰。切不可蓋過受濕。致生病患。務要

冷暖得宜。

按天寒蠶小時須於大牀帳內架以板片安置蠶器夜則沾入暖氣晝則置火鉢於房內藉以辟寒但火鉢不可貼近蠶器恐熱氣熏蒸致貽後患如本條所慮是也或有貪其速眠架上向缸者直行險以徼幸而已見後蠶匡式註。

一蠶出之後布葉數次便覺其密用蠶筯輕輕撥開再數次再撥開。

蠶桑輯要曰頭一日拂下之蟻與第二日各置

一處如頭一日之蟻多飼葉三四頓即將蟻置之稍涼處以減頓第二日之蟻置煖處每日加一二頓。

按每日加一二頓不過數日自與頭一日之蟻頓數相當各飼葉三十頓左右即齊眠矣是一日取齊之法。

蠶桑輯要曰養蠶務要冷暖得宜天寒時不可驟熱當漸益火寒而驟暖則生黃軟等疾煖不驟加風涼當漸開窗煖而驟涼則變白殭。

按葉有宜忌采有時候蠶自小至大俱有飼法已分列於後條不贅見第五十條及五十一二三四條。

桑渣蠶砂説一條

一桑渣蠶砂不宜厚積厚積則濕熱上侵非蠶所能受蠶出之後至三四日桑渣蠶砂之積已厚即須以他器易之俗謂之𠩺。稽几切讀若體音。𠩺法俟前後所布之葉已食盡用絹篩篩薄薄糠灰於蠶上。必用糠灰者取出爽也其灰以秈稻糠置瓦盆中燒之盆上不宜用蓋。再布以葉則蠶皆脫灰而上以桑筯輕輕捲之置之他器有未上者再布葉一次再

捲一次則所遺必無幾矣棄之可以蠶筯輕輕取出亦可。

所易之器紙下向須襯灰至二眠以後則不須再襯矣。

按初次桑渣俗名香𠩺烘曬令乾凡蠶眠既起欲放葉時可於室內先燒香𠩺一撮蠶聞此香皆思食矣是醒胃之法蠶上山亦用之見第三十五條下。

蠶初眠至起説二條

一易器後兩三日有色微白嘴上隱隱有尖角而不復食葉者初次眠也眠未齊時仍照常布葉俟大勢已齊照前法篩糠灰於其上而布之以葉則未眠之蠶皆脫灰而上以蠶筯輕輕捲之另置他器此未眠者也再布葉數次則亦眠矣再用前法捲其不眠者而棄之所棄者謂之青頭蠶雖好亦不能絕無青頭者飼之無益其眠者以蠶筯撥之使鬆再篩一次糠灰置之靜室以俟其起兩次眠者不宜合併蓋眠有先後則起有先後固不可以強合也。

按蠶將眠者向亮處照之其頭帶綠色尾似淡

紅色俗謂之見紅絲絲此時布葉漸薄至十二時爲一周應已眠齊有未眠者少力故也可舍去。

又按見紅絲絲時常昂頭作吐絲狀此時實有絲但細而難見耳凡將眠已若吐絲將起已見起娘俱忌喫風并忌穢氣比平時更要密防若將眠未眠之時布葉加勤勿令稍餓釋第十八條下。

一蠶之眠者隔一日視之而其色微黃其嘴微濶則起矣然不宜急於布葉必視其灰下無一眠者起者必脫灰而上方可布葉布葉一兩次便須以前法易器。

眠一次則嘴闊一次衣皮也寬一次蓋其嘴其衣皆於眠時潛換也布葉太早恐嘴已闊而衣未盡脫者亦食之食之則腹大而未脫之衣脫不下矣。

按起齊之後蠶器乾燥所布之葉易枯枯則蠶不能食故布葉須薄而勻待食去三分之二急須再布每起同法第三次布葉不妨加厚以後蠶漸大葉以漸厚葉盡再布如常。

再去桑渣蠶砂說一條

一此時食葉漸多桑渣蠶砂亦較前易厚隔一日便須易器。

按此後桑渣蠶砂可肥桑土然桑渣本不肥經蠶踩躪則肥也或儲土窖水浸使爛作糞用見第五十八條。

又按隔一日一易器與下條一日一易器就天氣煖時而言煖則食葉較勤所積易厚故也若天氣尙寒無須執一大眠起後餘法詳第二十四條下。

初眠起後說一條

一初眠起後越四五日計布葉二十七八次色又微白嘴上又隱隱有尖角而不復食葉則二眠矣所用之法與初眠同。

按初起至二眠其間布葉不過十八次此後每起至眠多亦不過二十餘次本條二十七八次纔至二眠是就布之薄者而言並非一定大約鹹種淡種頓數相埒惟眠之早齊與否或有異同眠之遲者仍須加葉然填補而已無關頓數也。

二眠起後說三條

一二眠起後桑渣蠶砂較前益易厚須一日一易器（三眠起後同。）

一二眠起後越四五日計飼葉二十七八次色益白嘴上明明有尖角而不復食葉則三眠矣照前法篩糠灰於其上而再布以葉俟未眠之蠶脫灰而上輕輕捲之（捲之以手不必更用蠶筯矣蓋蠶筯專爲小蠶而設蠶身既大則用筯固不若用手之爲便也）另置他器。

一此次所捲起之未眠其在葉下食葉者不過遲眠數刻耳須上葉以俟其眠其色青皮內若有油不食葉而在葉上掉頭不住若有所苦者此終不能眠眠亦無用者也宜急去之。

按蠶將眠未眠之際勿令稍餓如第五十五條以爲中間三兩日上葉宜較勤其實將眠未眠之際亦該在內而更要緊此時稍餓則第二次當眠不眠俗名青蠶是也總之二三眠先餓其病每見於大眠時大眠先餓則起後雖能食葉而其頭漸空俗名亮頭棄物也。

三眠起後說一條

一三眠起後食葉較速宜晝夜上葉食盡即上晝時約可六七次（天冷則食葉稍慢只約上得四五次）黃昏時上葉一次宜略厚三更後再上葉一次宜略厚（此兩次必加厚者夜間上葉斷不能如晝時之勤也）如是者四日則大眠矣。

自三眠起後至大眠有早至三日者有遲至五日者天氣有冷暖而食葉有疾遲也以上葉之數計之大約總在三十次外。

按三眠起齊後仍布切葉三四次此後不切亦

可。詳第五十四條下。

大眠說二條

一大眠狀與初二三眠同。而所用之法則大不同。眠未齊時。仍照常上葉。大勢已齊。以正張大桑葉取其易捲。勻鋪其上。不用糠灰矣。其眠者伏葉下不動。未眠者必上葉就食。連鋪數次。葉上蠶多卽鋪。不必俟其食盡。則未眠與眠者已隔數層桑葉。將桑葉捲起。則未眠者盡在桑葉間也。隨卽勻鋪他器中。而其下則皆眠者矣。然後拾其眠者。置平底盤不拘方圓竹木。但忌新油新漆者。中。盤滿則以秤稱之。爲此後桑葉計也。大眠五斤。除前所食不算外。尚須食葉百餘斤。稱准則堆之晒籚字書無此字。從湖州府志讀若匾音。葢筐之邊淺而底密者也。大者可容大眠五六斤。中。每斤分作五六堆。堆旁須留餘地。以待其散。用粗絹篩篩研細陳石灰於堆上。以收其濕。再以秈稻草。用闡刀截作半寸許者與餵牛馬之料草相似。覆之。以不見蠶身爲度。不宜過厚。

按一曬籚可堆大眠頭二斤有零。圓作一堆。旁留餘地。以待其散。至蠶將老。雖餘地滿布。亦無須添籚矣。不但省工而已也。詳下大眠起後第三條下。

一大眠一晝夜後其起者必脫灰脫草而散。天氣熱則一晝夜卽起。寒則較遲。有遲至兩三日者。只宜靜候。斷不可欲速而促之以火。尤不可急於上葉。必堆已散盡。無一眠者。乃可上葉。

大眠起後說三條

一大眠起後。先飼以柘葉兩三次。其絲乃韌而有光。

按大眠起後布葉。如天晴無霧。可用帶露桑葉。露爲天酒。能補助好蠶。令後來繭絲光澤。病蠶食之卽軟死。力不勝也。或先布燥葉一二次。再用露葉法亦妥。若帶霧者。仍宜待燥。霧有毒故也。

一大眠起後。食葉愈速。上葉宜愈勤。食盡卽上。能一晝夜食葉十餘次。則五晝夜卽老矣。

自大眠起後至老。約須食葉五十餘次。能多食數次更好。葢此時多食一口葉。則上山後多吐一口絲。故飼蠶者惟恐其所食之少。

按各條屢言食葉次數。俱就布之薄者而言。其實不應過薄。惟每眠初見紅絲絲。布葉宜頻。且宜薄耳。餘詳前初眠起後條下。不贅。

一大眠起後。占器日多。如今日十晒籚。至明日縢時。使

須勻作十二三晒簾再𧁨時便須勻作十六七簾矣
此後如無器物可𧁨可於地上設蠶倉以代器俗謂
之放地蠶
蠶倉制度擇室之明亮者打掃潔淨 倉之大小以蠶之多寡酌之 以堅厚土磚散置其中 磚方尺許彼此相距三尺餘須安置得穩 使
布葉者有立腳處倉邊用厚木板圍好 小土磚亦可 再
以稻草 不拘秈稬 截作寸許者勻鋪地面 以不露地面為度 而
以蠶勻鋪其上不宜過密亦不宜過疏過疏則費
葉過密則老得不齊

按大眠起後舊皮纔脫腳尚嫩未可碰動何則
蠶之吐絲恃前六足踐踏成繭大眠之後接近
老蠶腳嫩則碰動便糙而日後絲條亦不純故
此番上葉如遇天暖經兩周日纔𧁨天寒經三
周日纔𧁨嗣後腳漸蒼老碰動無妨卻當日𧁨
又按本條添簾之法亦非三周日內所宜以其
碰動蠶腳也宜照大眠說首條下布置
又按蠶桑輯要大眠後𧁨法俟葉食盡將蠶網
展鋪上面復布以桑葉蠶聞葉香即脫網而出

齊上葉矣二八持網之四角和葉移覆他器既
不碰動蠶腳又可省工𧁨法甚妙
又按本條所言養蠶家擬做肥絲則可若做細
絲則絲縷貴光而不貴糙故詳辨之

放地蠶說三條

一蠶既下地居高布葉最忌拋擲致損須蹲踞土磚上
輕輕布之務使均平 有手所不能到處用細竹枝挑之使勻
一蠶不宜放得太早蓋既放地蠶則桑渣蠶砂之積無
法可以去之俟開口兩三日乃放庶所積不致太厚
而無濕熱上侵之患

蠶倉之所積既厚遇天時濕熱氣即上騰取乾茅
草細切勻撒蠶倉再布以葉則蠶皆就食上升而
下有茅草可隔濕熱氣矣亦救急之一法也
按放地蠶為無器具而設不得已也蓋地面多
濕氣非蠶所宜須下鋪板片然後照上大眠起
後第三條之法行之倘無板片則下勻鋪礱糠
再施稻草令稍厚此不獨避地面之濕氣且以
泄桑渣蠶砂之濕氣也但稻草礱糠須用極燥

者。

一蠶倉須旁有餘地，可以展拓得開。蓋倉中之蠶，有疏有密，則移密就疏；若有密無疏，便須倉之邊際，漸漸放開，添設立腳土磚，再以稻草截作寸許者，勻鋪地面，而以密處之蠶移置之。俗謂之放倉。

大眠起後兩三日說一條

一大眠起後兩三日，有蠶身獨短，其節高聳，不食葉而常在葉上往來，腳下有白水者，宜急去之，勿使他蠶沾染。

按吳俗相傳，以為此種病蠶，如見一二，須默除之，勿令好蠶知覺；若一聲張，則愈化愈多，不勝去矣。此說人皆信奉，未知果驗否也。

蠶將老搭山說三條

一蠶將老，便須於有窗靜室中。（初上山時宜避風避日；既成窠，則又宜透亮，故以有窗之室為便。如無有窗之室，則於上山畢後，用竹席或蘆席密密圍好，而於成窠後撤去之。）打掃潔淨，以亂草平鋪地面。（如其地低濕，便須去地數寸架作板層，而鋪草於板面。如無板可架，則於鋪草前以碎石灰收其濕。）搭山六七層以俟。（層猶排也。南向之室，則以自西至東為一層；西向之室，則以自北至南為一層。上山者自第一層上起，至第五六層，便須添搭數層以俟，不宜上盡再添。）有樓者於樓上搭之最妙。

按本條所言，山下腳不用火，俗名冷火種，留做肥絲，免費火料。若肥細兩可之蠶種，其山下用火，亦無鋪草架板等法。（詳後搭山二條下。）

一搭山不宜緊靠牆壁。蓋蠶性好高，必至無可高處乃止。緊靠牆壁，則近牆之山之蠶，將有成繭於瓦縫間者。

蠶山以糯稻草為之。（秔稻草亦可，麥稈亦可；秈稻草斷不合用。）用四齒鐵耙仰縛他物上，持草稍於耙齒上，批去其葉之散亂者。（散亂者必軟而毛，軟則不起，毛則多脬絲，故去之。）截蠶以草紐鬆鬆縛之，而截齊其兩頭，如洗箒狀，長尺五六寸。（紐以上長尺許，紐以下則五六寸足矣。）圍五寸許。（以隻手握之滿握則五寸許矣。）俗謂之山箒。搭山時，以左手持紐所縛處，以右手持其下之五六寸，以草紐之兩頭分置左右手間而扭之，使轉，則隨扭隨緊，隨扭隨開，下如覆碗而上若仰盂矣。

按搭山之法，橫架竹木，須平正牢固，高齊胸，上鋪蘆簾，將隔冬蔟料之草，（即山箒。）照本條行之。若山下用火之蠶種。其山簾另有一式。詳後。山棚蘆簾草帚式註中。總之。山簾插上蘆簾務要個個聯絡。勿留空隙。其火料預先派定。待蠶上山用之。用火及看火之法。詳後上山說首條下。

一搭山須彼此交錯。其山乃穩。第二層必須與第一層交錯。第三層者必須與第二層交錯。兩旁亦然。

按上條言搭山不宜緊靠牆壁。然竟離開不獨其山難穩。且蠶往往遊至極邊。失足墮地。須蘆簾與牆壁貼近處周圍橫塞草把。使遊山之蠶至此停留做繭。雖有上牆壁者。亦不多矣。

蠶老上山說四條

一蠶之老者。其色微黃。如用熟之牙筋。其軟如綿。而通體明亮見有老蠶。即以正張桑葉薄薄鋪之。其未老者。食葉如常。其老者必起至葉上昂頭。若有所求。可即於葉上一一取之。俗謂之捉老蠶。葉盡再鋪。隨捉隨鋪。至老者多。捉之不勝捉。則以柳枝提之。

提之之法。以多葉之柳枝數十條。匀排葉上。其老者即上柳枝。以次提之。承之以布。被單可。衣包亦可。使兩人執其四角而微凹其中。一人以所提之條。向四處略一搖擺。則其下如雨矣。隨即以擺淨之條移鋪他處以偏為度。

一所捉所提之蠶。均以盤盛至搭山處。依搭山之層數次第上之。上滿第一層。再上第二層。有淩亂。便恐有上不到處。每山一簾。約可上六七十蠶。

按上山時可將盈握老蠶於山帚上匀灑之。若山帚稍遠之處。每舉半握。輕輕拋去。使山之中央與邊際多寡悉稱。

蠶桑輯要曰。蠶老上山。蘆簾架下。必用極熱火坑。為熱蠶絲。一則烘去蠶洩之水。使山燥爽。二則蠶口吐絲快利。不致粘實纏絲。性純蜆蛹不斷。上機設有絲斷。可以扯接。纖紬光彩。上山不用火坑。為冷蠶絲。吐絲口緩。膠粘著實纏絲。不純易斷。冷蠶絲即冷火種。

一見老蠶後。已鋪葉五六次。則可以盡上山矣。不宜太遲。遲則繭薄。亦不宜太早。早則停山。停山者上山一兩日始作繭也。

一上山時天氣晴和。蠶家之大幸也。其成繭必速。其絲必易繅。如遇陰寒。可於四旁置火爐。前後左右皆引火之物也。宜用

有蓋者以暖之火炙之法惟此時可用否則停山

按本條之火爐不得已而用之非言熟蠶繇做法也若熟蠶做法須用向缸其缸口大而底小高尺餘大如尋常飯鍋者合用缸或不足可以破鍋代之如大眼頭十一二斤約用向缸五隻將極燥柴頭桑柴栗柴青柴柿柴俱可其有香臭氣與多煙之柴頭不宜夾入每個破作四爿左右各缸底直竪八九枚上鋪礱糠高至八分再加窰炭其九分半上蓋茅灰共十分其礱糠窰炭均須中央稍高邊際稍底

畱中央碗大一塊不蓋茅灰待蠶上山時置火屑於中央吹使炭紅爲度即將向缸勻擺山下缸面無蓋缸下或用架或襯磚或竟放地面其無向缸者應於地面置火堆亦名火坑高如膝下大而上漸小作圓拱勢挨排火料悉照向缸雖名火坑實無須用土也但旁護之茅灰較厚耳山外用稻草簾或大晒簟竪圍之不獨藉以蔽風且使向缸熱氣不致外散俗謂之關火門關火門後或燒香𠩺一二撮於山下引蠶吐絲

又按山在平屋者上頭瓦縫參差本能通氣若在樓下須先揭起正中樓板一二塊否則日後繅絲恐不爽利謂之悶頭繭大約屋有二丈零之深一丈零之濶以大眼頭計之可上四十七八斤向缸廿隻左右

又按蠶上山後缸內如見漏煙仍宜茅灰蓋護夜間看火勿令燈光上射須戴笠而進或遮以扇緣蠶見燈光則頭一昂絲亦一斷日後繅絲添些疵累也

又按向缸之數以蠶與屋爲準上已明言無庸贅述然撥火之法亦不可不講也大凡火勢不宜過大過小亦不得忽小忽大撥火者於蠶上山後見缸內火力漸微仍於中央撥之使醒吹之使旺切忌大撥大吹致令灰飛煙動第一日以手按蘆簾架子處處温煖便是恰好火候至第二日蠶已入窠火力雖衰不宜更助火力祇須缸內輕撥稍令回陽足矣過兩周日聽之可也總之用火得訣日後繅絲省力肥細均宜窠者

繭外之浮絲。即繭絖也。義說下落繭首條。

又按蠶將成窠時不宜碰動蘆簾架子。若一碰動。則蠶口一縮。如受驚狀。往往棄將成之窠而另結一窠。大約三日內切勿碰動。緣蠶口一縮與上所言頭一昂之病相同故也。

又按上山時各事一一調置得宜不但日後出絲容易而且絲美價高。故蠶桑輯要側重熱蠶絲。其說已見於蠶老上山說第二條下。茲特詳用火之法。以補本條所未言。

上山一兩日後說二條

一上山一兩日後。有在山頂昂頭上向而未得着絲之處者。以竹枝柳條亦可。勻鋪山上不必密密鋪之。隔七八寸而鋪一枝可也。即成繭俗謂之青山。已在山頂者。必不肯復下。故不得不於山上加山。然必俟成窠者已過十分之九。乃可用此法。用之太早。則未成窠者。無不擠上青山矣。

一上山至第五日。則絲已吐盡而繭可落矣。落繭之法先上者先落。落下一簾。視其簾之中心。無腐黑之蠶即輕輕摘下。用力太猛。則圓者匾矣。使其有之。便須以簾向下。先去其腐黑者。而後摘。勿令汙及他繭。腐黑者觸手即破皮。破皮則必汙及他繭矣。

按向火之老蠶。經三周日。絲當吐完可落繭矣不宜過遲。過遲則後繅之繭。漸防火小而絲易斷。

落繭說四條

一落繭後。即須於涼室中以晒簏薄薄攤之。自落繭至出蛾。不過十餘日耳。其變蛾約在十日內。蛾已變成。雖未出絲已難抽。而所落之繭。尚須剝繭。斷不能即日便抽。則抽絲只可以七八日為限。極其匆促。置之涼室。其變蛾可略遲一兩日。抽絲者較從容。而剝去

繭絖呼光切。音荒。俗讀若黃音。繭之外面浮絲也。以待繅。已剝後。仍復攤好。天氣炎熱。無論已剝未剝。皆宜貯井水於簏中。使受涼氣。

有防其出蛾。而以火焙之。使不能變者。實在繅不及時。則不得不用此法矣然其絲究不若未經火焙者之光潤。

按繭之難繅者。除病繭之外。或嫌火大。或嫌火小。苟非向火失法。即是天時使然。凡火大之繭。其絲過眼上軸時。繭即牽連至眼。阻塞去路。法須將繭攤在簏內。以熱水勻噴如細雨濕衣狀。

卽取置潔淨甕內封蓋半時許然後取出繅絲若火小之繭則絲過眼上軸忽細極而斷應接不暇當以燒酒勻噴無封蓋諸法其繅絲之水火大者不宜太熱火小者不宜稍涼如一家之繭有火大火小兩等則火小者先繅而火大者後繅

一落繭後須過秤（知繭之斤兩則知絲之斤兩而繅絲之日數可屈指計矣繭百斤約可得絲十斤善繅者以雙錢眼繅之一日亦止繅得斤半須七日乃畢若不能用雙錢眼者而以單錢眼繅之一日止繅得一斤則必十日乃畢故用雙錢眼者繭過百斤便須添設絲車用單錢眼繅者繭過八十斤便須添設絲車）

按本條繅法每眼之下繭應有三四十枚絲已甚肥可充粗料若細料必求細絲以三錢眼繅之送絲鉤亦三枝每眼之下繭約六七枚多則八九枚每日可消繭八斤此謂之七繭絲貨最高繭十餘枚者謂之中勻絲每日可消繭十斤有零貨較次如消繭至二十斤無論絲之肥細俱可落車矣

又按三錢眼之細絲及中勻絲較單錢眼之肥絲其工之多寡絲之分兩相去無幾而貨高則過之故業蠶之戶往往肥細兩兼

又按錢眼者以錢鑽眼度絲也而蠶桑輯要則用銅鐵條三寸一頭椎篇鑽眼眼須光潤不令剮斷絲緒然不如將粗壯銅絲一頭折作小眼如螺旋狀絲一挽卽入無庸細篾粘穿法更簡便

一落繭時遇有綿繭蛆鑽繭映頭繭凹赤繭穿頭繭草凹繭尿緒繭同宮繭（蠶嘴受傷縈絲寬慢其繭軟而鬆者曰棉繭蠅集蠶身蛆生腹

上成繭後穿穴而出者曰蛆鑽繭老不化蛹蛹甍爛繭中穢汁潤映者曰映頭繭薄緒纏身赤蛹外露者曰凹赤繭山火太旺忽遽吐絲不及周徧環繞其繭一頭穿破者曰穿頭繭黏簾附帚結成深印者曰草凹繭蠶溺沾染漬成黃瘢者曰尿緒繭上山太密兩三蠶共成一繭者曰同宮繭皆宜提出另）儲其不可繅者或爲棉或爲絮其略可繅者或另繅作醜絲愼勿攙入好繭中繅之致使好者亦醜

一所落之繭有內潰而漬濕者謂之陰繭摘繭時便須提出愼勿襍入好繭中繅之（襍入其中則絲湯易濁併好繭之絲亦不能發亮矣）

所提出之陰繭以清水浸之日易水兩三次俟繅

絲既畢（繅絲時無暇及此本以多浸幾日爲妙）且搗去其汗（以絞不出汗水爲度）用桑枝灰和煑復以清水漂淨而晒之使乾則極潔極鬆如彈熟之棉花矣以手抽之（但欲其勻不必過細）可織棉綢以手抽絲之法一見便曉然必見而後曉非筆所能述也

蛾出繭說一條

一留種之繭蛾已盡出（俗謂之蛾口繭）即以清水浸一兩日（其汗較少且在外而不在內故無須久浸）濯去其汗煑而晒之餘與治陰繭之法略同其用亦略同

按年老之人陽氣衰弱筋骨漸不勝任冬衣裹綿（即絲綿）取其溫且軟也陰繭蛾口繭繭絖絲搭頭成綿之後皆可裹入（製綿法詳上及絲牲之左條陰繭蛾口繭繭絖絲搭頭製法相同但煑繭絖不用桑枝灰耳）

繅絲器具說五條

一繅絲之竈上下俱圓高二尺寬其上而窄其下（使繅絲者有容膝處也）上徑尺六寸圍四尺八寸下徑尺一寸圍三尺三寸置鍋其上以泥護之勿使漏煙

按本條絲竈上面尺寸似嫌稍狹惟單錢眼或雙錢眼者用之（餘詳後絲車制度條下）

一繅絲之水擇溪澗之極清者取之（自石罅流出者尤佳）勿用井水（用井水者絲不亮）

按用井水而絲不亮者其水必帶鹹味或黯濁不清故也若無諸病何妨擇用且絲貴亮亦貴白總要換湯得法如勤換湯則絲白而不光少換湯則絲光而不白須適中

一絲車制度不可差以分毫差之分毫則必有窒礙處矣有木匠曾在嘉湖等處年久者其胸中必有成竹

可使製之

按繅絲之法及絲車絲竈制度蠶桑輯要述之最詳並列圖樣即古人左圖右史之意然其中許多曲折未盡明徹況以易格之事物而竭力形容之頭緒煩瑣翻令閱者神昏誰敢獨斷獨行竟自照辦以上各條俱得依次取法恐至此忽生畏難之心矣故後路雖亦照描聊備名式以便查對云爾而其事究不若植桑養蠶之難

一切物件若照本條及後蠶事預備說條下一

一購辦。辦到即教本地工作。依樣製造賣與養蠶無器之家。豈非兩利。再延一繅絲好手。前來繅絲。無論智愚。一學便會。大約一人繅絲。十八從學。不過二日皆好手矣。本條所以從略者。謂事甚淺易。無用深求也。

一絲車後須設火倉。與車上著絲處針對。雙錢眼設兩倉。單錢眼設一倉。一盆絲從水中抽出。使從火倉上過。火與絲約離二寸許。遠則火力不及。近則恐有火傷。則隨繅隨乾。否則彼此膠粘。俗謂之水粘。掉絲時費手矣。

倉中所用之炭。須無煙且不爆者。煙則熏壞絲色。爆則燒斷絲條。

一絲竈之左。須設一木盆。用物架高。使與竈齊。以盛蛹。即蠶所變也。成繭後一變而蛹。再變即蛾。與繅不上絲之熟繭。歇車後擇繭之尚厚者。併入陰繭治之。餘則盡置鍋中。以原湯煑之。煑透後。以絲帚撥之。擺之。則蛹皆離絲。而絲亦牽連成片矣。於明晨取出。貯以蒲包。用重物壓乾。提起牽連成片之絲。擺落其蛹而晒之。俗謂之絲搭頭。俟抽絲既畢。後以桑枝灰和煑。扯開勻鋪篩底。用竹軟枝於淺澗中疊疊敲去蠶嘴而晒之使極乾。以手抽之。用與陰繭略同。於冬時披之肩背間。裹衣之外。襯襖之內。尤足以禦寒。

軟車時說一條

一軟車時鍋中所餘之繭。謂之湯頭繭。以大碗儲之於明日動車後。襍入生繭未經湯者曰生繭。抽之。

繅絲說一條

一繅絲之法。難以言傳。必熟看始能通曉。可於繅絲時留心觀看。

有親友貿易嘉湖等處者。可囑其在彼學習。學習既成則旋里後。可傳之無數人矣。

稱蠶花說一條以下總論

一飼蠶者。須度量自家桑葉之多寡。初生之蠶。謂之蠶花。蠶花落紙時。便須以戥秤稱之。每蠶花一錢。飼之得法。約可得大眠五六斤。統前後計之。須食葉百三四十斤。不可於收蠶花時一味貪多。

稱蠶花之法。先將蠶布稱准。至蠶落紙後。取蠶布再稱之。則蠶花之分兩曉然矣。竟以蠶花置戥秤盤中。恐其畏冷。

蠶桑輯要曰。烏重一錢。爲一筐。出火以二十四兩或二十兩爲一筐。大眠以六斤或五斤爲一筐。

葉有宜忌說二條

一蠶有不食之葉二。金葉。有黃斑者。油葉。色黑若有油。○儲之太堅。踰時則油矣。如買葉於數十里外。而儲之不得不堅。則須於中道放風。放風者。擇有風無日之處。發而鬆之也。約行二十餘里。便須放風一次。是也。有不可使食之葉二。水葉。食水葉則絲爛。及桑樹在大麥田中者。食之壞蠶。種桑買桑者均宜牢記。是也。

按蠶桑輯要并忌黃沙葉。黃沙來自沙漠。蠶食之有損。或洗用。或拭淨用。若大眠起後。食葉愈多。亦不勝洗拭矣。霧葉詳前。大眠起後說第二條下。

一晝時所食之葉。宜於辰刻采之。早則尚濕。遲則易枯。夜間及明日清晨所食之葉。宜於申末酉初采之。亦恐其易枯故也。日色正盛時。所采必易枯。

按烈日中采桑。其樹易壞。故連枝剪下者。必在日出之初。日斜之後。

將雨采桑說一條

一飼蠶者宜識天時。天將雨。便須采足一兩日之葉。以爲之備。少則以缸甕鬆鬆儲之。多則於無風日處鋪竹席於地而鬆鬆堆之。使食盡此葉而雨如故。則不得不於雨中采葉。所采之葉。以布夾之。新者惟白布可用。舊則不拘顏色矣。少頃即乾。否則以水淘過未淘者恐有灰。之乾麥抖之。亦少頃即乾。若大眠以後需葉甚多。則剪取長條。於有風而雨點不到處懸之。亦少頃即乾。

按天時難識。而晴雨卻有常理。大約養蠶時候或聞鳩喚。或連朝大霧。都是雨徵。

切葉說一條

一葉之所以必切者。切則易勻。且較省也。切葉之粗細。

以蠶之大小酌之。蠶初生時。所上之葉。宜細如絲線。初眠起後。則可寬至半分。二眠起後。則可寬至分許。三眠起後。則可寬至二三分。至大眠起後。但去其枝與莖。以閙刀大致閙之可矣。

按蠶多人少之家。三眠起後。每嫌工力難敷。故布切葉三四次便可停切。亦無庸閙。

食葉疾徐說一條

一食葉之疾徐。亦不盡關乎冷暖也。初起時必不甚疾。將眠將老時亦不甚疾。其最疾者。中間之三兩日耳。

此三兩日上葉宜較勤。

蠶屋説一條

一飼蠶以屋多爲貴如屋不多。便須多設晒籚。以蠶架架之。

蠶桑輯要曰。蠶初生用篩。烏滿用籧。兩眠用籚取臘月竹編者不蛀。

按本條貴屋多者。爲蠶倉計也。究之籚若不足纔設蠶倉（見前大眠起後說第三條。）

蠶事預備説一條

一糠灰山帚絲柴（即燒絲鍋之硬柴也。以少煙者爲貴。）及淘過之乾麥。蠶倉所用之土磚。皆宜先時預備。

按蠶事器用不一而足其最著者。則切葉砧也葉篩也。蠶筐也。蔴蠶網也。大小蠶植也。攩蠶毛也。蠶箸也。飼蠶架也。地蠶凳也。山棚蘆簾草帚也。繭籃也。內有不能姑缺者。有不妨他代者。須隨宜變通。若繅絲之車。則車牀也。車軸也。牌坊也。絲稱也。牡蛾鐙繩也。撈絲帚也。踏脚板也。及車後向絲火盆。車前絲竈煙囱。均須預備。非臨時所能猝有也。尚有綿嵤與拓綿叉墜梗。於繅絲後用之。婦女專任之。非若車竈之難緩續置可也。至桑之器用。則桑剪也。桑梯也。桑鉤也。葉簮也。桑鋸也。接桑刀也。刮桑鈀也。噴筒也。擔桑凳也。鑿釘也。俱隨時取用者也。他如圍蠶之稻草簾理蔟料之草梳。都是要件。

又按以上各件器用。雖摘要列圖於左。未必能一一仿造。其可依圖爲之者。皆顯而易見者耳。然或刻鵠不成。翻恐類鶩。奈何茲查蠶桑素盛

之鄉。如杭嘉湖紹等處。遇蠶事將臨其市鎮。必先陳設各器。聽人貿易。業蠶者記定圖名及用處。往該鎮購辦可也。以後便能仿製。無庸僕僕道途矣。

蠶桑輯要器用式列圖如左

切葉砧式（一名切葉鐙。葉篩附註。）

砧以稻草爲之芟盡藁葉用篾箍三層緊束高可四寸圓徑尺餘兩面皆須截平〇篩以細篾編之飼小蠶用此盛葉篩之則勻

蠶筐式 篩篷籠皆可名筐而形制不同蠶網附註

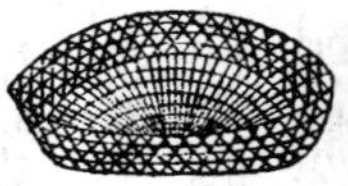

篩與篷底眼皆疏須以紙糊之盛小蠶或架上

向缸圍以小笭條取其得暖早眠然法殊未妥近來不用者多但以小籠代篩篷而已〇蠶網績麻爲之如魚網之制方樣大如籠眼有疏密蠶小宜密眼大宜疏眼

大蠶植式 一名蠶具小蠶植附註

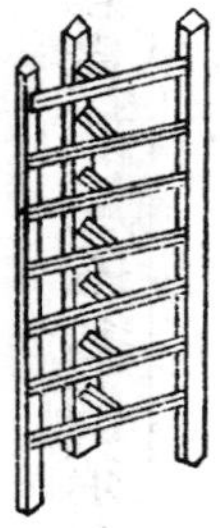

植三角式用三木作杜高八尺中設檔九層相懸各八寸前檔長六尺後檔長三尺前檔木之中俱平鑲一短榫各長四寸後檔木之頭各裁成榫口湊於前檔木之短榫上中穿一孔用竹釘縮住可使轉移摺疊〇小蠶用小植高四尺餘濶亦四尺檔用五六層可置牀帷之內

蠶箸式 担蠶毛附註

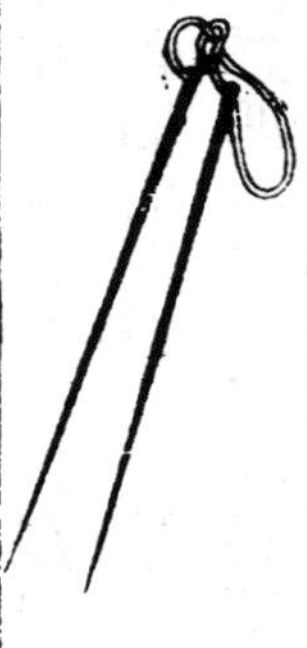

箸以竹爲之長五寸細如常箸一頭削尖磨令光潤視小蠶稀密未勻之處撥之使勻〇毛即鵞雁之毛取其輕柔無損蠶之患新烏初生微如毫㲃無從下手須此担之鷄毛亦可用但嫌軟弱耳

飼蠶凳式飼蠶架一名三脚架更輕便飼蠶凳改註三脚架地蠶凳附註

飼蠶架三角式高三尺脚三柱如鼎足勢檔兩層相懸一尺八寸其鑲榫及穿孔之法與蠶槌同但上層之前檔長四尺餘後檔減半俱冒出柱外各五寸以便架蠶籚飼蠶下層之檔俱稍短取其撐開三柱不令傾欹而已○地蠶凳高一尺長七八尺面濶八寸以壯實為主蠶鋪於地人無從駐足須登此飼蠶

山棚蘆簾草帚式草帚即蠶山亦名山帚附註蘭簃亦附

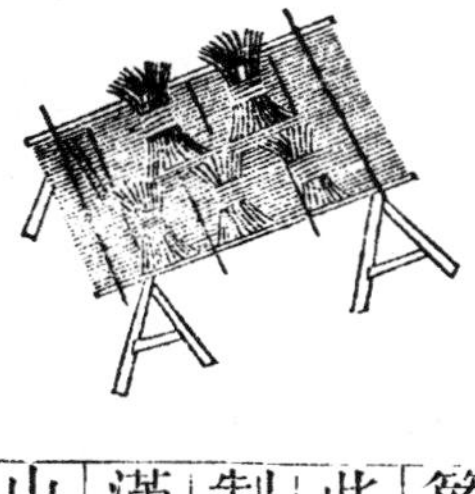

簾以蘆葦織成山棚之上非此無以簇蠶長短濶狹無定制一室之中大約五六簾鋪滿○草帚詳前第三十條若山下用向缸者帚又稍別其法將草一小把長二三尺就中腰絞緊折轉卽成兩股隨於兩股中搦住數莖從總絞處盤旋復絞數轉使其末散開如傘蓋有覆碗之形而無仰盂之象也○蘭簃者盛繭於簃以稱斤兩也凡光滑之篾簃皆可用

繅絲車牀式

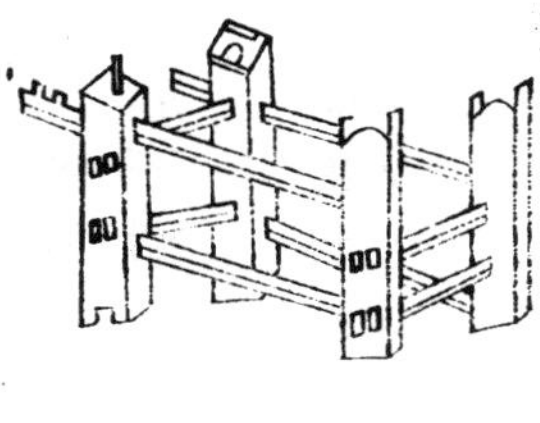

車牀之四柱宜用檀木上架車軸其巧合處則筆不能盡傳惟將現成牀軸令木工照樣製造自然中肯矣凡絲車內物皆倣此

車軸式

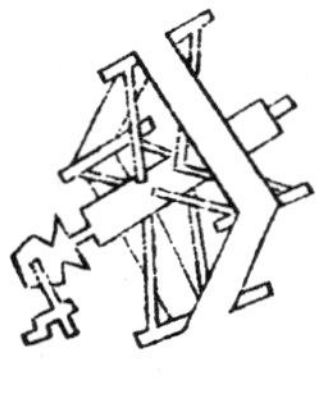

軸上橫木及鑲針皆檀木橫木一名橫梁周圍套車衣襯絲卽易脫車。

牌坊式

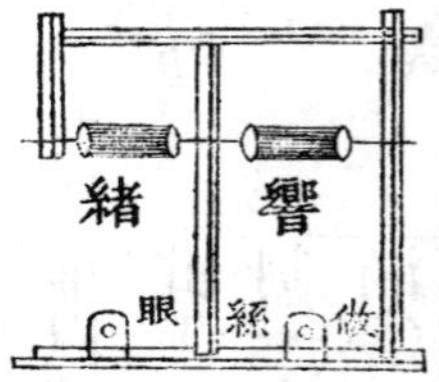

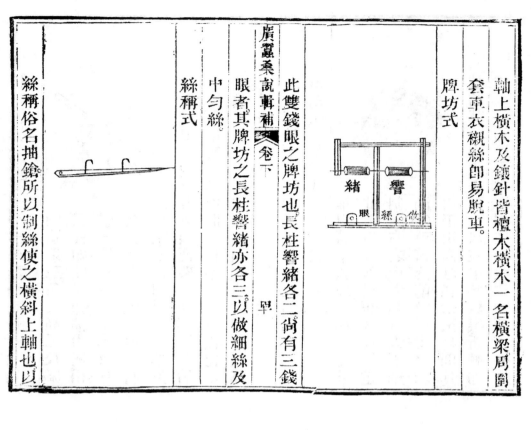

此雙錢眼之牌坊也長柱響緒各二。尚有三錢眼者其牌坊之長柱響緒亦各三。以做細絲及中勻絲。

絲稱式

絲稱俗名抽鎗所以劄絲使之橫斜上軸也以小木條爲之長二尺四五寸。上釘鉤曰送絲鉤。鉤料不一。楊枝鉤爲上銅鐵勿用鉤之數視響緒之數。

牡孃鐙繩式

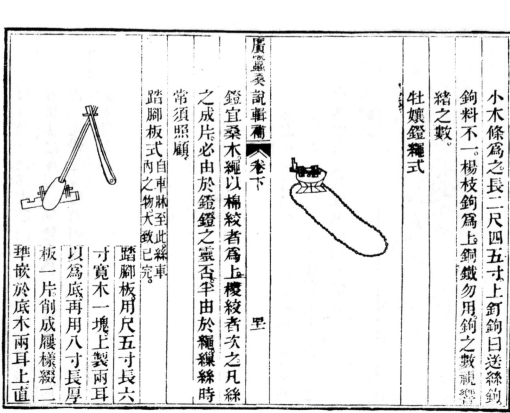

鐙宜桑木繩以棉絞者爲上棱絞者次之凡絲之成片必由於鐙鐙之靈否。半由於繩纙絲時常須照顧。

踏脚板式 自車牀至此絲車內之物大致已完。

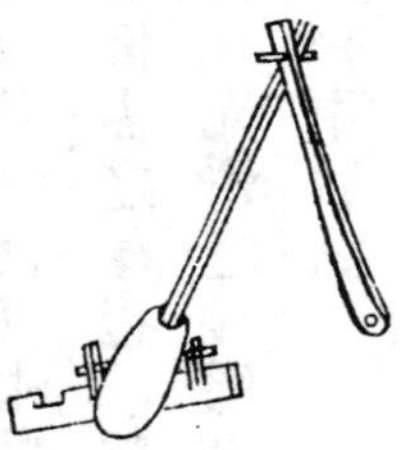

踏脚板用尺五寸長六寸寬木一塊上製兩耳以爲底再用八寸長厚板一片削成履樣綴二榫嵌於底木兩耳上直

鑲二尺小木條。○頭裁榫口。另用二尺小木條。一頭湊於直木之榫口。以竹錢貫之。一頭鑿成圓孔。貫於軸柄。踏動板木。可屈可伸。軸卽隨之轉矣。此蠶桑輯要法。然不如直木上頭縛以麻縴。另以老毛筍壳水潤作紐套上軸柄。下接麻縴以運動車軸。更覺輕靈。

絲竈煙囪式 撈絲帚。火盆。均附註。

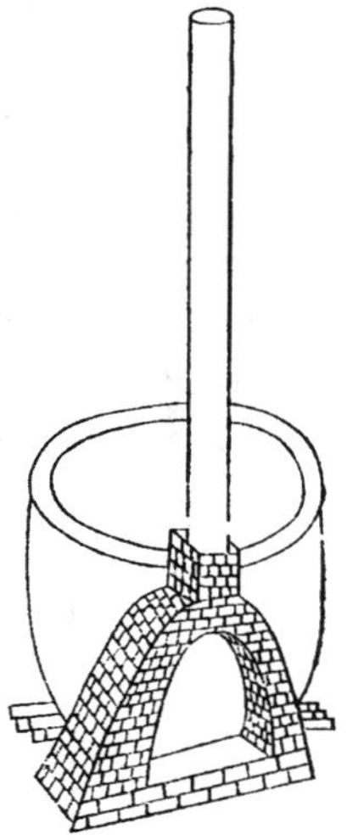

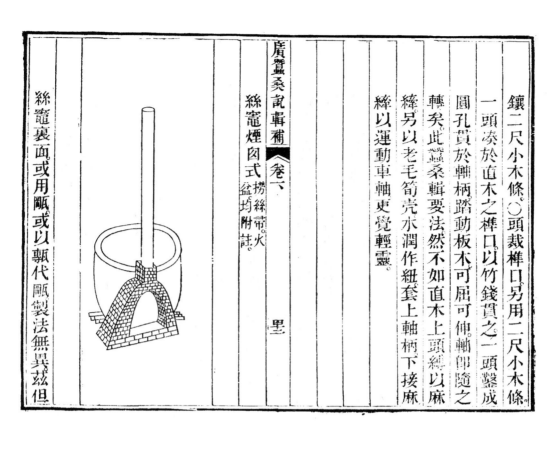

絲竈裏面。或用甑。或以甎代甑。製法無異。茲但以磚竈言之。竈底用四五寸高之木架。另以大篾就架上編就竈皮。一面開火門。火門上編煙囪。其竈內用磚砌作甑樣。石灰和泥厚托。不使漏煙。煙囪亦塗灰泥。但無礴。○撈絲帚。一名做絲手。一名打絲帚。以帶節竹一片爲之。濶二寸。長八寸。節須留在六寸之間。上斲根縷七八條。近節處嵌以銅絲。使縷析條分。以便導繭出緒。○火盆可用山下向缸盛以炭火。繅絲時安置軸後烘絲。若停軸先移去。

緜豁式 拓緜义 墜梗附註。

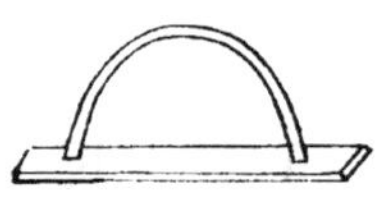

緜豁以二尺長三寸厚四寸濶木板爲之。兩頭各鑿一孔。用厚竹片長三尺四五寸濶五六分者。環轉兩頭。其形如弓。所以拓緜也。

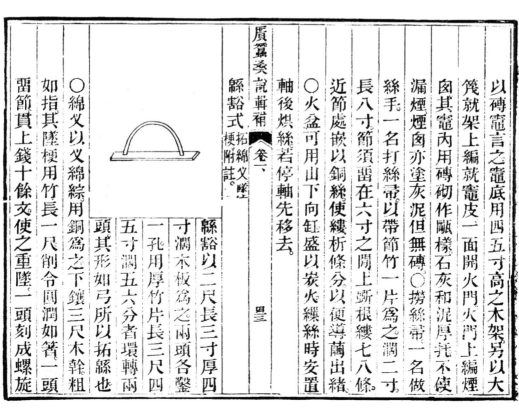

○緜义以义緜綜。用銅爲之。下鑲三尺木幹。粗如指。其墜梗用竹長一尺。削令圓潤如箸。一頭留節。貫上錢十餘文。使之重墜。一頭刻成螺旋

深痕以便嵌線不致滚脱套入五六寸長之蘆管管大亦如指。

桑剪式 桑梯桑鉤葉箔附註。

剪以鋼鐵爲之頭長寸半身高五寸肩不可太濶取便把握口宜犀利以桑條不當攀折須以此剪剪之也○梯之高低無定約以八九尺爲

適中兩梯相並頂側各釘鐵圈二枚以細木連貫之移之則下兩開摺之則下雙合○鉤以三尺長之小柄上裝鐵鉤鉤高颺之桑條以便剪取○葉箔編篾爲之圓徑尺半高二尺餘上須絡繩以便挑運。

刮桑鈀式 亦名刮桑刀桑鋸接桑刀噴筒附註。

鈀刮桑蟲以鐵爲之口濶寸餘環屈其身長三寸末作圓孔以受柄柄長二三尺不等○凡桑幹堅壯剪不能取者用鋸截之長尺餘濶半寸厚分半匀排細齒用鐵條環屈如弓釘住兩頭末鑲短木爲柄○刀長五寸濶寸半以利爲主蓋接桑之要全在劈削其刀正不得苟且也○筒或銅或竹爲之圓徑六七分長一尺底鑽七孔爲水出入之處更用細圓木一根長於筒身有半一頭置短拐一頭釘牛皮二三層或用布卷亦可取其滿塞筒內吸巴豆水噴桑之蠶蟲。

擔桑凳式 鑿釘附註。

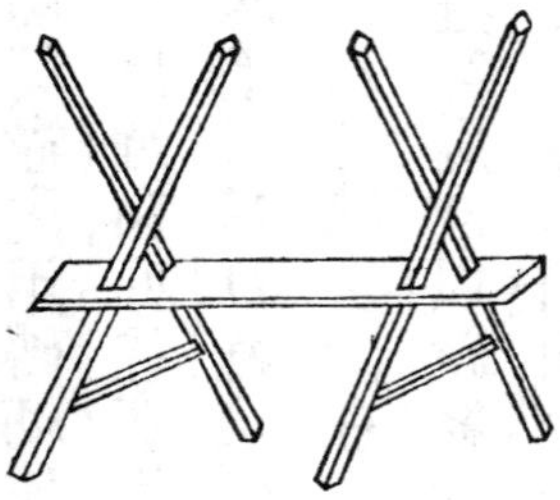

擔桑凳以杉木爲之凳面長五尺脚高二尺五寸其餘制度如式剪下桑條連枝葉架於凳上以免着地拖泥擔回亦便遇雨可以覆蓋○鑿釘以鐵打成本身四寸長口用鋼斧口一寸五分鋤口一寸中置堅木柄桑本內生蛀蟲用此鑿取以免蛀空

之患。

草梳式或用四齒。名四齒鐵耙。稻草簾。一名龐篇附註。

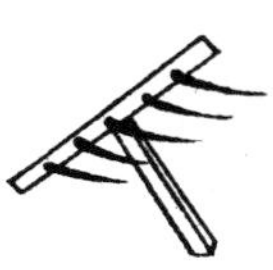

草梳用堅圓木橫長七寸。柄長五寸。用兩頭尖鐵釘長四寸者五支橫木鑽眼排勻釘出耙頭用粗繩挽草疏去軟殼作山成繭無草殼痕纔絲無吊繭患○稻草簾用麻繩編九尺相離二

尺許夾細竹一根高七尺麻繩五道兩邊盡處並用竹各一根蠶到眠起之際以此竪圍大蠶架外上山時卽以圍山。

雜說九條

一桑渣蠶砂皆非棄物設土窖儲之而浸之以水俟其腐爛取以糞田極肥糞桑亦極肥。

一蠶最爲鼠所喜食飼蠶者不可無猫。

按無猫之家每以泥塑假猫外加粉飾置蠶室中以嚇鼠此可暫恃久則不靈。

一蠶喜靜而惡鬧勿任人喧嚷其旁。

一蠶忌香醋瓶酒甕藥爐及一切有香氣之物勿使近蠶婦勿佩香囊。

一蠶忌煙吸煙者向蠶吐之蠶口立流黃水。

一蠶忌油漆勿於飼蠶處油漆器具。

一襯蠶慎勿以字紙。

一栽桑原以飼蠶然不飼蠶而栽桑亦未始非計也栽桑百株成陰後可得葉二三十石以平價計之每石五六百文其所獲利已不薄矣。

蠶桑輯要曰植桑救窮亦要三年方有微利○桑之大利總以十年爲期育蠶利倍。

一蠶多而桑葉不足者須約計其所缺之數先時買定并言明立夏後幾日剪采早則立夏三日後遲則立夏五日後不先言明恐買者欲早賣者欲遲易滋口舌。蓋桑之貴賤最難逆料先時買定必平價也。

一飼蠶者不可專望其賤而不買宜知有貴至二三千文一石時栽桑者不可專望其貴而不賣宜知有賤至百十文一石時。

以上六十六條內。大都是收種養蠶之法。逐條說下。頭緒雖似冗繁。然卻一線到底。與培養桑樹法十九條格局相同。業蠶桑者隨時翻閱。自能左宜右有。不致向隅。及經習數年。自然巧生法外矣。

新增蠶桑總論六條附左

一蠶桑不可偏廢。每見鄉村煙戶。其屋前屋後牆東牆西。不無隙地。除行路之外。俱可栽桑。以三時之餘閒。勤加培養。至放拳以後。日長一日。不數年而高至丈餘。狀如華蓋。至夏濃陰成片。景致天然。況二三月插田尚早。男丁婦女采桑養蠶。正當天氣融和。不畏寒暑。祗須三四旬之久。其蠶絲便可換錢。其繭殼繭統及襍亂之絲緒。歸之婦女。或作綿。或製衣。一家均被其利矣。

一蠶桑不可過貪。蓋天時水旱不齊。秋收盈歉異致。惟蠶桑之利。可備凶荒。然宜知節。貪多則有害。何也。桑多防葉賤。蠶多防葉貴。蠶桑並多。更防工力不敷。反至蹧蹋。大約一人之力。可植

桑三畝。二人之力。可留蠶種一連。連取密密相連之意。俗謂一連爲一方。一方者。方一尺七八寸也。

一農家宜重蠶桑。何則。肥田百畝。每年除去錢漕襍費。所餘有幾。苟無蠶桑之利以輔之。則豐年猶可支撐。凶歲或難敷衍。一旦饑寒交迫。賢者雖能忍受。而愚者往往放辟邪侈。無所不爲。及事情敗露。被獲就刑。悔無及矣。是以農隙之時。卽須兼顧蠶桑。爲救貧地步。諺云。一時蠶可抵半年糧。利非小補明矣。願農家之未業蠶桑者聞風興起。

一工作之家。宜識蠶桑。蓋蠶性宜靜。比戶養蠶時候。凡土木金石諸工。大都停止。緣造作之聲。恐驚鄰舍之蠶也。斯時工匠。不若趁蠶忙之際。幫人采桑養蠶。所得工資。正可抵償本業。習熟之後。且可教其兒女。然則既操本業。帶課蠶桑。有何不利。

一商賈之家。宜稍事蠶桑。蓋貨利有盛衰。得息豈皆十倍。卽經營盡善。財帛日盈。富埒王侯。交

通官吏聲勢非不赫矣不再傳而黃金消散華屋空虛其故何哉緣市利去來無定來易則去亦易理固然也孰若稍事蠶桑令家人玩習不但使知物力艱難亦以弦高之婦代敬姜之勞於理甚當況市利自盤剝得來暗中招造物之忌蠶桑之利自辛勤得來人勤則善心生豈獨免白香山飽食濃妝之誚哉

一仕宦之家宜理蠶桑詩云婦無公事休其蠶織在王妃之貴猶以女紅責之況其下者乎每

見身列仕籍者携眷出鄉以爲既食天祿則男可不耕女可不織遂將蠶桑瑣事置之度外迨至年老歸田一無所恃所謂桑者閑閑行與子還者安望耶不得不教其子弟仍奔走於形勢之途子弟若賢或能繼起子弟若愚則潦倒他鄉莫知爲計於是有操奇贏權子母爲後人圖萬全者豈知後人安享慣常誰肯追念祖父之艱難時加勤勉勢必筋柔骨脆爲天地之棄材何如早分鶴俸於故里購辦桑田倩人經理他年歸隱不但桑陰滿逕可以娛目騁懷而且倉庚一鳴則采桑養蠶令後人稍習勞苦如是則內有所恃出可以養廉處可以食力亦何至進退維谷貽患後人耶

廣蠶桑說輯補卷下

蠶桑輯要

(清)沈秉成　撰

《蠶桑輯要》，（清）沈秉成撰。沈秉成（一八二二—一八九五），字仲夏，號耦園，又號聽蕉，歸安（今浙江湖州）人。清咸豐六年（一八五六）進士，改庶吉士，授編修，歷任多地多職，官至總理各國事務大臣、安徽巡撫，署兩江總督。撫廣西時，教民蠶桑；撫皖期間，修水利，設經古書院，倡經史實學。乞病後，定居蘇州耦園。撰有《榕湖經舍藏書目錄》《夏小正傳箋》等，參修《（光緒）順天府志》。

此書約成於清同治十年（一八七一），清《續文獻通考·經籍考》農家類著錄。沈氏頗識蠶桑之利，故輯諸家之說，兼採教民蠶桑、繅絲經驗，匯爲此書。末附其高祖父沈炳震《蠶桑樂府》二十首。

沈氏勸課蠶桑之『告示條規』，闡述蠶桑之利，簡摘前賢成法，意在勸諭，頗多精要。全書大半錄自他書，多未注明出處，以取自何石安、魏源輯《蠶桑合編》與楊名揚《蠶桑簡編》者居多，主體内容以『諸家雜説』冠之。此書總結植桑、養蠶及繅絲技術皆精，多以十數條論之，對桑樹養成、蠶性、調節蠶眠等有獨到見解。養蠶『三齊』『五宜』『七忌』等經驗總結極具概括性。書前有圖三十餘幅，多采自《蠶桑備覽》，以圖繫説，舉凡植桑、養蠶、繅絲各種架式與工具，均繪成圖，部分注明尺寸，以便按圖購買或仿製。書中還專設『養野蠶法』和『紡野繭法』兩篇，篇幅短小，但頗具參考價值。

全書簡繁適度，總結性強，所錄技術，簡單明白，切實可行，便於操作。輯入圖錄與《蠶桑樂府》，更益於廣見識，資借鑒，備採擇。此書當時流傳頗廣，影響較大，各地提倡蠶桑，撰寫蠶書者多參考之。或由輯錄之故，此書條目、序次略顯紛亂，栽桑、養蠶、繅絲等項偶有交錯重複，然其勸民興利、傳播技術之功自不可没。

此書刻本較多，有常鎮通海道初刻本、光緒元年江西書局刻本、光緒九年金陵書局本等。今據南京圖書館藏清光緒九年金陵書局本影印。

（熊帝兵）

蠶桑輯要

光緒九季季春
金陵書局刊行

世人泥禹貢桑土既蠶之說謂種桑之地必擇土性所
宜以致天下大利輒爲方隅所限不知五畝之宅可樹
桑匹婦之家可飼蠶天下有土之地皆可種桑之地皆
可養蠶之地也文王善養老於西岐孟子策王政於齊
魏俱以樹桑爲首務未嘗慮土性不宜其明證矣彼斤
斤然謂遷地弗良者皆游惰之民不善治生遂使先王
良法美意不能徧及於天下豈不重可惜哉浙之湖州
蠶桑與農事並重男耕女織寖爲風俗秉成生長是邦
親見每年所出之絲四方來購者相望於道竊謂此利
若推之他省更可衣被無窮私願所存有志未逮同治
己巳夏奉

命備兵常鎮冬初履任後周歷各鄉野多曠土詢諸父老知
重農而不重桑迺捐廉爲倡郡之紳富亦復樂成是舉
踴躍輸將遂設課桑局於南郊擇郡人之公正者司其
事集資倩人至吾鄉采買桑秧得二十餘萬株分給各
鄉領種並頒示章程導以培植灌溉諸法年餘以來十
活八九高原下隰蔚然成林此後養蠶繅絲如法教之
亦在不憚勤勞耳局董吳六符州同來請將示諭規條
彙成一編付剞劂氏以廣其傳余謂勸課農桑乃分內
之事苟民得其利於願足矣顧又重違其意爰博采諸
家之說彙爲一編名曰蠶桑輯要又於書麓中檢得先
高祖所撰蠶桑樂府二十首因並付之非欲藉以傳先

人手澤也其言簡意明人人可解或亦利用厚生之一助歟江南北壤地沃衍果推而行之其美利有不可勝言者慎毋謂土性不宜讓茗霅閒人獨專其利也同治辛未孟夏歸安沈秉成

車牀式

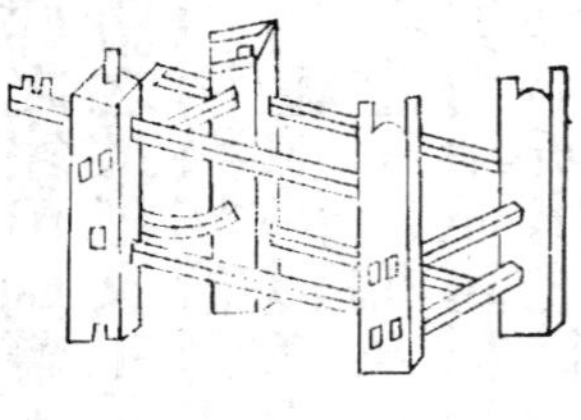

車軸式

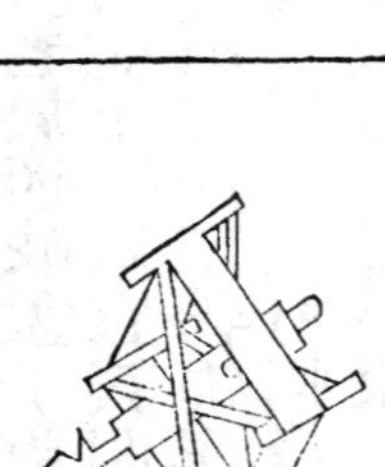

車牀前後共四柱後二柱高二尺四寸柱頭各開一口以承軸前左柱高二尺七寸柱頭鑿孔以套稱右柱高二尺三寸柱頭裁成圓準以貫牡孃鐙○軸以堅木爲之長二尺五寸首裁圓樞後樞外稍成八稜以環牡孃繩其末鑲短木六寸短木上橫鑲圓木六寸爲柄軸身四面裝貫腳每腳用二柱長一尺上設橫梁周圍套車衣襯絲即易脫車

牌坊式

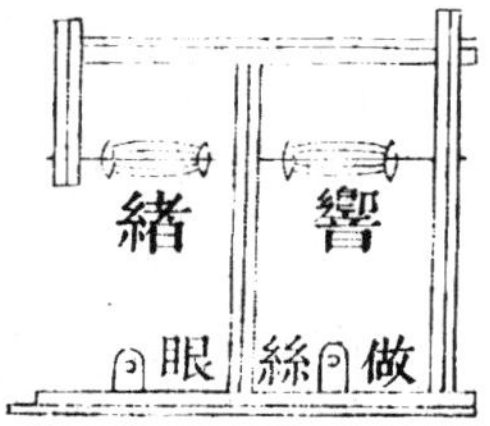

絲稱式

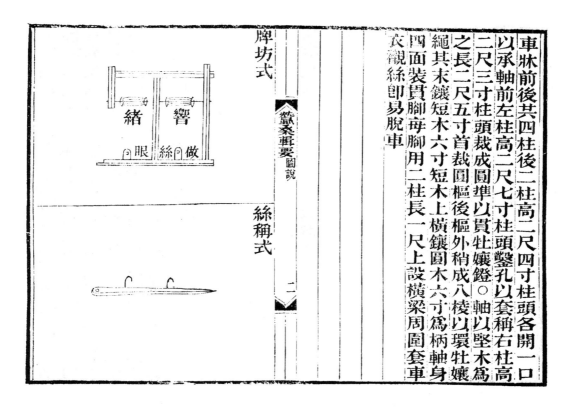

牌坊用二長柱高二尺上設橫檔檔下置三短柱長三寸連長柱平穿一孔用細篾一條貫之以繫響緒響緒用小竹五寸兩頭留節中刻條縫穿孔橫貫篾條上絲眼所以穿絲用細銅鐵條三寸一頭椎扁鑽眼眼須光潤不令剮斷絲緒○絲稱所以制絲使之橫斜上軸也以小木條爲之長二尺四五寸一頭鑿圓竅套於牡孃鐙上一頭貫於車牀柱之孔中上釘鐵鉤曰送絲鉤

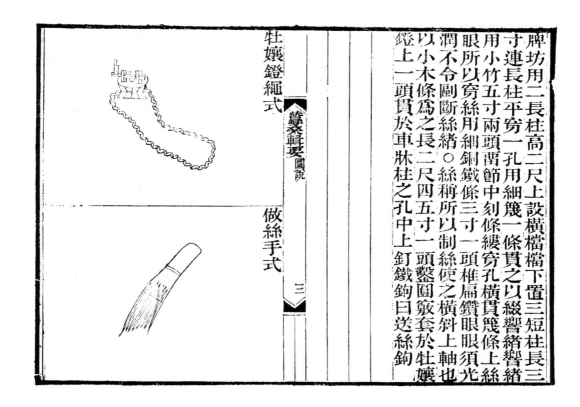

牡孃鐙繩式

做絲手式

鐙以桑木爲之高三寸圓周六寸或八稜或十稜中鑿圓孔以套車牀柱榫上中腰削坳以環牡孃繩上裁兩耳旁鑲四寸小圓木一條以承絲稱繩用棉絞者爲上長約四尺兩頭交結使緊前套牡孃鐙後套軸柄上中須交互一轉方能使鐙隨軸而運○做絲手以帶節竹一片爲之闊二寸長八寸節須留在六寸之間上斷根縷七八條形若手指以撈絲緒

踏腳板式

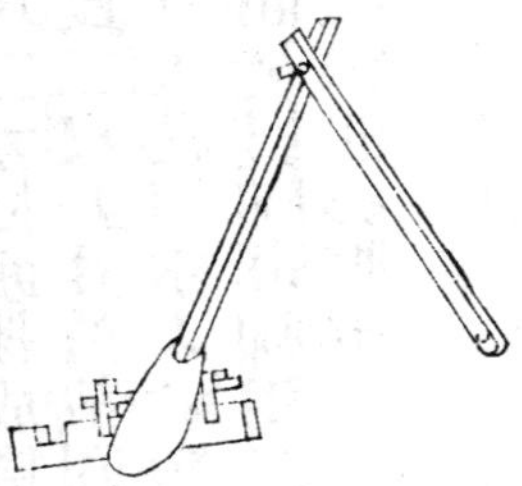

火盆式

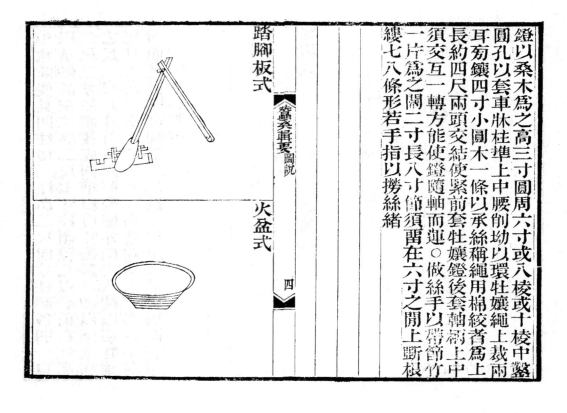

踏腳板用尺五寸長六寸闊木一塊上製兩耳以爲底再用八寸長厚板一片削成履樣旁綴二榫嵌於底木兩耳中上直鑲二尺小木條頭裁榫口另用二尺小木條一頭湊於直木之榫口以竹錢貫之一頭鑿成圓孔貫於軸柄踏動板木可屈可伸軸卽隨之轉矣○火盆有大小兩種用黃砂盆盛炭火凡山棚之下熏灼蠶身及繅絲時烘煽潔絲

絲竈煙囱式

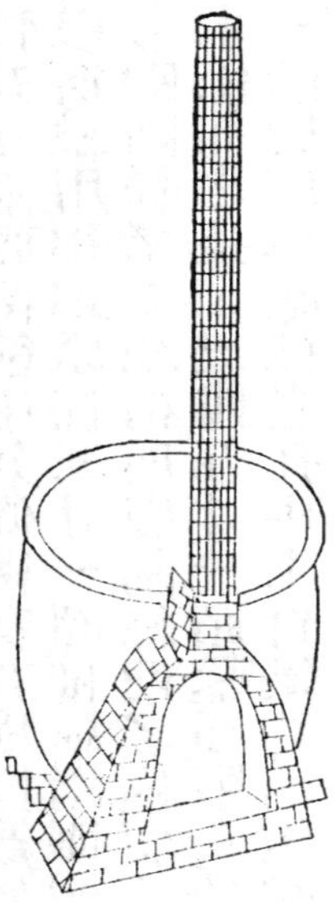

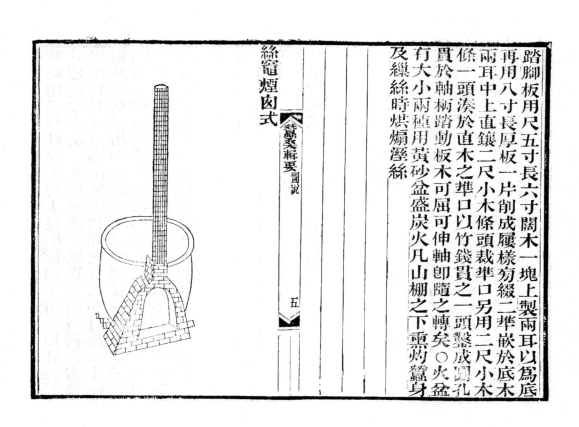

絲竈之制不一有用甌竈者以小黃砂甌爲之一面開火門用石灰和泥內外塗托有用瓶竈者以瓶坏砌成高二尺五六寸寬廣以容大釜爲度內外亦用灰泥厚托俗有陰竈陽竈之稱高敞者爲陽竈發火省柴鬱悶者爲陰竈不發火徒增煙悶○絲竈煙易汙絲故必置煙囱以出煙用薄幾片環繞編成下口圓徑六七寸上口略收小高約丈餘使上出屋檐火門兩旁將瓶砌起煙囱即置其上內外並用灰泥塗托

緜谿式

拓緜叉墜梗式

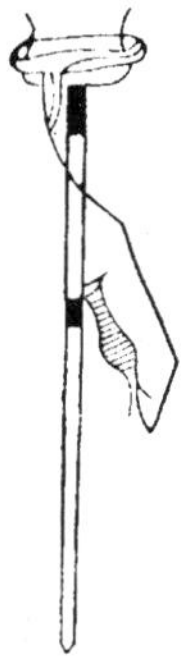

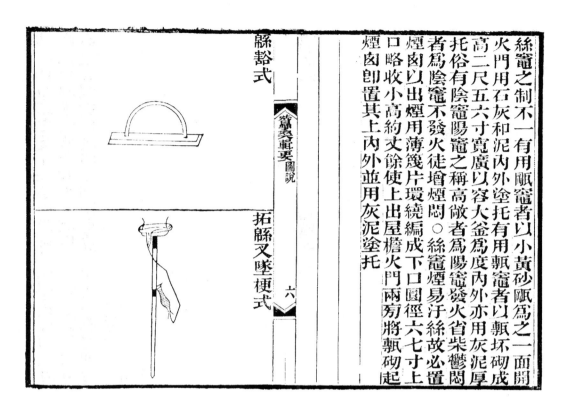

緜谿以二尺長三寸厚四寸闊木板爲之兩頭各鑿一孔用厚竹片長三尺四五寸闊五六分者環轉兩頭插於孔內其形如弓所以拓緜也○緜叉以叉緜績綜用銅爲之下鑲三尺木幹墜梗用竹長一尺削令圓潤如箸一頭留節一頭刻成螺旋深痕使線嵌入其中不致脫落欲其重貫錢十餘文外以六寸長蘆管套之兩頭塗漆爲繳線之用

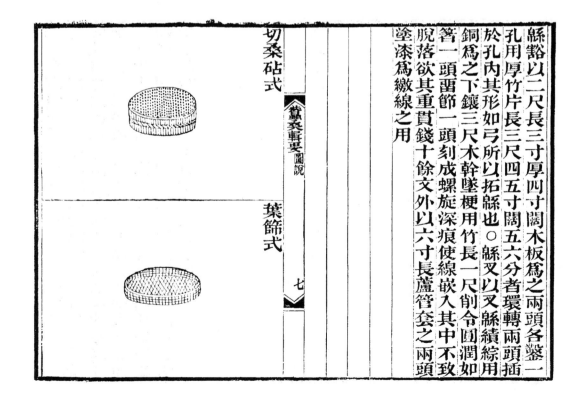

切桑砧式

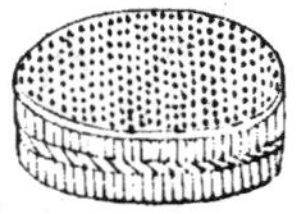

葉篩式

砧以稻草爲之芟淨藁葉用篾箍三層緊束高可四寸圓徑尺餘兩面皆須截平○篩以細篾編之圓徑八寸高三寸眼貴疏篾須光潤飼小蠶用此盛葉篩之則勻

蠶筐式

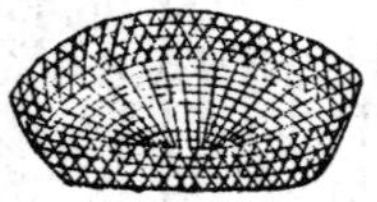

[illegible]蠶網式

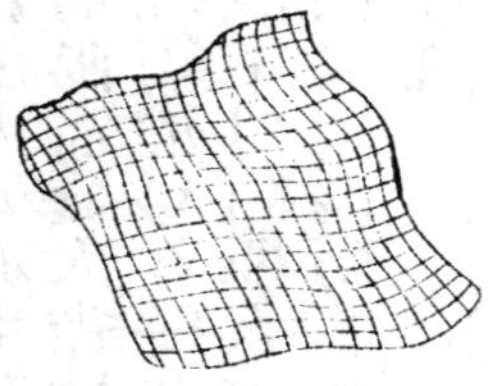

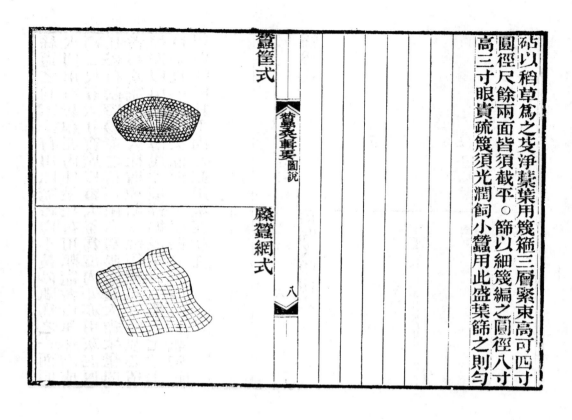

湖人育蠶以筐計（以烏重一錢爲一筐出火以二十四兩或二十兩爲一筐大眠以六斤或五斤爲一筐）其名不一或曰篩曰蓬曰籚（蠶初生用篩烏滿用蓬兩眠用籚）取臘月竹編者不蛀籚大者圓徑三尺七八寸邊高寸半小者二尺半或二尺或尺半邊高三寸篩大者圓徑二尺半小者二尺邊高一寸篩與蓬底眼皆疏須以紙糊之○網績麻爲之如魚網之制長短廣狹視筐之大小網眼有疏密蠶小宜密眼大宜疏眼

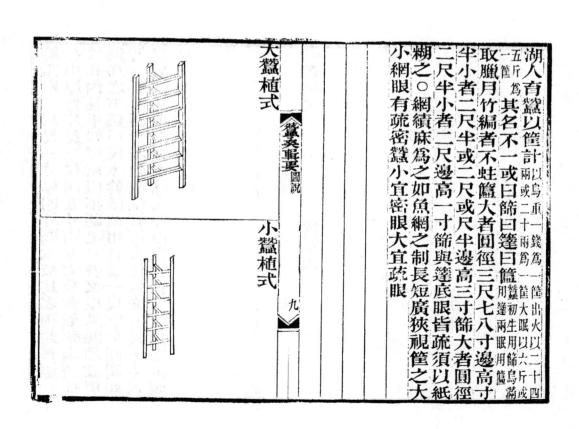

大蠶植式

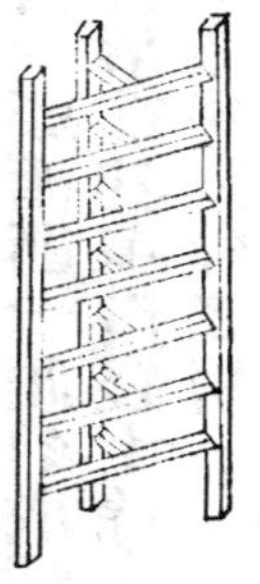

小蠶植式

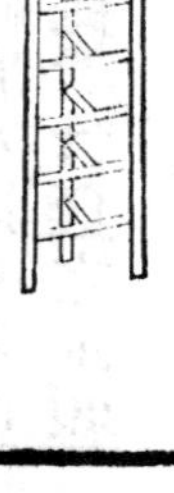

植皆三角式用三木作柱高各八尺中設檔九層檔懸
各八寸令可容筐進出前檔長六尺後檔長三尺前檔
木之中俱平鑲一短榫各長四寸後檔木之頭各裁成
榫口湊於前檔木之短榫上中穿一孔用竹釘綰住可
使轉移摺疊○小蠶用小植高四尺餘闊亦四尺檔用
五六層可置牀帷之內

担蠶毛式

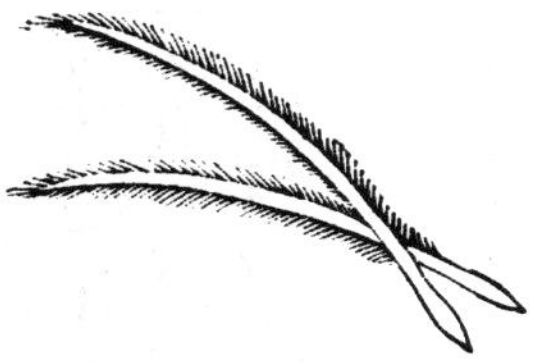

蠶箸式

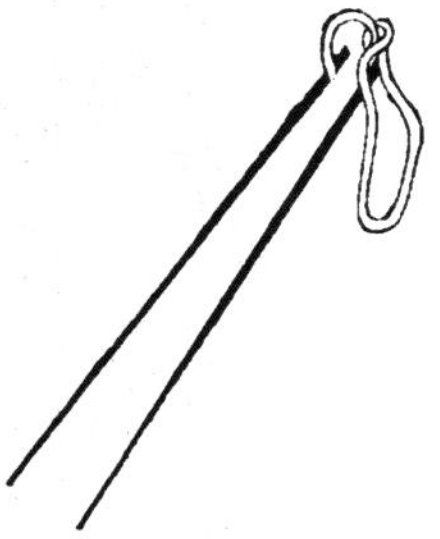

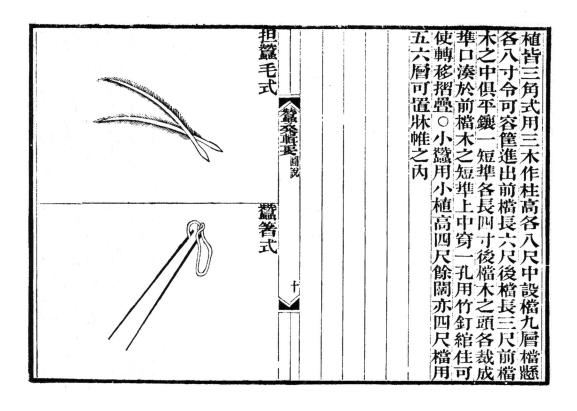

毛用鵞雁之羽為之取其輕柔無損蠶之患新烏初生
微如毫髮無從下手收拾須此担之○箸以竹為之長
五寸粗細如常箸一頭削尖磨令光潤為揭學小蠶要
器

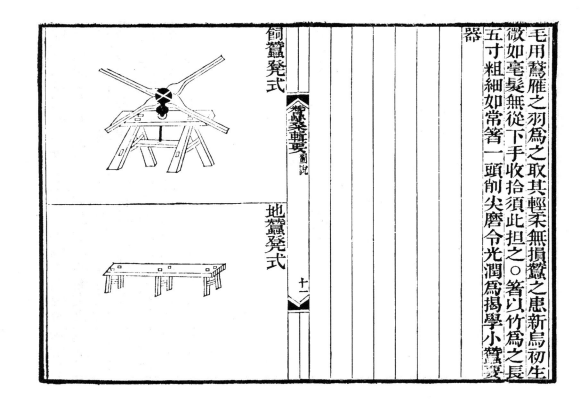

飼蠶凳式

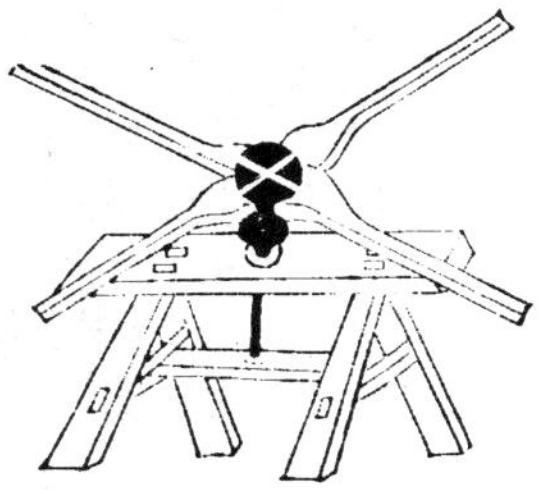

地蠶凳式

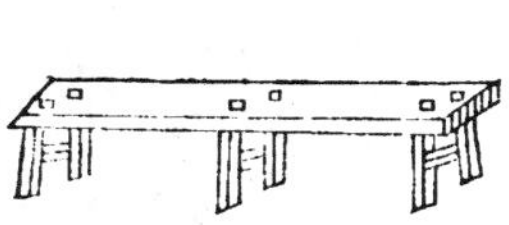

飼蠶凳以厚重爲要面方尺餘脚高二尺凳面鑿一圓心凳脚左右兩檔中另設一横檔上鑿淺穴與凳面之孔相對别用圓木爲柱高三尺縱横平置二檔於頂如十字形就凳面之孔貫下豎於横檔之穴内可以左旋右轉甚便置筐飼蠶也○地蠶凳高一尺長七八尺面闊八寸以壯實爲主蠶鋪於地人無從駐足須登此以飼葉

山棚蘆簾草帚式

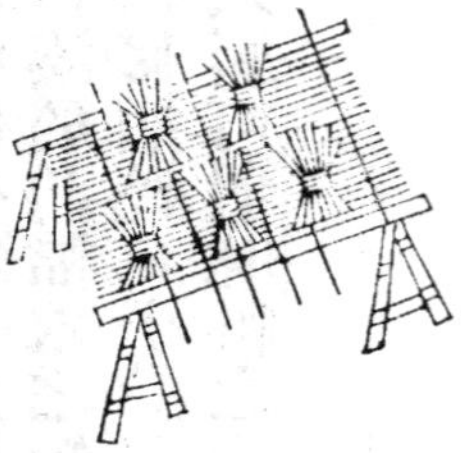

繭籃式

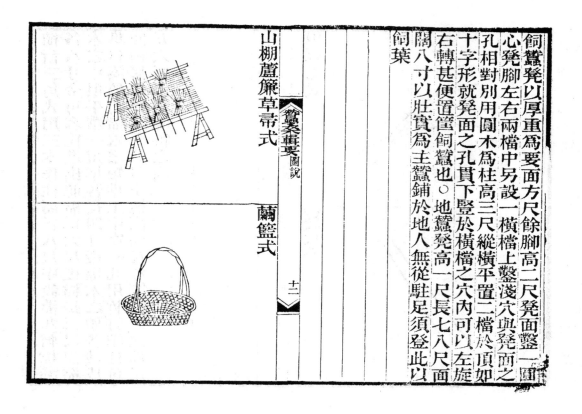

簾以蘆葦織成山棚之上非此無以簇蠶長短闊狹無定制視室之大小爲之一室之中約四簾或六簾鋪滿草帚宜秔稻草縛法有二一用草一握長二尺中腰縛緊兩頭螺旋散開是爲墩頭帚一用草一小把長三尺就中腰絞緊折轉卽成兩股隨於兩股中搊住數莖從總絞處盤旋復絞數轉使其末散開如傘是爲折頭帚○繭籃盛繭器也以細篾編之大小不等須光潤堅緻

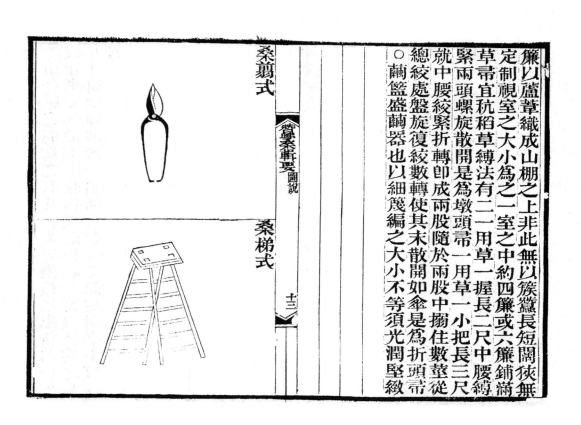

桑剪式

桑梯式

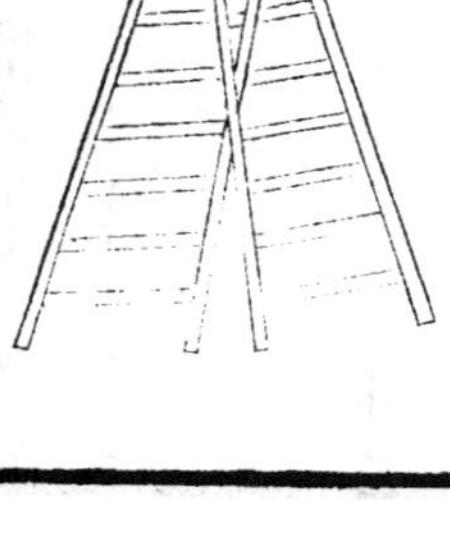

桑條不可攀折須用翦取翦以鋼鐵爲之頭長寸半身高五寸肩不可太闊取便把握口宜犀利忌夾灰嚼鐵輭口○梯之高低無定約以九尺爲適中用兩梯相並頂側各釘鐵圈二枚以細木連貫之移之則下兩開摺之則下雙合

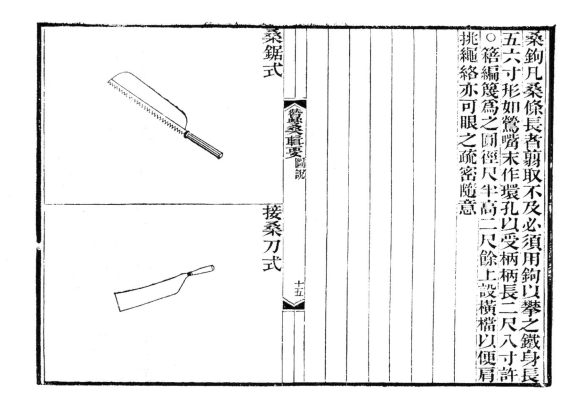

桑鉤式

葉筶式

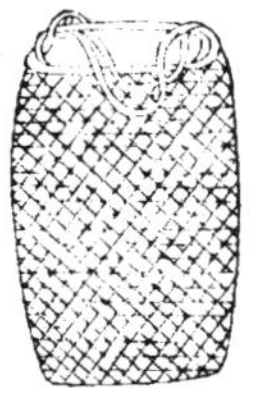

桑鉤凡桑條長者翦取不及必須用鉤以攀之鐵身長五六寸形如鶯嘴末作環孔以受柄柄長二尺八寸許○筶編篾爲之圓徑尺半高二尺餘上設橫檔以便肩挑繩絡亦可眼之疏密隨意

桑鋸式

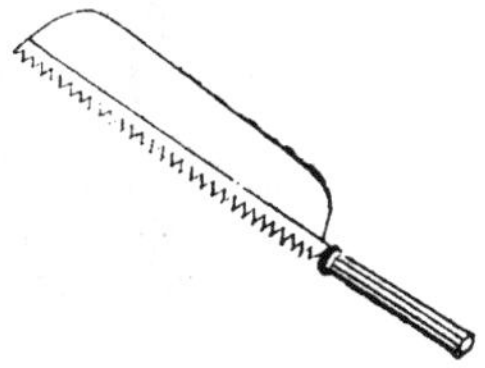

接桑刀式

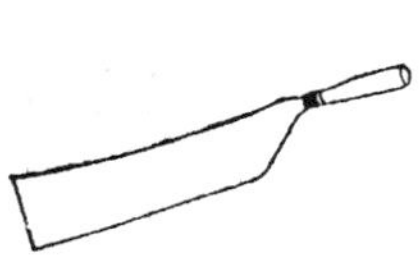

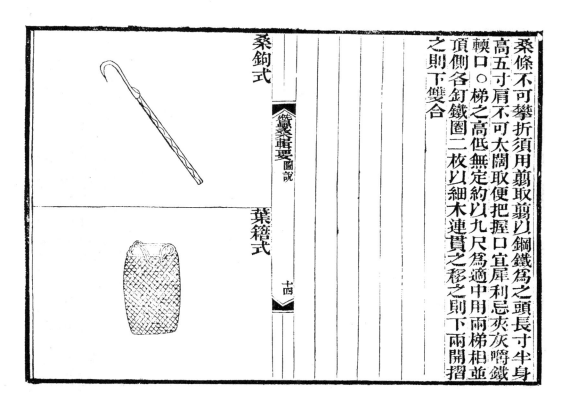

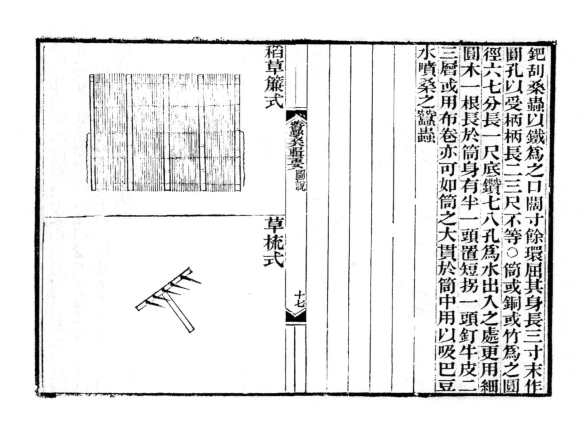

凡桑幹堅壯翦不能取者須用鋸截之長尺餘闊半寸厚半分匀排細齒用鐵條環屈如弓釘住兩頭末鑲短木爲柄○刀長五寸闊寸半以利爲主蓋接桑之要全在劈削其刀正不得苟且也

刮桑鈀式

噴筒式

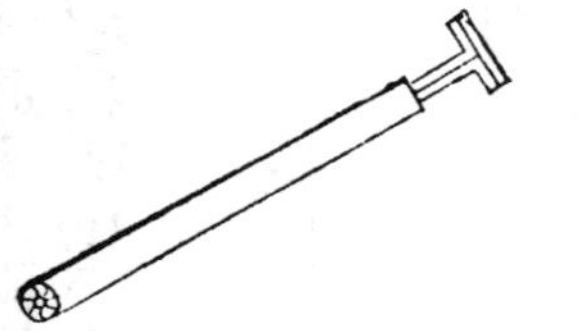

鈀刮桑蟲以鐵爲之口闊寸餘環屈其身長三寸末作圓孔以受柄柄長二三尺不等○筒或銅或竹爲之圓徑六七分長一尺底鑽七八孔爲水出入之處更用細圓木一根長於筒身有半一頭置短拐一頭釘牛皮二三層或用布卷亦可如筒之大貫於筒中用以吸巴豆水噴桑之蠶蟲

稻草簾式

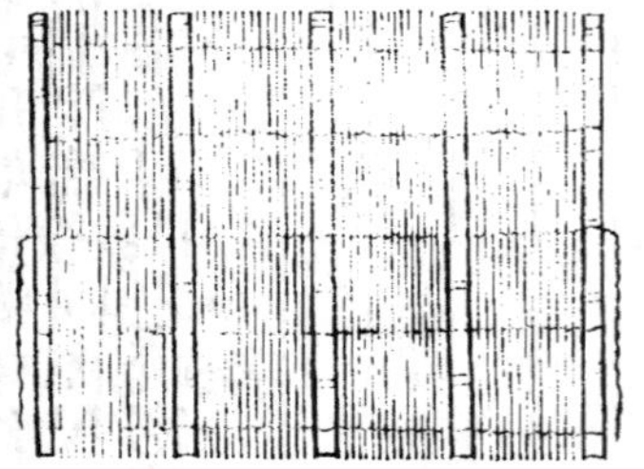

草梳式

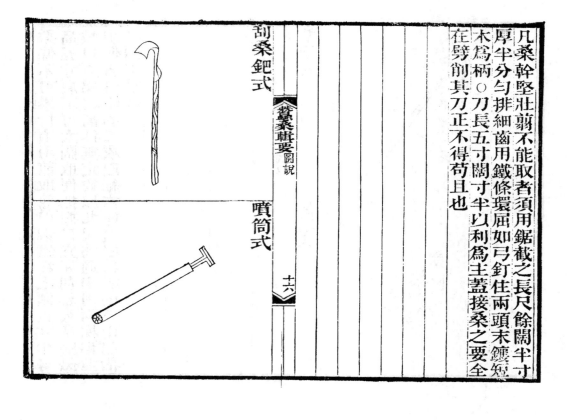

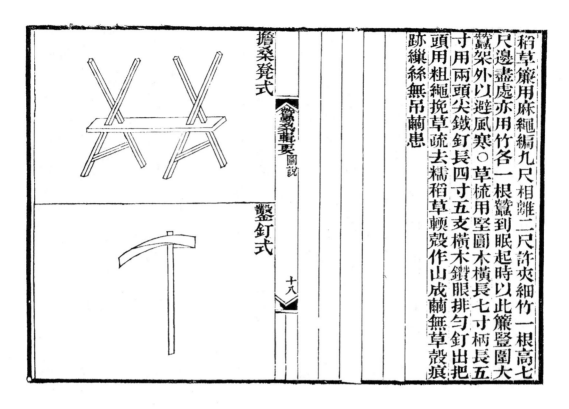

稻草簾用麻繩編九尺相離二尺許夾細竹一根高七尺邊盡處亦用竹各一根蠶到眠起時以此簾豎圍大蠶架外以避風寒○草梳用堅圓木橫長七寸柄長五寸用兩頭尖鐵釘長四寸五支橫木鑽眼排勻釘出把頭用粗繩挽草疏去糯稻草穎殼作山成繭無草殼痕跡繅絲無吊繭患

擔桑凳式

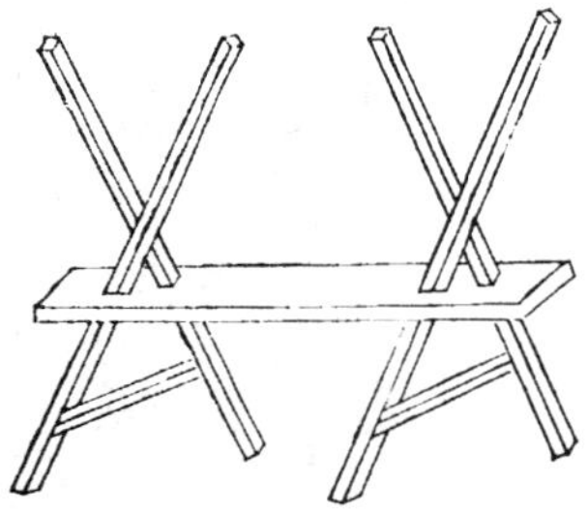

鑿釘式

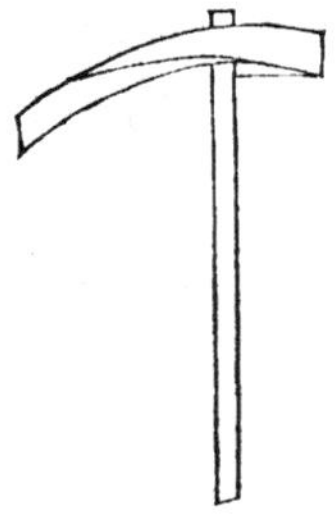

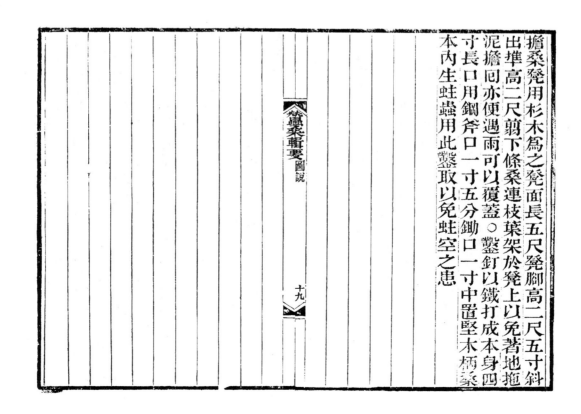

擔桑凳用杉木爲之凳面長五尺凳腳高二尺五寸斜出坢高二尺翦下條桑連枝葉架於凳上以免著地拖泥擔回亦便遇雨可以覆蓋○鑿釘以鐵打成本身四寸長口用鋼斧口一寸五分鋤口一寸中置堅木柄桑本內生蛀蟲用此鑿取以免蛀空之患

常鎭通海道爲勸種蠶桑以廣生業事照得生人以衣食爲先富國以農桑爲本鎭江薦遭兵燹物力彫殘彌望榛棘地荒窳而不治民流亡而未歸井里蕭條生計艱窘周覽郊野惻然傷之固緣軍興以來土曠人稀元氣未復而推原其故實以民風逐末一切治生本務從未講求爲之上者復無以倡率董勸之以故地有遺利家無蓋藏卽力穡農夫亦勤於男耕惰於女織偶值水旱偏災收成歉薄賦稅無所供老穉無所養不得不轉徙四方甚或飢寒切身甘蹈刑網言念及此可爲痛心夫天之生人無論男女皆有恆業足以自食其力無待外求衣食之源農桑並重本道籍隸吳興蠶絲美利甲天下嘗見八口之家子婦竭三旬拮据飼蠶十餘筐繅絲易錢足當農田百畝之入舉家溫飽寬然有餘江南地土鬆柔天氣和煖與蠶性爲近卽如郡屬四邑惟溧陽最號蕃阜其民亦以蠶絲爲業富冠一郡蓋以天地自然之利爲斯民本富之源婦職舉而家道昌用力少而成功倍吾民亦何憚而不爲乎惟養蠶必先樹桑京口舊有蠶桑局亂後中輟且小民難與謀始可與樂成或因惜費而遷延或以畏難而觀望苟安疑阻迄用無成本道來自田閒稍知稼穡亟思所以紓閭閻之困爲吾民博求治生之方捐廉派人前赴湖州購買柔桑萬株並雇覓善種之人來鎭先於城中隙地酌量試植若

千株以爲之倡一面諭總董吳州同等就城鄉情形妥議章程設局勸辦仍俟種植有成再由本道采買繭種延請蠶師遍行倡導除另行示諭外爲此示仰郡城內外紳士軍民人等知悉爾等須知蠶絲之利十倍農事無四時之勞胼胝之苦水旱之慮賦稅之繁種桑三年采葉一世大約每地一畝種桑四五十株飼蠶收絲可得八九斤今日多種一分之桑他年卽多得一分之利凡我父老子弟其各互相勸勉切實講求一俟開局之後報名認種領取桑條分畦列植務期多多益善灌溉以時爲子孫美利之基極家室豐盈之樂庶無負本道懃懃保息一片苦心所有種桑事宜謹就前賢成法摘錄要言開列於後

計開

一辨桑種桑本箕星之精種類不一椹少葉圓大而豐厚者皆魯桑之類宜飼初生之蠶椹多葉小邊有鋸齒者皆荆桑之類宜飼三眠以後之蠶以魯桑條接荆桑身盛茂亦久遠

一種桑子夏初椹熟揀肥大者淘淨陰乾臨種時用柴灰拌勻放一宿然後種之芒種前後爲上時夏至後爲下時二三月亦可種掘地一段打土極細澆以糞水攪起寸許切不可深深則不出將種子布上澆以清水長四五尺卽可移栽　又冬月苗長尺許再上

熟糞加草於上縱火燒去其梢次日以水沃之仍蓋以草至春發出只留旺者一枝來年移栽　又鬆鬆打一稻草繩以熟椹橫抹一過令椹在繩縫中掘熟地以埋之深不過寸許苗長移栽此法較爲省便

一種桑樹掘坑尺許用糞和泥栽下塡土緊築移樹勿傷小根栽時須記原向分行要寬不可正對春分前後栽之易活九月至二月半亦可栽空處宜種綠豆黑豆等物不宜種麥穀

一盤桑條九十月揀連枝好柔條盤作圓圈掘坑一二尺和以糞土緊緊埋築少露梢尖冬蓋腐草春月摟去正二月亦可盤

一壓桑條近土柔條掘坑攀倒泥土築實條上枝梢扶出土面次年梢長二三尺春分時將老條逐節翦斷將發出新條翦去上梢連根留二尺栽之

一接桑樹種過三年必須接換葉乃厚大春分前後擇向陽好條大如筋長一尺者削如馬耳於本樹離地二三尺處將桑皮帶斜割開如入字樣刀口約寸半長將馬耳朝外插入以桑皮纏定糞土包縛令勿洩氣清明後卽活次年將本樹上截鋸去便成大樹又不拘樹身大小將頂上鋸截成盤用刀削平劈爲兩半將接頭削如鴉嘴長短須量劈縫插入務要兩皮相着包如前法

一修桑樹長至六七尺臘正月間砍去中心之枝餘幹便向外長如大傘之狀枝不繁而葉自大飼蠶時枝葉全翦下須留一二尺不翦

一培桑土草長卽鋤土乾便灌二八月及冬月要上肥壅豬羊牛馬之糞皆可入糞尤宜棉子油渣豆餅之類性煖更肥須窩熟用

一治桑蟲見有蛀穴桐油抹之卽死深入者用鐵絲插入殺之

蠶桑輯要

諸家雜說

辨桑法

桑爲蠶本育蠶必先植桑桑有荆桑魯桑之别魯桑葉大甚少而根固荆桑葉小甚多而質較堅但桑種出之荆桑者居多莫如以荆桑爲本接以魯桑之條根固葉茂其法最善

接桑法

接换之法用魯桑條三寸許削去一半如馬耳式約寸餘急速反插荆桑皮内麻扎土擁惟在時之融和手之快密封繫之固擁包之厚取春分前後清明天氣候芽出時只留一芽秋成條桑是也

移栽翦桑法

條桑栽法宜五尺許一本如品字樣不可對植待次年正月天氣清和離地二尺翦去上條候芽出時只留二芽秋後條成又五六尺許待次年正月離了尺許復翦去如又様式再留頂上各兩芽餘芽抹去來年又翦新枝總留尺許仿前法再翦再留而枝條又增倍矣約五六年至立夏後開翦連枝葉盡行翦下飼蠶翦至數年桑成拳式八九十拳不等謂之拳桑拳之大者可留三四五條不等次年立夏又將拳處翦下飼蠶連枝葉翦下者一則省工再則恐有雨溼須倒懸於通風處一時卽乾卽可飼蠶矣

科斫桑條法

科斫不留中心之枝使枝條四達條之可科去者有四一瀝水條向下倒垂者一刺身條向内生者一駢枝條相并生者選其一一穴脞條雖順生者卻稠穴

桑條翦後離本鋤開并窖以泡開豆餅每株盌許其芽復萌謂之莓條交秋可長八尺冬季灌以厚糞加以肥土來年葉茂倍多

蠶性總說

蠶陽物屬火惡水故食而不飲　蠶性喜静惡喧喜溫惡溼　蠶在種則宜極寒成蟻則宜極煖停眠起宜溫大眠後宜涼臨老宜漸煖入簇則宜極煖

蠶欲三齊子齊蟻齊則蠶齊

蠶有五宜方眠時宜暗宜燥眠起以後宜明向食時宜加葉緊飼新起時怕風宜薄葉慢飼

蠶有七忌自生至老大忌煙熏忌酒醋五辛忌香麝油氣忌飼霧葉忌飼熱葉忌側近舂搗忌喪服與產婦善育蠶者蠶生於穀雨前後不過二十八日卽老少病省葉多絲

浴種生蟻法

蠶種曰連密密相連蠶出曰蟻清明節用淨水將蠶連潤溼取起名曰浴蠶攤於風處候乾用紙包裹再包以

棉花放於淨密處七日取出一看侯顏色轉成翠綠逐日看之有三五先出者用鷄翎掃去不用此名行馬蟻蛋之致蠶不齊至十分中蟻出五六分仍包好未食葉餓一日無妨來日取出溫處攤開卽可齊出蟻出總在巳午時居多

下蟻法

蟻出齊時用去年乾桑葉炒香採粗末用篾絲小眼篩篩於連上候蟻附上用鵝翎輕拂相聚細切嫩桑葉撒於蟻上切不可硬掃以致損傷如蟻一次未能全出仍包好明日如前移下另置一處切不可與頭次移下者同置一處致生不齊之害移下稀勻得所稀疊皆非所宜蟻只移兩次連上還有未出者棄之此殘病之蟻也育之無益

黑蟻齊生和蟻秤連再秤空連便知蠶蟻分兩多寡一兩約得絲一百五六十兩食葉約二十石量葉下蟻慎勿貪多

飼蠶法

初飼蠶葉桑宜旋摘利刀細切切葉宜先洗手一次一日夜可飼葉五六次候葉盡再飼葉不宜過厚要稀勻得宜飼後將蟻置之帳內以避風寒用小蠶架將蠶扁架好以沾煖氣切不可蓋過受溼致生病患養蠶務要冷煖得宜冷則長遲熱則焦躁天寒時不可驟熱當漸

漸益火寒而驟煖則生黃頓等疾煖不可驟加風涼當漸開窗煖而驟涼則變白殭又正煖時猛著寒則蠶禁口不食急用微火溫之辟去寒氣蠶自食葉若值陰雨天寒先用微火辟去寒氣然後飼葉則蠶不生病惟采桑宜在清晨及日入後忌溼忌熱蠶食溼葉多生瀉病白殭食熱葉則腹結頭大尾尖食葉多而不老亦不作繭

斷飼眠法

專使未眠之蠶使之速眠如十分中有三五分黃光者可減葉三五分比尋常宜切細飼薄頓數宜加如十分中有七分黃者卽減去七八分摻葉宜極薄頓數宜勤以其齊眠尚有青白未眠之蠶不多速宜揀去棄之此是不齊之病蠶也如此起鬆置之靜處方可住食候十分醒起方可投食若八九分起便投食到老蠶不齊蠶起時稍餓不妨一則口老而殺葉二則蠶身易大蠶初醒時不宜亂動因其皮嫩易於受傷切忌見風不比眠時皮老旣食葉後不可間斷如此飼葉守齊斷無不齊之理

飼蠶起底法

蠶初出時一日起底一次細切靑葉摻上蠶自上食用蠶筯將浮上一層連蠶葉拑起餘在葉底者再細加尋檢餘下宿葉蠶砂一概棄之二眠後蠶日長大起底一

次放開一次可用手輕輕將浮上一層連蠶揭起飼葉切不可太粗三眠以後天氣温和可以出房總宜避風大眠後起底用蠶網覆於蠶上摻以整葉其蠶上附飼過兩次二人擡過空扁內煥砂桑筋撒去以免溼熱氣蒸生病之患蠶已大眠用廣盤貯之秤蠶三斤飼葉百斤成繭五斤可得絲八九兩蠶至眠後正食時闕一分葉即減一分絲四眠天氣大煖食葉五日即老蠶砂亦爛先捉其老蠶上簇捉一次摻葉一次當此時葉要闌碎以免架空作繭謂之上馬桑半日許盡皆老矣蠶有三眠四眠者養法同四眠即大眠也

上簇法

簇用糯晚稻草梳去草殼中間緊扎長一尺六寸兩頭用刀截齊做簇之地宜乾燥透風用竹木架蘆簾簾上載草山列置於上將老蠶盛於廣漆盤內盥手布於簇上要稀密得宜倘遇雨冷簾下用火極熱烘之熱則繭易成絲易繅過五日後摘繭撏去蒙戎之衣即可繅絲切不可受溼受溼則難成絲矣至蠶眠之日以清香虔祀蠶神大眠以香燭素菜供酒三杯不拘米麥麪做繭式以祀蠶神

原蠶法

原蠶即夏蠶又名頭二蠶二蠶利本不取一則時屆農忙恐妨田務二則蠶盛妨馬故周禮有原蠶之禁三則

春蠶畢後桑葉無多再戕伐其葉樹本受傷來年之葉必不繁茂惟春蠶失收以補不足桑葉尚多養之可也養二蠶法起底飼葉格外要勤二十二日即老最忌大蒼蠅亦忌大熱春蠶宜煖二蠶宜涼是也

收種法

養蠶之法繭種爲先留種之蠶極宜加功培養揀好蠶蟻另養養至老時取一刻上山之强梁好蠶繭成過五日揀簇頂上厚繭取下撏去戎衣雌雄各半其尖細緊小者雄也圓漫厚大者雌也用扁將雌雄之繭各置一處日數既足其蛾自生若有拳翅禿眉焦尾熏黄赤肚無毛及先出末後生者皆去之留完全好者此誠胎教之最先也其蛾生在寅卯時候雌雄相配自辰至未厭氣可全至未時後摘去雄蛾將雌蛾驚拍去溲要預先裱過厚皮紙懸於板上將蛾勻擺於紙上聽其散子申酉戌三時子足有力以後之子力薄不用將雌蛾取下蠶連懸於風處俟變色成胎用淨水洗之候乾用熟石膏末摻上捲好挂於高處遇霉不致受溼亦忌煙熏交秋後將石膏拍去仍捲好至臘八日用桑葉隔夜煎水冷定浸一時以助元氣候乾仍包懸於高處其無用之雌雄蛾越五日後自死窖於東南方以助生氣以免禽蟲傷食

繅絲法十二條

一先於半月前用舊缸畜河水待清所云山水不如河水止水不如流水如不及貯臨時欲取清者投螺升許切忌用礬

一泥竈時兼泥盆底以至四圍盆口約厚四指許將至脣口漸薄待乾用時添水八九分滿溫煖適勻舊釜更妙至農桑輯要云熱盆不如冷盆之瑩潔但今無用冷盆者又云甑中用一板闌斷二人對繅今亦不用竈下燒乾柴試湯則視女之浮沈浮則稍涼沈則加熱火力須勻

一舊法傍竈基安頓車牀牀與盆齊宜置竈右最便一切轉軸必利縛檔壓石期於不動須與貫腳無礙貫

腳中杙木須重擊使緊

一水溫下繭下手少撥令繭滾盪惹起緒頭急以左手捻住粗緒頭於水面上輕輕提掇數度旋提起粗緒頭其下卽是清絲用手稍稍摘去此粗緒頭一手捻取清絲一手用漏杓闌住各繭在水然後將絲繞上橛子

一緒頭既多分綹上軸穿過牌坊板上之絲眼引上響緒將絲頭於響緒下交互繳一轉使隨絲運動牽上車軸然後舉足踏板搭絲須理直然後入送絲鉤至於絲蓋蛹沈其絲窩減小者卽取清絲酌添務使粗細勻稱其薄繭漏見蠶女者待其薄如一紙後卽便撈去勿使脫出恐抵絲觸斷絲綹且汙清絲

一絲或中斷其繭颺開宜酌增外急須將颺開之繭掠聚一處打起緒頭將淨絲抽出分搭入窩聯接而上

一炙絲用舊砂盆熱炭熾焙以盆內極燥爲度潮則絲無光澤置盆宜稍遠軸恐火氣傷絲盆宜側起向外須一人專爲之

一換湯以多爲妙察其稍渾卽傾出三之一以略溫清水攙入須一人專司之

一牡孃繩須時時著水使緊絲綹乃能錯綜不至結成一塊至不可分且牡孃繩不緊絲稱便爾移動所謂走板也

一脫車舊法用貯皮鬆縛絲板以送杙木緊緊抵住杙木之小頭用槌頻擊自脫乃取車軸離牀將絲連車衣布揭之

一各繭做法有颺緒者上軸數轉卽斷宜籠火焙燥以沸湯做有生參者上軸卽參宜闌潮以溫湯做有熟參者繅至中突出宜摘去有颺且參者湯熱卽參湯涼卽颺又有野蠶繭須先曬燥以滾水泡透打撈起緒分一簇入釜繅之繅至中又取一簇續之釜中之水不必加火止須畧溫

一凡繭之不中爲絲者卽以之剝緜煑法淋稻稈灰水極淨煎滾下繭候將熟以大盌盛香油一杯入灰水

沖滿分一半水勻澆釜中數滾後將繭翻轉以所餘油灰水盡入再煮期於極熟熟後乘熱取置河中用篩淘洗潔淨然後剝手綉（緜套於掌者謂之手綉）

蠶桑雜記

一鎭江從前雖有蠶事講求未精即如蠶老上山蘆簾架下必用極熱火炕爲熱蠶絲一則烘去蠶溲之水使山燥爽二則蠶口吐絲快利膠粘不致粘實繅絲性純蜿蜒不斷上機設有絲斷可以扯接織紬光彩異於他絲他處之蠶上山不用火炕爲冷蠶絲吐絲口緩膠粘著實繅絲不純易斷火炕之繭瘟蠶與餓蠶繭不可留種此種育之不收蠶種三眠易育絲少四眠難育絲多

一春蠶可分兩次育先一次在穀雨前後出後一次藏於罎內置之冷地罎頭蓋閉不透風熱遲至十日後取出一見熱風蠶蟻盡出繅絲分功

一蠶頭二眠時葉薄易萎用葉不多采回之葉收於小缸之內缸底用脊箕缸上覆布葉要放空實則生熱缸底易於生水墊以脊箕不致溼水粘葉蠶純陽惡水又不可無水葉乾生火火甚蠶紅則瘟蠶到三四眠後食葉日多葉可置於無風屋內地鋪蘆蓆將葉打成壟子不致生熱晨采日飼晚采夜飼大眠後飼葉要堆至四寸許蠶頭要密食葉快食葉鮮食盡再飼更鼓時飼一頓可以臥寐二時復起再飼蠶不受餓人亦省功

一植桑救窮亦要三年方有微利所謂有恆心而有恆產小民無恆心者多每育蠶之後不理桑植不盡心培養次年葉稀遂謂桑無多利翦後務必抹去附枝數次毋使分力極宜灌肥初植近根樹大遠根要根鬚拔肥今年有條來年葉倍

一春翦發枝爲春條切不可折此爲養樹條最惡者偷竊亂扯連葉根之眼拔去樹必損壞要保護枝條葉茂之時速用石灰桐油與巴豆研碎和水撒於葉上飼蠶必損人多不取護桑要法

一桑之大利總以十年爲期五年後漸次翦成拳式每到正月拳上翦枝不可留長只留分許只要有葉眼爲是枝大疤包來年更茂小民不知其法將枝本留長其樹必壞如翦手得法養桑十年留枝翦條一株可得葉數十斤育蠶利倍諺有曰十歲之兒不能養老有十數畝之桑十年後可以養老誠非虛語

一拳桑葉茂難免偷扯亦可翦下飼蠶樹小切忌翦剝嫩枝樹大本足且在拳上翦之無妨葉眼再長謂之黴條來年之葉仍茂所謂斧頭自有一倍桑是也

一交冬後霜桑葉多收潔淨者曬乾入臼杵末收入罎內來年育蠶蠶大眠時遇雨葉潮風吹未乾者用乾

桑葉末摻在葉上拌之其葉即乾飽蠶無患

一栽桑將根理直覆土築實翦去上條只留二寸栽在春冬萌芽時只留一芽深秋肥者長成五六尺高冬令又翦去上條離地一尺五寸如此樣

來春頂上又留兩芽長成雙條冬令又翦去如此樣

清明出芽頂上又各留兩芽冬又翦如此樣

春芽又如前法留之冬令又翦成八頭如此樣

自此以後年年在此翦之即成拳樣

又如前留芽十六條自此冬令不翦在立夏後連枝葉翦下抹葉飼蠶全在樹本之下出芽年年抹盡只留頂上者要緊不時捉蟲毋使蟲食頂葉長成如此樣

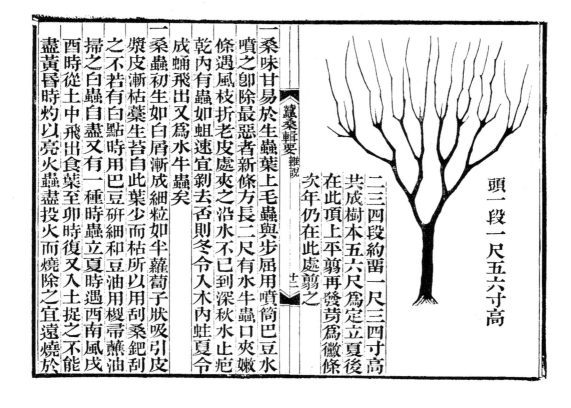

頭一段一尺五六寸高

二三四段約留一尺三四寸高共成樹本五六尺為定立夏後在此頂上平翦再發芽為徽條次年仍在此處翦之

一桑味甘易於生蟲葉上毛蟲與步屈用噴筒巴豆水噴之即除最惡者新條方長二尺有水牛蟲口夾嫩條遇風枝折老皮處夾之沿水不已到深秋水止疤乾內有蟲如蛆速宜剗去否則冬令入木內蛀夏令成蛹飛出又為水牛蟲矣

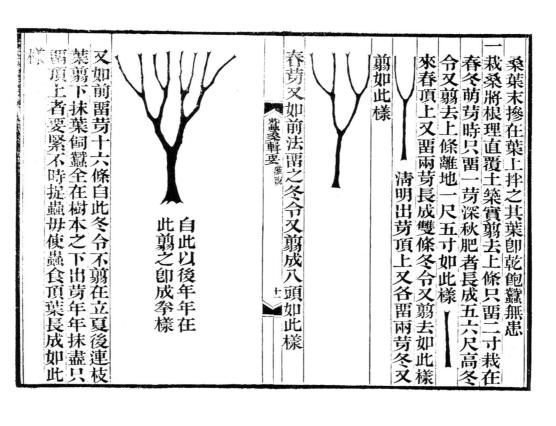

一桑蟲初生如白屑漸成細粒如半蘿蔔子狀吸引皮漿皮漸枯囊生苔自此葉少而枯所以用刮桑鈀刮之不若有白點時用巴豆研細和豆油用椶帚蘸油掃之白蟲自盡又有一種時蟲立夏時遇西南風戌酉時從土中飛出食葉至卯時復又入土捉之不能盡黃昏時灼以亮火蟲盡投火而燒除之宜遠燒於

下風葉忌煙熏

桑樹有三種

一名壓桑春初取桑枝大者長二三尺許橫壓土中上掩肥土約二寸萌芽漸長三四月後可四五尺七月閒連根枝先削去一半九月盡行翦斷次年春月移栽較接本之桑更好

一名子桑乃桑葚所種四月取黑桑葚揉碎用糞灰和土種入地寸許一月可發芽三四月可長二尺許再逾年移栽四五年始成樹仍結子惟葉稍薄亦可養蠶不過難取

一名花桑亦由種子而成其葉與壓桑相似但有花無

實與子桑異湖州種小桑接之

培桑有十法

一辨桑種桑本箕星之精種類不一葚少葉圓大而豐厚者皆魯桑之類葚多葉小邊有鋸齒者皆荆桑之類荆桑宜飼初生之蠶魯桑宜飼三四眠以後之蠶魯桑枝大葉厚最宜老蠶

一種桑子夏初葚熟揀肥大者拌食餵豬取糞和勻種之名曰豚桑其葉厚大芒種前後種掘地一段打土極細澆以糞水楺起寸許切不可深深則不出將種布上澆以清水長成即可移栽　又冬月砍去上梢灌以厚糞或加草於上縱火燒之明日灌澆清水至

春只留旺者一枝來年移栽　又鬆鬆打一草繩以熟葚橫抹一過令葚在繩縫中掘熟地以埋之深不過寸苗長閒棵六七寸開或接或移栽

一栽桑樹諒根掘坑將根理直灌糞栽之填土緊築移樹勿傷小根栽時須宜原向分行五尺不可正對春冬栽之易活二九月栽次之宜種蠶豆黑豆不宜種麥穀

一盤壓冬月近土柔條掘坑尺許將條攀倒曲入泥土築實枝梢扶出土面只留一頭五月近根條處削去一半長成二三尺高八月閒連根之條翦斷以後根鬚長成冬令移栽

一接大荆桑在春分前後天氣晴和之日西風之日不可接接之不活（西風屬金金剋木）桑本有三寸圍圓接之最妙臨接之時取向陽好魯桑條如筯大將荆桑鋸截成盤以魯桑條三寸削如馬耳式先用竹筯削扁刺入荆桑皮內遠將馬耳反插荆桑皮內用麻扎之再用稻草做窩籠之用潮潤細土封之清明後即活過五日遇雨無妨未過五日遇雨覆蓋要緊三年即翦成大樹葉多而茂

一桑本樹大皮生黑苔成塊務用刮桑鐵鈀鈀去若不鈀去其樹葉少而枯

一修桑樹臘正月閒砍去中心之枝餘幹便向外長如

大傘之肷枝不繁而葉自大舂冬翦之最好
一培桑土草長卽鋤土乾便灌二五八與冬月要上肥壅豬羊牛馬之糞皆可人糞尤宜棉子油渣豆餅之類性煖更肥
一治桑蟲見有蛀穴用江子仁一兩研和桐油二兩塗蛀孔上蟲著卽死深入者用鐵絲蘸油插入殺之
一典當田地註明有桑幾株如係當戶新種取贖之日照株大小補給樹價使沾餘利庶無曠土
一柘桑屬飼蠶絲作琴瑟弦清響勝凡絲此絲性剛織紬較硬竟有缺桑采柘代桑柘有棘刺刺手亦不易取是蠶缺桑而取之

種橡樹飼野蠶法

橡樹之名有二一曰青棡一曰槲櫟槲櫟又有二種一叢生而小卽樸樕也一高大似櫟俗名大葉櫟實似橡子可食此樹皆九月閒子熟自落檢收時必須挖窖深埋毋使見風日若散置房屋則閱日生蟲盡成空殼入土不生其種植之法用大鐵鍬長二尺許於瘦土中用椎擊入土三四寸少著糞土隨置橡子一二粿以土蓋之春卽發生其土甚省而易成　又法九月子落掘坑深三四寸每坑種一子盛於筐內放在窖中以板蓋上來春生芽二三寸清明前後栽之三年後卽可飼野蠶

養蠶法

一總說蠶本天駟之精黃帝元妃西陵氏始蠶卵生爲蟻蟻脫爲蚰（音苗）蚰脫爲蠶蠶脫爲蛹（音勇）蛹脫爲蛾蛾脫繭復卵蠶紙爲連皮爲蛻屎爲沙蓐曰沙燠臥曰眠脫殼曰起南蠶多四眠北蠶多三眠總之一七而變四變而老七變而死蓋氣化神物蠶室高潔處供奉先蠶神位下蟻之日用牲醴祭之
一摘要量葉下蟻每蟻一錢至老約食葉一百六十斤什物須量蠶預備育蠶煖頓數多則老速天氣寒頓數少則老遲半夜要飼慎勿貪睡若二十五日老蟻一錢可得絲二十五兩二十八日老只得絲二十兩

月餘老只得絲十餘兩蠶有十體寒（在連宜寒）熱（下蟻宜熱）飢（眠後宜飢）飽（向食宜飽）稀（布之宜稀不可過稀）密（下子宜密不可過密）眠（蠶小眠時宜暗宜煖）起（蠶大起時宜明宜涼）緊（臨眠上簇宜緊飼）慢（方起宜慢飼）
一收蠶食秋深桑葉采來曝乾杵成麪又將綠豆白米淘極淨曬乾收貯候三眠後用之
一收班糠將粗米糠煨成白色自初至三四眠除沙燠一番要糝一層於筐內每眠一番濃糝一層於蠶身收潮
一收簇料冬閒將粳稻草截去頭尾束成一把上簇時用力一搵兩頭撒開接連直竪箔上（老蠶一斤約用五把）地膚子作簇亦好（一名千頭子）

一收蓐草蠶初生編稻草簾鋪於筐底上加棉紙紙上放蠶取其溫輭

一收火料蠶火料也宜用火養之但畏煙熏冬月多收牛糞作塊曬乾蠶生時用以然火煖而宜蠶

一置以擡爐盆架兩旁有柄蠶忌煙熏戶外將柴燒過煙盡以便擡入

一造蠶盤古以木作筐筐邊高二三寸以疎篁爲底底鋪蘆簾育蠶器名曰箔箔有大小今人用筐籔取其輕便

一編蠶網以細麻線照織網法織平孔如鷄子大量蠶器織成每筐籔要二扇以熟漆漆過或以豬血和或以槲皮如制漁網法三四眠後除沙以二網輪流擡換先將網蓋於蠶上以葉撒之蠶聞葉香穿網而上連蠶擡起輕輕放下除沙省工且不傷蠶

一設蠶室要閒架寬敞兩頭各置大照窗三眠爲出火窗外掛草薦室內隨製火倉蠶生徐徐以牛糞煨火合閉門窗不令煖氣出外不可有煙牆壁掃盡塞絕鼠穴須畱貓洞

一忌溼葉遇雨晾乾 霧葉霧有毒 乾葉 黃沙葉 氣水葉積久發熱卽生氣水須用新鮮 香氣 臭氣 不潔淨人 燈油氣 酒醋氣 葱韭蒜阿魏硫磺等臭

一浴種種生十八日後清晨用井水浸去連上便溺臘月八日或十二蠶生日依法浴畢用長竿掛院中一晝夜受日精月華之氣連宜極寒霜雪壓之更好來年蠶生必繁清明用麥葉柳葉桃花蠶豆花採井水內浸浴移掛溫室晾乾

一下蟻各省節氣不同只看桑葉如茶匙大卽是蠶生之候以二連相合紙包再包緜三四寸置煖處不可寒冷每日翻轉開包忌風或將緜包懷在身夜放身旁不可太熱七日變靑白色次日必出宜先煖蠶室令極熱蟻出鋪連煖坑出齊稱記分兩共稱得幾兩除連便知蟻數先將稻草簾鋪筐底再鋪緜紙一層切葉篩勻紙上以連覆葉聞香自下用隔年乾桑葉採末篩簾拂下亦可

一蠶蟻下連以一日二日下齊爲好蟻初出不飼無妨初宜切葉如絲慢飼但頭一日拂下之蟻與第二日各置一處如頭一日之蟻多飼葉三四頓卽將蟻置之稍涼處以減頓第二日之蟻置之煖處每日加一二頓前後各飼葉三十五頓卽齊眠於一日取齊省功之法去沙在巳午時待蟻上葉用蠶筯輕輕挑過小筐內稀密得勻古用鵞翎今用蠶筯

一蟻拂下室煖三日卽緊飼五日卽變黃白色而眠有九分結嘴不食爲頭眠涼則七日方眠眠時將班糠摻一層於上還有食蠶一分復摻稀葉一層食蠶上

葉此遲眠之病蠶用蠶筋鉗而去之眠蠶連糠起鬆放開住食二日夜蛻殼起齊涼則三日

一頭眠起齊切葉薄飼極煖二日後緊飼食盡卽飼一晝夜飼六七頓三日復眠變黃白色結觜八九分摻班糠去食蠶起鬆如前爲二眠

一二眠後起齊切葉宜稍粗卽是三眠出火去筐底草簾若三眠種三眠後不用切葉飼以連枝葉四眠種三眠還是切葉三眠四眠如前摻糠去食蠶起鬆此時要住食三日方能起齊初飼切葉二頓食盡復布純葉一層辰巳時取臘綠豆磨麪用清水少許潤葉上每一大筐拌半升於葉上飼一頓此時方擡網明

日辰巳時復如上法潤水拌白米麪半升飼一頓再擡網飼純葉五頓再拌臘製桑葉麪飼一頓（如葉缺間飼四五頓無妨）食盡三日後又用新水噴葉令微溼再飼一頓擡網（如天雨過多不食水葉）每日擡網去沙葉食盡卽飼不論頓數若天氣暴熱開窗（暴寒又入宜關閉）致身肥觜小喉絲漸亮老之時也飼之宜勤（宜溫煖）不過二三時便全上簇

一上簇蠶只要半身明不食游走急宜上簇（宜極煖）一二時內上完最好先將草山攩開監於箔上勻布草內兩晝夜則繭成矣

一摘繭四晝夜蠶盡成蛹卽摘繭長而瑩白者絲細大而同宮晦色者絲粗（兩蠶結爲同宮）各放一器攤於涼筐厚

二三寸遲至十四日則蛾生（古法育蠶拘以日期如夏蠶天氣極熱十八日或二十二日老春蠶二十四日老遲二十八日老）

一蒸繭扯去蒙茸用蒸籠二扇將繭鋪於籠內厚四指至氣透出取攤涼箔日滿不然出蛾（蒸繭不如鹹繭之易繅）

養野蠶法

野蠶生於青棡樹上橡槲等葉皆食之立春日攤繭筐中閉門窗勿令通風燒柴火令室常煖至春分前五日共四旬晝夜不可間斷天寒加火天煖減火四十日則蛾出辰巳時令雌雄相配申時摘去雄蛾編成有蓋大筐（徑三尺深一尺）將雌蛾百餘放筐內以蓋合定令其下子三五日後去蛾懸筐於無煙涼房待陽坡青棡等樹葉長

寸許燒室令煖懸筐室中五六日蠶生辰巳時揀寬平處將筐安置水渠中（筐底支以石）插葉梢於筐之周圍（取其不乾）蠶聞葉氣出筐上葉未出者取回仍懸煖室次日又出仍如上法常換新葉勿令蠶飢搭一草庵彈弓鳥鎗日夜防守飛鳥蝙蝠各物傷害待陰坡葉生方可轉移樹上使自食葉轉移之時先將蠶帶梢放提藍內提至山中有葉樹下卽將蠶連梢放於樹上食葉將盡卽用利翦連枝翦下放於籃中列置有葉樹上此蠶亦三眠三起眠時不可移動能耐風寒但怕久雨夏至後結繭樹上摘來攤於涼箔數日蛾生寅卯時令雌雄相配午後摘去雄蛾以線縛雌蛾一腿拴於樹上次日下子伏後

五日其蠶自出看守轉移如上法白露後結繭收貯次年立春日養如前法此繭不能繅絲須於蛾出後製而紡之

紡野繭法

用木炭灰以滾水潑之淋得極釅將繭子盛於篩內重一片許將灰水入鍋內燒滾勻潑繭上數過將繭篩置鍋上淋灰水入鍋中再取潑數次手試扯之以絲開爲度又置篩鍋內蒸少許取出套於篩上一篩可套十數箇浸於水盆揉洗十數次去灰水之氣於繭外橫扯起絲頭脚踏紡車上紡之層層扯紡勿亂色道其法將葦筒貫於鐵錠上以線纏於筒上既成繀音歲絲也捲取下挨

紡數十繀貫於經板之上往來牽引經之成縷收於紖音孕牀之上撒放二丈餘中架一梁如四丈長架二梁將經縷勻擺梁上手執縷刷蘸布器也形如鍋刷蘸稀糨水或糯米汁刷之令勻務要經縷條條疏通或日曬或風吹將乾要縷過一遍庶無糊綹不至粘連後用油水相合芝麻油最好菜油次之每水一斤用油四兩攪打百餘次使油水混合用縷刷輕輕蘸刷經上使光滑易織待乾捲於機上平機高機油機俱可織又有糨線一法將紡成繀用拐子拐成把重四五兩卸下用糯米熬汁麪糨亦可將線揉糨令勻掛在椽上再用石杵子掛在線把一頭捩去汁滓令絲乾散爲度再上絡車纏在籰音約絲具綹子上經同上經油法

蠶桑輯要

樂府二十首　　歸安沈炳震東甫撰

湖之俗以蠶爲業甲午蠶月余避囂梅莊丙舍比鄰育蠶自始事以觀厥成皆與焉凡蠶一眠卽率錢賽神相與族飲盡歡余篝燈夜坐偶亦見召聞語父老曰賽神必有辭何弗聞也父老曰唯訖事賽神則有辭以述本末然不文不可聽子盍譜之余僂指得二十事閒數日羣聚索之乃各綴一辭畀之父老亦頗色喜淺陋固不足道然眞率之意有古風焉淵明云不覺知有我安知物爲貴此之謂乎

護種取舊年所布紙上之子以帕裹之置薰籠一宿謂之打包繼取貼於胸前煖則活出

林閒春鳥號布穀穀雨纔過蠶事促蠶房紙窗照眼明
當戶春光快晴燠堂前老翁負朝陽室中新婦罷曉妝
旋向牀頭理蠶種拂拭塵埃手自奉東家昨夜已打包
西鄰擇吉聞今朝香羅包裹更重重束成置之薰籠中
晏溫煖氣長融融阿翁晚睡抱當胸非關新婦好安眠
哺兒時復開胸前阿翁愼莫辭辛苦繅絲織絹先奉父

下蠶蠶出率以穀雨爲期故諺云穀雨不藏蠶其初生也以桃葉火炙之候其蠕蠕而動戢戢而食然後以鵞毛刷於筐中謂之攤烏

蠶生戢戢初如髮隱約難窺出復沒歷頭檢取最吉方
鋪筐疊架作蠶房鵞毛細意刷更淨不教紙上猶留藏
小姑持稱較多少今年定比去年好阿翁護持寒煖宜

天公方便溫和早揮刀切葉快如風細作絲條香氣濃
勻鋪簇面青茸茸老翁旁觀不復語惟見眉開長栩栩
瓦盆有酒還可酹既醉婆娑起獨舞

采桑桑之種不一凡稱桑初種胥謂之桑秧種三年則可采矣然必以家桑枝接之不接則爲野桑不中采飼也蠶有頭蠶二蠶故亦曰葉曰頭葉二葉云二葉須老農善采者留其條爲來歲生葉之地若頭葉則盡采乃已耳蠶時多禁忌雖比戶不相往來宋范成大詩云采桑時節暫相逢蓋其風俗由來久矣

舍南舍北皆栽桑千株萬株繞屋旁蠶多葉少行且盡
南塍一稜遠蒼蒼明朝欲眠蠶食急屋裏空虛已無葉
還須更采早作計莫待更深歎無繼盈籠采得負荷來
倏忽牆角青成堆婦姑飼蠶心手忙縱橫重疊鋪之筐

蠶桑輯要　樂府　二

忽聞堂前兒作鬧葉裏悲號正難料提燈問兒兒不言
但見紫葚盈階翻

飼蠶蠶束葉爲斫剉細葉如縷而謹飼之稍飢即謂之斷絲腸二眠後與完葉過三眠與連枝葉凡葉患其溼也又患其燥也又患其風而沙雯而霧也以此飼蠶猶有傷冷則殭死傷熱則破囊鄉人名曰爛肚如掌故集所云者

初眠二眠蠶如毛飼蠶切葉嗟勞勞辛勤半月蠶出火蠶三眠曰出火
帶葉連枝亦已可小時食葉葉須乾露中采得
當風懸大眠餉後葉可溼出火後又眠曰大眠此第四眠也清泉細灑
明珠圓葉乾葉溼各有宜第一難防侵曉時晚來黑雲
忽四布明朝定是漫天霧蠶食霧葉則腸腐飼蠶所最忌擷蔬芼裹籠
晚膳結伴提燈連夜覓我儂辛苦自不免隨人更復勞
黃犬

捉眠蠶將眠不勤食曰紅嬾思又有青嬾思亦曰攢絲言口中吐絲也朝見則晚眠矣自初眠二眠約半月至三眠爲出火出火後再眠曰大眠其曰食娘者言他蠶盡眠而此猶食葉也曰起娘者言既眠而起也又有將熟而先欲作繭者曰繚娘吳人呼蠶皆曰娘

朝來新見紅嬾思蠶眠應在下春時掃除筐簿教潔淨
料理盤餐供晚炊已看欲眠還復食前後參差在一刻
就中一一勞揀擇蠶眠先後不齊擇其先眠者另置一筐曰捉眠堆筐層疊密
於鱗此是儂家希世珍分筐合計逾十分吳中育蠶以筐計大約以初下種重八分爲一筐至出火則得八兩今年蠶花勝比鄰室中擁擋還未
已小兒索乳啼不止小姑作勞一日忙頻呼不應倒空
牀哺兒未畢雞鳴廂獨自攜燈照起娘

蠶桑輯要　樂府　三

飼蠶凡蠶眠起初食曰餉

卷帷看蠶蠶盡起求食紛紜曲簿裏青青采得新葉歸
緣枝食葉疾於飛須臾連筐食更盡從頭添葉甯令飢
餉蠶粗了到門前偶值鄰姑采葉還聞道市頭葉大貴
只論有葉不論錢東家典衣還去買西家新婦耳無環
歸來絮語問夫壻細數儂家蠶葉計不愁葉少便歡然
留得銀釵長壓髻

鋪地蠶既以初下種重八分爲一筐矣歷出火大眠則蠶欲老而筐不勝盛於是掃地用碎石灰糝之藉以蘆蓆置蠶其上飼以連枝葉大約六七週時便老不復食欲上山矣

大眠蠶身長似指攢頭一簇壓不起儂家無簿更無筐
掃地鋪蠶勢雖已獨憐室中如席大假饒著蠶無可坐

婦姑勃谿屋欲破偪塞相看嗟無奈前楹今歲作學堂
抱書來讀鄰家郎先生據堂日高坐環列弟子分兩行
若使堂空散學徒那愁無地可平鋪蠶多屋少無著處
傳語先生暫歸去

山棚室中緣牆架巨木縱橫四五根上縛花格竹更鋪蘆簾所以架草作繭名曰山棚

春蠶將老先縛棚蘆簾結束如砥平週遭倚牆架巨木
縱橫更列花格竹依屋之廣狹以細竹結爲方孔孔各尺許名曰花格竹不留餘
地逼往來儘教大小依儂屋地下鋪蠶上作山棚底抱
葉嗟彎環朝來蠶食更攢攢簾空加葉無餘閒東鄰蠶
早故多暇隔籬問訊相慰藉儂蠶明早見繚娘辛苦還
拚是今夜

架草截禾桿如帚長尺餘倒植於簾上所以便蠶作繭也

去年田好多收稻有米冬春尚餘藁平頭翦截一例齊
留待今年作蠶草山棚堅牢已搭就次第棚間謀結構
不疏不密整復斜不縱不橫還交叉短長錯綜如犬牙
離披拉雜何紛挐自從蠶長不復閒前村後村斷往還
鄰翁杖頭挂靑錢攜杖入門笑且言君家稻堆如屋高
應有留餘待索綯我家無田那得此有價豈復論泉刀
阿翁相須竟相取何必區區分爾女呼兒負送到翁家
蠶忙未暇留翁茶

上山繚娘不眠不食口中吐絲繚繞至脏節間瑩徹無葉色乃移置山棚上名曰上山

吐絲繚繞蠶已熟羣呼兒女就地捉男兒上山據巨木

蠶盛於盤運陸續先周四角後中央高低分布皆成行
山頭矗矗蠶草密撲緣已見輸毫芒今年蠶好十倍過
山棚偪仄可奈何不愁今日相攢聚但恐采繭同功多
同功者兩蠶共作一繭緒亂而不堪爲絲也棚隘蠶密則同功多矣上蠶未了日在山門
前入語忽闐喧敲鉦擊鼓聲闐闐轟轟爆竹飛靑煙兒
童詬誶齊爭先出門四望新月懸弁山白鱉還當天俗傳
弁山有神能攝取蠶稻每春秋之際蠶稻將熟薄暮有白氣橫亙天半曰白鱉見者減收里俗鳴鼓噪而逐之小兒連手詬詈殊不可解然亦載烏程志又可異也

擦火蠶喜溫和偶天氣薄寒用瓦盆然炭置山棚下使煖氣上山名曰擦火亦曰灼山

山頭作繭聲喞喞棚底瓦盆光烈烈積薪投炭當風爇
掀騰煖氣如炎熱抽毫布繭絲不絕羅列煇煇萬點星
隨風飛焰舞流螢茅檐打頭絕低小且爲汲水高建瓴
今年葉貴錢不足絮被典盡更質襦三春餘寒風破肉
趁煖還來棚下宿欠伸睡思未全刪看火春禽叫屋山
看火春鳥其鳴曰上山看火滿山如雪昨夜添鬖鬆一望盡埋尖

采繭上山三日而采繭爲落山一日回山大眠後稱得六斤爲一筐牽收繭一斤爲一分以十分爲中平過則得利不及則失利

山棚白繭重布濩高下紛紛綴無數舉頭一望成雪山
下薄仰窺垂玉樹光明潔淨堅且圓如珠纍纍相駢聯
漫誇園客繭同甕但願蠶好還年年婦姑兒女齊共采
一餉筐間色皠皠大筐小簿無弗盈堆牀纍架環如城
老翁抱孫閒相評從頭一一計重輕少焉采盡上權衡

與翁所揣銖兩爭拍手自詫老眼明
擇繭繭之名類不一有兩蠶共成一繭而緒亂者爲同功繭繭之被汙而緒裛故擇棄之者爲推出繭繭垂成而蠶死者爲烏頭繭蠶口傷而不能爲絲者爲緜繭又有黃繭緒粗不中織染乃別繅以爲絲縛
堂前作竈排絲車室中擇繭煩鄰家同功推出各裁別
緜繭烏頭喜盡絕同功兩蠶交錯而成故緒亂推出繭被汙而緒裛故擇棄之皆止堪爲緜者緜繭未成而蠶死烏頭繭既成而蠶不能化蛹故頭裛尤繭之不堪者更畱黃繭作絲
縛餘外一色眞如雪飼蠶哺兒日夜忙一覺安眠甯可
望今朝擇繭方靜坐懵騰睡思正初長不是鄰姑言語
妙那得消閒同一笑回頭更憶少年時倏忽風光去若
馳垂髫已有嬌癡女偷眼還將白繭取翦虎鏤花過端

午吳中女兒細鏤繭爲花草蛇虎重午戴之以鬬巧
繅絲先取繭暴日中三日晾繭然後入鍋動絲車有頭蠶絲二蠶絲頭蠶爲上細而白者謂之合羅稍粗者謂之串五又粗者謂之肥光見宋雷西吳里語
汲水然薪將煑繭繅車搖動風雷轉轟轟一刻千百迴
旋風莫及奔車緩絲又打繭水百沸提起絲頭正無旣
從教斷卻更續來萬緒千頭難數計插秧車水閙如雲
男兒下田屋無人小姑添水更加薪新婦繅絲色勝銀
儂家戲語姑勿嗔傳聞百兩近艮辰絲成織絹白且長
與姑裁作嫁衣裳五紋繡刺雙鴛鴦記儂辛苦毋相忘
剝蛹繭中蛹俗謂之蠶女繅絲未盡之繭曰輭繭剝去蛹而作緜緜之下者
繅絲賸繭薄如紙水面浮沈緒難理止堪去蛹剝爲緜
畱待三冬作絮被耘田已了夏日長婦姑綠陰同追涼
還將輭繭紝作線織成粗帛裁兒裳可憐農家無長物
天寒屋破風弗弗賣絲得錢納官租大緜平準償私逋
獨嫌輭繭質地麤乖置不要還之吾
作緜同功推出不中爲絲者皆以作緜緜之精者
繅絲剝蛹事已了煑繭作緜須及早黃梅風雨鎭長有
趁此風光正晴昊作緜須於晴日陰雨則緜不速乾而縷肥瓦盆盛水滿漬
緜竹架彎環比月圓擘頭帶水施架上潔淨如紙當風
懸門前櫓聲黃犬吠隔籬知是買絲客今年蠶好絲倍
多儂絲待價不輕擲況復高田麥有秋冬春未動困如
邱莫愁糧長多科派還有同功緜可賣

生蛾大眠起先擇種蠶倍與之食故作繭亦異於他蠶繭成貯筐筥中越五六日乃破繭而出是爲蛾兩翅栩栩然
大眠已過蠶鋪地揀取種蠶貯筐筥儘教食葉不少靳
種蠶食葉倍多珍重特與他蠶異果然作繭大且厚白雪作團
淨無垢蠕蠕已知蛹欲化栩栩又見蛾出口雌雄對對
自成雙長身窈窕眉龐霏霏翅粉點明釭孕含但見
軀膖肛細觀物理三太息同是春蠶何決擇可憐薄命
鼎鑊烹爛額焦頭更誰惜
布子用桑皮紙每方廣尺餘爲一幅引蛾布子其上鄉人謂之蠶種紙生子後小兒將蛾引置水盆旋轉而遊祝曰阿蛾轉團團今年去了來明年
剡藤一幅潔且光農家亦復勤收藏引蛾著紙密生子

紛紜瑣碎何可量眠看粒粒細於粟咫尺應知千萬屬莫言此貨稱易得即使豐年勝珠玉蛾兒生子旋棄捐翻飛更引羣兒顛盆中盛水語喧闐遶盆共祝轉團團阿蛾去了來明年拍手一哄水盆翻

相種（蠶蛾布子參錯不齊村嫗以相種爲業者就種之斜整疎密擬其形似撰爲效語以占吉凶相欺誑焉）

蛾生蠶子鋪重重縱橫紛錯尋無蹤誰能於此辨疎密何況從之定吉凶前村老嫗口懸河家家相種工揣摩强尋形似相髣髴約略推求多荒忽斜行如葉復如花圓轉成錢更成月就中一幅勢如龍蜿蜒夭矯下碧空誠哉天造非人工此岡最吉餘難同無端蠶紙成卦繇世俗荒唐那可究不聞相馬與相士猶或失之肥與瘦

賽（神吳興掌故集引蜀郡圖經曰九宮仙嬪者蠶本之列仙通記所稱馬頭娘今佛寺中亦有塑像婦飾而乘馬稱馬鳴王菩薩鄉人多祀之）

今年把蠶値三姑葉價貴賤相懸殊（俗呼蠶神曰蠶姑其占爲一姑把蠶則葉賤二姑把蠶則葉貴三姑把蠶則候賤候貴）儂家幸未食貴葉唯姑所貺誠難誣豬頭爛熟粉餌香新蒭茅柴炊黃粱高燒樺燭光輝煌大男小女拜滿堂酹酒燒錢神喜悅傴僂送神酒脯撤團圞共坐享神餘大肉硬餅堆盤列老翁醉飽坐春風小兒快活舞庭中酒缾已罄盤已空堂前屛當還怱怱貍奴不眠勤捕鼠賸有魚頭卻賚女

蠶桑輯要終

鎭郡鄉民祇知耕稼不知蠶桑是以地多曠土家無蓋藏兵燹後尤荒歊不治同治己巳冬觀察吳興沈公奉

命來鎭是邦軫念民瘼周歷原野遂出俸錢興蠶桑之利（學）

（堦）蒙憲諭董正其事因商諸同志學博張君（太生）貳尹張君（開洪）司馬沙君（石安）向以鎭地彫敝一時籌款維艱爲慮其時別駕沈君（增）司馬魏君（昌壽）力爲慫恿設法貸資又得少尉包君（履）正郎張君（維楨）理問汪君（淦）貳尹蔡君（慶坊）廣文沈君（鳳藻）皆觀察同里素樂善贊成其事遂設局於城西之南郊購桑分給鄉民幷遴雇湖屬善種之人敎以樹藝之法一時分司其責如少府汪君（玉振）少尉楊君（懋徵）太學王君（銘勳）茂才眭君（世逕）太學胡君（裕倫）皆能勉從公不辭勞瘁舉行一二年已有成效噫鎭郡數百年來戶不知織今觀察興此萬世之利其功豈不大哉觀察著有蠶桑輯要一編並出其先大夫東甫鴻博所著蠶桑樂府二十首言簡意賅亟請付刊以廣流傳俾讀是書者知樹桑育蠶之方詳盡於此於以見觀察之爲國爲民如此其周且至也行見美利普於江南子子孫孫衣被無窮非皆觀察之賜乎謹附數語以見飮水思源不忘所自爾同治辛未仲秋之月丹徒吳學堦謹識

豳風廣義

（清）楊　屾　撰

《豳風廣義》，（清）楊屾撰。楊屾，字雙山，陝西興平桑家鎮人，博學多能，矢志經濟，一生居家講學，經營農桑。他曾建立『養素園』，種桑、養蠶、畜牧、糞田，事必躬親，驗證農書成説，總結生産經驗。

當時的觀念認爲陝西風土不宜蠶桑，作者根據《詩經·豳風·七月》這首詩，相信陝西關中能栽桑養蠶。他多方訪求栽桑養蠶方法，以及養蠶繅絲織綢器具，親自試驗，歷十餘年，很有成效，於是著成此書，記載自己的養蠶、繅絲經驗，以求推廣，書名取發揚《豳風》傳統之義。自序中建議以政府之力推廣栽桑養蠶，當時陝西當局爲其精神所感動，遂令陝省各府州縣頒發此書，以勸導百姓。

書分三卷，以記養蠶、植桑、織帛爲主，並附圖五十餘幅，説明有關方法和工具。書中所講均切實有據，不務空談。而且文字淺顯易解，以求實用，意在宣傳推廣。又從『衣帛』推及『食肉』，故書後附載家畜飼養和畜病防治方法，並有少量園藝内容。

該書版本有乾隆五年（一七四〇）寧一堂刻本等，還在陝西、河南、山東等地重刻過，後來的《關中叢書》本較爲流行。一九六二年農業出版社出版鄭辟疆、鄭宗元校勘本，便於使用。今據南京圖書館藏清乾隆六年（一七四一）刻本影印。

（惠富平）

皆周公相成王述后稷公劉之風化而作無逸豳風無逸以匡君德固宜知稼穡之艱豳風以敘民事則井舉蠶桑爲重考后稷封有邰即今之武功公劉始遷豳即今之邠州等處皆秦地也余奉

命來此由臬而藩而撫于今五稔喜民風敦樸猶近於古嘗巡行鄉井見

夫播種芸田築場納稼大略與東南各省無殊若詢以執筐載績授衣爲裳諸事則迴不如東南之盛或謂蠶宜溫暖此地唯興漢向獲其利西同鳳三郡間有業者至延榆綏鄜一帶地氣高寒實不宜此余聞而韙之及見茂陵楊雙山豳風廣義一書而乃知其非矣其言

樹藝畜牧等事甚悉而其所著意者尤在蠶桑言北地可興者證據有六大利于秦者四繪以圖輔以說言之不足申以歌謠使賢者誦其詞明其旨愚者聞其說羨其利婦人孺子亦指點其形似而歆動之所以振聵發蒙者用心亦良苦哉省中向有縣桑總局爲譚文卿

制府所設旱後桑萎事幾息余擬整理及之得此喜足佐文告之不逮因字迹漫漶且板藏其家不能徧布重付剞劂俾家喻戶曉知蠶事之興不以地限也樹桑之利不僅田功也紬繹其義而推廣之將豳民蠶績之休風不難復覩于今日也此書自　朝邑相國頒來相

國重農務本具有深心各牧令能
體此心時時與民董勸日新月異
漸收衣被關中之寔效是余之所
深望也夫是余之所深望也夫
頭品頂帶兵部侍郎撫陝使者皖
懷葉伯英書於節署之望嶽亭

豳風廣義弁言

天生蒸民畀之食以養之畀之衣以被之蓋食出於耕衣出於桑二者生民之命教化之原缺一不可者也夫人生一日不再食則飢終歲不再衣則寒飢之於食寒之於衣得之則生失之則死耕桑之所係大矣哉是以神農爲耒耜以利天下堯命四子敬授民時舜命后稷教民稼穡禹勤溝洫萬邦作乂殷周之盛詩書所述皆以耕桑爲立國之本故孔子籌保庶先富而後教孟子陳王道先桑田而後庠序古者天子躬耕后親桑爲天下先重本也自有生民以來未有耕桑不舉而可以興道致治者也而不知者反視耕桑爲鄙事曰君子自當爲其遠且大者嗚呼此亦弗思之甚也夫經世大務總不外教養兩端而養先於教尤以耕桑爲首務古聖王之治天下也養之以農衞之以兵節之以禮和之以樂生民之道畢矣吾儒儲學者卽學此農兵禮樂爲治者卽運此農兵禮樂四者乃天德之實王道之本萬古莫之易也若舍此而求奇索隱談玄說妙無非英雄欺人之語有何遠大之可爲且世之人終歲皇皇經營籌畫其塗雖殊其實同歸於衣食獨不思衣食之源致富之本皆出於農農非一端耕桑樹畜四者備而農道全矣

若缺其一終屬不足昔聖王之富民也必全此四者故宅不毛者罰里布田不耕者出屋粟民無職事者出夫家之征即其歿也不耕者祭無盛不蠶者衣無帛不畜者祭無牲不樹者無椁不績者不衰其加意養道如此人能遵斯四者力耕則食足躬桑則衣備樹則材有出畜則肉不乏自然衣帛食肉不飢不寒取之不盡用之不竭不出鄉井而俯仰自足不事机智而諸用俱備日積月累馴致富饒世世守之則利賴無窮若棄自然之美利圖難必之貨財縱聚珠盈斗積金如山飢不可爲食寒不可爲衣故諺有之曰百年無金珠何傷十日無粟帛身亡是以寒者不貪尺玉而思裋褐饑者不顧千金而美一餐故明王貴粟帛而賤珠玉重農民而輕商賈我

皇上宵衣旰食首重農桑使倉有餘粟篋有餘帛登斯民於富壽之域而承流宣化之賢莫不仰體

聖意留心本務但秦人自諉於風土不宜之說知耕而不知桑是有食而無衣至於樹畜失法又乏資助之益故每歲之中必賣食以買衣因衣之費而食已減其半又兼諸凡之費莫不取給於一耕四者缺三焉得不窮所以豐凶俱困衣食兩艱稍有荒歉則流亡載道人但知凶

荒始於無食而不知其實胎於無衣余詳考屢察深知其故每思所以治衣之法試諸木棉麻苧厥成維艱殫思竭慮未得其善因誦豳風一詩及孟子陳王道諸章頓有所悟夫豳岐俱屬秦地先世桑蠶載在篇什可考豈宜於古而不宜於今與余因而博訪樹桑養蠶之法織工繰絲之具頗得其要自樹桑數百株歲在己酉始爲養蠶其年蠶成所繰水絲光亮如雪能中紗羅綾緞之用迄今十有三載歲歲有成親經實驗已獲其益仰體我

皇上加意農桑愛養斯民之至意不忍私諸一身竊願推以及人因集是編顏曰豳風廣義若家戶行之則稼穡之外復增利一倍每樹桑一畝歲可得絲九斤若樹桑十餘畝歲可得絲百餘斤不特五十之老可以衣帛即賦稅婚喪之費亦可取給於此豐衣足食之樂可立而待矣然桑蠶既舉而孳字之事缺焉不講何以佳農桑之不逮衣帛之老又何能食肉乎余特揀採善法精尋實效求其切於日用家家可畜者豬羊雞鴨之法俱親經有驗連類而備載之能依法牧養則孳生不窮不特七十之老足以食肉即八口之家亦有餘甘矣更思秦中園圃久廢樹藝失法追倣素封之意自制一圖名曰養

素已見實效附於蠶畜之末以公同志是編也始以桑蠶補歲計之不足繼以畜牧佐農桑之不逮終以園制爲士人養高助道之資此余殫十餘年之苦心親身經歷而輯成者非徒抄撮成說道聽耳聞者可比授之剞劂用廣同人敢自附於作者之林乎亦庶幾利用厚生之一助云爾

乾隆六年季夏上浣茂陵楊　屾雙山氏題於會心齋舍

陝西西安府興平縣監生楊屾謹爲敬

陳桑蠶實效廣開財源以佐積貯裕國輔治以厚民生事恭惟我

朝定鼎以來

皇恩屢沛厚澤深仁淪肌浹髓　屾雖跧伏草莽敢忘雍熙大化念野人曝背食芹猶欲上獻今有桑蠶美政已獲親經實效上廣倉廩之儲蓄下備生民之衣帛開利之源莫大於此實有補於

國計民生豈能隱忍不言然事雖平常實係生民重大之務非三申五令遂可成功若非爲天地立心生民立命建功立業之賢忠君愛民之誠豈能任斯勞苦以行永久　屾夙懷此願未敢輕舉今欣逢

憲天大人學宗東魯德備中和建伊傅之事業著周程之文章

特簡撫秦保赤爲懷痌瘝在念想桑蠶美政久在

仁心籌畫之中　屾非爲名亦非爲利緣仰體

大人愛民至意採訪之殷謹攄愚者一得之見敬陳利獘願獻芻蕘之言伏祈

俯覽竊惟經國之大務無過於農桑二者乃斯民衣食之源王政之本是以古來聖君賢相莫不以此爲

急務故孟子陳王道亦必以農桑爲政首七篇之中丁寧反覆皆不出此我

聖祖仁皇帝念切民依垂訓十六條倫常而外首重農桑嘗刋耕織圖頒行中外使知務本之至意蓋未有農桑二政缺一而可以興道致治者也而承流宣化之賢莫不欽奉

聖諭留心本務農桑並舉固已民安物阜矣獨是秦人自誤於風土不宜之說知農而不知桑是有食而無衣二者缺一則民失一倍之資至於木棉麻苧又非秦地所宜絲帛布葛通省無出雖厥土黃壤厥田上上

自桑蠶一廢五穀之外百無所生究不能全獲地利常有飢寒之患夫一女不績天下必有受其寒者而況通省之不績乎雖有數縣木棉之出然不過一縣中百分之一不足本地之用豈能廣布通省是以秦人歲歲衣被冠履皆取給於外省而賣穀以易之穀賣之於遠方是穀輸於外省矣絲帛木綿布葛之屬買之於江浙兩廣四川河南是銀又輸於外省矣每歲必賣食買衣因衣之費而食減其半其艱於食者固自不少而缺於衣者抑已良多夫農一歲之入能有幾何貢賦賴之八口賴之婚喪賴之兼之一歲之衣被仍賴之焉得不豐歉並困而衣食兩艱耶豐則粟賤金貴而公私並需一糶無餘歉則室如懸罄而流亡過半無衣之害一至於此尚望其有餘積乎古者耕三餘一而秦人之積無異酌涓水而實漏巵矣岫生長於斯深知秦人兩困之原踵自無衣且嘗親受其累每思所以治衣之法試諸木棉麻苧厥成維艱竭思殫慮十餘年來考諸詩書傳記方知蠶桑乃秦人本有之業但因往代兵燹之後砍伐殆盡物易人遷樹桑養蠶之法盡失其傳後世習而不察誤爲風土不宜之說因而棄置不講所以桑蠶之業久廢

女工之事不作無人焉以倡率開導之遂棄無窮之地利委諸土壤以自有之衣具仰給鄰邦甚屬可惜岫因博訪樹桑養蠶之法織工繅絲之具無不按其規程盡其法則先自樹桑數百株於已酉年始爲養蠶鄉人每有笑其迂濶難成者岫亦弗之顧惟日夜經營無少懈怠既而蠶成及繅水絲之日鄉人乃共相環視見其絲堅韌有色光亮如雪靚所未見莫不驚異由是鄉鄰之中多有傚之養蠶者迄今十有三年歲歲見收近來鄰邑亦有慕傚者但欲養蠶者雖多而樹桑者甚少徒作羨魚之歎而罕結網之思若

能設法勸誘力加開導使桑陰布滿於阡陌則蠶事自興於民間而秦人之富可立而致也然秦人多疑南北風氣之殊天時寒熱之異以爲桑蠶非北地所宜又謂即或偶爾有成不過一隅之地恐非通省所宜此亦靡所考稽之故也岫請以北地桑蠶可舉者証據有六其大利於秦者有四並將桑蠶易舉及古今教民桑蠶有成效而遺澤後世者悉爲

憲天大人詳陳之考自伏羲採嶧山之繭抽絲爲絃以定音律而天下化黃帝元妃西陵氏始爲室養蠶煮繭繅絲製衮冕定儀度別尊卑垂衣裳而天下治是爲

衣冠之祖夫伏羲黃帝皆都於北而未都於南則蠶事之興不始於南而始於北明矣此可証據者一也又嘗考之於詩無處不言桑而咏於北方者居多以秦論之豳風七月之篇言蠶桑者屢屢矣有曰春日載陽有鳴倉庚女執懿筐遵彼微行爰求柔桑又曰蠶月條桑取彼斧斨以伐遠揚猗彼女桑此治桑也即所以治蠶夫豳地即今邠慶三水等處地近邊壤亦云寒矣其田高燥瘠磽而周先王當日諄諄誥誡不遑暇逸者誠以農桑爲王政之本女工乃衣被之原男力乎耕女事乎蠶男女各勤其職而民以富實上下雍睦庶姓休和載諸經史班班可考豳地尚然而類於豳者在在皆然況臨渭一帶沃壤千餘里勝於豳者多矣豈不能樹桑養蠶以與萬世無疆之利此可証據者二也又考之孟子言王道諸章開陳列國無在不言桑岐與齊梁皆屬北地反覆言之何有南北之分推而廣之能行天下繼續而傳之可垂萬世豈有亞聖之識以迂濶難成之術教當時及後世哉此可証據者三也又稽之郭子章之蠶論木各有所宜土惟桑無不宜桑無不宜故蠶無不可事桑蠶本一氣蠶即生於桑有桑之處便可成蠶猶農夫之

於五穀非龍堆極寒之處猶可耕且穫也此可証據者四也又察諸天時陝西出地平三十六度已在北道之北一十二度半自春分之日日行北道晝漸長夜漸短陽漸多陰漸少積陽之氣漸盛至夏之熱甚於南方況蠶屬純陽喜燥惡濕食而不飲陽立於三春三變而後消陰生而後死自秋分之日日行南道晝漸短夜漸長陰漸多陽漸少積陰之氣漸盛至冬之寒甚於南方此時織工興而蠶事畢矣又養蠶之時各省不同然不論節氣寒熱自有一定之候但看桑上葉如茶七大則蠶自生於室內即古人云木華

於春栗芽於室同類相感有自然之理何有南北寒熱之可疑此可証據者五也又驗之於今秦中無處不有桑但只不廣有桑一株便可養蠶成繭近歲以來岫之鄰境皆有養蠶者但樹桑稀少不能大獲利益然曲箔數筐亦可得絲歲歲有成已獲實效恐疑書生之見摭拾浮詞無足憑信謹將今歲所繰之絲並所織之絹帛一並呈

驗再俟養蠶之月

大人委員至家驗試事若涉虛治以欺誑之罪此尤近事之確然可証據者六也詳此六証據則知蠶桑乃

原書　六

天下通宜之物並知古昔聖王以農桑命名之深義不惟秦中可行之而無疑凡北地皆可行之而無疑也若桑蠶一舉其大利於秦者有四夫積貯者天下之大命也而秦尤非他省可比壤接三邊首稱要地兼之水路不通輓運維艱積貯之道所當更重鼂錯曰非能耕而食之織而衣之爲開其資財之道也開其源節其流則財恆足矣若徒節其流而不開其源則財終匱所以開之之要在乎務民於農桑秦人知農棄桑衣源未開利缺其半況今昇平日久生齒益繁仍守一耕治生無增歲計無加諸凡之費皆取給於此所以衣食兩艱豐凶並困然則凶荒雖起於乏食而其實早胎於無衣若衣有所出自不輕糶粟麥餘一餘三何慮饑饉欲爲秦謀積貯之道農之外無過於桑若舍桑而言積貯無非挹彼注此何能分外加益誠能因地之利盡民之力無論墻下路旁壟畔田邊悉皆種植既不侵地又不妨農曠土皆化爲錦繡之資每家歲能取絲三五斤便完通省賦稅有餘且水絲一斤貨銀一兩四五錢能買木棉二十斤足中人闔家一歲之衣若能取絲數十斤便爲中人之富矣況桑無水旱風蟲之災即歲過荒歉五穀不成

原書　七

桑卻無害養蠶取絲以補歲計可必而可久又桑子熟於青黃不接之月亦可充飢數旬其利最溥功與農配故曰農桑是以古聖王籌國計立民命首重而不敢忽若能懇懃開導不過數年之間蠶事大興爲農家更添一倍之利仰事俯畜賦稅雜費皆有所出自然穀無所費漸至餘饒積貯盡在民間比戶皆樂盈寧豐歲習於禮義荒歉免於流亡以慰

大人保赤之素志以紓

上西顧之宸衷此其大利於秦者一也夫伏羲生於秦地始畫八卦創立文字爲理學之原後世賢傑代不

乏人可謂衣冠文物之地矣宜乎家絃戶誦人文蔚起何其讀書者寥寥其弊由女廢織於內男力耕於外一歲畝畝之入不足供一歲諸凡之費因而修脯無資膏火難繼往往有造之材學將明通之候父兄多有驅之而逐末者豈其父兄喜子弟初學而惡將成歟良爲飢寒所逼不能終其業也若桑務一舉男女各有所職民得衣食不缺自有暇日使子弟盡趨於學耕讀兼營教養並舉人人得沐詩書家家不廢誦讀文人才士濟濟輩出上爲

國家儲養人材下爲秦民廣其教化此其大利於秦者

二也夫民可使勞不可使逸民勞則思思則善心生民逸則淫淫則惡心生周公無逸之詩魯母績愆之辟良有以也秦人於農忙之外冬春二季毫無所事男逸於外女逸於內往往相聚嬉戲奢靡賭費久無事事流入遊惰良由桑蠶之教不興男女之職曠廢有以使之然也不然何其於農忙之月此風全無乎若桑蠶一舉正月理蠶室二月織箔曲製什物三月養蠶四月繅絲五六月農忙七八月績絲織絹九十月栽桑冬寒修樹身有所事心有所向則親正務多而遊戲少勤日長而惰日消自然衣食足而禮義興

仁讓之風日在民間養蠶不惟有以厚民生而兼有以善民俗也此其大利於秦者三也秦素無梗楠豫章之材松杉漆竹之屬一望蕭然若桑樹繁滋則阡陌如雲壠頭似綺菁葱蔚茂不但美觀兼有八宜皮可抄紙材堪爲弓木造車桌枝編筐笆根皮爲藥散木作薪椹可充飢能救荒歉豈但葉可飼蠶衣被無窮此其大利於秦者四也請再陳桑蠶易舉之由樹桑者不過一夫之力樹成之後可享數十年之利採後復生不勞更種又無耕牛子種之費不慮水旱風蟲之災所謂一勞永逸比之棉麻逸勞十倍至於養

蠶桑成之時不待教而自興飼養得法不過三眠三起二十七日而老功雖一月其實用力於七日卽獲一歲之利雖係生民重大之務舉之並無難事又將古今教民桑蠶有成效而遺澤後世者列陳於後昔茨充爲桂陽令俗疑於風土不宜之說不知種桑無蠶織之利類皆以麻枲頭紵衣民惰窳少粗履足多剖裂出血盛冬皆然火燎炙充始教民種桑養蠶織履數年之間大獲利益今江南享蠶織之利者皆充之教也蜀王蠶叢都教蜀人養蠶鑄金蠶數千春月集蠶市將金蠶給之民間以爲蠶瑞誘而教之數年

之間其政大興至今嘉定保甯成都每歲所出之絲獲利不下數百萬金明洪武取淮徐桑子二十石命種辰永寶衡之間數年之中民大獲利康熙三十二年漢中府郡守滕天綬教民栽桑刻爲便民通示一單後附勸民栽桑歌詞等差奬賞力加開導惟洋縣令鄒溶仰體郡守良法美意奉行罔懈遍勸境內無不栽桑二年之間共勸栽過桑一萬二千二百餘株嗣後猶歲歲督勸不已年年增益今漢南九署桑蠶大舉獨洋縣最盛而民富皆鄒溶首倡之力也其事載在洋縣志可考今漢中一歲所出之絲其利不下

數十萬金豈非哲人開導之力乎是以未敎之先皆疑風土不宜亦猶今秦人未樹養而自疑其地之與南方異也後之視今亦猶今之視昔也臣既躬親其事實受其益不忍私諸一身遂將樹桑養蠶之法織工繰絲之具集爲一書繪圖詳解名曰豳風廣義每勸秦人爲之但人情好逸惡勞者居多怠惰因循者不少間見甚喜而力行甚稀其桑樹之未廣人人罕受其益若非當事設法勸課何能利遍秦中臣不揣愚昧敢竭鄙誠謹此上陳伏乞

鈞酌設法廣布俾秦中農桑並務三年可以定規五載即獲成效數歲之間蠶絲之利布滿秦中養元氣於

國家付大造於庶眾老者衣帛食肉少者不飢不寒五袴興歌人人挾纊衣食足而禮讓興共樂昇平咸遊

大化立萬世不朽之業成一代郅隆之猷皆沐

大人之恩澤視功德於無旣矣伏惟

電鑒施行

計粘條件一摺謹呈豳風廣義書三冊

一秦中蠶桑一興民得衣食兩全荒歉有備此乃重大之務必須設一永久之法使千萬世長享休和之福昔明洪武以此政教成七十年之後樹老漸

砍去不即補其政遂息夫民之趨利猶水之就下既享其利何至復廢以民情多好逸惡勞怠惰因循種菜三十日獲利尚有無菜食之人一歲失耕性命攸關尚有荒蕪其田之人況桑三年培植五載獲效添一株不見其益去一株不見其損因而不知不覺由多至少由少至無漸積之勢然也是故樹桑最易垂久甚難故古聖王立勸農課桑之條田畯之官令甲桑麻之數時專經理故民得豐衣足食本固邦寧奠安永久今

大人將此政檄行州縣賢司牧實力勸導自然有成但

不日
大人內佐
聖主賢司牧依次陞遷繼事者非關考成或未能於簿書
紛紜之中急急乎此此政又何能以行久遠卌再
三思維莫若先檄行州縣以種桑之多寡爲殿最
再行
題請定規嗣後州縣陞遷卓異必列勸課桑蠶歲歲增
益實有成效一條或設專管之員專董其事更無
推委疎忽如此永爲定例則官無不勸民無不從
則萬世裕國富民無弊之政永垂不朽

一秦中桑蠶久廢人以爲固然今一旦振興民必疑
慮須如漢中滕公教民規程刻爲便民通示一單
將利弊開載明白後附勸民栽桑歌詞並曉示桑
不起稅之說每家各給一張令鄉約每月初一宣
講使人通曉民栽桑一百株者以勤民注冊優待
二百株者花紅鼓樂迎送三百株者州縣給以匾
額五百株者據實報府府給匾額花紅鼓樂獎賞
六百株以上者申報
大憲給以八品農官頂帶優同紳衿每歲以桑之數
目造冊報上差官驗看查桑之多少即爲有司之

殿最
一舉桑務必先買子養種然後化導勸課其政立成
不然總立善法無樹可栽徒爲空言無補於實事
或在漢中四川潼川保甯議買桑子數十石或再
在秦中有桑之處於小滿之時採買分各州縣令
地卑井淺之處養種三年後可令布滿通縣若慮其
子種人功之費先借公項銀兩俟樹成之後賣樹
還項有餘官民兩便
一水深土厚之處更要加意教樹凡水深土厚之處
地瘠民貧較之沃土尤甚婦子更無所事事惟有
廣樹其桑可補歲計但灌溉不便樹不速茂令其
緩樹不在三年之例或數家合造一水庫多注雨
水九十月栽桑一冬不過澆二次來春亦不過澆
二次即便生活以後不用人功無論極高燥之處
人若懇勤經理斷無不成之事不過數年之間便
可成林

一一切士庶有犯法輕罪當笞者計笞罰樹栽活方
准其樹即令栽自己地邊無地者令其栽於官地
或官道之旁
一栽桑先教栽於墻下路旁壠畔田邊墳園場界城

壕家宅門前不使有尺寸閒土三年後不栽桑者
每歲罰出布一疋
一秦中樹木多被盜斫令其出示嚴禁如斫桑一株
察出重懲
一秦人農忙在五月女工養蠶在三月至小滿便可
畢工並無妨於農事而一歲獲兩春之利以上數
條愚昧之見是否有當伏祈
鴻裁

凡例

一是書事係平常言亦不文然實爲治生要務夫治生之書貴淺顯詳明一目了然試有實效若恃奇好博雕琢字句力求簡該古奧雖暫能飾智驚愚而無實效亦何益哉凡我秦人能依此書家戶力行歲取絲三五斤便能完通省賦稅有餘況水絲一斤貨銀一兩四五錢能買棉花二十餘斤足中人闔家一歲之衣若能取絲百餘斤即可爲中人之富矣焉有飢寒之苦流亡之患然至淺近之事有至著之道在往往讀書之人切於功名之大成專心時藝而忽於耕桑之本務多棄農書鄙致富而輕積貯舍實事而好虛文豈不思河濟江淮聚而成海農兵禮樂明而爲道農書爲治平四者之首尤爲學者之先務乃實落經濟非徒空言而無補於事者可比故先儒有云學者以治生爲先必使先齊其家而後治其國況荒歉饑饉世所難免失於防備性命攸關即如秦中明季與三十年天道大旱農失其業素無蓄積之家父子不相顧夫妻離散彼學窮二酉之士束手無策胸藏錦繡之能亦成餓殍由是觀之治生之道豈可忽乎哉凡我學人案頭須置農書論文之餘即教子弟反覆

披閱記誦詩歌論說以明治生之本達而在上以此治國國無不富窮而在下以此治家家無不昌進則有爲退則有守將來學問淺深不等總不失爲孝弟力田之人

一農桑著述頗多但知文者多未親身經歷親身經歷者多不知文所以多畧而不詳繁而不要用之多無實效總由於耳聞而未嘗身試也余斟酌去取諸法皆已親經實驗見者勿視爲空談

一是書本之農書棄其短取其長試有實效者摘其精以纂成之非臆說也

一諸法或得之古書或訪之南人或出之己見酌古準今乃秦地蠶桑之程式也行之無疑

一樹桑養蠶之法織工繰絲之具俱列圖形使人一見了然

一是書辭近俚鄙語多重複未免見哂於大方然田夫野老稚子僮僕人人可曉見者幸勿没其本意

豳風廣義卷之上

茂陵楊　屾雙山氏編輯

豳風王政二圖說

秦中桑蠶之政久矣失傳邇來生齒日盛費用浩繁衣被不敷閭閻漸艱若非力爲振興歲計何能有補因思古先聖賢以詩書垂訓原欲教人力行實事非徒爲章句之說而秦之桑蠶載諸豳風王政昭然紙上余敬遵而實效之果然大獲其益目覩同儕衣缺食艱者願共此温飽急欲推廣其法徧及全秦以追效古人民胞物與之意第恐事經久廢遽難取信於人遂將豳風王政畫圖編首以爲考証又合二章之意繪出田園廬舍雞犬桑麻周歲蠶織之圖解以俚句俾我同人觸目興思

以啓其樂爲之心余素不工文詞不能琢練成章直書鄙拙之語以達其意不過使農家通曉余之苦衷無非勸人力業欲家家享上産之奉人人蒙自然之利衣食兩足風俗淳龐成一太和景象幸同好者諒之

豳風圖說

七月流火九月授衣一之日觱發二之日栗烈無衣無褐何以卒歲三之日于耜四之日舉趾同我婦子饁彼南畝田畯至喜七月流火九月授衣春日載陽有鳴倉

庚女執懿筐遵彼微行爰求柔桑春日遲遲采蘩祁祁女心傷悲殆及公子同歸七月流火八月萑葦蠶月條桑取彼斧斨以伐遠揚猗彼女桑七月鳴鵙八月載績載玄載黃我朱孔陽爲公子裳以下數章茲不具述此詩乃周公述后稷公劉之化前段言衣後段言食以明農桑爲政教之首務夫后稷封於有邰即今武功等縣公劉立國於豳即今豳州諸處俱屬秦地當日諄諄誥誡不遑暇逸肇農桑樹畜爲養民之本開女工蠶織作衣被之源男女各勤其職而民以富實上下雍睦庶姓休和化行俗美漸及南國載諸經史班班可考余友人高子嘗南遊至嘉湖見桋桑密布園圃如綺綠蔭畝畆壠頭似雲機聲午夜與春聲相答深羨南地女工之勤而嗟我秦人之惰偶探勝地有名人題咏夫耕婦蠶各勤業儼然豳風好畫圖之句其嘆慕豳風如此而我豳地之人反漠然不知桑蠶之利徒興無衣之嘆是以自有之艮富而廢爲烏有歲歲衣帛仰給於遠方雖日誦豳風而誤於南北風氣各殊之說究莫肯一試艮可慨也余故述其成效特錄七月之章繪圖編首庶幾開卷觸目感發實行豳原之風不難再見於今日矣願共勉旃

秦中有食足衣裳欲補歲計學種桑
豈是一己謀錦綺實爲同人作首倡
但願隴頭桑如雲絲綢比戶歌千箱
桑務久廢恐難信故畫邠風圖一章

孟子陳王道圖說

孟子曰五畝之宅樹之以桑五十者可以衣帛矣鷄豚狗彘之畜無失其時七十者可以食肉矣百畝之田勿奪其時數口之家可以無飢矣謹庠序之教申之以孝悌之義夫孟子亞聖也以經天緯地之學其備陳王道立法垂世不過教養兩大端七篇之中語雖不同然反覆丁寧總不外此蓋農桑爲養之源庠序乃教之始農桑生於地人能力取自然用之不竭是爲良富孝悌忠信出自性天教自君父人能率循自然天祐人助是爲良貴能遵斯二者生民之道盡矣舍此而外皆爲逐末而人多視爲平淡無奇遂作章句讀過所以罕覩實效余於誦讀之下俯而思之墻下樹桑不過片刻之力畜鷄養彘祇是朝夕微勞行之最易而其功最著養老恤幼豐歉有備皆在此樹畜之中事雖平常實係教養大政故繪其圖於豳風之次令人興觀感之思凡我同志教子弟誦讀即率子弟以力行則豐裕可臻德品可立教養兩全豈不美哉

終歲蠶織圖說

聖王教民春作秋成冬則闔戶遂養安享休和以順天道故於至日閉關商旅不行使民以養陽伏陰得盡天年今我秦人往往於朔風凜冽衝寒冒雪尚逐逐不息戛由一耕不足一年之用焉得不營營外求予特繪終歲之圖解以俚句月月警醒使知桑蠶之利足遂闔戶之養能臻熙皥之盛又總十二月之意謹編一歌易於誦讀以爲觀惺之一助　歌曰

種桑好種桑好要務蠶桑莫潦草無論墻下與田邊處處栽培不宜少君不見豳風七月篇春日載陽便起早女執懿筐遵微行取彼柔桑直到杪八月萑葦作曲箔來年蠶具今日討繰絲織組漸盈箱黼黻文章兼繢藻本來婦職尚慇懃豈但經營誇能巧老衣帛幼製襖一家大小偕温飽春作秋成冬退藏闔戶垂簾樂熙皥更得餘息完課糧免得催科省煩惱天全美利人不識枉費奔馳徒擾擾我勸世人勤務桑務得桑成無價寶若肯世世教兒孫管取喫着用不了各書一通曉鄉鄰方信種桑眞個好

二月
仲春陽和起種桑乃其
時列樹徧阡陌森森接
叢蘇培植日漸廣地美
綠宜肥未蚕先謀食經
營務所宜田疇耕耨勤
婦子攏頭嬉農桑亚時
興田畯至則怡
卷上
八

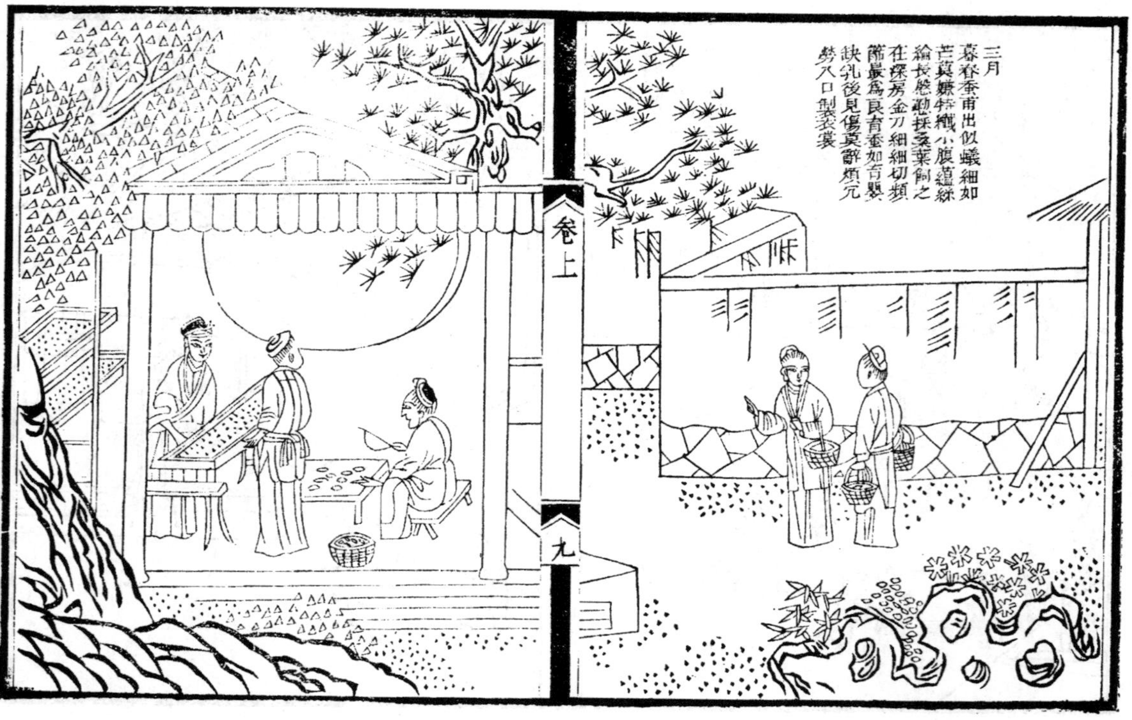
三月
暮春蚕甫出似蟻細如
芒莫嫌特纖小腹蘊絲
綸長慇懃採桑葉飼之
在探房金刀細細切頻
節最為良育蚕如育嬰
缺乳後見傷莫辭煩冗
勞八口製衣裳
卷上
九

卷上
十
四月
四月號清和麥浪如
綠綺薰風漸漸暄蠶
多宜分理高首龍馬
形三眠復三起蠶大
葉更濃時時勤添餧
食如風雨聲聽之中
心喜殷勤完功緒
成誰能比

卷上
十一
五月
夏中蠶已老蠶腹中絲綸簇山
營錦爛爛然似金銀摘之盈筐
筐聚觀來四鄰養蠶功于此足
補終年貧先擇來歲種化蛾足
兩相連懸通風處要護保如珍

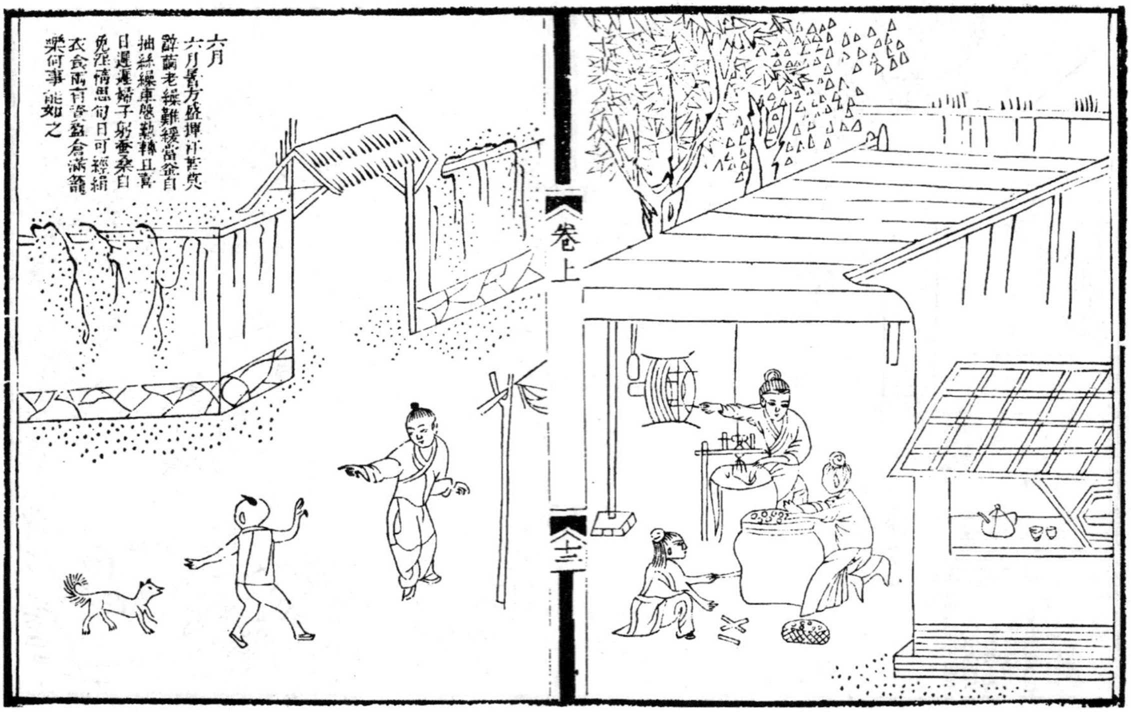
六月
六月暑方盛揮汗甚烝
辟藹老繅雛緩當發自
抽絲繅車聲轆轆且貫
日遲遲婦子勞蠶桑自
免饑寒思何日可經絹
衣食兩有資盈倉滿籠
樂何事能如之
卷上
十二

卷上
十三
七月
唧唧復唧唧當窗
鳴促織大火已西
流天寒授衣逼取
我筐中絲用我閨
中力既經而復緯
焚膏可繼晨青燈
照拋梭午夜尚未
息莫謂多苦辛此
樂人罕識

卷上
十四
八月
八月白露降
萬物盡成秋
寒氣漸漸逼
織絲已成紬
此時棉宜紡
冬來好營求
更宜備蚕具
佳蠶及時收
漫云隔歲入
惟豫乃無憂
試看須備了
臨期空白籌

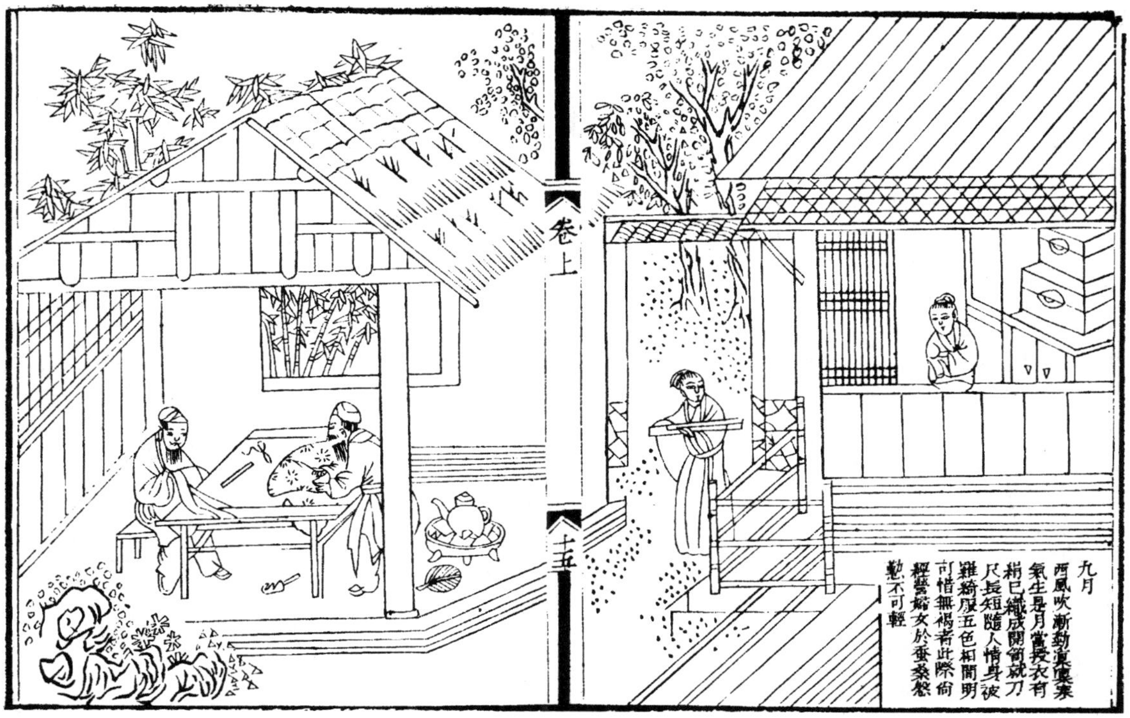
卷上
十五
九月
西風吹漸勁禀寒
氣生是月當授衣有
綃已織成開剪就刀
尺長短隨人情身被
羅綺服五色相間明
可惜無褐者此際尚
經營婦女於蚕桑懃
懃不可輕

十月
孟冬三
時畢歲
寒識勤
惰勤者
衣食足
農隙釀
新穤乘
閑家姻
親婚嫁
隨時過
庶羞復
蒸滕禘
盡雙親
座子弟
攻詩書
勤理窗
前課此
時備嬾
人受寒
復怨餓
卷上
十六

卷上
十七
十一月
飛雪撲
人面日
暮又北
風此時
寒已甚
方知蠶
有功白
髮擁重
綿少壯
衣俱豐
織婦深
閨裏圍
爐煖氣
融堂上
陳餚醴
醉倒嫗
與翁無
褐街頭
子號寒
總腸空

郭子章桑論

郭子曰木各有所宜土惟桑無不宜桑無不宜故蠶無不可事豳風之詩曰女執懿筐遵彼微行爰求柔桑則邠可蠶將仲子之詩曰無折我樹桑則鄭可蠶車粼之詩曰阪有桑隰有楊則秦可蠶氓之詩曰桑之未落其葉沃若桑之落矣其黄而隕桑中之詩曰期我乎桑中則衛可蠶皇矣之詩曰攘之剔之其檿其柘桑柔之詩曰菀彼桑柔其下侯旬則周可蠶禹貢兖州桑土既蠶厥篚織文則魯可蠶青州厥篚檿絲管子亦曰五粟之土其檿其桑則齊可蠶荆州厥篚玄纁則楚可蠶孟子告梁惠王曰五畝之宅樹之以桑十畝之詩曰十畝之閒桑者閑閑則梁可蠶蠶叢都蜀衣青衣教民蠶桑則蜀可蠶猶之農夫之於五穀非龍堆狐塞極寒之區猶可耕且穫也今天下蠶事疎闊矣東南之機三吴越閩最夥取給於湖蘭西北之機潞最工取給於閬蘭予道湖閬女桑桋桑參差牆下未嘗不羡二郡女紅之勤而病四遠之惰也夫一女不績天下必有受其寒者而况乎半天下女不績也豈第五十之老帛無所出不績則逸逸則淫淫則男子爲所蠹蝕而風俗日以頹壞今天下門内之德不甚質貞每歲奏牘姦淫十五毋亦蠶教

卷上　九

不與使然與公父文伯母曰王后親織玄紞公侯夫人加之以紘綖卿之內子爲大帶命婦成祭服列士之妻加之以朝服自庶士以下皆衣其夫社而賦事烝而獻功男女効績愆則有辟古之制也卿大夫之家而主猶績奈何今天下女習於逸以趨於淫乎國家蠶桑載在令甲凡民田五畝至十畝者栽桑麻木棉各半畝十畝以上者倍之田多者以是爲差特廢不舉耳故月令躬蠶之禮魯母績愆之辟與令甲桑麻之數此三者不可謂迂而不講也

水深土厚高寒之處宜樹桑說

西安近地其宜桑不待言矣即延慶平肇等處無不宜桑觀其一株能成推而廣之則千萬株可例矣夫深山僻隅離通都大邑甚遠難以貿易諸凡俱不活便至於豐稔之歲糧食甚賤無處貨賣隆冬歲暮衣無所出苦寒者甚多此處田土必賤若能勉力樹桑數千株一則歲不乏衣二則絲可達貨糧賤則食足桑多則衣備衣食豐饒教子弟讀詩書習禮讓豈非莫大之益若以高燥無水不便灌漑宜樾杵造大潦池或鑿地作水庫腹大口小內周圍用木厥釘孔塡以硬泥築極實連塡築數次以不漏水爲止上用板蓋以蔽風日消耗引積雨水以便澆灌桑乃易生之物冬澆一水春澆二水夏澆不過三水便活以後不用澆矣歲歲樹之數年之間可成桑林人若肯慇懃培植任是高燥焉有不成之理有疑天氣寒涼養蠶不合時節者不知天下養蠶之處節氣原自不同廣東立春四川驚蟄江浙清明河南陝西在穀雨前三四日其時雖不同總之有一最的實證驗但看桑上葉如茶匙大是其時也蠶不待煖而自生內外相應此自然之理也居水深土燥之地者宜詳之勿自誤

地卑水淺處甚宜樹桑說

地卑水淺種桑最易生活或插條或種子或壓枝不過三年即可獲利夫居濕地其田必貴恆種麥穀每畝即

收二石豐年不過值銀一兩有餘若使樹桑每畝歲可收絲九觔値銀十餘兩如有田四五十畝可栽桑十餘畝即逢歉年賣絲買穀豈非大益

河決水淹之地急宜樹桑說

每見沿河之地七八月間往往霖雨日久河水暴漲漂沒田禾惟桑椰雖被泥壅卻自無恙若水浸之地使盡栽桑樹每歲養蠶收絲反獲大利焉有乏食之苦意外之災蓋養蠶在春時多無雨水即三月有水桑亦不畏誠能廣布歲歲收絲即禾苗難成亦補缺乏況蠶絲之利更數倍於五穀果肯依法培植雖沃土種穀者亦不

及也

家宅墳圍宜樹桑說

桑乃裕國福民之大寶豈他木可比家中樹桑多者不惟得絲且宜婦人蓋桑本箕星之氣下映而生者箕乃女相之星下映其室婦人少病而無夭折之患况桑又能祁邪逐邪者用桑弓即此義也如有陰陽術士妄談桑與喪同音樹之不吉者此愚迷無識之輩不可聽信孟夫子言王政必教以五畝之宅樹墻下以桑豈有心通造化亞聖之識以不吉辭之事教天下哉再於路旁門前場圍城壕悉爲種植不使有尺寸曠土則遍地皆錦繡之資矣

栽桑說

民生濟用莫先於桑謀衣者不艱於養蠶而難於樹桑若桑務一舉則蠶事自興故首述而備論之種子盤條壓枝栽接修科之法詳列於後資生者當留心焉

種桑法

桑乃箕星之精其字從叒叒乃東方之地多生榑桑乃蠶食葉之神木故叒下加木以別之爲衣被之源其功最神爲世大寶種類甚多有柔桑葉如紬帛豐厚而軟有壓桑即山桑葉尖而長絲中琴瑟有椇桑樹小而條長便於女採一名女桑有白桑葉大如掌而厚有雞桑葉花而薄澁有子桑先椹而後葉各處所產殊異不可盡述總名之曰荊桑魯桑（秦中桑務久失無人種植幸而其種皆在余近歲覓訪得絕佳桑種其葉豐肥勝於南桑）荊桑多椹魯桑少椹凡枝幹條葉堅勁其葉小而邊有鋸齒者皆荊之類也凡枝幹條葉豐腴其葉圓大厚而多津者皆魯之類也荊桑根固而心實能久遠宜爲樹桑（樹桑者長成大樹也）魯桑之根不固心不實不能久遠宜爲地桑（地桑者栵栽每年割取不使成大樹也）然荊之條葉不如魯之條葉茂盛當以魯桑條接荊桑之身則茂盛而亦久遠魯桑其葉肥厚柔軟多津宜飼初生之蠶荊桑葉堅硬少津宜飼大眠以後之蠶（初蠶不可多飼荊桑葉多飼則有裂腹之患但於大眠後與魯桑間飼則其絲頭必硬而堅韌）種法俟桑椹熟時先熟者不用後熟者不用惟揀中熟肥大者翦去兩頭惟取中間用之蓋兩頭其子差細種之則成雞桑花桑（二種葉薄而澁少津蠶食之則結繭亦薄）中間之子氣足堅實則生氣旺而葉必肥厚收來揠爛以水淘洗陰乾臨種之時先一日用水漂去輕秕不實者（輕秕亦能生苗然終成雞桑花桑不堪用）用柴灰拌之放一夜次日種之種時須在芒種前後十數日之內爲上時夏至之後種者爲下時次年二三月亦可種若陳久則多不生（須將子收葫蘆內放高燥之處亦可生）未種之先將地耕二次將土

塊打極細上熟糞厚四五寸許熟糞是窩過的不是烝過的再耕一次打土塊極細用杷子摟成濶二尺長一丈的畦子有雨便種如無雨用水灌溉俟二日後土散不粘用杷子摟起以灰拌椹子勻撒於畦内用杷子輕摟一二次不可深了深則子細難出再上打細的熟糞一指厚用木輥子碾一次上搭矮棚棚用葦箔最妙便於捲舒其棚之高不過三四尺遮蔽烈日晝舒夜捲若不遮蔽桑苗初生極嫩一經烈日晒乾地皮將桑苗夾成細頊遇猛風一吹盡皆擢折若經三四日一澆使地皮常濕亦可不用棚遮處暑後不須遮蔽種後每日早灌溉一次及苗出之後春種者三日一澆夏種者二日一澆勿使地皮乾裂及苗長五六寸時常芸草極淨及苗長尺餘或三五日或六七日澆一次及至冬月苗長三四尺高至十月半間再上熟糞一二寸厚用麥草撒入畦中厚一二寸許逆風放火燒之桑苗焦枯次日用利鎌摩地刈之根槎不可露出土外再撒麥草或野地柔草易於起火者一二寸厚仍逆風放火燒之此爲三耕二燒之法燒後用糞蓋一二寸厚再用爛柴草厚蓋更好至春月摟去冬月若無雪雨再澆二三次至次年發生甚旺一根可長數芽揀旺者留一本其餘摘去旱則澆之至冬月可長七八尺或爲地桑或爲樹桑或遠近移栽此爲養種廣布第一法也或不能遵依此法只照尋常種菜法種之亦可不燒但不及此之長速而且旺也

盤桑條法

柔桑多無子必須盤條秋暮農隙時預掘成區每區相去五尺一畝地桑共該二百四十區如在地畔路傍其區亦相去五六尺藉地氣經冬藏濕其區廣深各二尺上熟糞一二升與土相和納於區内宜北高南下以留冬春雨雪取其向陽雪易消也於臘月揀肥大魯桑或絕好的柔桑總要肥大葉厚多津者素日驗看停當嫩條二三枝通連爲一科用快刀砍下每四五十條與稈草相間共作一束臥於向陽坑内深長各三四尺當預先掘下防冬深地凍難掘如桑條多更掘大些不必太拘以土覆起高堆俟春分前三五日取出坑内桑條即將預先掘下區子跑開下水三四升撒粟二三十粒將桑條盤成圓圈以草索縛定臥放區内外露出稍尖三四寸塡土尺餘厚宜築令實仍以虛土另封條尖枝上芽生虛土自脫先於區南種穄麻以遮烈日若不遮蓋經三伏必死地宜常常陰隰如乾即澆若久乾則死芽條長高砍去旁枝數年則成樹矣或即作地桑亦可

右古法也十可五六活不活者次年補之頗費功力且種麻遮蔭亦覺煩瑣余試得一捷要之法於九十月間揀最好的柔桑條子或單枝或二三相連砍來將園中

地造成畦子其濶二尺餘其長一丈將地掘起打細再用糞與土相和每相去八九寸盤一條每畦兩行須築令實少露桑條稍尖隨即澆過次日再蓋浮土一層冬月可澆一二次以腐草苫蓋迨至春月摟去三四日一澆立夏以後二三日一澆總不使地皮乾燥上搭矮棚遮蔽烈日晝舒夜捲處暑後撤去此法十活七八一年後遂可移栽正二月亦可如此盤之有一人做余盤栽桑條諸法皆備但不曾搭棚爲烈日所晒其後只十活一二桑乃極易生之物余於六月間根接桑數十株隨斫本樹枝稍插於周圍以遮烈日時遇連雨數日不料至七月間所插枝稍大半皆活以此觀之插桑亦不拘時○士農必用有埋條的法將桑條截作一尺長兩頭用火烙過春分之日埋之用水澆之余依其說後無一活者惟臘月埋條春栽之法並九十月盤栽之法余所驗過者從此二法最穩

壓條分桑法

春月或九十月將桑樹上近地的條子地下掘一渠深二三寸將條攀下臥於渠內用木鉤搭子長數寸將條向地鉤住釘於渠內使不得起以土築實須將條上所有的枝稍盡扶端露出土外但得雨水即便生根春月壓者當年九十月起冬月壓者次年九十月起於近樹身處斫斷掘出渠內條子將枝稍之間以利刀剝斷俱如拐子樣有幾稍剝幾截拐上皆帶根鬚移栽即活

已上種子盤條壓枝三法養種分樹可謂備矣何用多贅以下皆栽植修葺之法

栽樹法

柳宗元作郭橐駝傳曰駝所種樹或移徙無不活且碩茂早實以蕃他植者雖窺伺傚慕莫能如也有問之對曰橐駝非能使木壽且孳也以能順木之天以致其性焉爾深得至理之言細思之自明凡植木之性其本欲舒根不可窩拳其培欲平不可陷下亦不可高凸其土欲故不可另用生土其築欲密既然已勿動勿慮去不復顧其蒔也若子當珍愛不可草率了事其置也若棄不可掘看摇動揣摩搯搔以驗其死活則其天者全而其性得矣誠哉至理故吾不害其長而已非有能碩而茂之也不抑耗其實而已非有能蚤而蕃之也他植者則不然根拳而土易是不順其物性也其培之也若非過焉則不及苟有能反是者則又愛之太恩憂之太勤旦視而暮撫已去而復顧甚者爪其膚以驗其生枯摇其本以驗其疎密人多犯此諸病戒之戒之而木之性日以離矣雖曰愛之其實害之雖曰憂之其實離之故不我若也

此傳深得格物至理勿徒作文章看過凡有心樹藝
者詳味玩索自見其妙

栽樹桑說

築牆成園大小任意將園內地耕熟或栽行桑每株相去一丈橫直成行以便耕種行間或種菉豆黑豆豌豆芝麻穈子及瓜茄菜蔬無不可者上採桑葉下種豆蔬可謂兩益而且發桑但不可種麥穀令桑不旺或栽牆下桑或栽門前家庭阡陌道旁城壕墳園塲圃其法先地一坑深三尺掘寬窄量樹大小務要寬綽有餘九月至二月半栽之皆活古人云惟十一月栽之不活余每於十一月內栽之皆活或種出者或盤壓成者皆可移栽魯桑宜多荆桑宜少栽時記號南枝不可錯了原向

陰面若受日曬則焦枯如樹甚小亦不必拘且忌大風風能燥物恐耗散脂液則不長旺掘時務要掘大些不可傷着小根古人云栽樹莫巧勿令樹知則可耳將掘下坑內下熟糞四五升和土令勻如有龜殼根下置一個則桑更茂人水一桶調成稀泥將樹根坐於泥中按至坑底提三五次欲令根鬚皆順扶端樹身填土與地平擁周圍熟土令坑滿次日方可築實周坑四邊須築實若不實則根土不相着多懸死上腹用土封身尺與高周圍自成環池無雨澆之可以容水如在園外路旁塲畔者須護以棘以防牲畜啣傷孩童戲折二年不可採葉樹小傷生氣多不旺其上糞九月至正月皆宜三月至八月不宜恐糞氣損嫩根傷或豬羊牛馬之糞汕渣亦可棉子油渣性

燒冬擁其根更好旱則數日一澆三年之後長如椽大可以採葉飼蠶矣

栽地桑法

濟急救困莫如地桑之速凡河泆水湮之地地少人貧之處地桑一畝歲可收絲九觔布後次年即可飼蠶三箔三年後可飼五六箔其法築牆成園將園內地耕熟相去五尺掘一坑每畝該掘二百四十區廣深各二尺每坑內下熟糞三升合土令勻下水一桶調成稀泥將畦內種成魯桑不用荆桑連根掘出一科自根上留身五六寸其餘截去每一坑栽二根將根坐於泥中欲速見功者栽三根按至坑底

提三五次按桑身略與地平擁周圍熟土令坑滿次日築實再擁熟土輕築令平滿附身土不可築實實則芽難生用虛土封堆如鏊背子樣可厚五六寸周圍自成環池亦可容水芽出土長三四寸時節揀不旺者掐去每一株止留旺者一二寸澆鋤如法當年可長五尺高次年附根割條到家擇葉飼蠶割須用厚背鋼鐮一割要斷若鈍鐮不能遽斷則傷根皮有雨則根必傷蔭地桑不要放出身來只要從土中長出若身出土名爲螂窩條既不旺又多被風雨擺折割過處每一根盤周圍生出數芽每一科可留六七條餘者減去年年附地割之愈割愈旺留條漸多有一種野魯桑亦可移植冬春上糞旱則澆灌年年茂盛三年後正長旺六年後根相交根交則不旺春時將相交根斫斷掘

去添上糞土或得雨或澆過即復長旺次後斟酌其根漸大壓成栽子園別園如前法栽之三年後新桑茂盛養蠶斫桑時將舊桑根上只留一條隔年自成一株分出栽爲行桑如此傳轉無有盡期然魯桑飼蠶其絲不堅韌可斟酌栽荊桑樹數株俟蠶大眠後採葉與魯桑相間飼之地桑須於園內栽之有草則鋤無雨則澆比及蠶生可澆三次其葉自然早生桑種自有早生葉遲生葉者須擇其早生葉者爲地桑其行間宜種豆兩不相妨且豆性發桑勝於芝蔴瓜蔬

散種地桑法有地或三五畝或十數畝耕三次上糞五六寸再耕一次打耱極細摟成畦子或高燥之地無水澆灌之處不必作畦漫種亦能生活每畝用黍子七合黍即穄子製淨椹子一升魯桑者佳黍椹相合種之黍桑當俱生鋤之桑須稀疎調適大概二尺一苗黍熟時翦去穗子俟經霜後以利鎌摩地刈之曝令燥後有風放火燒之再上糞一二寸旱則澆之次年春生芽數條每株只留二條其餘掐去三四月常鋤令草淨空處點種菉豆黑豆等物不可種麥穀至秋收畢將地又鋤一次過年桑長漸大割取飼蠶每畝可飼三箔蠶又過一年可飼蠶五六箔又移栽小桑樹小根少上無寸土但經路遠風日耗竭脂液栽後難活即活亦不榮旺凡栽小樹取之他方者通約十餘株爲一束於根鬚醮沃稀泥泥上糝土包以柔草包內另用厚泥固封揾按車箱內令樹身順臥護閉兩頭不透風日上以蓆草覆蓋又須預於栽所掘區下糞樹到便栽依法不苟無不活者九十月以後雖行千里亦不妨

又取野荊桑魯桑入園中養者如其身乾枯或不端直或參差亂枝栽如上法栽畢用快刀摩地砍去樹身俟生出樹芽揀旺者留一本即成端正好樹且旺異常蓋桑間鐵腥愈旺地桑是其驗也凡園內一切樹栽後二年不旺者或樹身不成材參差不齊者俱用快刀砍去樹身去地半指糝土封其樹樁俟其芽生止留旺者一本此法但可施於九月以後二月以前

修科樹法

樹桑長六七尺高便斫去中心之枝其餘枝條自向外長臘月及正月間科令稀勻得所剪去冗枝內可容立一人周圍枝稍皆順如一大傘之狀使條有定數葉不煩多眾葉脂膏聚於一葉其葉自大飼蠶自然絲纊倍收足中紗羅之用

士農必用曰科斫樹桑惟在稀科時斫依時斫也使其條葉豐腴而早發不致蠶之穉也稀則條自豐葉自腴今年科不過時則長條豐美明年之葉自然早發而又腴潤也

又科砍之利惟在不留中心之枝容立一人於內轉身運斧條葉偃落於外比之擔負高几遶樹上下採有心

之樹者一人可敵數人之功條不可冗冗則費芟科之功葉薄而無味是故科斫爲蠶事之先務時人不知預治於農隙之時而徒費功力於蠶忙之月人則倍勞蠶復失所如得其法使樹生好條條長好葉蠶不急需乎葉而葉以時至又其葉潤厚農語云鋤頭自有三寸澤斧頭自有一倍桑按農政全書載秦中舊有一法名曰剶桑臘月中悉去其冗所存之條甚踈又於所存條根之上僅存四眼餘皆掐去其所留者明年則爲柯其眼中所發青條可長三四尺其葉倍常光潤如沃蠶近老而手採之獨留一向外之條滋養及秋其長以至尋丈

臘月復科之如前歲久則所留之科重繁復從下斫去周而復始自成圓樹如傘蓋樣洛陽河東亦同山東河朔則異於是必留明條疑風土所宜以此觀之則秦古桑之法可謂精工矣今之烏有者因兵燹之廢後世不察也

又科樹法自樹長五七尺高便割去中稍既不留心其條自向外長樹長大中心可容立一人如長成樹當中復生正身及枝者亦須斫去凡科法當去者有四等一瀝水條向下垂者一刺身條向裏生者一駢指條相併生者科去其一一冗脞條雖順者卻稠冗科時臘月爲上正月次之其所科之條當取皮以備抄紙之用臘月津脈未上科不傷樹但剝皮不利今人春月科樹只爲皮利不顱傷樹而不知自有取皮良方其法臘月或正月科下條子埋於向陽坑中候過年二月剝之自利如欲速用將條截作三尺長縛作一大束與大鍋口一般大鍋內添水一二桶將桑束立安鍋口勿令下鍋用稻草繩一條如小椀口大長數丈纏桑束周圍自鍋口纏繞到頂令密使氣不得走泄上用鍋板葢之蒸至皮利爲度取出剝之蒸取耩皮皆用此法

接桑法

務本新書曰桑以接博爲妙一年後便可獲利昔人以之譬螟子取其速肖之義也接桑飼蠶一株可當數株之用又且多絲而柔和有色但不可飼初蠶須於大眠以後方可飼之　凡接枝條必擇其美者宜用向陽宿條庶氣壯而茂新陰條不堪用　根株各從其類魯桑仍接魯桑則葉愈厚而多津荆桑接以魯桑則椹少而葉亦厚矣然魯桑宜多接荆桑宜少接至於接果杜梨樹可接梨白果樹可接櫻果海棠可接檳

子軟棗可接柹樹桃接桃杏接杏皆以接而愈美　接之器具用細齒鋸一連厚脊利刃小刀一把總須應手又必趁時古法以春分前後十日爲宜又不拘南北惟視桑條上青眼微動時爲的期余於此時接諸樣果樹皆活獨接桑百不一活不知是風氣使然否後於小滿後桑椹熟時接之方活五六七月接之亦活若接諸樣果木須在驚蟄至春分前後皆可活惟是接桑秦中必在小滿後至七月皆可接余累試驗此法最的不可有誤　一經接換二氣交通以彼易此變惡爲美其利有不可勝言者矣其法有六一曰身接如樹長盌口大不可就地接須用身接用細齒鋸截去原樹身作砧盤高可及人肩以利刃小刀於砧盤傍向下一寸半皮肉上以刀尖向上左右斜劈斷兩道至平面其下尖其上濶中間劈豁斷者剔去如烏鴉觜樣渠子兩壁有斜面無平底其尖淺向上漸深至頂可深至半指許接頭俗呼眼子須要揀肥大好魯桑向陽枝條大如中指以下長可尺許將樣頭一寸半用利刀左右側兩刀成蕎麥楞樣令頭尖

如烏鴉紫與樹身上劈劃成烏鴉紫樣子大小相符遂捺於老鴉紫渠子裏務要緊密總要皮對皮骨對骨與樹身一般無痕跡爲妙如不合式再削眼子下烏鴉紫要刻渠子務要緊密合式一砧盤可接四個原樹小者止接三二個接訖外用綿紙纏包再用構皮或桑皮或蘔麻纏縛牢固鬆則皮肉離脫不能活矣然亦不可太緊緊則將皮勒壞津脈不通亦不能活纏畢又用牛糞同泥封塗周圍又用破蓆片包裹如仰盆樣內盛潤土將接頭埋合略露稍一二寸如數日土乾則灑水少許其接頭發芽時亦不可取去蓆土至秋長定然後將蓆土去之

二曰根接 用之於小樹去地尺許截成砧盤接法與身接法無異接畢遺土埋合微露稍一二寸芽出之後俱要倚杜扶持四五月間常看根下如有芽生即使拔去

三曰劈接 惟此法省功易活予每用此法百接百活如身接根接亦用此法其最穩不拘樹身大小皆可用將樹用小鋸截成砧盤其頂用利刀削平隨以利刀按樹中心用斧背將刀背一擊樹身劈爲兩半拔去刀中心用木釘一插其縫自開將接頭根下用利刀削兩面成蕎麥楞樣令接頭尖如烏鴉紫長短須量劈縫不可過長過短插入縫中兩邊

務要兩皮相着如不合式拔去再削務要合式如樹稍大徑寸餘或二寸者十字劈開插四接頭中間木釘拔去先以紙裹後以桑皮或檾麻縛之外用濕土封固微露其稍俟芽長三四寸時常起土看原樹根底發芽盡行拔去仍封土如故將所纏裹的皮子解去不然久則長成藥葫蘆樣豈能成樹待長三四尺高恐風擺折用一竹竿子或一木杆子插立於旁以繩繫定然亦不可太緊一二年後樹不畏風可以去之

四曰枝接 俗呼爲渡樹要美惡兩樹相近者方可爲之如渡桑樹盆栽移近美者將美惡兩樹枝條一般大者條中間將皮身各削去一半長可二三寸將兩半相合成一枝務要皮對皮骨對骨用桑皮或檾麻纏縛外用牛糞合泥封固俟長三五月之後津脈已通遂將美樹下枝漸削惡樹上枝漸削俟其長定便解去纏縛俟八九月間方斷美樹枝下畔此法須春分前後爲之妙

五曰靨接 將美樹枝條之上長就小靨如麥子大未發出芽者將此靨周圍方方一寸用快刀刻取連皮肉揭下於口內噙少時取出於惡樹上揀一未發芽的小靨子如麥子大者一個將口內靨皮取出貼印濕痕於惡靨皮上以利刀依痕刻斷惡樹靨處大小如之將惡靨皮揭去不用遂將美靨合貼惡靨刻痕上務要將美靨裡面空尖子合在惡靨上的小骨尖上如桿卯之相合要緊在四圍皮對皮無少閒隙兩頭用溼綿包裹桑皮纏之不鬆不緊仍用牛糞泥封之但須露芽尖在外縛樹枝葉遮蔽烈日再將惡樹上一切枝條盡行砍去又將其餘惡靨子一切掐去令津脈盡升於所接之靨上及靨發上尺餘便可解去纏物此法接諸果樹須在豌豆開花時若接桑無論墩接靨接必須在二伏日初伏接者枝稍向上長中伏接者枝稍平長末伏接者枝稍向下長其餘諸月接者皆難活亦不論下弦上弦月朔月晦但入伏接之皆活桑惟靨接最穩十十活八九然須用當年所生新條如小指大者周身有葉每一葉蒂下有一小靨如麥子大掐去葉蒂刻取靨子如上法接於新生惡條靨子上即活若墩接不過十活三四

六曰搭接 將美惡兩枝俱削如馬耳皮骨相對縛泥如上法但此接多難活

擇桑之法不可不知凡本粗皮皺者其葉必小而薄白皮而節疎芽大者爲柿葉之桑其葉必大而厚堅繭而

多絲枝如藤蔓葉如紬帛謂之柔桑飼蠶多絲而堅韌有一種木理極粗葉如扇面光如沃油謂之烏桑甚宜初蠶有一種紫藤之桑枝如紫色之蔓高大而葉肥厚飼蠶最好有一種白桑其葉厚大得繭重實絲每倍常余近得土爾番白桑種今已種成其形如馬乳色如珍珠其味甘美異常堪爲佳菓葉可飼蠶兩有益也子可種條可壓亦能廣布

總勿用雞腳之桑（即花桑葉邊有缺齒）其葉薄飼蠶便成薄繭又勿用毛背之桑其葉澁而有毛蠶多不食又桑葉忽生黃衣而皺者木將就槁名曰金桑蠶則不食此乃蠶絲

不成之年故古詩云桑華腐蠹衣敝如絡女工不成絲帛如玉縮叶此之謂也有一種先椹而後葉者其葉必小宜接之接過則椹少葉多且大矣

以上種桑修科栽接四法俱備人能依此飼蠶自然絲纊倍收亦且堅韌有色可中紗羅綾緞之用

附種柘法

柘亦飼蠶之物柘宜山石柞宜山阜柘字從石其此義與柘木有紋理亦可旋為器其葉可飼蠶曰柘蠶柘蠶亦另有柘蠶種先出先眠先起先繭如無柘蠶種以桑蠶飼以柘葉亦可得絲甚少然葉硬而薄小不及桑葉桑葉大而豐肥多津故多樹桑少樹柘柘宜山麓之人不勞種植而獲利處處山中有之喜叢生幹疎而直葉豐而厚團而有尖飼蠶成繭冷水繰之謂之冷水絲作琴瑟絲清響異常亦可織紬且韌爾雅所謂棘繭即此蠶也此柘諸山皆有最多且茂惜乎近山之人多不知此美利無有為之者若在山麓之下蓋草房幾間內多置蠶種廣採山中野柘飼蠶其利可勝言哉無樹桑占田之累修接糞澆之勞豈非坐而獲利且蠶種廣布無窮而野柘多採無盡勝於深山採木幽鑿負薪之勞遠矣何憚而不為予近教盩厔山庄上人有幾家歲歲採柘飼蠶收絲織縑

種柘法耕地令熟摟構作壠柘子熟時多收要揀無刺葉圓大者方好如身有刺葉小薄者勿用以水淘洗令淨曝乾臨種時用水浸一夜用柴灰拌勻散於畦中摟耙蓋之苗出後時時鋤草令淨不可荒沒移栽者不可太稀大約三尺一株若在山田令其多布又須歲歲採葉飼蠶如一歲不採次年葉生有毒蠶食之不旺且多死如欲養蠶者先年夏月將柘葉打落次年生葉方無毒可飼蠶

柘蠶之種其時即生柘樹上乃柘之氣化生者人若細心於夏秋間年年在柘樹葉上撥看常有結成繭子可取以為種但有無多寡年年不同柘蠶亦食桑葉且得良繭桑蠶不可飼柘葉食之多結薄繭

以上樹桑諸法若能件件遵依再如法養蠶自然繭堅而多絲以之造綾緞紗羅無不盡善若不能依法樹藝只照平常栽法如多且旺亦可飼蠶然其絲粗硬僅可織縑絹而已

今人多不肯樹桑者以為五七年以後方可成樹方可獲利我豈能待獨不思我即年老遺澤子孫為世守之業亦何不可若先世早樹至我豈不大享其利我今仍舊不樹將來子孫蠶織終無望矣所謂及今不畜艾七年之病終不痊者此也故玄扈先生曰恐不能待者急樹之便是妙方

桑乃蠶食故居蠶先今樹桑之法已備方可以言蠶事矣

豳風廣義卷之下

茂陵楊 屾雙山氏編輯

織紝說

昔黃帝命伯餘制帛作布織紝之功因之而始衣冠文物之所出也傳曰一女不織天下必有受其寒者由是觀之織紝之係於民重矣故王后親織玄紞公侯夫人自制紘綖命婦成祭服庶士以下各衣其夫富貴家務之不惟重本防佚又使知服被之所自不敢易也故農家春秋績織必有其具秦中桑蠶久廢織紝之具盡失所以衣被不敷日甦兩艱予屢事桑蠶已獲實效若織紝不講終屬無衣因而詢及紡絡經緯之法梭織机杼之具穿綜貫緒莫不留意提綜躡変思之精勤自製平机絹机提花綾机俱有成式織爲綾絹紗紬等物不减南工爰將紡絡織紝諸法繪其圖形解以尺寸詳述作法備載於後庶使資生者一見了然云爾

腳踏紡車

繅軖紡車乃織具之先上繅軖已備方可以言紡車矣凡繭子頭破者繅絲不利者並出蛾之空繭俱宜製造上紡車成線然後可授机杼今西安近地亦有紡車乃紡木棉之車不可以紡絲綿也蓋木棉芒短易扯故一

手攬輪一手扯棉筒(俗名搓子)便可成線若繭綿力勁苣長扯之不利必須用脚踏轉車一手執繭一手扯絲方能成線(此車若紡木棉更好上並安二定以兩手並扯棉筒則成二縷功加一倍若紡績成麻縷上並安三定以麻縷夾三指縫中紡之並上三縷功加二倍)其制用木造成地平方架長二尺五寸闊一尺五寸於二尺五寸中間安一方木樁高三尺徑二寸半於近上三寸處安一橫木長五寸徑一寸五分(此是安定處若欲紡棉安二定者橫木宜闊三寸立樁亦宜闊二寸若欲安三定橫木當闊六寸樁亦闊六寸)稍頭留寸許安一立木牌高二寸厚七分闊與橫木齊上刻一小口如豆大(如欲安二定者刻二口)以容鐵定頂對牌口後樁上鑽一孔內棲細鐵筒(約深三分)以容定尾

定長一尺中間硬安一木轂轆子(長二寸徑一寸)周圍刻渠子二道以承轉絃樁下離地八寸安一鐵軸(長九寸大如小指)軸上貫以車輪(輪制用木版六個俱長一尺四寸厚七分闊一寸二分以三版正中斜鑿扣子硬安成輪子以二輪相去四寸中安木撑梚六個便相合成一輪周圍用皮絃攀緊以承轉絃)絃用棉線繩一條(如貫錢繩用蠟撚過光)將輪與定攀住令其活轉又在前面地平木上復安一橫梚(長與地平木等闊二寸半厚一寸半兩頭用立柱高二寸)梚中間安一鐵橛大如小指長六七分以承脚踏版(形如鞋底厚一寸中間刻一小窠如指頂大深二分活安在鐵橛上令其活動)版一頭中間安一鐵攬杖(狀如細筆幹長六寸)擴於輪版近軸處孔內(孔係輪上預先鑽下去軸寸半)脚踏紡之

脚踏絲車圖

一 綿繭蒸法紡法(俗呼爲蛾空子)

綿繭以出蛾者爲最繰之不利盈中撈出者次之薄繭並血蠶繭俱不堪用其法將好空子扯淨蒙茙稱足一斤溫水泡一日握洗去濁水盛篩中以水四升大蒲鹼四兩煎滾潑之數十次(鹼湯仍淋鍋內)以手試扯絲開爲度將篩安鍋內蒸之(如水將乾再添水一升)約一鍾茶時(如蒸之不及則生而難紡如蒸之太過則絲腐而無筋)取出翻於箸頭上(每箸可套二十個)溫水中手握洗去黃水乘溼紡之其法以葦筒帶篩安於鐵定上令緊露出定尖二三分右脚踏轉攬版脚稍向下一踏輪自轉動又脚跟在版後一踏自然一上一下其快如

凪習之三五日自熟左手執繭箸右手輕輕横扯絲頭紡之指縫夾一箸以上綿如女人腳小須兩腳踏版右腳在前左腳在後亦甚順便紡成䌯子約重一兩可卸○如蒸之太多紡之不及或在夏月恐腐壞者可將空子晒乾收藏臨翻然後溼之如翻在箸上太多紡之不及者亦可晒乾收藏紡時再以温水泡洗更好○又煮成張綿亦可乾紡其法將好蛾空温水浸溼翻在箸頭上（口小難翻者剪破）厚者二三個一套稍薄者三四個一套隨翻隨卸浸温水盆中數日換水數次揉洗令淨每斤用蒲䒠四兩滚水三四升化開煮之兩鍾茶時取出再用清水淋去䒠氣懸乾收貯臨紡逐個揉扯令薄如紙張於綿竿上左手執之右手扯紡○凡欲作綿䌯衣者不必翻只將繭子入鍋内煮如上法取出用清水淋去䒠氣晒乾槌過用（凡血蠶繭及最薄俱不堪紡只宜作綿䌯衣）欲織綿紬者如以生絲作經以所紡者緯之既省功且光平亦更耐久

（煉法每生絲經綿紬一觔用蒲䒠三兩水五大碗化開入綿紬在内提掇煮兩鍾茶時以紬柔軟色變爲度取出將猪胰子用稻草裹揉成膩汁將紬浸入胰汁内一半時但看紬上發光明亮即取出再用清水洗數次上捲軸輕碾卸下即光平堅韌遠勝他省所織）

解絲圖說

解絲惟絡車最便爲理絲先具南人皆掉籰解之終不若絡車之安且速也其制用二木樁徑一寸一長一尺五寸近頂鑿一通楷長三寸以容絡軸之大頭（絡軸俗名絡尖）一長一尺一寸近頂向裏鑿一孔勿透以容絡軸之末二樁下截連安二枕相去二寸長一尺二寸套安板凳一頭以楔偪緊將絡軸穿籰令緊貫於兩柱之間大頭畧高於小頭大頭樁頂錠一鐵釘繫一細皮條（麻繩亦可長二尺餘）纏於絡軸從裏面自下繞上以右手牽扯一縱一扯則軸籰忽上忽下隨手旋轉如風絲自上籰解時先將軖絲張於四柱（軖柱用水竹長三尺餘各安大軖上四方分立將軖絲繃緊）又另置二柱以分交最易尋頭（二柱以用竹棍同安於一軖相去五寸分交法二人將絲兩邊信手中分自有交出安於二柱之中倘頭緒斷時只從交中一提自得）上作懸鉤（以竹竿爲之如過竿樣下硾以甎塊挂絲時將竿繩一扯頭自下垂挂畢丢脫竿自竪立竿稍錠一鐵絲鉤）以引絲上下纏於籰上然後可排籰經縷矣

解絲絡車圖

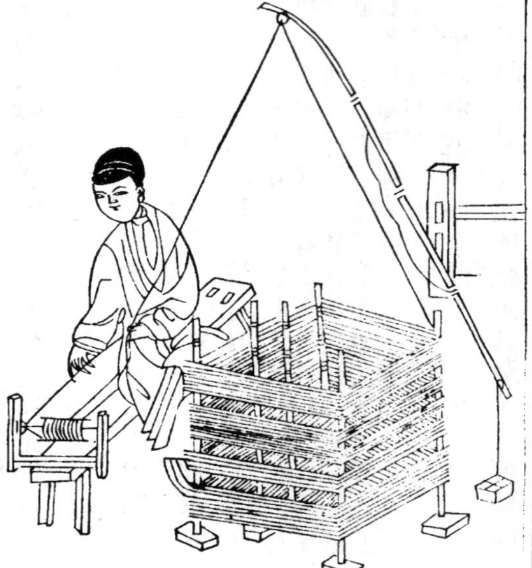

經絲圖說

絲已上籰方可經縷而經必有其具先造經牙一副（用方木椿二根長八尺密錠二寸長木橛一行相去寸餘每根可錠橛六七十上下安撐枕二道濶一丈左邊木椿外側近頂五寸錠一木撅用時倚牆斜立經牙之下近下去地五寸亦錠一木橛）右椿一尺五六寸地上置交檄一個（用木板一塊長一尺二寸濶五寸中安竹棍一行五根俱高一尺以左三根編大交以右二根挂小交）對經牙相去五尺用繩懸經竿（長一丈上錠小鐵環五十個）畧與人肩齊下置絲籰五十個密擺二行將籰上絲頭提起貫入經竿環內總收一處挽成一結挂在交檄右邊第一竹棍上一人手牽絲緒又挂在右邊椿下第一木橛上復牽挂在左邊椿下

第一橛上如此往來牽挂層層至頂橛盡處（如經縷只有二三十一叉當間一挂之）又將絲緒牽在左椿外側木橛之外邊引至椿下橛上復牽往右行至中間以左手提住絲緒以右手大指食指向上將絲頭在二指虎口內一左一右拾成交挂在交檄竹竿上（以左邊三竹棍編大交以右邊二棍挂拾下的小交）復挂在右椿下第一橛上如前層層經挂迴迴拾交週而復始以足數而止（絲頭或一千五百或二千三千酌量所織之輕重以爲多少）經畢在交檄外右邊空處剪斷將交用絲繩貫在兩邊拴緊（若繩脫交亂則滿架經縷無用矣）將兩頭俱挽一結再用繩拴緊然後用纒籰一個（用木四根各長二尺造成方架闊一尺八寸內錠一釘）將有交一頭以壯繩子拴繫釘上一人執定纒籰緩緩將經牙上絲緒旋卸纒纒訖再上刹牀

絲牀圖說

絲牀之制用木四根徑三寸後二根高二尺六寸前二根高三尺四寸從二尺六寸處順安二大平桄徑三寸長三尺五寸下用撐桄四道安成方架長三尺五寸闊二尺五寸於前椿平桄以上高出八寸勒成扁榫鑽一大孔以套壓天籰的架子二大平桄上中間相去三寸各安二擒齒以承天籰天籰者至大之籰也將纏籰上經縷復纏於此然後可以絲刷其制用木一根長二尺五寸徑六寸削爲八面每面安輻二條高八寸輻上安順桄一道其八桄十六輻湊成輪子放在擒齒內又於軸上中間錠一鐵釘子繫麻繩一條以拴經縷將纏籰上收下經縷無交的一頭拴繫天籰釘上一人搬轉天籰一人兩手執住纏籰旋放旋纏緊緊又纏在天籰上至有交處方止然後將壓天籰架子制用木二根長三尺五寸於一頭並安二撐桄成一方架闊與絲床齊一頭鑿四寸長卯用時套在勒成扁榫上套在前椿扁榫上橫貫一細棍使不上脫又以石版壓住架尾方不浮起交用二竹棍長二尺粗如大指從交兩邊貫過將交夾在二竹棍之中竹棍兩頭用繩子繫住不可令脫一人撥交從交棍中將絲頭一上一下分清白挂在繩鈎之上一人執繩貫頭繩即竹篾縛成齒眼或八百或一千或千五隨紬輕重酌量多少貫法用薄竹篾刻一鈎搭子從繩齒眼透過一人將絲頭二根如絲綾有用四根五根者緞有用八根者惟人所便挂在繩鈎上扯過齒眼收住挽一結齒齒貫畢用籐梯一個其制用木二根長二尺三寸一頭子六寸處安撐桄二道

濶二尺六寸椿頂刻二圓口將䕯子横擔其上䕯子用木一根徑四寸長二尺七寸兩頭各安搬㧊四齒長七寸令䕯梯去絧牀三丈將底桄以繩繫住再將貫過經縷以數十絲挽一結用一竹棍貫住牽絧至䕯梯將竹棍横架䕯子上二人搬轉䕯子一人手執撥簪用扇子邊股將一頭削光如扁簪形往來在經縷上撥挑如有粘絡結絲俱用撥簪排開繩齒一過遂搬轉䕯子容將經縷綳緊如有鬆漫處下面用紙一墊務要平緊一樣隨撥隨捲盡捲在䕯子上可以言織矣

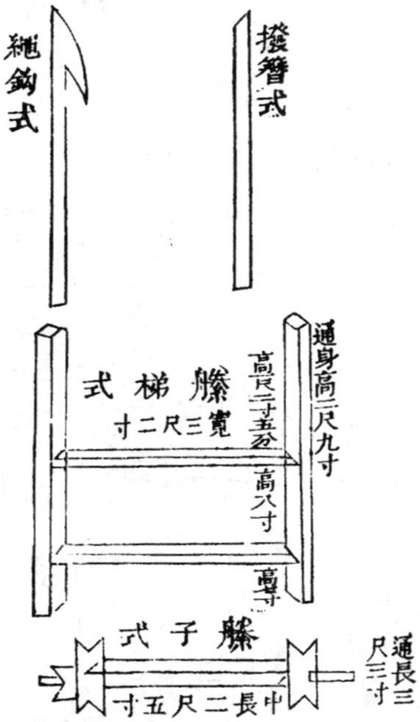

絧絲圖

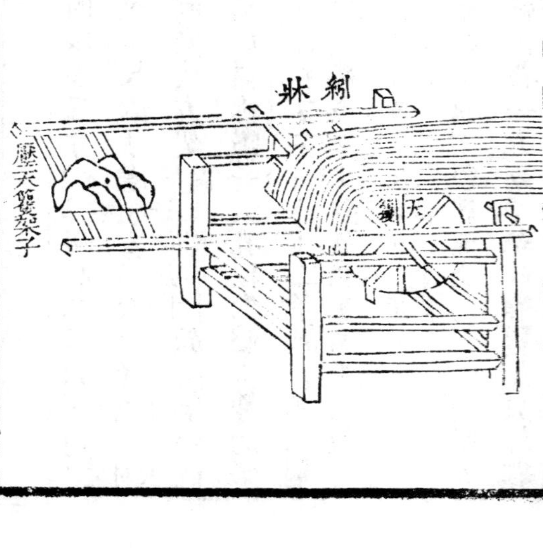

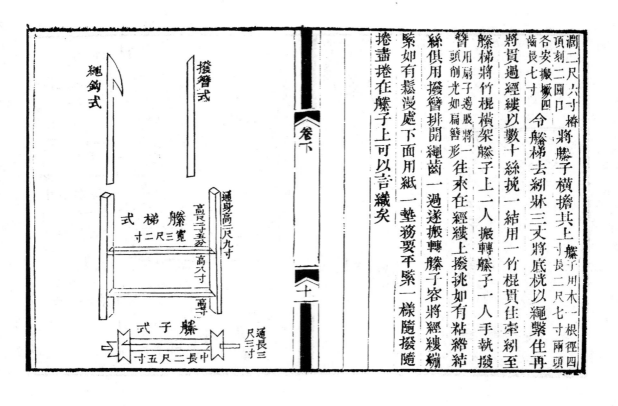

織絍圖說

經縷捲在𣝣子上可授之機杼矣機制甚多不能盡述只就余家用過簡便機言之亦能織提花綾絹紬紗但其制難以筆罄故列圖於後就圖詳解尺寸業織者自能一見了然織時將經縷根根穿過綜環綜俗呼爲繒綜制用木五根徑六分造成方架闊長各二尺中安一梁二人對坐以綜線二環相套縛於架上或一千或千五或二千足數而止再用細竹竿二根大如小指長二尺二寸將一綜線兩邊頭起卸去綜架挂在機頂羅𩏩枕之上每綜一付下用脚竿棍一根安在機之中間以便躡交若織無花絹縑只用綜二付若織提花綾緞將綜線縛於範架之上用十付下用脚竿棍十根又將渠線從花樣中穿過挂於花樓之上花之式樣隨人所便乃江南織工以絲線盤結而成者其價上好花樣三兩有餘其餘小花不過一兩有餘織時一人坐在花樓之上手提渠線一人坐在捲幅之後以脚次第躡竿旋提旋織自然成花又將經縷前後二根相並穿過繩齒以數絲拴一結復貫在小竹棍子上長與捲幅齊牽引經縷縛在捲幅之上兩邊再拴邊線十二根織不另挂邊線緯束經線窄小必不能織須用雙絲合成壯線一經挂拾交如上法收在邊籰之上在後邊在椿外側錠一鐵環將邊線從環中穿過牽引至前𣝣子對高梁上再定一環復穿過引下將邊線停分開用竹片二個長六寸上各鑽六孔將線後穿過孔中引至綜環分左右各貫六環復穿過繩邊齒三眼內緊繫捲幅上織時用墜一塊約用斤餘用繩子挂在邊籰之上自然邊線綳緊緯不能束邊易織再紬面用撐幅二根用竹片二個闊二指長與幅等厚二三分兩頭各錠半載釘三根長二分緊撐在幅上機制經緯安頓停當然後推撞抛梭自然成幅織具無他奇惟人自便智者斟酌損益而爲之自見其妙若肯親

身經歷未有不能者事雖瑣細實係資生要務能耕能織衣食兩有世不求人治生者不可忽焉

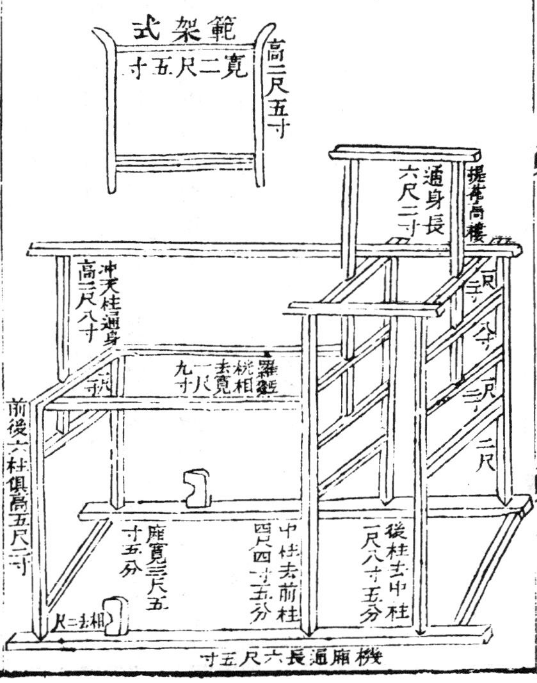

織紝圖

緯車圖

緯車圖說

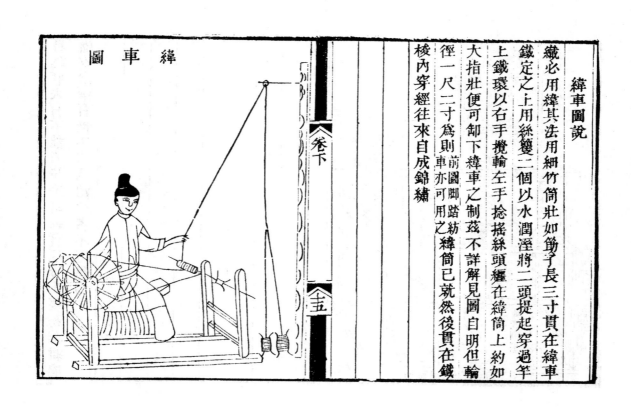

織必用緯其法用細竹筒壯如筯子長三寸貫在緯車鐵定之上用絲籰二個以水潤溼將二頭提起穿過竿上鐵環以右手攪輪左手捻搖絲頭纏在緯筒上約如大指壯便可卸下緯車之制茲不詳解見圖自明但輪徑一尺二寸爲則前圖脚踏紡車亦可用之緯筒已就然後貫在鐵梭內穿經往來自成錦繡

附養槲蠶法

槲蠶始自明末卽今之織繭紬蠶也此蠶本生於槲樹之上古人未有知而養之者至明洪武中河南㑺山縣野蠶成繭羣臣表賀始知有此蠶又至永樂十一年十一月山東有民獻野蠶繭者羣臣奏賀瑞應上特命織帛製衾以薦以爲瑞降自天未有知人力能廣布而爲之者故古書未載此法後明末之時有神人在山東教民始牧養此蠶至今率土受益蠶雖生於槲樹而靑剛橡葉皆食之其結繭一也今山東此蠶甚盛秦中終南山亦多有槲橡靑剛樹但人不知養此蠶之利鮮有留

心者余於雍正乙巳年買得山東蠶種並招致養蠶之人因得其法立春日於山根之下窖室中將繭厚攤於大筐內閉其門窗勿使通風以乾硬柴然火常令室中暖如三月至春分前五日共四旬晝夜不可間斷天寒加火天暖減火若室中大熱則生子焦黑暖氣若微則出不及日凡四十日則蛾出於辰巳時令雌雄相配申時摘去雄蛾以梚兒稍或圪麥條編成大筐幾個徑三尺深一尺又編一盋將雌蛾百餘放筐內以盋合定令其下子於筐內三五日後去蛾不用將筐別懸於無煙涼房內待山中陽坡槲橡等樹葉長寸許便將前溫室

中仍以硬柴燒令溫暖須閉門窗以炭火繼之亦不可太熱將蠶子筐懸於室中（亦不可近火）凡五六日時時溫暖蠶自生於筐內於辰巳時將筐（或七八筐或十數筐）安置峪口揀寬平處一方在水渠中（筐底支以石勿令水淫）取槲樹枝稍插於筐之周圍水中（若非插在水中片時葉卽乾）蠶聞槲氣自出筐上葉餘未出者至午後將筐取回仍懸暖室中次日又出仍如上法以筐中子皆盡出方棄筐不用常常插換新槲葉勿令蠶饑插稍時須令新稍挨着舊稍待蠶上新稍然後拔去舊稍又在蠶傍搭一草菴日夜看守（須防烏雀蜂虫傷害）時時換葉待槲葉稍大陰坡葉亦生此時方可轉移

上樹使自食葉移時將蠶帶着槲稍款款放在提籃簉子內（或竹或樹條皆可編徑二三尺深三寸上有筐系跨於臂上以便提攜）提至山中有葉槲樹下量樹大小（高不過五六尺）斟酌將蠶連稍放於樹上令其自然上葉時常看蠶食葉將盡又用極利大剛剪卽將蠶連枝剪下放於簉中移置有葉樹上（或橡樹或靑剛皆可）若此處葉盡更移放他處但此蠶亦三眠三起眠時不可移動須要晝夜看守以防白日飛禽啄食夜間蝙蝠傷害彈弓鳥鎗時常擊打如一朝無人看守滿坡盡爲烏有矣此蠶亦耐風寒三月間有雪蠶亦不至凍死（昔日養此蠶三月大雪蠶凍成硬冰人皆以爲死矣次日雪消蠶竟復活）但怕久雨多不旺盛

到夏至後自結繭於樹上摘來攤於涼房內箔上數日蛾自生寅卯時令雌雄相配午後析開摘去雄蛾不用將雌蛾以麻線縛一腿拴一槲樹上線須放長量樹之大小以爲多少或拴數十或拴數個次日自下子於樹上待入伏後五日其蠶自生便能食葉至於看守轉移俱如前法待白露後自能結繭一一結成摘取收貯至次年立春日温養如前法歲歲養之生發不窮其利不可勝言此繭不能繰絲必須於出蛾後製而紡之

紡槲繭法

先將木炭灰以滾水潑之淋得極釅以舌試餂螫舌甚

烈爲度將繭子盛於竹節內一斤許將灰水入鍋內燒滾勻撥繭上數遍將繭篩置鍋上淋入鍋中再取潑數次手試扯之以絲開爲度又將篩置鍋內蒸少頃取出翻於筋頭上層層相套一筯可套十數個浸於淨水盆內以手握洗十餘次以去其煙垢灰水之氣於繭外橫扯起絲頭用前所圖紡絲綿腳踏紡車上紡之層層扯紡不可亂了色道若或扯亂則織成繭紬遂無色道可觀矣其法將葦筒貫於鐵定上以線纏紡於葦筒之上既成繰取下候紡數十繰貫於經板之上來往牽引經之經成經縷收於刷牀之上撒放二丈餘中架一梁如四丈長者架二梁將經縷勻擺梁上手執𦅊刷縷刷乃疏布器也束黃白菅根爲上或硬草根皆可爲之縛如大鍋刷樣柄可長尺許圍尺餘其形扁蘸稀糨水或糯米汁刷之令勻務要經縷條條疏通或日曬或風吹將乾須要繩過一遍庶無糊稭不至粘連後用油水相合芝麻油最好菜油次之每水一斤用油四兩攪打百餘次使油水相混不分用縷刷輕輕蘸而刷於經上不可太多多則油大不堪用矣但使光滑易織可也待乾捲於機𣚖之上或平機或高機或紬機皆可織惟人所便

又有糨線一法更穩將紡成的繀子用枴子枴成把子重四五兩卸下用糯米熬汁無糯米用麪糨子亦可將

線揉糨令勻挂在椽上再用石杵子挂在線把一頭旋扭旋擰令線乾散爲度再上絡車纏在篗子之上經同上經紬法

畜牧說

昔先王之教民也用天之道因地之利盡人之力始事農桑繼勤孕字若農桑已舉而畜牧之道闕焉不講則衣帛之老者何由食肉乎予將畜牧之法附於桑蠶之後使資生者樹畜兼營自然衣帛食肉成一豐亨景象但畜牧甚夥秦中人稠地狹開墾無餘又無湖泊水灘閒曠之土即有其法而無其地畜牧之道亦難周詳而悉備莫若取其切於日用家家可畜人人易牧者力舉而行之則亦可馴致富饒而無難孟子曰五母雞二母彘無失其時老者可以食肉夫孟子以亞聖之才經天緯地而其留心王政無過養民數大端利民之術養老之典亦惟毋雞毋彘無失其時而已後世畜牧不講孕字失時無怪乎棄本有之良圖事規畫之末技往往力倍功半罕睹實效反視王政大務爲平淡無奇其亦弗思之甚矣余因悉採農書究心法制只將畜牧猪羊雞鴨四條已親經實效有裨農家日用者一一詳述而備載之願我同志共相從事不但奉高堂而享肥甘亦足佐蠶桑而滋餘利其益於人世寔有既乎爲列其條如左

畜牧大略

畜者養也牧者守也養而守之如郡縣之親民慈愛之珍惜之以身測其寒熱以腹節其饑飽自然生息日蕃資財漸廣昔陶朱公語人曰欲速富畜五牸五牸者牛馬猪羊驢之牝者也西安諸州縣無山澤曠土不便雜畜（五畜家戶皆有但地狹不便廣畜耳）舍三畜而專言猪羊雞鴨亦資生之一法也大約不過用二萬錢之資而數年之閒其利百倍惟多種苜蓿廣畜四牝使二人掌管遵法飼養謹慎守護必致蕃息仍量其所能而授以便業或拈綿或編竹爲飲食之資又多得糞壤以爲肥田之本所有猪羊雞鴨之名義飼法開列於左

論猪類

猪類甚多各處不同稱名亦異牡曰猳亦曰牙猪牝曰彘亦曰豝猪去勢曰豶四蹄白曰豥猪高五尺曰豟猪之子曰豚一子曰特二子曰師三子曰豵末子曰幺生其實一種也生於青兖徐淮者耳大生於燕冀者皮厚生於遼東者頭白生於江南者耳小生於嶺南者白而肥生於雍梁者足短猪乃水畜性趨下而喜穢在天應室在卦屬坎乃北方之獸也南方之猪味酸冷而有小毒食之動風生痰弱筋骨虛人肌不可久食北方水深土厚風氣高燥其肉味甘性平無毒大能補腎氣虛損

壯筋骨健氣血而秦中之猪甲天下尤非他處可比此皆不可不知者也

論擇種法

母猪惟取身長皮鬆耳大嘴短無柔毛者良嘴長則牙多飼之難肥猪以三牙為上有柔毛者治難淨猪孕四月而生母猪懷子時不可餵以細食恐猪肥油大則生子難活猪忌五月配圈恐九月生子少腦難成生子後母猪當餧以細食生乳以奶豚子

養猪有七宜八忌

一宜冬暖（臥處宜向陽嚴冬宜遮蔽）一宜夏涼（夏日圈中常積水池使得避暑再圈中傍牆多栽樹木亦好）一宜窩棚小廠以避風雨 一宜飲食臭濁（和食不可用生水清水常宜釀令酸臭）一宜細篩揀柴（凡草末糠粃一切食料務宜細篩揀柴乾淨食粗者宜碾令極細）一宜除虱去賊牙（猪身生虱者用菸筋或菸幹泡水刷之即除槽牙後有賊牙者即打去之）一宜藥餌避瘟（猪惟有瘟症最惡往往有淨圈者須預防之宜蒼朮貫眾搗為細末三五日和入食中一飼足以避瘟）一忌牝牡同圈（牝牡同圈則亂鬧意聚不食豚子六十日即可擇出雄者另飼雄猪不必多留一雄可配羣雌）一忌圈內泥濘（泥濘則多疾不長）一忌猛驚撓亂 一忌急驟驅奔 一忌飼餧失時 一忌重擊鞭打 一忌狠犬入圈 一忌悞飼酒毒（猪臟最軟餧酒醉時有酒味厚者便能毒死或種烏藥南星半夏處不可牧放往往悞食毒死不可不知）

飼豚子法

豚子初生宜煮穀飼之或大麥屑或豆屑蕎麥稌秫屑務宜煮熟少加草末糠麩飼之不可與母猪同食或置木栅欄留空只容豚子出入或圈牆下開一小竇令豚子出外飼之亦可六十日後閹之（俗呼為鏊猪）閹了則骨細肉多易長易肥必須截去尾尖閹不截尾則前大後小豚子閹後待瘡口平復取巴豆兩粒去殼搗爛和食中飼之半日後當大瀉其後則易長肥大十二月生子者必須置溫暖處常以火烘之或將地下掘空如匠樣下煨以火不然則腦凍不合出旬便死欲養肥猪者須於豚子中擇長大皮鬆嘴短牙少毛稀者其共食乳時居下者最佳揀取別飼之宜將碎小不堪牙多食少者早賣之

收食料法

養猪以食為本若純買麩糠飼之則無利大凡水陸草葉根皮無毒者猪皆食之唯苜蓿最善採後復生一歲數剪以此飼猪其利甚廣當約量多寡種之春夏之間長及尺許割來細切以米泔水或酒糟豆粉水浸入大甕窖內或大藍瓮內令酸黃拌麩雜物飼之（亦可生餧）欲積冬月食料須於春夏之間待苜蓿長尺許俟天氣晴明將苜蓿割倒載入場中攤開晒極乾用碌碡碾為細

末密篩篩過收貯待冬月合糠麩之類量猪之大小肥瘦或二八相合或三七相合或四六或停對斟酌損益而飼之且飼牧之人宜常採雜物以代麩糠拾得一分遂省一分食稍有空閒之處即可牧放放得一日即省一日之費總要慇懃細心掌管自然其利百倍矣

飼肥猪法

欲餧肥猪先擇佳種至三五十斤者猪多則總設一大圈內又分小圈每一小圈止容一猪使不得鬧轉則易長肥飼法用貫衆三兩蒼朮四兩黃豆炒一斗芝麻炒一升共爲末拌入細食內飼之食後每猪再餧生大麥

一升不過半月即肥又方用麻子二升搗爛鹽一升和糠三升煮熟雜入細食內飼之即肥

治猪病方

猪有病時割去尾尖及耳出血即愈若瘟疫用蘿蔔及梓樹葉與食之即愈不食者死又猪纔病不食即用滚湯一椀沃其頭半日即食又猪將肥時內生水鈴每食數口即遊走不食用鍜下磨子的石渣子爲細末羅過拌食中飼之不過數頓即愈

論羊

羊祥也故吉禮用之在畜屬火故易繁而性熱在卦屬兌故外柔而內剛其性喜燥惡濕其味甘美豐厚內則謂之柔毛又曰少牢五方所產不同而種類甚多哈密一種大尾羊尾重一二十斤大食一種胡羊高三尺餘尾大如扇土人歲取其脂不久復滿臨洮一種洮羊重六七十斤尾小江南一種吳羊頭身相等面毛短英州一種乳羊身肥而無血肉之分我秦中一種綿羊頭小身大尾長多脂最美其毛柔軟一歲三剪以爲氈物臨渭兩岸其毛更細可作緞氊氊衣衫等物絕佳一種羖羱羊俗名駒羱羊項下有鬚毛粗長作沙氈避濕氣性捷善緣崖壁其味亦美同華之間一種同羊甚大供饌又勝諸羊大抵南方之羊少味發病北方之羊味厚大補益土地使然也羊之牡曰羖曰羝牝曰羜曰

牂白曰羒黑曰羭去勢曰羯羊子曰羔羔五月羜六月羍七月羍未卒歲曰䍮諸羊孕四月而生其目無神其腸薄而縈曲食鈎吻而肥食仙茅而肪食仙靈脾而淫食羊躑躅而死物理之宜忌不可不知者也

一擇種

羊種以十二月正月生者爲上十一月二月生者次之其餘之月生羔則皮毛焦卷骨髓細小不堪爲種欲畜羊者須在九十月間於羊市上揀買肥大毛粗尾長懷羔母羊一二十口同州者爲上西北山者次之羝羊一口羝少則不孕羝多則亂羣不孕者必瘦瘦則非惟不蕃息經冬則死羝以無角者更佳依法牧養冬月漸次生羔若值嚴寒夜間必須然火不然多凍死綿羊二三日即母子俱放羖羱羊一二日即放生之羔宜

煮穀豆飼之及至春月可得羊五六十口便成羣矣（羊之生息易蕃獲利甚速但我處無湖灘曠土不能廣畜爲可惜耳）

一治圈法

圈與人居相連必須開窗向圈（羊性最弱不能禦物往往狼犬入圈咬傷殆盡）其性惡濕利居高燥作棚宜高（架扎精爲厰宜寒涼熱則生疥癬冬月入田尤不耐寒）圈內常撒乾土積糞以爲膏腴之本無令停水勿使糞污（穢則污毛停水則挾蹄濕則腹脹）圈內須並墻樹柴柵令周匝（不樹柴者羊揩墻土毛皆成毡若不揩土毛長自淨又監柵出墻虎狼犬俱不敢踰）

一牧放法

羊必須老人及心性婉順者放之方得起居以時調其宜適卜式云牧民何異於是者（若使急性人及小兒攔約不得必有打傷之災或嬉戲不着則有狼犬之害嬾不驅行無肥充之理將息失所有羔死之患）惟遠水爲良二日一飲（俗云水馬旱羊西北缺水處羊甚多或十日半月不飲亦無妨若頻飲則傷水而鼻膿今近水之羊甚瘦者多以此故）緩驅行勿停息（息則不食而羊瘦急行坌塵而羊顙也）春夏宜早放秋冬宜晚出（二月以後氣熱所以宜早夏月盛暑須得陰涼若日中不避熱則塵汗相蒸秋冬之間必致疥癬八月以後霜露氣降必須日出晞解然後出放不爾則逢毒氣令羊口瘡腹脹又緣蜘蛛在露草上羊食之多死日照則匿去）每於羊羣之中擇其肱而大者立之主一出一入使之倡先則魚貫而行免踐害路旁禾稼又在春月羊食青草時將鹽碾末薄撒於甎石上令羊出入少食則易肥而少病

一收食料

畜羊必積食料若不預筭以至冬雪滿地或大雨連綿不能出放無物飼養以致餓損不惟不孳息往往有斷種者須在三四月間以羊之多少預種大豆或小黑豆雜穀並草留之不須鋤治八九月間帶青色穫取晒乾多積苜蓿亦好或山中黄白菅並一切路旁河灘諸色雜草羊能食者於春夏之間草正嫩時收取晒乾以備冬用若値羊不能出放之日須於高燥處豎立雜木作數圓柵各五六步許將草堆積柵中雖高一丈亦無妨任羊遶柵而食竟日通夜口常不住終冬過春無不肥充無不作柵假有一車草擲與十羊口亦不得飽羣羊踐躡而已圓柵之制所費有限所得甚多不可不知

一鉸毛法

綿羊三月得草力毛壯勁則鉸之鉸時先將羊用水洗淨晒乾以鐵抓子抓之令毛和軟然後鉸鉸畢將羊又以水洗之則生白淨之毛六月毛長復鉸仍如上法至八月初胡菜子未成時又鉸如上法（若天氣覺寒不用洗若胡菜子成然後鉸者非値著毛難淨又歲稍晚至冬寒毛長不足令羊凍損）

一飼肥羊法

羊須騸過最美（羊生十餘日便騸名曰羯羊）飼時不拘多少初飼時

將乾草細切少用槽水拌過飼五六日後漸次加磨破黑豆或諸豆並雜穀燒酒糟子稠糟水拌每羊少飼不可多與與多則不食溵棄草料又不得肥勿與水與水則溺多退膘當一日上草六七次勿令太飽亦不可使饑欄圈常要潔淨勿餧青草否則減膘破腹不肯食枯草矣亦間飼食鹽少許不過一兩月即肥

一治羊病法

羊有疥者另置一處否則相染以致合羣俱病不可不知

治羊疥方疥先著口者難治多死用藜蘆根搗碎以米

泔水侵入瓶內塞其口置於竈邊常令溫暖數日瓶內泔發變酸便可用先以甎瓦片刮疥令赤再用葱白湯刮洗令淨拭乾以藥汁塗之再上即愈若多者不可通身盡塗須節節治若通身盡塗羊皮不堪藥力則死矣又方用臘月猪脂調熏黃末塗之即愈（熏黃即雄黃色黑氣臭者）凡羊經疥得瘥者至夏後肥時便賣不然來年再發必死

治羊脾脹方其症來時肚脹眼大亂跑用大針一個在左邊前夾第二根肋枝縫中以針刺入一二寸即愈

治羊膿鼻眼不淨者以湯和鹽研之極鹹塗眼鼻再將清鹽水用小鐵灌角灌入兩鼻內半鍾不瘥再灌五日勿見水

凡羊倒圈者乃瘟症用獼猴一個置圈中高竿上頭以避惡氣又用雄黃藜蘆蒼朮乳香火硝細辛甘松川芎降眞香等分為末不論有病無病凡羊兩鼻中用竹筒各吹一遍

治羊兒風用艾在頭中旋內灸五六壯即愈

治羊漏蹄方羖䍽羊脂煎熟去渣取鐵箭頭一個燒大熱將羊脂油塗箭頭烙患上勿令見水治之不愈者剕出蹄甲內毛虫兩個再烙即愈

一羊肉食忌　天行熱病人新愈勿食羊　獨角者勿

食食之生癰　不可用銅鍋煮肉能損人　又不可同蕎麵豆醬食食之發痼疾

論雞

雞類甚多稱名亦異雞者稽也能稽時也大者曰蜀小者曰荆初生曰雛一名鷇今處處人家畜養五方所產大小形色各殊朝鮮一種長尾雞尾長三四尺遼陽一種食雞一種角雞味俱肥美南越一種長鳴鷄晝夜啼叫南海一種石鷄潮至即鳴蜀中一種鶤鷄楚中一種傖鷄並高三四尺江南一種矮鷄脚高二寸許江西一種太和鷄按時而鳴我秦中一種邊鷄一名鬬鷄脚高

而形大重有十餘斤者不杷屋不暴園生卵甚稀欲供饍者多養之又有一種柴鷄形小而身輕重一二斤能飛善暴園生卵甚多欲生卵者多養之鷄在卦屬巽在星應昴無外腎而虧小腸膀胱所以便而不溺凡鷄有五色者玄身白首者大指者四距者死而足不伸者並不可食食之傷人食菢卵母鷄令人作癰小兒五歲以下者不可食鷄肉食之多生寸白虫成積有風病之人不可食能動風也此皆不可不知

菢鷄雛法

菢母鷄一隻母鷄須用數年者菢之方工新鷄不堪伏卵數起者不任爲菢食卵者易之或常常餧之大者可覆二十二卵小者可覆十八卵卵須用雌雄相配而生者方能出雛窠忌近打鼓紡車砧杵脚踏羅舂搗及振動有聲之處卵被震蕩雛形多不成窠不宜低低則恐有虫害母鷄伏四五日令起與之食飲久不起者饑羸身冷雖伏無熱氣卵雛出且往往有餓死者伏至二十一日而雛出亦視乎涼暖暖則生速涼則生遲雛出之時不可用手剝取須聽其自出若用手剝殼則形未定而多死既出之後飼以小米乾飯一頓若飼以濕飯則臍膿多死次後飼以小米飲以溫水候五七日方可下窠任食無妨一歲可菢數次晩菢者形小而多肯生卵欲廣雛而取利者後有火菢之法

火菢法

菢時用密室一間內分左右盤二大匠匠上周圍泥小墻裏面鑲稻草或麥管編子一匝匠上鋪搗爛軟麥管一層厚三五寸將匠用糞煨至溫不可熱熱則卵壞矣若夏至之時不用煨匠只用熱溫糠暖亦自能生將雌雄配過所生之卵或鷄蛋或鴨蛋須得一千或五六百方可少則易冷難成先將稻糠皮或粗榖糠若鴨蛋用乾牛糞爲末焙溫暖菢更勝於糠乃物性相宜鍋內烘熱不可大熱只用溫熱先鋪於右邊匠上一層厚二三寸次將卵密密排一層又鋪熱糠三四寸又鋪卵一層如此相間或八千一萬皆可鋪畢上再用熱糠厚蓋一層糠上再厚覆稻草或麥管一層時常以手探試不可令內熱亦不可令內寒常要裏面溫溫有和氣方好或二三日覺上面及中間有涼意如前法復倒於左邊匠上將上面要倒在下面二三日之間如覺又涼復倒於右邊匠上如此六七遍是雛成形之時大約鷄在二十一日鴨在二十八日將卵或放羅底上或放溫水內試之見卵自動搖不定者是雛將出之時也分於兩匠之上溫養如上法俟雛有一二出者將卵用熱糠單排溫室中此時室中宜放炭火令其溫暖不過一半日之間皆可出矣火菢莫巧只要人慇懃看守溫和之氣不絕不惟出齊亦且速而無壞卵若乍寒乍熱不惟出之不齊卵亦多廱壞不成出齊時忌燒柳柴煙熏之則死用小米蒸成乾飯不可粘了飼二三頓不可令出

房外室中常須用火温暖不可使冷以致凍死新雛或置之匹上日飼以生小米飲以温水十餘日後置園中放之令其自食

園放之法

園濶六七丈或十餘丈上用葛條或葦子作繩或樹皮作繩在墻上斜綳如網樣以防烏鳶將園中間順界短墻一道分為兩院先將糜子磨麪或稌秫麪皆可煮成稀糊潑於右邊園内以散草覆之不過三四日便可生虫驅雛食之又如上法潑於左邊俟右盡而驅左如此週而復始不過一兩月便可貨賣夜防猫鼠須收入窩

室温暖處及鷄大時或用苜蓿煮熟拌以麥麩或糜麪秫麪皆可或粟豆或農忙之月場邊埽積五穀草子皆可飼之中用長槽盛水令其便飲若生卵時在墻周圍離地尺餘鑿墻為窠内鋪軟草令生卵其中日日收取周圍豎架令棲其上冬月宜棚下以避霜雪若遇大寒多凍瘦損不可不知園内糞宜常埽壅田極肥上百合更妙内有善飛者剪去六翮（不可剪深深則不旺只剪去六根長翎則不能飛矣）

又穀產鷄子法

欲供常食者將雄雛擇去另籠單飼羣雌令足其食料一鷄一次能生百卵只不能出雛食之亦能益人

又飼鷄易肥法

欲鷄易肥者以油和麪捻成指尖大小日與數枚食之又以小米蒸飯拌以硫黄細末四五分飼數日即肥又將小麥水浸蒸熟飼之三七日即肥

飼鷄不菢法（菢俗呼為覃窠）

欲鷄不覃窠於下卵時食内加麻子餧之則常生卵不菢若有菢而不起者冷水中猛淹之則迷其菢

治鷄病方

凡鷄有雜病者以眞麻油灌之立愈若有瘟疫者預用吳茱萸為末以少許拌乾飯上餧之又以雄黄末拌飯

餧之皆能不病若已病者以蒜瓣一粒餧之

論鴨

鴨類不繁只有家野之別近來有西洋一種洋鴨鷄頭鴨身善鬪其餘各處皆同但稱名則異一名舒鳧一名家鳧一名䳼鳴一名鶩鶩者木也鶩性質木而無他心故庶人以為贄故曲禮云庶人執匹匹者雙鶩也匹夫卑末故廣雅謂鴨為䳼鳴禽經云鴨鳴呷呷其名自呼故謂之鴨格物論云鴨雄者綠頭文翅雌者黄斑色有純黑純白又有白而烏骨者藥食更佳鴨皆雄瘖雌鳴重陽後乃肥腯味美清明後生卵伏二十八日而雛生

鴨乃水禽也治水病利小便最宜故水腫人多食之卵不宜炒食多食發冷氣小兒多食令足軟惟鹽醃食之益人生瘡毒者不可食食則冷惡肉突出

養鴨法

菢鴨雛與鷄同卵用五雌一雄者菢之能成原來是鴨菢鴨卵但窠須平地護持難密故後人以鷄菢之最穩欲廣雛取利者用前火菢法（用乾牛糞末俱勝他物）鴨雛出時頭一頓用粳米煮粥令飽食之名曰塡膆（以後食物則無傷）然後以小米飯切苦菜蔓菁苜蓿飼之飲以清水濁則易之不易恐泥濁塞鼻則死一二十日之後靡不食矣於初出下窠時看尾尖下有硬毛一根須拔去不然則自刺而死至於草菜魚虫青泥皆食之雛出窠之時便可驅入水中少刻宜驅出（鴨既水禽不得水則死但雛臍未合在水中久冷亦死）夜收於溫暖處下厚鋪軟草（恐臍冷則多死）飼鴨與鷄同用粟豆飼鴨其利有限不若細剉苜蓿煮熟拌糠麩飼之價省功速亦善法也

相鴨生卵法

鴨頭欲小口上齗有小珠滿五者生卵多滿三者生卵少擇其多者養之

又穀生卵法

純飼雌鴨無令雄鴨入內足其食料常令肥飽一次便生百卵

卵不遺失法

鴨喜浪生每常遊走生卵遺失在外每至生卵之時按每日所生之候驅至園內多用軟草就地作窠先將白木刻成鴨卵形每窠中各直一枚以誑之鴨遂上窠無疑矣

養素園序

園圃之制昉自上古帝王以之養聖聰而同民樂官貴家以之識稼穡而爲遊息之所文人學士以之暢達襟懷煥發神采高人逸哲以之作助道之資託爲隱處農家以之樹桑麻布果蔬爲衣帛之藪且逍遥其中故稱園之樂古者人皆有園以爲樂利之本奈我秦中久廢其制士失爲學之資農乏日用之需予嘗閱太史公治生論曰居之一歲種之以穀十歲樹之以木百歲來之以德今有無秩祿之奉爵邑之入而樂與之比者命曰素封故曰陸地牧馬二百蹄（五十匹也）牛蹄角千（一百六十七頭也）千足羊澤中千足彘（二百五十頭也）水居千石魚陂山居千章之材安邑千樹棗燕秦千樹栗蜀漢江陵千樹橘淮北常山河濟之間千樹梨陳夏千樹漆齊魯千樹桑渭川

千畝竹及千鍾之田千畝巵茜千畦薑韭此其人皆與千戶侯等言耕桑樹畜布置得法歲獲大利白衣無爵祿之位而有封邑之入故稱素封園林之益載諸史冊昭然可考後人何得棄而不復哉試觀古之賢哲隱君子皆藉園田以爲養素之資所以成其高若從事岐途則物欲擾雜機械縈心烏能涵育天和求志樂道爲潔身立德之士乎是以曾子有三省園曾子居魯食力養志躬耕親桑常耘瓜蒔蔬而歌聲若出金石魯君聞而致邑焉固辭不受曰吾聞受人者常畏人與人者常驕人君即不我驕烏得無畏乎自是甘貧樂道力食以養親每飯必有酒肉然日三省其身於聖人之道每事精察力行以求至乎其極故孔門一貫之傳惟曾子獨得其要養親明道皆賴此園之力也顏子有屢空園孔子謂顏子曰家貧居卑胡不仕乎對曰回有郭外之田五十畝足以給饘粥郭內之田十畝足以爲桑麻鼓琴足以爲娛所學於夫子足以自樂回不願仕也回願貧如富賤如貴無勇而威終身無患難不亦可乎孔子曰善哉回也夫貧而如富其知足而無欲也賤而如貴其讓而有禮也無勇而威恭敬而不失於人也終身無患難其擇言而出也若回者其至矣乎觀顏子開口先道田園二事足知田園乃養道之本也顏子得保全聖德育養天和已臻聖人之域者皆賴屢空園之力也邵子有安樂園邵子名雍字堯夫河南人遊歷四方定居於洛初至洛蓬蓽環堵不庇風雨富弼司馬光呂公著諸賢退居洛中皆制園自娛雅敬堯夫恒相從遊爲市園宅自名其園曰安樂園名其居曰安樂窩自號曰安樂先生與其子親耕躬桑種蔬蒔藥食力自養四十年來未嘗皺眉嘗讀書至夜深命子煮萊菔芥辛食之甘美歎曰味含土膏甚可人口膏粱者豈能知此味也遂有萊菔生兒芥生孫之句嘗作詩曰梧桐月向懷中照楊柳風來面上吹分明寫出浩然之氣天然之趣嘉祐熙寧中屢詔稱疾不之官智慮絕人遇事能前知其心虛明自能知之觀其所學至誠之道也惟賴

卷下　三六

安樂園修養之力也漢陰之獨力灌畦河陽之閒居賣蔬德操之採桑飼蠶昔司馬德操採桑龐士元見而問之曰大丈夫生於斯世當懷金衣紫焉有屈洪流之量而作絲婦之事哉德操曰居吾語汝子適知捷徑之速而不慮失道之迷昔伯成耦耕不慕諸侯之榮原憲桑樞不易有官之宅何有坐則華屋出則肥馬侍妾數十然後爲奇此許父所以慷慨夷齊所以長歎息者也雖有竊秦之爵千駟之富不足貴也士元曰某生處邊睡寡見大義若不叩洪鍾伐雷鼓則不知其音響也林遁之計日樹梅林公樂道獨善終世不娶嘗以梅爲妻以鶴爲子植梅三百六十計一梅所出約足一日之用隨梅子所收之豐歉以爲自養之厚薄終身坦然自得畧無營求世利之意皆取自然之衣食作養德之實具超然物表淡然象外養素之道誠無有加於此者他如韓康之鬻藥老萊之織屨君平之賣卜常常交易日日營物以之養素豈能純白乃衷何如園圃之事得之分內無欲自足蓋其制田少而易辦功倍而業精古云務廣田者荒詩曰無田甫田維莠驕驕后稷爲田一畝三畎伊尹作區田負水澆稼盡力盡法不務於多人得豐衣足食先世成效難以盡述予感慕興起實踐其事自制一園名曰養素用田十餘畝依法培植比之常田歲利十倍數十年之後歲利百倍不惟資身樂亦在其中矣外周以桑課之蠶利內樹雜果滋殖無窮中造水車灌溉蔬藥井養不窮少布花石點染園林景色幽然後造大窖冬暖夏涼上構一亭四時登眺前接長廈旁開大牖內積詩書圖史以廣博

卷下　三七

覽每集良朋嘉友暢叙幽懷使令有童子奔走經理有園丁効力至於繁蔭綺綉堪爲樂賞春花秋實亦可娛目一草一木物物會我天機一飲一食在在妥吾素位得性情之本樂資生之正務雖有瀛洲閬苑莫之易也予已早穫其益不欲自私謹列園制於左以公同志凡我寒素之士各制一園不過一夫之力可以代百畝之耕不惟衣食有賴亦可教授生徒爲儲學育才之一藉鄙意原欲謀養助學非徒悦目賞心但有春花而無秋實近於浮僞者皆闕而不錄其叮嚀周至無非出息之物每事直指不尙浮詞覽者無或嗤焉

園制

負郭之間得田十餘畝若去城市稍遠者更益其數田多者可作素封負郭之間易於得糞果蔬便於發賣而且價高故園田不待多若離城市遠者糞不可多得果蔬之價又賤故田不可少若田更廣能樹千株桑果者即爲素封可享利如千戶侯矣若水深不便灌溉蔬菜者多植桑果夏則積水擔澆冬則掃雪擁根亦能大茂成林田少者繚以垣牆務使西北之牆高以遮蔽西北之風園大者培植枳牆其種法詳種枳門中行之寬窄樹之稀稠科編之法與枳牆同南方汝潁間桑園有大十餘畝者縱橫成行整齊可觀行間盡種雜豆肥壯異常而周圍種枳編爲籬牆以荊爲門司園者守之名爲枳牆蓋枳身有刺盜採不易而一切畜牲不得入內既爲桑障又益春蠶且易生倍於桑惜乎北人不知樹之或棘牆須十畝以上或二十畝者周圍耕作三壠相去各一尺五寸八九月酸棗熟時用背籠一個以木杈將酸棗稍杈入背籠內用杖一張則棗自落入背籠中收來種於壠中須稠次年春生苗秋高三尺許掘去惡者只留身端茂盛者每八寸一根務要勻停但直行貴直如矢橫須相錯以斜覷成行爲佳若三根正對便覺稀疏至明年春用利刀科去近地旁枝但須要距不可削之太平恐傷其身不然逢大寒即枯此科棘常法不特酸棗爲然也科訖即編爲笆籬內外以夾幹夾之務使舒緩急則不復得長又至明年春更科去旁枝又編又夾可高六七尺欲再高者亦任人意如此聯爲一片即砍斷數根亦仍如故玄扈先生贊曰匪直奸人懾笑而返狐狼亦息望而廻行人見者莫不嗟嘆不覺紅日西移遂忘前途尚遠盤桓瞻矚久而不能去枳棘之籬折柳樊圃斯其義也俟二年之後秋月酸棗熟時收如前法堆聚一處以柔草覆之窨數日遂爛舂去爛皮曬乾將匠燒大熟鋪酸棗炕至極乾以薄石磨子擂破以數升置水缸中棗仁大半浮於水面殼沉缸底以笊籬掉取棗仁再揚再掉以取盡爲度晾乾收藏如已編笆不能以背籠收取當以長棍擊下掃而取之十畝周圍每歲可得棗仁石餘能值銀十餘兩足一歲傭覓園夫之費並田之正賦況棘牆又能避霜花果以棘圍之更茂或枳牆秦俗呼爲楮子種植法科法編法夾法俱與棘牆相同九月間取熟者剖開取子種之三壠相去各二尺每根相去一尺五寸旋科旋編尋常不科編者甚繁亂且近地人能設法鑽過不然或砍去數株便無遮攔其結實亦可作藥品於枳子大如指頭時劈成兩半曬乾爲枳實稍大切兩半曬乾爲枳殼每斤亦可值銀數分秋後黃熟以兩版壓去其子晾去水氣以砂糖厚拌捺缸中數月食之亦能利氣消痰如無砂糖可用蜂蜜中設總門上起門樓外懸園名匾額任意起名不必拘定門樓內作園夫夜間瞭望之所以防小人盜竊蔬果靠後棘牆中間向南造連三大窨甎石箍成者固好但貧者力不能爲只造土窨尋常以土墼箍成者不能堅久不若純以土泥築之方成一塊自無傾圮破裂之患其法先以濕土築成四道土墩南北長二丈先築一尺高或尺餘極堅實曬二三日不濕不乾再築一層仍曬數日再築層層須極其堅實至八尺高方命匠人箍成塝子以樣順鋪於四道土墩上以硬泥填厚尺許曬次日踩實又曬又踩至將乾再如此築之至與塝平通填硬泥築之徐徐築

至四五尺厚方任動工以後如有雨須苫蓋之無力作亭者頂作鏊背形雨亦不能深入中窖闊九尺兩旁窖各闊八尺中窖近後東西各開一門以通左右二窖二窖口各安大揭窓窓下盤大匠窖口外接蓋小短椽厦房前面布置冬月花草菜蔬俱要有出息之物下雪時撐起揭窓匠上擁爐賞雪亦作冬時逍遣中窖下陳列詩書文具造此窖貴在二三月九十月方能冬暖夏凉若在五六七月造者夏雖凉而冬則冷上構一亭窖前接蓋厦房三間門前作甬路兩旁置四時花木俱要有出息前堆假山山下造蓮池池前造臺級一方有力者搆四明講亭一所無力者培植葡萄架一所下設瓦坐石桌或甎桌亦可此處焚香煮茗月夜會談左右兩旁多結草廬有力者瓦房更勝以爲廚竈茶司之所中造水車以備灌溉多收糞壤以爲膏腴之本多取牛馬猪羊人糞務要合土盦過造成熟糞

油渣更妙上油渣時不可擁着果樹菜根不然則爛傷如菜地須上底糞菜出二三寸高須上浮糞如桑果之類上糞須在冬月或正二月益三四月間嫩根發生糞氣能傷不如澆肥一次可旺數年澆肥者將煑肉湯帶油氣晾冷澆之也園以積糞爲首務語曰積糞如積金不可有忽僱覔園夫經理桑果蔬菜須要慇懃朴實之人或合夥亦可勿惜人工之費總在主人運籌之妙用得其法業精而出產亦廣所得自倍於所費利即在其中矣覔一童子以給手下使令焚香煑茗割菜稽韭之類牆內樹桑一周以收蠶利相去五尺一株一周可樹二百株科如傘樣或再種地桑一畝歲可收絲一二十斤能給一歲之衣樹桑法已見前中可植梨樹三四十株秦地甚宜梨通省皆有其栽法接法與桑無異梨乃百果之宗古云園植千樹梨與千戶侯等而種類甚多有一種大梨形大而味美但不能久放有一種小梨味木而實緊日久不壞能放至次年三四月二梨間植可也三年之後便可開花頭一次開花盡行打落以後結果不數四五年便可獲利每株能賣錢一二百文十數年後每株可賣錢千文二十年之後每株可賣錢七八千文至於年久樹老有每株得錢萬餘者不可心急往往有十五六年後方能結果大繁但易生虫看樹身上有斑痕虫孔用壯鐵絲追取之或灌以百部濃汁或灌桐油若樹老皮粗厚者冬月用鐮刮去外面粗皮勿傷裏肉若樹茂而不結者於元日五更以斧背亂搥斑點則子繁而不落謂之嫁果又十二月晦日以石塊安樹之丫中亦結又有雄樹不結者將身鑿方寸孔以雌木塡之令實即結元日五更並清明五更用一大火把照樹下則不生虫災又法將不結實的樹旁掘一院深尺餘尋見正中主根鑿去謂之騸樹留周圍亂根勿動仍用土堅築如故則結實遂肥大有十分不結實者掘去可也若眾雌中留一雄樹更妙諺云羣雌間一雄結實飽蓬蓬頭陰陽相感之義此果最美諸虫飛鳥皆貪臨熟時常常看守用彈弓鳥鎗打死飛鳥掛在樹上則羣鳥不敢來又有金巴牛攻梨數十攢聚一窠先將地下掃一小院用接長柄鉗子夾取梨蒂輕輕勿使虫知即置院內急以土塡之處暑以後便可摘賣先摘二三同蒂者只留一枚若高枝遠揚手摘不便者用長竹竿一根稍頭劈開成杈闊一二寸中間橫安刃片如推剣狀縛緊下

接一鐵圈麻絡認定梨蒂一推則梨自墜於麻絡內欲久貯者輕輕摘下堆聚一處以草覆之數日出汗勿打動動則爛俟至水乾遂變黃色方有香氣若不盦亦不能香須在秋社後摘取經霜者可久貯法用麥糠或穀糠與梨層層相間至五六日一倒揀有斑痕者隨即貨賣如用白菜葉皮包裹能藏至次年四五月又植櫻果檳子二三十株櫻果用白果樹接檳子用海棠樹接二果皆北果也秦中處處皆成但不可另栽一處必須與梨樹相間栽之以防日後虫蛀樹死及雄不結實者於樹大時自顯地窖可掘去惡者數年之後便可獲利樹大時一株能賣錢七八十文欲久放者須在八九月間輕輕摘下勿致撞損於屋下掘作深陰院內作小窖鋪軟草置櫻果子於其上不須覆蓋至過年二三月亦能不壞以上二果花開甚早須防春霜須於九十月間將樹上落下葉子或稍柴爛草皆可收積一處次年花將開時如有雨後値西北風可知次早必然有霜夜深時將年前所積樹葉堆聚果樹之下上風頭更多堆五更時放火以煙火之氣熏之如寒甚再續一火火把命園夫遶林燎之待天明而後止連防一二夜則免霜害桃李諸果皆如此法植葡

萄十數架 樹未成蔭隙中先種葡萄十數架三年之後便可獲利十年以後成樹蔭時葡萄已老可掘去矣種須用土爾番白葡萄味甚甘美能得重價但經雨則爛須於將雨時以蘆蓆苫之次以山西漫朶黑葡萄經雨不爛二者可兼種之盤時須在九十月間用當年大條盤入地中外少露其稍冬月用柴草蓋之勿致凍損俟驚蟄後揭去柴草時常澆之即活年年冬月落架用土埋合春月上架即旺不然冬月凍損便不結子矣用架引蔓易長若無架則不長三四月葉旺時恐葉厚不通風日以致結子甚少即多結亦多壞爛須將厚葉剪去幾分以通天氣七八月熟時隨摘隨賣欲久收者俟霜下時將地下掘一坑深三尺闊三尺長一丈用新斫來柳棍大如鍾口截長四尺周身用大鑽左右鑽成孔將葡萄帶用刀削圓插入孔中橫懸地坑覆以草上蓋以土俟年終或正月遂賣鮮葡萄可得重價欲作乾葡萄者用窖室一間內作層架將葡萄懸至屋頂下作地爐以藍炭火熏之數十日以乾為度收藏可久

盤栽石榴數株 此果無風蟲之災十栽九成但用者甚少不必多植惟擇大軟子並白玉者方佳盤須在九十月之間最易生活次年以葦箔遮蔽烈日處暑後去之甚喜水澆且日中澆之易旺不結實者用斧將丫中劈破次年即結

間種紅果、白果之類 恐梨櫃葡萄不收之年須用此等常果以補歲計

種韭一二百畦 二月下旬種子六月分栽其畦須深每歲可剪三四次最忌日中每剪過一次即上糞一層至正月掃除畦中陳葉以鐵杷摟起地皮如乾即澆一水再加熟糞又八九月間將老韭根掘出擘去老根每五六枝栽為一撮深二三寸次年可用至於養韭黃之法園夫皆知無容復贅

百合三四分 眞百合其葉短而闊微似竹葉白花四垂根似蓮花其中只一心者百合也葉細花紅者山丹也花紅黃而四垂上有黑斑點其子先結在枝間者卷丹也其根似百合而中有數心非如百合止一心也秋分時先將地耕一遍加雞糞甚妙或雜糞亦可再耕極熟摟成畦之闊二尺深七八寸順畦兩邊稜下耩小渠兩道深三寸用大百合一個將瓣子零取下相去四寸一瓣種小渠內埋實再上糞一層過年三月發芽苗漸生又次年便可開花清香可食九十月其根可用子初疑辨子無心不能生芽及苗出時掘齊視之生小百合大抵生意與山藥同每分可出數十斤藥

品蔬菜皆須之此物始終不喜澆灌澆則敗如遇甚旱只於行間正中耬一小渠徐徐令水漸漬不可直澆其根

山藥四五分 春分時治地種法與百合同冬月掘出山藥將根上蘆頭折取五七寸長埋院內次年栽時取出魚鱗相次臥種畦內如無蘆頭即將山藥折二三寸長臥栽畦內埋實上糞一二寸厚十日以後便可澆灌個個可活且每截只出一苗三月蔓生畦中插樹稍一行以引蔓上出自然易長若無枝引蔓則山藥不成入九月葉間生子如豆大煮粥食之或蜜蒸最佳甚益人亦可作種當年苗生次年移栽即可成大山藥掘法從畦中間劃一長渠深二三尺剝取其根不難矣乘時澆鋤上糞其長甚速

春種豇豆、刀豆、瓜、茄，秋種蔓菜 種蔓菜須七月下旬未種之時三浸三晒將種之時晝浸夜攤於地上候芽生將地用肥糞土厚耕治甚熟摟成畦子將子撒於畦內勿用土蓋只用水一澆自然生根時常灑澆勿使地乾常常鋤之冬月可食若八月種者則遲而不長冬月不得食矣

麥葱萵筍蒝荽萊蔔白菜 種白菜須在中伏要託人在安肅帶來者為眞京白菜子六月將地用肥糞上厚耕六七次耬作深畦種之苗長三四寸再上油渣一遍即用水澆過數日之間再上猪糞一遍澆一次耡一次至九月能長一二十斤如生虫用灰撒之今西安一帶所賣菜子俱非安肅眞種是滹河一帶所出者名雉老漢頗類京白菜但有絲且草氣其重亦不過三五斤此余所親手經歷者

如有河水種蓮畝餘 藕花子藥皆可貨賣如無河水用甎水磨之砌小池丈許內實淤泥一二尺正月用水車戽水浸之俟春分前去水將淤泥摟成渠子揀取大藕三節無損者臥於渠內頭向南芽朝上用猪毛蓋一層上再蓋淤泥五六寸七日勿下水七日之後用水車戽水浸漬勿令水乾當年花開甚茂常上猪毛油渣更旺無藕處八九月收取蓮子堅黑者於瓦上磨其大頭令薄春月置水泥中令薄頭向上易於生芽次年方能開花方丈之池雖不能取利然一以增助園林之景一以實根花葉皆不可缺少之物也

如地多者更可蒔藥春種草決明青箱子胡蘆巴紫蘇牽牛之類秋種益母荊芥 耕地甚熟耬成畦子八月將荊芥子撒於畦內輕輕微撥不可深埋深則不得出又子須用新者陳亦不

出次年五六月間候穗生方可收晒乾賣之尋常每分可賣錢數百如逢欽時可賣數兩**白芷**每畝用子二升須新者若隔年則不出宜下濕油沙地八月間將地耕二三次上糞一層俟寒露後將子以溫水浸濕灰拼之一夜次日將地耕平浮撒耱之深則難出過年二月手薅草一遍三月上糞耡之相去七八寸一苗秋社後剗其葉掘出根去蘆頭切寸許攤塲中晒八分乾收貯置樓版上更好每畝地肥者可得四百斤留數十苗勿掘次年七月開花結子秋社後黃色折來晒乾收入葫蘆內**又於僻處作一小圈歲飼猪一二口**園中所棄菜根菜葉壞瓜老茄或生餧或以水盦缸中每年可餧一二口肥猪一歲肉食不用錢買矣其飼法見上畜牧門**以上諸物皆秦中之所生者至風土之異燥濕之宜方所之用在智者斟酌而損益之即如**

黃壤宜桃桃以連桃種者爲上不惟長速榮旺而且早實肥大不失原味種時揀桃中熟肥大圓滿甘美者數百枚蘸以糞汁免人竊食治畦種之相去七八寸埋一枚上用糞蓋次年春月苗生數日一澆常上

熟糞及至冬月長高五六尺再上糞四五寸又至次年春發更旺時常澆灌及至冬月長高七八尺遂可移栽縱橫成行相去二丈餘行間宜種雜豆諸瓜勿種麥穀使桃不旺常耘草淨冬月亦宜上糞旱則澆之惟結果時不可多澆三年後便可開花結果如用核種成果味不佳者俱用美枝接過更大更美接如接桑法或根接或齧接皆可活冬月斫去梢枝則氣脈上連而旺至於花開時須防春霜燎熏同梨花**磽田宜李**李可根分亦可連果種如種桃法一法將李根掘來不拘大小截長二三寸畦種皆活糞澆如養桃法三年可移栽亦可接接過更美亦可接桃桃亦可接李名曰李光桃更佳此果摘下食之最美若放二三日香味皆失至於修治防霜法同桃樹**白墳宜麻**俗謂綫麻古人作布皆績麻爲之其衣被之功惟亞於絲今秦人盡廢之麻種以韓城爲上其餘皆油麻子不堪爲種地須肥熟每畝先上底糞五六車後耕五七次清明後得雨即種無雨則澆過俟土散耕之以耬擺種一畦一耬種後未出遇雨急宜用杷輕搔一遍使地鬆活易出不過三四日苗便生須防麻雀啄食每日看逐待三五日葉生則不畏矣俟苗高三寸用手拔撥相去三寸一

苗俟長一尺五六寸每畝再上油渣八九十斤先用長木刀削去枝葉斫來細把如簋碗大不可停留即入淨甎池內設法壓定然後放水勿令浮起以淹過數寸爲度不過一二日池泛小水泡漸漸泡密及至麻熟泡漸減少若在伏天不過三日若七月內須漚至五六日總要不時照看以手試剝其節皮如利骨節取出去大頭細繩留上稍細繩撒晒濕地日晒夜露總要晴明無風不時撥晒俟盡乾收房內間時剝之**沙土宜棉之類**木棉始自海南諸國至宋末始入江南今則遍及宇內不蠶而綿不麻而布衣被天下其益大哉惜秦地多不宜蓺之少成惟在沙土下濕亦能有收其法先將地深耕四五次精治土細俟穀雨前後天氣溫和得雨便種種時先取中熟白好棉子置滚水缸內急翻轉數次即投以冷水攪令溫和如有浮起輕秕不實棉子務要撈淨只取沉底好子濾出以柴灰揉拌灌田畦種旱田漫種每畝約種淨棉子六七升待苗出三十日後方可鋤初鋤只去草並稠簇次鋤則稍密以備死傷三鋤則定苗宜疎不宜密大約地薄者每苗相去七八寸地肥者相去一尺五六寸更有甚肥者相去二尺五六寸斷不可以兩苗相並並則直起而無旁枝

中下無棉桃種不宜晚晚則秋寒棉桃不開亦不可早早則棉桃不成打尖時須在伏中晴日巳午時掐去中天心及旁枝長大者若值雨暗打尖則灌聾而多空幹若旱則宜澆不然久旱得雨則棉桃脫落種棉花大法總要地肥稀種稠則有四害苗長不作蓓蕾花開不結棉桃一也花開結子雨後鬱蒸一時脫落二也行根淺近不耐風旱三也生虫暗蛀四也今人往往於肥田密種苗長四五尺枝冗葉破花子脫落棉桃虫蛀皆責之地肥之弊而不知其是稠之弊也若地肥稀種則四面通透風日根株自實花收倍常不可不知又有四病一秕二密三瘠四蕪秕者種子不實密者留苗太稠瘠者上糞不多蕪者鋤除不數除須七八遍苗高七八寸再上糞一層自然桃大子堅花多絨長故先儒有種花四言真訣人能遵依未有不成之理訣曰精揀核時下種深根短幹稀科肥壅此至言也**若天道大旱改菜畦而種麥穀所收更倍尋常相其宜而消息之皆可資身助道矣**

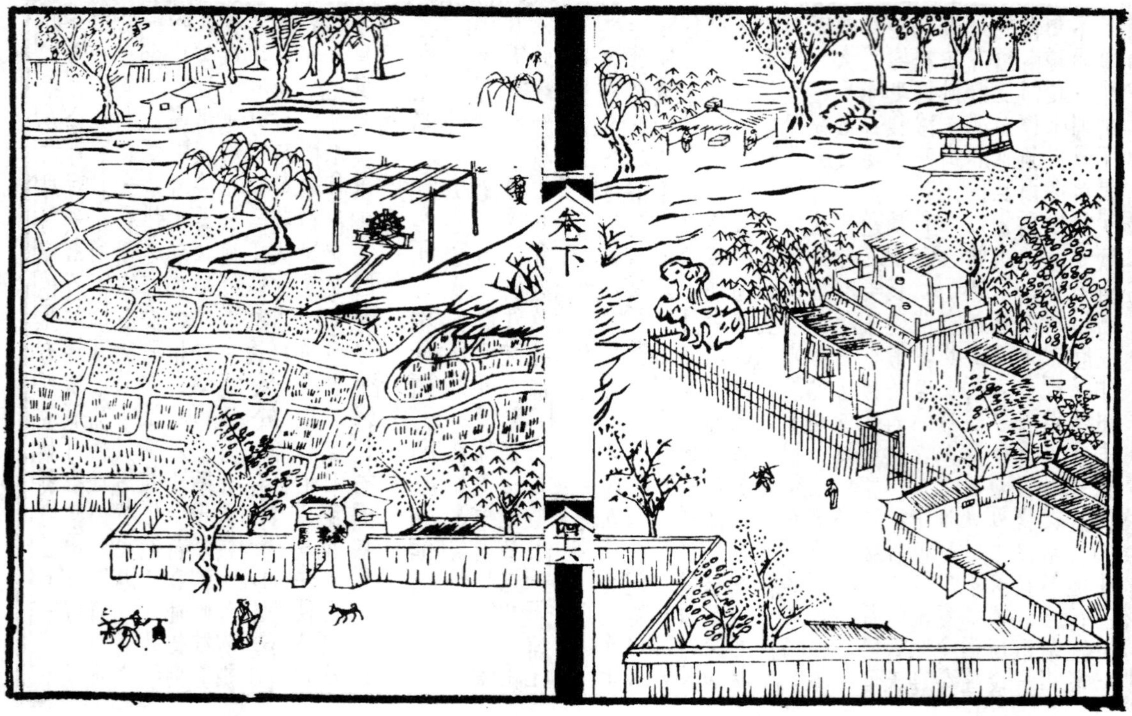
卷下

養魚經

（明）黄省曾 撰

《養魚經》一卷，（明）黄省曾撰。黄省曾（一四九〇—一五四〇），字勉之，號五嶽山人，吴縣（今江蘇蘇州）人。自幼聰穎，才思敏捷。嘉靖十年（一五三一）以《春秋》鄉試中舉，名列榜首，後進士累舉不第，便放棄科舉之路，轉習詩詞繪畫，並致力於經學、史學和農學研究。一生交遊極廣，以博洽聞名，於文學、農學、史學、地學等皆有精研，涉農著作有《稻品》《蠶經》《藝菊》《養魚經》等。《明史》有傳。

該書成於一六一八年之前，又名《種魚經》《魚經》，是現存最早的淡水養魚專著。全書三篇，第一篇述魚種。記載了天然魚苗的捕撈及養殖方法，青魚、草魚秧的食性，鰱魚魚種養殖中要注意的事項。其中所見明代松江府海邊的鯔魚養殖，是中國鯔魚養殖的最早記載。第二篇述養魚方法。對於魚池建造，主張二池並養。其好處有可以蓄水，可以去大存小，免除魚類受病泛塘等。池水不宜太深，深則缺氧，水温低，不利魚類生長；但池塘正北要挖深，以利魚受光避寒。池塘環境要適應魚類生長需要，指出池中建人造洲島，有利魚類回游，促進快長。環池周圍種植芭蕉、樹木、芙蓉等植物，也有好處。對於魚病防除，指出魚類排泄物不可過多，否則魚會發病；池中流入礆水石灰也會使魚得病泛塘。强調餌料投喂要定時、定點，要根據魚類生長階段及食性投喂。還指出不可撈水草喂魚，以防夾帶魚敵入池。第三篇主要記載海洋魚類的性狀及異名。

該書有《居家必備》《明世學山》《百陵學山》《夷門廣牘》《史集雅》《文房奇書》《廣百川學海》《叢書集成》等版本。今據南京圖書館藏明萬曆刻本影印。

（惠富平）

養魚經一卷

吳郡五嶽黄省曾勉之

一之種

古法俱求懷子鯉魚納之池中俾自涵育所以養鯉者鯉不相食易長又貴也或在取近江湖數澤陂泖水際之土十數舟布底則二年之内土中自有大魚子得水即生也

今之俗惟購魚秧其秧也漁人泝大江乘潮而布網取之者初也如針鋒然乃飼之以雞鴨之卵黄或大麥之麩屑或炒大豆之末稍大則鬻魚池養之家閩録云仲春取子於江曰魚苗畜於小池稍長入藋塘

曰萑鮆可尺許徙之廣池飼以草九月乃取
有難長之秧曰艋艘其首黃色曰螺師青以其食螺
師也故名爾雅翼曰鱒魚食螺蚌是也其口尖朞年
而鼻竅始通不得通則宛長至尺許乃易大
惟鱒魚爲良其口闊而盆首似鯉而身圓謂之草魚
食草而易長爾雅翼曰鯇魚食草
白鰱乃魚之貴者白露左右始可納之池中或前一
月或後一月皆不育漁人攜於舟若煎炙油氣觸之
則目皆瞎京口錄云巨首細鱗池塘中多蓄之
鯔魚松之人於潮泥地鑿池仲春潮水中捕盈寸者

養之秋而盈尺腹背皆腴爲池魚之最是食涅與百
藥無忌京口録云頭扁而骨軟閩志云目赤而身圓
口小而鱗黑吳王論魚以鯔爲上也其魚至冬能牽
被而自藏

二之法

凡鑿池養魚必以二有三善焉可以蓄水鑿時可去
大而存小可以解汎此池汎可入彼池
不可以漚麻一日即汎
魚遭鴿糞則汎以圊糞解之
魚之自糞多而又復食之則汎亦以圊糞解之

池不宜太深深則水寒而難長

魚食鷄鴨卵之黄則中寒而不子故魚秧皆不子

魚之行遊晝夜不息有洲島環轉則易長

池之傍樹以芭蕉則露滴而可以解氾樹楝木則落子池中可以飽魚樹葡萄架子于上可以免鳥糞種芙蓉岸周可以辟水獺

魚食楊花則病亦以糞解之食蟋蟀嫩草食稗子

池之正北浚宜特深魚必聚焉則三面有日而易長

飼之草亦宜此方一日而兩番須有定時魚小時草必細飼至冬則不食

凡魚嘯子必沿水痕雖乾涸十年遇水卽生其長甚
易其嘯子也以五月鯉魚以五月下惟銀魚鱠殘魚
嘯子於氷氷解三日乃生也
飼魚之草不可撩水草恐有黑魚鮎魚等子在草上
是能食魚黑魚者鱧魚也夜則仰首而戴斗鮎魚者
鮧魚也卽鰋魚也大首方口背青黑而無鱗是多涎
池中不可着碱水石灰能令魚汎
陶朱公曰以六畝地爲池池中有九州則周遶無窮
自謂江湖也求懷子鯉魚三赤者二十頭牡鯉魚三
赤者四頭以二月上庚日內池中令水無聲魚必佳

至四月納一神守六月納二神守八月納三神守神守者鼈也內之則魚不飛去至來年二月可得一赤者一萬五千三赤者四萬五千二赤者萬枚直五千可得榆莢一百二十五萬又明年一赤者十萬二赤者五萬三赤者五萬四赤者四萬留二赤者二千爲種餘可得榆莢五百一十五萬候至明年不可勝計也九州八谷谷上立水二赤谷中立水六赤凡池之蘇相傳一夜生七子太密則魚皆鬱宛必去其半乃佳

三之江海諸品

江海之產有鱘鰉之魚其長丈餘鼻端有肉骨四分身之一兩頰之肉謂之鹿頭可以爲鮓京口錄云是兩種鱘肉之色白鰉肉之色黃廣州謂之鱘龍之魚云類龍而無角

有鱸魚四腮巨口而細鱗非江海之產則三腮金谷園記曰秋仲由海而入江可以作鱠京口錄有二種曰脆鱸曰爛鱸閩志曰身有黑文

有鰳魚腹下之骨如鋸可勒故名出輿石首同時海人以冰養之而鬻于諸郡謂之冰鮮

有鯧魚身廣而頭鋭細鱗而軟骨出于海

有石首之魚其色如金俗名黃魚楝花而來秋而化
鳧炙轂子曰石首鯼也首有小石故名海族志云其
初出水也龍鳴夜視則有光鹽曬爲鱐則曰白鮝閩
謂之金鱗又謂之黃瓜
有白魚避暑録云太湖之白魚冠天下梅後十有五
日入時爲時白魚最盛謂之時裏白
有鯿魚縮項穹脊而細鱗博腹其味腴其色青白即
魴魚也古稱漢水槎頭之鯿吳之太湖亦甚佳矣
有銀魚其形纖細明瑩如銀太湖之人多鱐以鬻焉
長者不過三寸

有鰣魚盛於四月鱗白如銀其味甘腴多骨而速腐廣州謂之三鯬之魚閩志曰大者長數尺春末有之有鱠殘之魚狀如銀魚而大冬月帶子者謂之挨冰嘯

有鮆魚狹薄而首大長者盈尺其形如刀俗呼爲刀鱭初春而出于湖爾雅曰鮤鱴刀注今之鮆魚也亦呼爲刀魚說文鮆飲而不食魛魚也

有鮚子魚其生也帶子

有鱖魚巨口而細鱗肉味鮮美背黑有斑本草云昔仙人劉憑常食石桂魚今此魚鄉之人猶有桂之呼

焉其殆是歟

有鯽魚鯽鮒魚也此魚旅行鯽者相鯽鮒者相附也

至冬而味美

有鰕虎之魚類土附而腮紅若虎善食蝦俗謂之新

婦之魚

有土附之魚似黑鯉而短小附土而行不似它魚浮

水故名京江錄首大而身小謂之吐敀

有䱵魚其色黄又謂之黄頰

有針口之魚首戴針芒身長五六寸土人多取爲鱐

有河豚之魚出於江海有大毒能殺人無頰無鱗與

口目能開闔能作聲是鱗中之毒品也凡烹調也腹之子目之精脊之血必盡棄之洎二皮肉肝之有斑眼之赤肝之獨包鉗之一異俱不可食凡洗宜極淨煮宜極熟治之不中度不熟則毒于人中其毒者水調槐花末或龍腦水或至寶丹或橄欖子皆可解也反諸荊芥等風藥服風藥而食之者卽死物類相感志以荊芥煮其子俟如芡大易荊芥再煮至復小乃可食蘇文定公轍嘗記吳人丁隲食河豚而死以爲世戒楊禮部家僮三人入肆共食河豚皆卽死江南惟稱江陰所烹調者爲良予在金陵毛鴻臚饗予出

之曰乃江陰某官所遺也予曰江陰之人偶不中度將何如豈可信也某不敢以不貲之軀試可謝之物毛公卽命撤去此品決不可食倘遇它氏宴會饌此亦必禁謝不食乃爲珍玉其身者斑魚似河豚而小食者雖無恙然亦是其種類并絕之可也

養魚經一卷止

異魚圖贊

（明）楊慎 撰

《異魚圖贊》，（明）楊慎撰。楊慎（一四八八—一五五九），字用修，號升庵。四川新都（今成都市新都區）人，正德六年（一五一一）進士，狀元，授翰林修纂，充經筵講官等。後因觸怒嘉靖皇帝，被流放雲南。謫戍期間，廣讀詩書，專心著述，除詩文外，有雜著百餘種，代表作有《升庵集》等。《明史》有傳。

鑒於西州畫史所錄的南朝《異魚圖》，「名多踳錯，文不雅馴」，楊氏遂彙錄漢晉志物之文以正之，並據宦迹所至的見聞，於嘉靖二十三年（一五四四）撰成此書，共四卷。全書詳細記錄了長江水系的淡水魚類，以雲南產者居多，也包含部分海洋魚類，還涉及鯨、海豚、鱷、鯢等；末卷附「海錯」，以貝、蟹爲主，兼及龜、海牛等，對交趾、朝鮮、日本等國之水產品也略有涉及。全書共錄魚類與其他水產動物一百二十二種，其中第一、二、三卷魚類八十七種，第四卷螺、貝等三十五種。

該書爲考訂名物之作，但是不同於一般的魚譜、魚經，很少涉及飼養、繁殖經驗與管理方法等内容，而是以食用珍品、奇特怪魚以及特殊功能水產品爲主要考證對象，徵引書籍達八十餘種。但是在徵引的過程中，楊氏不墨守成法，而是結合個人見聞，詳考各種魚類和水產動物的名稱、產地、生活條件、習性、形狀、特徵、捕撈方法、功能與用途等。本書筆法優美，文本鮮活，卓有創見。後崇禎年間的進士胡世安作《異魚圖贊補》，二書合璧，爲一道獨特的水產博物風景。

該書的影響較大，傳刻甚多，有十多種叢書本和刻本在國内外流傳，代表性的有《寶顔堂秘笈》《墨海金壺》《四庫全書》《藝海珠塵》等本。今據國家圖書館藏明嘉靖間刻本影印。

（熊帝兵　惠富平）

異魚圖贊引

有西州畫史録南朝異魚圖將補繪之予閲其名多踳錯文不雅馴乃取萬震沈懷遠之物志效郭璞張駿之贊體或述其成製或演以新文其辭質而不文明而不晦簡而易盡韻而易諷句中足徵言表即見不必張之粉繪㡧之⿰青盍彩矣異鄉素居枕疾罕營為之猶賢聊以永日

魚圖三卷贊八十六首異魚八十七種

附以螺貝蜃蚌海錯爲第四卷賛三十首

海物三十五種

總之凡一百二十二種

嘉靖甲辰十一月望日升菴楊慎書

【異魚圖贊】

刻異魚圖讚題辭

昔周公教成王讀爾雅而孔子訓門人學詩亦曰多識於鳥獸草木之名然則博物洽聞固聖哲所不廢已用脩書破萬卷學擅五車乃以其緒搜剔異聞旁采稗史譔為異魚圖讚時出新裁襍以古誼窮極於蚌貝蜃螺細極於鯤鮞跳鯅謁江羅海括惟囊奇玉屑霏香雅致可誦與爾雅

之註腳矣昔張司空博物而百歲老狐千年華表莫逃精鑑懼而夜注溫嶠犀而水府畢獻其狀用俻此讚毋乃令海藏鮫人散落珠璣江淮水族朝宗學海耶是書向未鏤板貽從友人朱汝脩氏得鈔本錄之藏爲帳中之秘蓋十載於茲矣滇雲萬里負笈爲雜巾蜀偶攜聊充枵腹

直指周公見而嘉之曰予思論道始於夫婦

知能終於鳶飛魚躍而莊子知濠上之鯈魚謂性天之相契用脩所著毋乃非道機乎君子茂對天地樂育群生欲使昆蟲草木並暢鳥獸魚鼈咸若其可以細故忽諸詩紀牧人乃夢而稽諸大人之占曰衆維魚矣實維豐年魚鱗族也而夢占若此則周宣中興之盛可想見矣是用付之剞劂以廣

直指公對育之化用徵大人之占刻成於

畀吳民試是受

萬曆戊申之且月而提學道僉事范光臨

謹識歲月於左

異魚圖贊卷一

總贊

魚之爲字燕尾相似水蟲之中實繁厥類鱗鬣風濤柳龍之次百種千名研桑莫記圖贊所取亦秖以異

鯤

鯤本魚子細如蠶茸莊周寓言鯤化爲鵬譬彼詩頌雕育桃蟲千古言詮誰發其矇○莊子云北溟有

魚其名為鯤鯤之大不知其幾萬里此寓言也桉內則卵醬卵音鯤國語亦云魚禁鯤鮞皆以鯤為魚子至小之物也莊子乃以至小為至大便是滑稽之開端後人不得其意晋江逌詩曰巨鼇戴蓬萊大鯤運天池倏忽雲雨興俯仰三洲移孫放詩巨細同一馬物化無常歸修鯤解長鱗鵬起扇雲飛撫翼摶積風仰淩垂天翬皆不得其言詮也雖郭象之玄奥沉思亦誤况司馬彪輩乎後世禪宗衲子郤得其意故有龜毛兎角石女懷胎一口吸盡西江水新羅日午打三更之偈亦可信以為實事耶余嘗謂天地乃一大戲塲堯舜為古今大淨千載而下不得其解皆矮人觀塲也○元儒南充范無隱有是説而余推衍之

魴鯉

伊洛魴鯉天下最美伊洛鯉魴貴于牛羊洛口黄魚天下不如河洛記引諺

赤鯉

務光憤世自投盧川盧川水伯赤鯉送旃易名琴高化形而仙至今楊光凊泠之淵事見符子畫圖有水仙騎赤鯉者即其人也

嘉魚

南有嘉魚出於丙穴黄河味魚嘉味相頡最宜

為鯅鬲以蕉葉不爾脂腴將滴火滅事見水經蜀都賦任豫益州記樊綽雲南記博物志。丙穴穴向丙也味魚出黄河口

蒲魚

蜀有蒲魚其形如粥出于郫縣蒲村之麓魏武帝四時食制。杜詩魚知丙穴由來美酒憶郫筒不用沽注引沔南丙穴沔南去郫千里不應遠取盖即此魚也其魚亦出于穴

八魚異性色

鰋偃鯉俯鱧圓魴方鱮青鯶赤鰻白鱨黄陸農師

鱮鮒

清檢出佳鱮濁檢出好鮒美珎於常味取以二月初水經注清檢濁檢俱在陽平闕

鮒

洞庭之鮒出于江湲弘腴青顱朱尾碧鱗劉邵七華節文。峎即岷字又作汶

鱮

緡調餌芳可獲鱮魚網魚得鱮不如噉茹或名

曰鱅其性慵如說苑子賤語又古諺云云

鱒

鞏洛之鱒割以為鱙分芒栫縷細亂鸞足張平子七問節文

鯽魚

滇池鯽魚冬月可薦中含腴白號水母線北客作餐以為甊纜樊綽○甫夷志蒙舍地有鯽魚大者重五斤西洱河及滇池冬月多鯽魚

鯗魚

浮玉之山北望具區苕水出焉中多鯗魚胡蝶所化列鬣長須嶺表錄異嘗有人浮南海泊於孤岸忽有一物如蒲帆飛過海將近舟舟人競以物擊之如帆者盡碎墜舟上視之乃蛺蝶也去其翅足秤之得肉八十斤啖之肥美如魚此蓋蝶將入水化魚者也胡蝶化魚此又一證

鱸魚

鱸魚肉白如雪不腥東南佳味四腮獨稱金虀玉膾檀美寧馨

鱏鰉

鱏鰉逆流不過鎖江在敘州灘崩秭歸癸卯年事又隔巫陽魚官空設玉板不嘗黃魚名玉板

洄魚

河豚藥人時魚多骨兼此二美而無兩毒粉紅雪白洄美堪錄西施乳渖水牟胛熟洄魚一名水底羊

時魚

時魚似魴厥味肥孅品高江東價百鱸鮪界江

而西謂之瘟魚棄而不餌

鮧魚

鮧魚偃額兩目上陳頭大尾小身滑無鱗或名曰鮎粘滑是因爾雅翼

鱟魚

鱟形如帆與便面同厥足二六雌常負雄漁人取之必得其雙子如麻子南醬是供

䱟鯺

魚有鋸鯺一頭數尾有脚如蠶食之肥美

郎君子鰺

郎君子鰺雄雌相雜置之醋盂逡巡便合下卵如粟項刻廿卅善治產難誕生如達 本草名郎君子元文類作郎君子鰺

鯷 音題

魚有名鰾 匹妙切 亦號為鯷化而為人曾謁仲尼鬣戟鱗甲由也仆之陳蔡之厄天濟聖饑 衝波傳

鱨魚

潛有鱨魚飛有鱨鳥同是一物互為形表鳥藏魚出變化莫曉

鱷魚

鱷似蜥蜴一卵百子或如白虵或成蒼兕喙餘三尺長尾利齒岸掉渴虎人肉為肺造化至仁胡乃育此

又

南海有魚其名爲鱷其身已朽其齒三作李淳風物類相感志

鯚鰤

魚有鯚鰤或名江豚欲風則湧恒隨浪翻

又

鯚鰤之魚出淮及五湖黄肥不可食大如百斤猪數枚相隨沉浮自如魏武帝四時食制

魚舅

嘉州魚舅載新厥名鱗鱗迎媵夫豈其甥其文實鮥江圖可徵說文鮥一名當互

弓魚

西洱弓魚三寸其脩誰書以公音是字謬又哂多子亦孔之羞弓魚見魚譜今誤作公○滇中俗謗既誤作公魚而怪其有子遂綴為謔語云大理公魚皆有子雲南和尚豈無兒

鯔兒

鯔兒極眇僅若針鉤盈咫萬尾一筋千頭漁師

取之不以網收來如陣雲壓幾沉舟名曰跳鮍
厥義可求

異魚圖賛卷二

鮫魚

吞舟之魚其名曰鮫背腹有刺如三角菱嚭師畏之綱羅莫屬臨海水土志

鯯鰽

南越鯯鰽楊鬐著排流洞腹養子朝泳暮游臍入口出貯水若抽鱗皮璘駁可餙蒯緱

石首魚

石首之魚有石在頭瑩白如玉可植酒籌石首魚一名鯼見江賦

石首化鳧

南有魚鳧國古蜀帝所都婁縣石首魚至秋化為鳧魚鳧鳧之名義泝此可求諸張勃吴錄

比目魚

東海比目不比不行兩片得立合體相生狀如鞋屧鰈寔其名

王餘

王餘狐遊比目雙逝水既有之陸亦相儷單鵙匹鷸性亦相似易林鷸必匹飛鵙必單栖

鰕魚

鰕實四足而有魚名頭尾類鯷岐岐而行長生山澗出入沉浮云是懶婦怨懟自投異物志舊贊

鰼鰼魚

皷翮十運一翼翩翻厥鳴如鵲鱗在羽端郭璞鰼鰼

魚贊

文魷

形如覆銚包玉含珠有而不積泄以尾間闇與道會可謂奇魚郭璞鴽鷰贊

又

海經鴽鷰江賦文魷孕璆音磬鳥首魚尾出鳥鼠穴禹貢攸紀

飛魚

飛魚身圓長丈餘登雲游波形如鮒翼如胡蟬

翔泳俱仙人甯封曾餌諸著藻灼爍千載舒衍王

子年七言頌

王鮪

王鮪岫居科斗其面性最有毒獺所不嗽人鐃

食之肥美盈嚥

丹魚

丹水丹魚出于南陽以夜伺之浮水有光夏至

十日其期不爽取血塗足水上可行抱朴子

鰌魚音陷

海有鰌魚衆魚蓐母魚欲生卵觸腹以首鮀醫鴈奴物性固有

望魚又名刀魚

明都滏澤望魚之沼形側如刀可以刈草魏武帝四時食制

鮫又名魚虎

天淵魚虎老化爲鮫其皮朱文可餙弓刀

又

鮫之爲魚其子既育驚必歸母還入其腹小則如之大則不復楊孚交州異物志舊贊

龍魚

龍魚一角似鯉居陵候時而出神聖攸乘飛鶩九域騎龍上升文選龍鯉一角即此也

又

龍魚之川在汧之瑛河圖授羲寔此出焉神行九野如馬行天

烏魚

烏魚戴星禁在仙經鯇鮦鱧蠡紛其别稱其膽獨甘以是爲徵

瓊魚

仙人上藥劉淵瓊魚昔西王母漢武受圖銀刀尾尾令乃其餘衍漢武內傳

石桂魚

石桂之魚天仙所餌猶有桂名鱖借音爾流水桃花真隱詠美鱖魚即石桂魚又名桂魚仙人劉憑所食即此也唐張志和詩桃花流水鱖魚肥

横公魚

北荒石湖有横公魚化而為人剌之不殊煑之不死㳺鑊育育烏梅廿七煑之乃熟約神異經玄黄録○魚豢魏畧云文帝将受禪赤魚游于露鑊乃此魚也其性自然乃矯誣以為瑞應

異魚圖贊卷三

髮魚

髮魚帶髮，形如婦人。出于滇池，肥白無鱗。魏武帝四時食制

琵琶

海魚無鱗，形類琵琶。一名樂魚，其鳴亦嘉。聞音出聽，曾識瓠巴。沈懷遠南物志

含光魚

含光之魚臨海郡育南人臠炙雖美而毒煎煿已乾耀夜如燭沈懷遠

鯫魚

⿰魚辰魚長咫大如竹竿爆之為燭光明有爛脊骨又美可作羨餐臨海水土志

婢屣奴屩

魚有婢屣亦有奴屩其名雙偶其形兩肖味皆堪噉出臨海嶠

石斑魚

石斑蝘蝨虎文形蚓蝘螌爲牡水邊呼引石斑

即走上岸合牝其性旣惡羨不可飲

戴星魚

戴星之魚背有星文點點玓皪因之名云

鱠魚

鱠魚兩肋大肉堪鸞焦之粳米其骨亦軟號狗

磕䲅謂無餘衍

鱟魚又作鯮

鱟魚之味其美在額古喭有之價踁世宅鱸腮沙刺黃骨鱠脊南烹所珍百倍秦炙○古諺云寧去累世宅不去鱟魚額○鱸魚之美在腮沙魚之美在刺○南中八郡志黃魚形似鱧骨如葱可食郭義恭廣志云鯷為都鰊道縣出鱅骨黃魚○鱠魚只有一脊骨治之以薑葱羔之以粳米其骨亦軟食之無餘俗號狗磕髗魚

鰥魚

獘笱在梁其魚惟鰥其大盈車餌以豚豨鰥死

以餌士死以以貪子思子曰鯀貪以餌死士貪以祿死

何羅魚

何羅之魚一身十首化而為鳥其名休舊竊糈于春傷隕在臼夜飛曳音聞春疾走

鰅魚

周成王時揚州獻鰅其皮有文出樂浪東漢神爵初補輸考工

鮯魚

東方有魚其形如鯉其名為鯩六足鳥尾鱅為之母胎育厥子

鰅魵鱸鯙鱳

樂浪潘國魚之淵府異哉鰅魚魼有兩乳魵鱸鯙鱳各以類聚漢獻大官叔重是取五魚皆出樂浪潘國并見說文

鮞魚

魚之美者東海之鮞伊尹說湯水羣首茲徒聞

其名而形未窺

鰸魚

遼東湏水鰸狀如蝦無足長寸形如股叉茲雖微蟲其味特佳

烏鰂魚

烏鰂八足集足在口縮喙在腹形類鞋囊其名烏鰂吸波潠墨迷射水慝萬振海物異名記

魚有烏賊狀如算囊骨間有鬐兩帶極長含水

噀墨欲盖反章

烏則之魚鶨又作鴨鴨鵊也今俗名山呼鳥所變海若小史懷墨帶筭須與其足皆在眼畔風波稍急粘石為纜章舉石距同狀異面食品所珎圖畫悉絢

呂氏春秋注引古月令曰九月寒鳥入水化為烏則魚之入月令七十二候者惟烏則爾○天台智顗禪師請禁海際捕魚滬陳宣帝勅荅曰此江既無烏則珎味宜依所請觀此烏則之味為食品之珎尚矣○章舉石距烏則之别種見日華子○今山東登萊有之名八帶魚

鰻鱺

海鰻江鱺善攻岸碕又善升木水居畏之旣愈人痾復裨牛肥驅蝨如掃兹功亦奇

青魚

江有青魚其色正青泔以為鮓曰五侯鯖枕如琥珀可以籠燈亦為冠开以斂麗婷魚魷即青魚枕骨也可為燈罩又作女冠

鮩魚

黃帛其鮩石鼓嵌鐫查頭縮項味珎襄川詞林

藻詠名播錦牋⿰魚丙郎鯿

竹頭⿰魚爭魚

張揖廣雅⿰木剽竹頭⿰魚爭滇池所饒亦名竹丁⿱魚貝以為鯅案酒薦馨

鮬魚

鮬惟妾魚厥形如瓜亦名為鯧同彼狹邪淫蟲相邇其味苦嘉說文魚部凡一百三始⿰魚翁終鯜

⿰魚央魚

鱴魚味爽可非朝酲左晋虞郎獻于帝庭其方俱在食經可徵

沙魚

沙魚二族胡沙白沙礜肖鮫魚其實稍差功入金匱名昜日華

鱓魚即膳也

土龍之屬荇莖苓根化而為鱓黃白異疊抱朴子曰荇莖苓根土龍之屬化而為鱓有黃白二種白鱓出交趾

蘆鯚

蘆鯚之魚產蘆陵南俗以爲醬海氓所甘鯚音鮑

鱖魚又作鯚

吳楚鱖魚其文如罽薦以上春羡而多刺

鱀魚

鱀一名鱁喙鋭大腹長齒羅生上下相覆音混於鱖而不同物鱀又作⿰魚旡

海鰌鰍同

魚之最巨曰海鰌爾舟行逢之不知幾里七日逢頭九日逢尾產子仲春赤徧海水

鯨字一作鱷又作鰲

海有魚王是名為鯨噴沫雨注皷浪雷驚目作明月精為彗星淮南子鯨魚死而彗星出

東海大魚鯨鯢之屬大則如山其次如屋時死岸上身長丈六膏流九頃骨充棟木明月之珠乃是其目魏武帝四時食制

嗟海大魚蕩而失水螻蟻制之橫岸以死輜重

君海不可以徙策士之談譬其有理說苑

異魚圖賛卷四 螺貝蜃蚶海錯附

䲉䲣 音迷麻

䲉䲣海魧名曰匽鼂形大如蔆出自沙䪼一枚剖之有三斛膏 說文名匽鼂江賦名䲉䲣臨海水土志曰海魧實一物也

鼂鼊

鼂鼊龜頭鼈身蝦尾斑似玳瑁漫無甲指䞓飾弓軸緗帙增美

海月

海物正圓名曰海月指如搔頭有緣無骨海賦
江圖藻詠互發

海鏡

海鏡殼圓中甚瑩膩腹有小蟹朝出暮至或生
剖之蟹子跂跂逡巡亦斃

又

海鏡蟹為腹水母蝦為目虛有咸受羨補不足
人固有之無惑乎物

陵龍

陵龍之體黃身四足形短尾長有鱗無角南越海人嘉羞見逐臨海水土志本贊

山鑴

嶺表蠵鑴是曰山龜人立其背可負而馳木楔其肉聲吼如牛巧匠琢之以為梳篦

水鑴

說文鑴以胷鳴其音如鼓洛神賦所云馮夷鳴鼓是也

鑴惟水龜涪陵是育其縁中文其甲堪卜馮夷

所命切和靈曲漢郊祀歌馮夷切和注馮夷水神命靈鱗也

海鮯

海鮯魁陸尨瓏鑛殼外眉內渠形摯渾朴萬震南州志贊〇注眉高為眉渠䟽為渠

江瑤柱

江瑤柱句厥甲美句王音裕肉柱膚寸名江瑤柱萬震此贊朼古

又

今之馬甲柱古曰玉珧厥名之珎海圖所標昔人賞之謂美無涯取類南果以配荔枝

紫紶

蘭陵紫紶江淹紫藟是惟蚌類發華應春珠瑕錦蛤玉盤同珎荀子東海有紫紶卽石刧也江淹石蜐賦又名紫藟江賦石蜐應節而揚葩謝朓詩紫藟曄春流王維詩去問珠官俗來經石蜐春㦰曰卽石决明又名龜脚

石决明

鰒步角切句似蛤句無鱗有殼一面附石石叶音錯細孔

雜雜或七或八入藥品者以七孔八孔為佳九孔十孔不堪用也○郭璞爾雅贊○此贊尤奇

東海夫人淡菜

東海夫人淡菜有殼形雖不典而益帷箔求以象類堪為一噱

海牛

海牛魚皮潮信可卜潮至毛張潮退則伏刻像押薰招風斯速

大蟹

女丑大蟹其廣千里舉螯爲山身故在水海陽專車曷云其比女丑見山海經海陽見王會

彭蝑

爾雅彭蝑玄經郭索均為蟹謚蝑訛以越梁王醢化茲乃臆說

沙狗

蟹有沙狗亦似彭蝑穿沙為穴見人則螯曲徑

易道了不可得

擁劒

蟹有擁劒一螯偏大隨潮退殼隨退復褱力能鬪虎利甚戟剗

招潮

蟹有招潮遡潮月而翅背向不失與潮相招蟲物有知云誰之敎

徛望

蟹有倚望常起顧睨東西其形兩翅八跂望常如此入穴乃止

石蜠　蜂江　蘆虎

蟹有石蜠蜂江蘆虎石殼鉄卵不中咼俎好事取之充畫圖譜蜂江又作虾江虾音流

車螯

海物惟錯車螯蠣鮞眉目內鈌鐄殼外緘尾礫何異庖厨是堪

蠣房房讀作阿房之房音傍

海曲蠣房或名蠔山眉渠磊砢牡牝異斑肉曰蠣黃醰味海蠻南州志舊贊

蚌子

蚌為蚌屬文似瓦屋殼中有肉紫色滿腹縱橫其理伍味具足盛弘之荆州記

貝

夏玄周錦貨貝以市砑螺暈紙光我髦士厥有

神功消霧寧水豈特把玩止娛童子鹽鐵論夏后氏以玄貝詩曰成是貝錦貝文如錦也餘見嚴助相貝經

蚌

蚌為鷸詠今日不出明日不出必有死鷸鷸為蚌語今日不雨明日不雨必有蚌脯兩國相爭不十則傾兩士相鬭兵仗其後不鬥不爭鷸蚌兩生衍春秋後語

螺

香螺文賧錦蛤珠龜視雷開閉與月盛衰明璣無脛走于天涯淮南子曰蛤蜯珠龜與月盛衰左思賦曰蛤蚌珠胎與月虧全呂覽曰月望則蚌蛤實月晦則蚌蛤虛又淮南子明月之珠出于蠪蜄

蜃

蜃乃雉化氣成樓臺摩殼以耨始于姬邰農耨从辰文有自來篆書農耨皆从辰以古者摩蜃而耨也

蠡

蠡式玉度蚌象寶爻螺書鐫籀篆剮蟲琱取類

斯大稱名則⿰豸肖何傷磊落無損賢毫蠦蚌之狹而長者見

周禮○易離為螺竇爻見京房易傳○唐崔融

賛神禹岣嶁碑云龍畫傍分螺書區刻○徐楚

金言篆法貴⿰虫爾區⿰虫爾音果其字从虫从斛當作

⿰虫斛隷變作蚪今訛作⿰虫爾見湘山野錄⿰豸肖見史記

敘傳

異魚圖贊跋

予作異魚圖贊間出以示好事者或獻疑曰爾雅注蟲魚定非磊落人予不見韓子之詩乎予曰韓子有爲言之也跡其焚膏繼晷之際口吟手披之餘遇蟲名魚字將刪之乎老子云美言不信而五千之言未嘗不美莊子欲絕學而莊子何嘗不學蘇子謂人生識字憂患始其欲人盡不識字乎如此之類古人善戲謔自捁擊之

一機也雖然不可以訓若孔子則豈其然教小子以學詩終于多識則蟲魚固在其中矣孔子豈非磊落人哉近之不悅學者往往拾古人善謔之言以為不肖護短之符可笑且悼充類其說則伏獵弄麞之侍郎長鎗大劍之將軍一一皆磊落人也夫

閩中海错疏

（明）屠本畯 撰

徐 𤊹 補疏

《閩中海錯疏》，（明）屠本畯撰，（明）徐𤊹補疏。屠本畯，生卒年不詳，字田叔。浙江鄞縣（今浙江寧波）人。以門蔭入仕，曾任刑部檢校、淮運同知、福建鹽運使同知等職。鄙視名利，廉潔自持，好讀書，至老勤學不輟。著有《海味索隱》《野菜箋》《離騷草木疏補》等。

徐𤊹（一五六三—一六三九），字惟起，一字興公，福建閩縣（今閩侯縣）人。童試後，摒棄科舉。工詩，擅長書法、繪畫。平日以藏書讀書爲樂，藏書達七萬餘卷，尤精校勘。著有《紅雨樓題跋》《閩畫記》等五十餘種，又重修《雪峰志》《鼓山志》《武夷志》等。

屠氏在『司榷之暇，博採周詢』，廣泛系統地採集水産、魚類資料，於萬曆二十四年（一五九六）撰成此書，共三卷。鱗部二卷，收錄一百六十七種水産；介部一卷，收錄九十種水産。該書重點載錄屠氏在福建鹽政任上所見到的海産品情况，少量涉及淡水種類。書中描述了每種水産品的名稱、形態與生活習性，尤其以海産無脊椎動物及魚類爲主要記載對象。書後附記並非産於福建海域，但是較爲常見的海粉、燕窩二種。後來，徐𤊹以『補疏』形式增補、解釋屠氏未詳之處，書中凡注有『補疏』二字的地方，皆出自徐氏之手。

該書所述的内容包括魚類、軟體動物、甲殼動物、兩棲動物、爬行動物以及棘皮動物等，多數屬經濟種類，涉及名稱、形態、地理分佈、經濟價值等項。屠氏將性狀相近的種類彙集編排，成爲近代海洋動物分類之先導。《四庫全書提要》贊曰：『辨别名類，一覽了然，頗有益於多識，要亦考地産者所不廢也。』

該書有《藝海珠塵》《學津討源》《明辨齋叢書》本等。今據南京圖書館藏清同治間長沙余氏刻本影印。

（熊帝兵　惠富平）

閩中海錯疏

閩中海錯疏敘

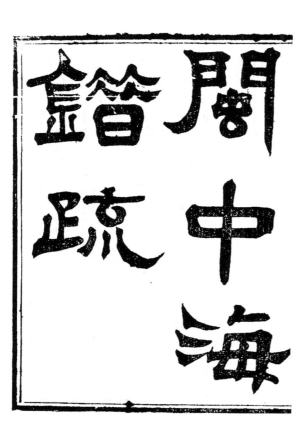

夫水族之多莫若魚而名之異亦莫若魚物之大莫若魚而味之美亦莫若魚多而不可算數窮推大則難以尋常量度是惟海客談之波臣辨之習者甘之否則疑而駭駭而棄矣禹莫山川魚鼈咸若周登俎豆魴鱧是珍海鏡江珧虎頭龜鄉憑蝦寄蟹變蛤化鳧奇形異質總總林林閩故神仙奧區天府之國也並海而東與浙通波遵海而南與廣接壤其閒彼有此無十而二三耳記目覩十而四五不有剏記曷狀厥形故異物異名之

志埤雅翼雅之書咸載不律於輶軒寔赫蹏於房奥者也本畯生長明州蓋波臣之國而海客與居海物惟錯類能談之榷鹺餘暇疏爲海錯三卷猶以雜物撰德閩見荒唐有能搜陸海之珍藏釋龍宮之膾炙增損醜徒釐政形似者予小子憑藉寵靈庶斯傳遠矣

萬曆丙申春王正月明州屠本畯田未撰

閩中海錯疏

鄞屠本畯田叔撰　閩徐𤊹興公補

長洲余犀　鑒萃皐訂

鱗大夫曰鱗介之品山海錯雜先王以是任土作貢貿遷有無乃立冬官川衡掌巡川澤之禁令而平其守辨其品物腥臊珍異以爲祭祀燕享奠其庶羞胾腊膰炙以爲鼎俎饋遺所由來遠矣畯鹺丞也何預海錯第漢唐司農府隸於冬官山澤之禁亦所當領

作海錯疏

鱗部上

鯉　黃尾　大姑金鯉　鱧

（鯉）赬鯉也當脇正中一行自首至尾無大小皆三十六鱗鱗上皆有黑點文

按鯉能變化飛越山海死不反白魚之健而神者也龍陽也具九九八十一鱗鯉陰也備六六三十六數魚躍龍門過而爲龍惟鯉或然是以仙人乘龍亦或騎鯉

（黃尾）似鯉而尾微黃食之微有土氣

（大姑）似鯉而差小大鱗有脊骨無細鯁冬月子肥味美生湖塘間四明謂之密姑

（金鯉）色紅黃大姑生子爲日所晒而成

（鱧）文魚也一名烏鱧圓長而斑首有七點作北斗象肉美膽甘無鱗夜則昂首北嚮嶺南謂之元鱧○鱧魚毛詩注鯛也細鱗有黑花校本草注云蠣蛇所變然亦有相生者諸魚中惟此魚膽甘可食補疏

按鱧夜仰首北嚮有自然之禮制字从禮惟膽甘制字从體惟肉美古人所重惟首戴斗象道家指以爲厭

厭益天厭鴈地厭犬水厭鱧皆禁而不食夫鱧胎生還復自食其鯢梟食父獍食母鱧便食子凡鱧一尾入人家池塘食小魚殆盡人每惡而棄之

鯽金鯽　烏魚金鱗　棘鬣赤鬃烏頰　方頭

（鯽）鮒也似鯉體促腹大脊隆肉厚色白而微黑

按酉陽雜俎云東南海中鯽魚長八尺食之宜暑而避風潯陽青林湖中大者亦二尺食之可止寒熱羅願云此魚旅行吹沫如星以其相卽也謂之鯽以其相附也謂之鮒

（金鯽）能變幻可畜盆中供玩閩人呼爲盆魚

烏魚似鯽而大尾鬣俱黑力能跋扈

金箍魚三尾色如硃砂盔魚中品之佳者 補疏

棘鬣似鯽而大其鬣如棘色紅紫嶺表異錄名吉鬣泉州謂之鬐鬣又名奇鬣

赤鬃似棘鬣而大鱗鬣皆淺紅色

來志云棘鬣與赤鬃味豐在首首味豐在眼葱酒蒸之爲珍味十月此魚得時正月以後則味拗不可食

補疏

方頭似棘鬣而頭方味美

通志云方頭似棘鬣而頭方或云方當作芳言其頭爲味芳香也 補疏

烏頰形與奇鬣相同二魚俱於隆冬大寒時取之然奇鬣之味在首

魴 鱠

魴青鯿也板身銳口縮項穹脊博腹細鱗色青白而味美不減槎頭一名貼沙又名鯿魚

按魚貼沙而行魚之弱者也漢水中常以槎斷水用禁人捕謂之槎頭

鱠似鯿腦上凸起連背而圓身肉白而甚厚尾如燕子只一脊骨而無他鯁

鯊魚 虎鯊 鋸鯊 狗鯊 烏頭 胡鯊 帽鯊 鮫鯊 劍鯊 烏髻 出入 時鯊 黃鯊

虎鯊頭目凹而身有虎文

鋸鯊上唇長三四尺兩傍有齒如鋸

狗鯊頭如狗

烏頭頰尾黑背大有百餘斤者淺在海沙不能去人割其肉溺至復去其皮用湯泡淨沙褸作膾鬐鬣泡去外皮存絲亦用作膾色晶瑩若銀絲

胡鯊青色背上有沙大者長丈餘小者三五尺鼻如鋸皮可褸爲膾薧以爲脩可充物亦名鋸鯊

鮫鯊似鮫而鼻長皮可飾劍靶俗呼錦魟

劍鯊尾長似劍薧鮝味佳

烏髻頰尾皆黑

出入鯊初生隨母浮遊遇警從母口中入腹須臾復出

時鯊有肉無腹大者剝其肉烹之多油可啖亦可燃

帽鯊腮兩邊有皮如戴帽然又名雙髻鯊頭如木枴又名雙髻魟

黃鯊好食百魚大者五六百斤

按鯊之種類不一皮肉皆同惟頭稍異此外又有靑鯊淡鯊夾鯊諸種種而吹鯊別是一種故列在下文䱸類鯊故附

吹鯊　䱸

吹鯊大如指狹圓而長身有黑點嘗張口吹沙

按吹沙小魚也味甚美故魚麗之詩稱爲羅碩曰非特吹沙亦止食沙大者不過二斤江南小谿中每春沙至甚多土人珍之夏則隨水而下自是以後時亦

有之然罕至矣來春復舉大抵正月輒至魚之最先者次則鯉至次則鰍至桃花水至而鰍肥則三月矣此魚生流水中非畜於人

䱸背有肉二片乾之名金絲鱠形味俱類沙魚翅

鱂　鯧　斗底鯧　黃蠟棹

鱂板身口小項縮肥腴而少鯁

鯧鱂之小者其形扁

斗底鯧鱂之小者其形圓

黃蠟棹亦鯧也鱗金點而差厚

按魚以鯧名以其性善妒好與羣魚爲牝牡故味美有似乎娼制字从昌

鮆

鮆頭長而狹腹薄而腴多鯁脊如刀刃故謂之刀鮆

按鮆山海經云食之可以已疣與石首皆以三月八月出故江賦云鯼鮆順時而往還

鱖　鱸　𩵚

鱖巨口細鱗鬐鬣皆圓黃質黑章皮厚肉緊味美如鱸其斑文鮮明色著者爲雄稍晦昧者爲雌

按鱖音桂舊說仙人劉憑食石桂魚今之鱖魚是此魚所化猶有桂名漁人以索貫一雄置谿畔羣雌皆來齧曳之不捨舉而取之常得十數尾今福寧州呼爲鱠魚羅碩曰凡牛羊之屬有肚故能嚼魚無肚不能嚼獨鱖魚有肚能嚼

鱸類鱖肉肥味厚而二腮

𩵚鱸之別種也漳泉皆有之

按鱸江淮廣浙在在有之吳淞別有一種圓而短小巨口細鱗四腮淞江呼爲四腮鱸

鰵

鰵 形似鱸口濶肉粗腦腴骨脆而味美

按鰵身類鱸口類石首大者長丈許重百餘斤四明諺云寧可棄我三畝稻不可棄我鰵魚腦蓋言美在腦也

魣 撥尾 鮊 草魚 鰱 紅鰱 烏鰡 黃鰡

魣 似烏魚而短身圓口小目赤鱗黑一名鰤味與鮒相似冬深脂膏滿腹至春漸瘦無味一名鮐

撥尾 魣魚之小者 予魚以至子月肥極故云其子尤

佳莆田縣東北五十里迎仙橋下潭所產極為珍味 補疏

鮊 似鰡而目大似鯉而鱗粗能以鬣刺水蛇食之

草魚 似鯔身圓而長以其畜於池塘飼之以草

鰱 口小鱗細色白

紅鰱 似鰱而色紅

按草鰱二魚俱來自江右土人以仲春取子於江曰魚苗畜於小池稍長入䕸塘曰䕸鰷可尺許徙之廣池飼以草九月乃取

烏鰡 形似草魚頭與口差小而黑色食螺

黃鰡 鱗色黃俱出邵武

鰣 鰳 鰶 江鰶 黃灸

鰣 板身扁首燕尾青脊白鱗大者長數尺肥腴多鯁春末有之又一種春漲泝流而上月長一寸至十月盈尺者佳

鰳 似鰣而多鯁

按鰣鰳其美在腴鰣侈口圓脊多鯁大者長三四尺重七八斤鰳狹口劍脊多鯁大者長二三尺重三四斤鰡小口圓身少鯁大者長五六尺重二三十斤泉

志云鰣與鰳形相似福志云鰡與鰣味相似俱誤

鰶 如鰣而小鱗青色俗呼青鯽又名青鱗

按鰶四明奉化縣有之鱗脊俱青故名青鯽冬月味甘腴春月魚首生蟲漸瘦不堪食

江鰶 出洪塘江三四月方有之味美但小而多刺 補疏

黃灸 似鰳而小多鯁細鱗味不甚佳

石首 黃梅 鮸

石首 鮸也頭大尾小無大小腦中俱有兩小石如玉鰾可為膠鱗黃璀璨可愛一名金鱗朱口厚肉極清爽不

作腥閩中呼爲黃瓜魚𩼈鯗不及四明

黃梅石首之短小者也頭大尾細朱口細鱗長五六寸一名大頭魚亦名小黃瓜魚

按黃魚首有二白石如棋子醫家取以治石淋肉能養胃鰾能固精醃糟食之已酒病四明海上以四月小滿爲頭水五月端午爲二水六月初爲三水其時生者名洋生魚其𩼈鯗也頭水者佳二水勝於三水八月出者名桂花石首臘月出者爲雪亮其鰳魚出此時者名亦如之吳地志云石首魚至秋化爲冠鳧今冠鳧頭中猶有石也

鰫形如石首而差大鱗細口紅

鱓 土龍 地龍　鰻 狀鰻　鱒　鮎 鮧 鮠

鱓似蛇無鱗黃質黑章體有涎沫生水岸泥窟中能離水中上升夜則昂首北向一名泥猴

按鱓形既似蛇又夏月於淺水作屈如蛇冬蟄夏出故亦名蛇鱓今閩中之鱓肉澁而味不及吳中○漢書鸛雀銜三鱣鱣即鱓字或作䱇陶隱居謂荇芩根所化者又以爲人髮所化今腹中有子未必盡是化生補疏

土龍似鱓而小

地龍似鱓而大多鯁脊中有一線血甚腥

鰻似鱓而腹大有黃色有青色春生者毒產海中者相類而大土人名慈鰻又名猧狗魚○海鰻之大者百餘斤小者二三斤鰻鱺之大者亦有八十餘斤肥美無比產在鹹淡水之介補疏

按興化志云鰻肉滑鱓肉澁鰻脊骨圓鱓脊骨方埤雅云鰻鱺骨可辟蠹魚有雌無雄以影漫鱧而生子

趙辟公雜說曰凡以睛抱者鴿鶉鶡雀也以影抱者鼉鼈黿也有鰻鱺者以影漫于鱧魚則其子皆附鱧之鬐鬣而生故謂之漫鱺也鰻鱺善攻碕岸使輒圮

狀鰻生江水中頭似鰻而身似鯽味美多油中惟脊骨旁無他刺補疏

鱒似鰻目中赤色一道橫貫瞳食螺蚌好獨行

按鱒好獨行制字从尊鱒讀如蹲詩九罭之魚鱒魴以魚美而稱之亦有兩三尾同行者

鮎一名鯷偃額兩目上陳頭大尾小口方背青黑無鱗

多涎

鉠䰲似鮎而小邊有刺能螫人其聲鉠䰲本草名黃顙至能醒酒 鉠音于方切

按鉠䰲四明謂之鉠顙有三刺一生背上二生兩腮其刺取以發痘如神一說鮎亦產鰻益乳子二分之二爲鮪魚其一鰻也

海鰌 鰌魚 泥鰌 鰍魚 田鱒

海鰌最巨能吞舟日中閃鬐鬣若簸朱旗

按海鰌噴沫飛洒成雨其來也移若山嶽乍出乍沒

舟人相值必鳴金鼓以怖之布米以厭之鰌攸然而逝否則鮮不罹害間有斃沙上者土人梯而臠之剞其脂爲油艌船甚佳

鰌似鱓而短首尖而銳色黃無鱗以涎自染難握

按鰌好與魚爲牝射制字从魚从酋薧鯗乃佳

泥鰌產水田中大如指夏月最多

鰍魚似鰌小大錯生吐涎最多 補疏

田鱒似鰍而大鮮食味腥曓乾味美 補疏

比目 鰈魦

比目狀如牛脾鱗細紫黑色一眼須兩魚相合乃行

按比目閩廣謂之鞋底魚南粵謂之板魚又謂之箬葉

鰈魦形扁而薄邵武名鞋底魚又名鰈沙

按鰈音捷魚在江中行鰈鰈也左目明右目晦昧閩廣以此魚名比目益比目只一目必兩魚相合乃行而此魚獨行殊非比目也四明謂之江箬以形如箬故名又謂之箬鰈以其行鰈鰈故名

過臘

過臘頭類鯽身類鱖又類鱸魚肉微紅味美尾端有肉口中有牙如鋸好食蛤蚌以臘來春去故名過臘

按過臘四明謂之銅盆又名郭磚四時有之好入人家田中食蛤蚌入口殼輒碎亦猶鳧食螺鷄食蜈蚣氣之制也

鱗部下

烏鰂 柔魚 墨斗 猴染

烏鰂一名墨魚大者名花枝形如鞋囊肉白皮斑魚鱗八足前有二鬚極長集足在口緣喙在腹腹中血及膽

正黑背上有骨潔白厚三四分形如布梭輕虛如通草可刻鏤以指剔之如粉名海鰾蛸醫家取以入藥古稱是海若白事小吏一名河泊從事

按鰂遇風波即以二帶投石浮身水上見人及大魚輒吐墨方數尺以混其身人反以是得之其墨能已心痛小魚蝦過其前輒吐墨涎致之性嗜烏每暴水上烏見以爲死便往啄之乃卷而食之月令九月寒烏入水化爲烏鰂唐圖所載羅願云此魚乃鷃烏所化益水鳥之似鷃者今其口足并目尚存形似且以背上

之骨驗之晒乾者閩浙謂之明府

柔　似烏鰂而長色紫一名鎖管

按柔有骨如三層紙厚白而差韌云無骨非也但鰂作腥柔不作腥而味佳

墨斗　似鎖管而小亦能吐墨　補疏

猴染　比墨斗稍大比鎖管稍小　補疏

馬鮫　嘉酥魚　鰛

馬鮫　青斑色無鱗有齒又名章鮌連江志謂之章胡

按閩志稱鯧魚肉理細嫩而甘馬鮫肉稍澁氣腥而不及鯧此說非也蓋鯧細口扁身而團無鱗無腸馬鮫銳口圓身而長無鱗有腸

嘉酥魚　海中魚之極大者重千斤琉球人以其脊爲酥販鬻閩中　補疏

鰛　似馬鮫而小有鱗大者僅三四寸

訓鰂　黃雀　青鮫

訓鰂　板身多鯁而肥美爾雅謂之當魱

黃雀　似鰂而小冬月最盛

青鮫　類黃雀而不甚大

帶魚　帶柳

帶　身薄而長其形如帶銳口尖尾只一脊骨而無鯁無鱗入夜爛然有光大者長五六尺

帶柳　帶之小者也味差不及帶

按帶冬月最盛一釣則羣帶銜尾而升故市者獨多或言帶無尾者非也蓋爲羣帶相銜而尾脫也

鱆魚　石拒　章舉　望潮

鱆　腹圓口在腹下多足足長環聚口傍紫色足上皆有圓文凸起腹內有黃褐色質如卵黃有黑如烏鰂墨有

白𩵦如大參味皆美明州謂之望潮
按鱆有腹無頭而俗以腹爲頭非也有名同而質異者廣南有蟳亦名望潮他日廣浙相傳慎勿以此物即彼物也
石拒似鱆而極大居石穴中人或取之能以足粘石拒人
章舉紅舉也似石拒而大
塗婆章舉也似石拒而足短
按明州所産章舉大有至五六斤者與鱆魚性俱寒不可多食能發宿疾

閩中海錯疏 卷下 鱗部下 十五 余氏家塾校本

鯢
鯢䱍也一名胡夷一名鯸鮐一名河豚狀如科斗腹下白背上青有黄文眼能開閉頭無腮腹無膽觸物輒嗔腹張如鞠浮於水上味至美然有毒能殺人
按鯢無腮無膽故肝最毒肝血及子入口爛舌入腹爛腸以其味美吳浙喜食之今京者必覆蓋蒙密忌炱煤落其中雜以荻芽或橄欖煮之方可食予在兩淮食河豚而隸卒取其子去製以餉人皮肚潔白俗名西施乳

水母
水母一名鮀一名鮓海中浮漚所結也色正白濛濛如沫又如凝血縱廣數尺有知識無腹臟無頭目處所不知避人隨其東西以蝦爲目無蝦則浮沉不常蝦戀之其浮水如飛蝦見人驚去鮀亦隨之而沒潮退蝦棄之於陸故爲人所獲 本草謂水母爲樗蒲魚北戶錄謂水母爲蚱一名石鏡南人治而食之性熱偏療河魚疾也補疏

閩中海錯疏 卷下 鱗部下 十六 余氏家塾校本

按物類相感志云水母大者如床小者如斗明州謂之蝦鮓其紅者名鴻蛋其白者名白皮子皮切作縷名水母線嶺表異錄云淡紫色大者如覆帽小者如碗腹下有物如懸絮

魟魚 鯆魟 水盎 斑車 黄貂
黑魟形如團扇口在腹下無鱗軟骨紫黑色尾長於身能螫人 此魚頭圓禿如燕身圓褊如簸尾圓長如牛尾其尾極毒能螫人有中之者日夜號呼不止以其首似燕名燕魟魚以其尾似牛尾故又名牛尾魚其味美

在所俗呼鯆魚（補疏）

鱝魟背厚尾長有蝘大者二三百斤

水魟背差薄於鱝刺之多水

斑魟背上有斑肉粗而味腴大者三四百斤其腹中有
肚味更佳

黃貂似燕而嘴尖土人蒸以爲鮝僞作燕

按魟其種不一而骨肉同諸魟以黃貂爲第一

彈塗　白頰　塗䖵

彈塗大如拇指鬐鬣青斑色生泥穴中夜則駢首朝北

一名跳魚海物異名記云登物捷若猴然故名泥猴

白頰似跳魚而頰白

塗䖵生於泥中如䖵故名一呼塗䖵有刺彈人一名彈
琵田塍潭底往往有之一名田琵

錢魚　白鰾

錢長七八寸骨柔鎌鱗類錢之半有五色文

白鰾形圓薄類錢一名金錢鰾

丁斑　魴鮃　溪斑　重脣　疊甲

丁斑大如指長二三寸身有花文紅綠相間尾鮮紅有

黃點善鬬人家盆中畜之一名鬬魚養成牛截尾上起
鬐長寸許

魴鮃大如拇指有五色

溪斑黃質黑斑身圓鱗細大者長五六寸

重脣頭大尾小無鱗長三寸許生石穴中

疊甲身圓長四五寸鱗有兩重無味

銀魚　麪條　醬魚　白沫

銀魚口尖身銳瑩白如銀條

麪條似銀魚而極大一名白飯魚

醬似麪條而嘴小

白沫梅雨時海水凝沫而成形雪色無骨其大如筯覺
之味厚名丁香鮰

鰔魚　錢串

鰔狀似鯈其喙如針

錢串身長而小嘴長五六寸青色亦名青針

海燕　飛魚

海燕形如飛燕有肉翅能奮飛海上

飛魚頭大尾小有肉翅一躍十餘丈

白魚　黃魚　鰦　竹魚　大面
白魚板身色白頭昂多細鯁大者六七尺生江中
黃魚身扁薄而多鯁色黃
鰦頭微而小扁
竹魚身甚薄
大面板身濶二三寸尾魚鱗
鏡魚　圓眼
鏡魚眼圓如鏡水上翻轉如車亦名翻車魚
圓眼口尖眼圓而赤

黃彡　黃鱨　要魚　金鮐　寸金
黃彡鱗細黃赤色
黃鱨鬣黃色
要魚厥狀纖細名黃絲要
金鮐尾脊有細鱗金色
寸金長寸許黃色出寧德縣七都
火魚　緋魚
火魚隨潮撒江結陣而來故名
按輿化志不載魚形色但云結陣而來則火字當作彩
緋魚色如緋　宋志云緋魚色如緋今海上有一種紅桃魚全緋又一種新婦魚近緋二者不知何指　補疏
白刀　鱱　鰢　白澤
白刀白鱗形似刀生江河間
鱱身長鱗白
鰢大者長五六寸白質黑章味美少鯁
白澤海物異名記云羣生隨波潮縮在澤
鯖鯤　鱅　鯶

鯖鯤背青身長一名青魚
鱅雌生卵雄吞之成魚青色無鱗一名松魚
鯶色微黑一名鯤
楓葉　琵琶　鹿角
楓葉海物異名記云海樹霜葉風飄浪翻腐若螢化厥質爲魚
琵琶身扁狀似琵琶無鱗生南越者長二丈述異記云海魚千歲爲劍魚
鹿角海物異名記曰芒角持戴在鼻小者醃爲鮓味佳

大者長五六寸其皮可以角錯

抱石　石伏

抱石出於山溪背偃而腹平大如指常貼於石上土人取以為腊

石伏伏於溪下

鯇魚　土蜂

鯇無皮鱗嶺南呼為綿魚

土蜂形如蚯蚓

蠱鮐　鰂　鰕魚

蠱鮐尾有腥多穴于田塍或泥岸中

鰂一名蛆魚味不佳

鰕細如米粒可鮓長樂所產春月最多卽魚苗之大者土人名舜思魚

魜魚　鬪潮

魜魚海産其類甚衆皆可食

鬪潮乘波霧集

蝦魁　蝦姑　白蝦　草蝦　梅蝦　金鉤子　蘆蝦　稻蝦　對蝦　赤尾　塗苗　海蜈蚣

蝦魁嶺表異錄云前兩脚大如人指長尺餘上有芒刺鬚硬手不可觸腦殼微有錯身彎環亦長尺餘熟之鮮紅色一名蝦盃俗呼龍蝦

按閩部疏云海味重於天下者稱西施舌江珧柱泉漳間皆有之而苦不稱美其它鱗介殊狀異態多不可名而最奇者龍蝦置盤中猶蹣動長可一尺許其鬚四繚長半其身目睛凸出上隱起二角負介昂藏髣似小龍尾後吐紅子色奪榴花眞奇種也

蝦姑形如蜈蚣能食諸蝦

白蝦生江浦中郡城南有白蝦浦

草蝦頭大身促前兩足大而長生池澤中

梅蝦梅雨時出洲渚間

蘆蝦是蘆葦所變味甘美鮓之尤妙國初曾進貢

稻蝦是稻花所變

對蝦土人腊之兩兩對插以寄遠

赤尾蝦之小者卽天津之滷蝦

塗苗海物異名記謂之醬蝦細如針芒海濱人醎以為醬不及南通州出長樂港尾者佳梅花所者不中

金鉤子小於赤尾晒乾淡者佳

爲蝦蚣狀類蝦姑產興化海中土人取之切以爲膾合
価疏
按蝦其種不一而肉味同諸蝦以蝦魁爲第一此外
又有涼蝦等不能盡錄
鮻鯉
鮻鯉一名穿山甲似鯉而有四足鱗甲堅厚常吐舌出
涎須螻蟻滿其上乃卷而食之
蝦蟆　蟾蜍　大約　雨蛤　石鱗
蝦蟆大如拇指微黃腹白生草澤間其鳴咿呷

蟾蜍皮皺色黑頭腹大而脚細好伏牆陰下
大約青背黃脊一路微黑腹平而色黃褐嘴尖當項兩
傍有白圈
雨蛤一名雨鬼形如蝦蟆大如小拇指天將雨則鳴
按自蝦蟆至石鱗凡五種皆陸產而蟾蜍絕壽有至
千歲者五月五日得之謂之辟兵古稱月中有蟾蜍
也石鱗神物閩人珍以爲上品故別論
石鱗生高山深澗中皮斑肉白味美晝伏竇中夜居山
頭石頂最高處捕者不可預相告語密以黃歷首一葉

納諸竈中卽抱松明拼火而去緣崖扱石以火照之見
火輒醉不動十不脫一閩人飲饌以此爲佳品俗名石
嵛魚又曰谷涷
按石鱗似水雞而巨肉嫩骨粗而脆水雞似石鱗而
小肉粗骨細而軟望火投明此類性之常也而云見
火輒醉不動非也往予聞閩人言石鱗靈物人往捕
執炬出門禁毋相告至彼可獲否則俱匿矣炬至鱗
羣坐石上觀火不動以是盡得之何獨靈於聞聲而
昧於覩火耶

水雞　尖嘴蛤　青約　青鯽　黃鯽
水雞似石鱗而小色黃皮皺頭大嘴短其鳴甚壯如在
甕中
尖嘴蛤背黃脊一路微黑腹大聲微白色似水雞而小
青約身青嘴尖脊一路微黑腹細而白
青鯽一名蛙
黃鯽類水雞
按自水雞至黃鯽凡五種皆水產而水雞可食味不
及石鱗黃鯽可食味不及水雞閩人惟食石鱗水雞

而黃鯽等種則皆不食之也

介部

龜

〔龜〕外骨內肉腸屬於首廣肩背微折如皺其文應八卦脇肋有文應二十四氣無雄與蛇爲牝牡卵生不咽粟善藏久能行氣水陸皆有之

按龜與蛇合故曰元武羅願云靈龜文五色似玉似金背陰向陽上隆象天下平象地盤衍象山四趾轉運應四時文著象二十八宿蛇頭龍翅左精象日右

精象月千歲之化下氣上通能知存亡吉凶之變千年之龜游於苓葉之上苓今甘草也葉圓小而有刺言龜久而神靈能變形大小也今人見小龜以爲千歲非也逸禮云龜三千歲游於卷荷之上化書曰牝牡之道龜龜相顧神交也鶴鶴相唳氣交也言龜雖與蛇合亦與神交崔豹古今注曰龜一名黑衣督郵

鼈

〔鼈〕一名團魚一名腳魚卵生形圓穹脊連脇四周有帬外肉內骨而以眼聽行蹣跚以蛇爲雄頸中有軟骨與鼈相似名曰醜食時嘗剔去之不可與莧同食

按鼈隨日光所轉朝首東嚮夕首西嚮鼈之所在上有浮沫謂之鼈津捕者以是得之與龜皆傴律望卵而生故曰龜思鼈望養魚經曰魚滿三百六十則蛟龍將魚飛去納鼈則不復去故曰神守

蠏　毛蠏　金錢蠏　石盬　蟛越　海蟳金蟳蘆禽
螃蜞　虎獅　桀步
虎蟳　塗蜥　蠘　千人擘

〔蠏〕八跪二螯堅殼其行郭索八足折而容俯故謂之跪兩螯倨而容仰故謂之螯制字从解以隨潮解甲也殼

上多作十二點深胭脂色亦猶鯉之三十六鱗月盛腹中肉虛月衰腹中肉滿臍尖者牡團者牝

〔毛蠏〕青黑色螯足皆有毛

〔金錢蠏〕形如大錢中黃最飽酒之味佳補疏

〔石盬〕狀如蟛蜞而長不及寸廣僅半之土人治以薦酒殼堅味鹹寒醫家取以治目眚

〔蟛越〕似石蠏而小微黃色左螯大而無毛其行斜傍

〔螃蜞〕似蟛越而大右螯小而赤生溝渠中

〔虎獅〕形似虎頭有紅赤斑點螯扁與爪皆有毛

樂步一名擁劍橫行螯大小不一以大者鬬小者食一名執火以其螯赤也一名揭哺子

海蟳蝤蛑也長尺餘殼圓色青兩螯至強能與虎鬬

金蟳色黃

虎蟳文有虎斑

蘆禽形似蟛越生海畔 補疏

塗蜥俗呼塗蜞産長樂 補疏

按閩部疏云蟹之別種曰蝤蛑吾地名黄甲此名海蟳特多此種而蟳乃爲異狀不中食此又一種非眞

蟳也獨與化數里河中有蟳形味似吳中而土人不之重豈曰厭海錯不能別味耶

蠘似蟳而大殼兩傍尖出而多黄螯有稜鋸利截物如剪故曰蠘折其螯隨復更生故曰龍易骨蛇易皮鹿麋易角蟳易螯二三月應候而至膏滿殼子滿臍過是則味不及矣

千人擘狀如蝦姑殼堅硬人盡力擘之不開海物異名記云千人擘聚刺獱殼擘不能開酉陽雜俎謂之千人捏

蚶 珠蚶 綵蚶

蚶殼厚有稜狀如屋上瓦壠肉紫色大或專車殼可爲器

珠蚶蚶之極細者形如蓮子而扁

按四明蚶有二種一種人家水田中種而生者一種海塗中不種而生者曰野蚶殼緇色而大肉紋醫書取殼入藥名瓦壠子

綵蚶殼上有文加綵色微黑比珠蚶稍大産長樂縣

蛤蜊 赤蛤 海紅 螂蚍 蜞螂 沙蛤 土銚 紅栗 文蛤 海蛤 沙蚕 紅綵 白蛤 車螯 蛪白

蛤蜊殼白厚而圓肉如車螯 蛤蜊止消渴開胃氣解酒毒以蘿蔔煮之其殼易脫 補疏

赤蛤殼上有花文赤色

海紅形類赤蛤而大

螂蚍形似蛤蜊而白合口處色黑俗呼爲懶績麻

蜞螂似蛤蜊

沙蛤土匙也産吳航以蛤蜊而長大有舌白色名西施舌味佳

按閩部疏云海錯出東四郡者以西施舌爲第一蠣
房次之西施舌本名車蛤以美見諡出長樂澳中
紅栗似蛤而小色白而微紅
文蛤殼有文理唐時嘗充土貢亦名 補疏
海蛤其殼久爲風濤所洗自然圓淨
沙瓟似螂蜆而殼差薄
紅綠似蛤而小味美
土銚一名沙屑殼薄而綠色有尾而白色味佳
白蛤一名空豸泉人呼爲江大似蛤而小殼薄色白又

名泥星
按蛤其種不一而味皆同南海志云蛤一月生一暈
南越志云凡蛤之屬開口聞雷鳴則不復閉
車螯陳藏器云大蛤也殼有花文肉白色大者如碟小
者如拳
螯白車螯之最小者也
按閩部疏云陶方伯嘗言閩中海錯蚶不四明蛤不
揚州蠏不三吳余大以爲然蚶大而不種故不佳蛤
乃車螯非蛤蜊也

蠣房　草鞋蠣　黃蠣

蠣房一名壯蠣出海島麗石而生其殼魂礧相粘如房
嶺表異錄謂之蠔山地無石灰者燒蠣殼爲之
草鞋蠣生海中大如盃漁者以繩繫腰入水取之
黃蠣五六月有之大於蠣房數倍味雖不如蠣房而汁
亦適口但壯蠣可爲醬此不堪醃耳 補疏

殼菜　沙箭　烏蜷　江珧柱
烏投

殼菜一名淡菜一名東海夫人生海石上以苔爲根殼
長而堅硬紫色味最珍生四明者肉大而肥閩中者肉

瘦其乾者閩人呼曰幹四明呼爲乾肉　殼菜形似珠
母一頭尖中銜少毛號東海夫人本草云形雖不典而
甚益人 補疏
沙箭淡菜之小者
烏蜷似淡菜而極小中無毛
烏投味甘似烏蜷而殼堅中有毛
按殼菜生四明者殼黑而厚彤如斧頭形醜而味美
本草云海中有物其形如牝紅者補血白者補腎今
閩中取以煮湯治痢疾

江珧柱一名馬甲柱海物異名記云厥甲美如瑶玉肉柱膚寸名江珧柱

按江珧殼色如淡菜上鋭下平大者長尺許肉白而紉柱圓而脆沙蛤之美在舌江珧之美在柱四明奉化縣者佳

蟢　蛤青　蜆翠翠

蟢蛣也肉如蛤蜊殼厚而長腹中有蟹子如榆莢合體共生時出取食復入殼中一名璅蛣生於曲岸中故曰蛣

蛤青似蟢而殼薄青色

蜆似蟢而小色黃殼薄　俗謂之蟟有黃蟟土蟟之别大江者可食他小浦中有之有土氣不堪用 補疏

翠翠似蟢而殼翠

海月　石華　石帆　沙筯

海月形圓如月亦謂之蠣鏡土人多磨礪其殼使之通明鱗次以益天窗本草云水沫所化煑時猶化爲水嶺南謂之海鏡又曰明瓦

按海月嶺表錄異云廣人呼爲膏葉兩片合以成形殼圓中甚瑩滑白照如雲母光肉有小肉如蟢蛤腹中有蟹子甚小頭黃而螯足具備海鏡饑則蟹出拾食蟹飽腹滿海鏡亦飽或近之以火則蟹子走出離腸腹立斃或生剖之有蟹子活在腹中逡巡亦斃

石華附石而生方言謂之石雹肉如蠣房殼如牡蠣而大可飾戶牖天窗

按謝靈運詩云挂席拾海月揚帆採石華其味與海月俱同蠣房

石帆紫黑色枝柯相動連帶不絶生海上石穴中

沙筯長尺餘其狀如簪故又名塗釵嶺表錄異云生海岸沙中春時吐苗其心若骨白而勁可爲酒籌

泥笋　沙蠶　土鑽

泥笋其形如笋而小生江中形醜味佳一名土笋

沙蠶似土笋而長

土鑽似沙蠶而長

龜腳　蛾　老蟢牙　石磷

龜腳一名石劫生石上如人指甲連支帶肉一名仙人掌一名佛手蚶春夏生苗如海藻亦有花生四明者肥

美

按石砌生海中石上如蠣房之附石也形如龜腳故名近甲處有軟爪黑色肉白味佳秋生冬盛來年正月得春雨軟爪開花如絲散在甲外郭璞江賦所稱石蜐應節而揚葩是也

蠔生海中附石殼如鹿蹄殼在上肉在下大者如雀卵老蜂牙似蠔而味厚一名牛蹄以形似之

石磷形如箬笠殼在上肉在下

石決明　海膽　石橶　寄生

石決明附石而生惟一殼無對大者如手小者如兩三指旁有十數孔一說即鰒魚本草圖經云鰒魚別是一種與決明相近　石決明俗名將軍帽溫州與登州海中俱有之即名鰒魚溫人醃用登人淡晒乾串入京餽遺補疏

按閩部疏云蠣房雖介屬附石乃生得潮而活凡海濱無石山溪無潮處皆不生余過莆迎仙寨橋時潮方落見荁羣下皆就石間剔取肉去殼連石不可動或留之仍能生其生半與石俱若在有無之間殆非

蛤蜊比也後漢書鰒魚註云鰒無鱗有一面附石細孔雜雜或七或九即以蠣房何所不可南蠣北鰒是故造化介生別搆按見伏隆傳注

海膽殼圓如盂外結密刺內有膏黃色土人以為醬

按海膽四明謂之海績筐海濱人取殼磨粉合米醬中其膏入鹽按酒亦名曰醬

石橶形圓色黃肉紫有刺人觸之則刺動搖

寄生海上枯蠃殼存者寄生其中負殼而走形如蟹四足兩螯大如榆莢其味若蝦得之者不煩剔取曳之即

出以肉不附也炒食味亦脆美

蟶　竹蟶　玉筯蟶

蟶生海泥中大如指長三寸許肉白殼薄兩頭稍開

竹蟶似蟶而長大殼厚

玉筯蟶似蟶而小三月麥熟時最盛以其形如麥稿又名麥稿蟶

鱟

鱟形圓如熨斗如便面如惠文冠廣尺許有刺頭如蜣螂而骨眼眼在背上青黑色而穹其血蔚藍熟之純

白而肉甚甘美當春一行兩旁亦刺殼覆身上腹下十二足長五六寸環口而生尾銳而長觸之能刺斷而置地其行郭索雌嘗負雄捕得其雄雌亦就斃雄少肉雌多子子如綠豆大而黃色布滿骨骼中東浙閩廣人重之以爲酢謂之鱟子醬殼可屈爲杓轑釜輒謔尾可爲如意　鱟口足皆在腹斗之下海中每雌負雄漁必雙得之以竹編爲一甲鬻焉本草云牝牡相隨牝者背上有目牡者無目牡得牝始行牝去牡死其尾燒烟可辟蚊蚋韓退之詩鱟實如惠文骨眼相附行　補疏

按便面古扇婦人取以障面者惠文秦漢以來武冠侍中中常侍則加金璫貂蟬之飾謂之趙惠文冠蓋狀鱟形也鱟産子時先往石邊周身擦之鱗裂而生雌嘗負雄故獲必得雙其相負乘也雖風濤終不解謂之鱟媚過海輒相負於背高尺餘乘風游行如帆謂之鱟帆其眾如簰桃謂之鱟簰其善候風故音如候也埤雅云鱟性畏蚊蚊小螫之輒斃未知其故又暴之日往往無恙隙光射之即死嶺表異錄云雄小雌大置之水中雄者浮雌者沉

螺　香螺　鋼螺　紫背
鸚鵡　泥螺　米螺

香螺大如甌長數寸其揜雜眾香燒之使益芳獨燒則臭諸螺之中此螺味最厚本草謂之甲香

鋼螺光彩如鋼可飾鏡背

紫背螺色有斑點俗謂之砑螺

鸚鵡螺狀若鸚鵡堪作酒盃

泥螺一名土鐵一名麥螺一名梅螺殼似螺而薄肉如蝸牛而短多涎有膏

按泥螺産四明鄞縣南田者爲第一春三月初生極

細如殼軟味美至四月初旬稍大至五月內大脂膏滿腹以梅雨中取者爲梅螺可久藏酒浸一兩宿膏溢殼外瑩若水晶秋月取者肉硬膏少味不及春閩中者肉猵硯無脂膏不中食

米螺小粒似米肉可食

螺　田螺　溪螺　黃螺　紅螺　蓼螺
拔尾　馬蹄　指甲　江桃　鵓鴿
花螺　竹螺　油螺　醋螺　莎螺

田螺似黃螺而差小生水田中

溪螺似田螺差小而長

黄螺殼硬色黄味美其黑而微刺者尤佳

紅螺肉可爲醬

蔘螺大如拇指有刺味辛如蔘

梭尾殼細而長文如雕鏤味佳

馬蹄形似故名

指甲以形似名之

江橈指甲之大者

鵓鴿螺殼小而厚黑色土人端午用之

花螺圓而扁殼有斑點味勝黄螺

竹螺殼文麤而尾脆味清香

油螺形如花螺殼柔鹽之味美産興化 補疏

醋螺出泄塘江去殼醃其肉味佳 補疏

莎螺形如竹螺味微苦尾極脆 補疏

按螺其種不一而肉多同惟殼異此外若石螺螺獅種種不能悉錄

龍虱

龍虱似塘蜞而小黑色兩翅六足秋月暴風起從海上飛來落水田或池塘濱人撈取油鹽製藏珍之

按龍虱類水蟲但龍虱來自海外水蟲出自水中故以僞異蜮人言是龍身上虱或然耳外省人罕知也

鹺丞本畯將入閩分陝使者曰状海錯來吾徵閩越而通之丞入閩疏鱗介二百有奇以復且詶客問分陝使者今太常卿余公君房也丙申歲嵩溪三層閣上題

附錄

按非地所産而有者咸附錄之微異品也後有見聞冀當聯緒居本畯記

海粉出廣南亦名錄菜

按海粉閩志云有物類墨魚者吐涎而成予往時聞閩人説卽海參吐出絲也色有青黄不同者以海參食海中青藻故吐絲青食黄藻故吐絲黄閩中鄉先生陳大參支堂公云向時在廣南親見此物如竹蟶而薄殼以足裏鞋揣之則吐絲絲盡而此物空洞只存殼矣二説不同要之目覩者爲眞其味甘清可降痰火

燕窩出廣南

按燕窩相傳冬月燕子銜小魚入海島洞中壘窩明歲春初燕棄窩去人往取之一說燕于冬月先銜鳥毛綢繆洞中次銜魚築室泥封户牖伏氣于中氣結而成明春飛去人以是得之圓加椰子須刀去毛劈片水洗淨可用閩部疏云燕窩菜竟不辨是何物漳海邊已有之蓋海燕所築銜之飛渡海中翮力倦則擲置海面浮之若杯身坐其中久之復銜以飛多爲海風吹泊山澳海人得之以貨大奇大奇海語載海燕大如鳩春回巢於古巖危壁葺壘乃白海菜也島夷伺其秋去以修竿執取而鬻之謂之海燕窩隨舶至廣貴家宴品珍之其價翔矣畯據三說不同海語所載爲近遍待彼都近海人質之而後信也

蟹譜

（宋）傅肱撰

《蟹譜》，（宋）傅肱撰。傅肱，字子翼，又作自翼，自署怪山，生卒年與籍貫皆不詳。陳振孫認爲怪山即越州之飛來山，據此推斷傅氏爲會稽（今浙江紹興）人。依據《蟹譜》的内容，約略可知其長期活動於吴越間，曾到過江淮、濟、鄆一帶，另據《（光緒）昆新兩縣續修合志》卷五，傅氏還曾於熙寧六年（一〇七三）作過《水利議》。

鑒於各種譜錄類書籍相繼湧現，而螃蟹史料雖多，但是散存於文獻而無專論的情况，加之傅氏特嗜此物，通曉食蟹之道，遂爲蟹張揚，作譜補缺，參校舊説，補以見聞，約於元祐四年（一〇八九）撰成此書。陳振孫《直齋書錄題解》最早著錄。

該書分爲總論、上篇、下篇與紀賦詠四個部分。總論考證了蟹的名稱、形貌、性躁表現、種類及其區分等，並闡釋了蟹之繁育、生長過程及肥美程度。上篇刪拾舊文四十二條，對古代典籍中的蟹文化揭示較深，初步概括了大閘蟹洄游的生物學特性；下篇爲傅氏自己的見聞，廣集北宋期間的蟹事二十三條，涉及蟹類、産地、捕捉、食法、風俗民情、掌故奇聞等内容，是該書最有價值的部分，其中對簖捕法、探穴法、火照法等捕捉方法的總結，充分揭示出蟹的生活習性。紀、賦、詠抄錄了皮日休、陸龜蒙、杜甫、白居易等人與蟹有關的詩賦句或篇名。

該書詳略有序，言簡意賅，生動形象，價值較高，其所引的《唐韻》（已佚）十七條是考證、輯佚的重要資料。由於受到時代的局限，書中也偶有誤判與失當之處。

該書對後世影響深遠，被歷代衆多叢書收錄，版本較多，魯迅亦曾手抄全文。有《百川學海》本、清刻本等。今據南京圖書館藏《百川學海》本影印。

（熊帝兵　惠富平）

蟹譜

怪山傅　肱　子翼

蟹之爲物雖非登俎之貴然見於經引於傳著於子史志於隱逸歌詠於詩人雜出於小説皆有意謂焉故因益以今之所見聞次而譜之自總論而列爲上下二篇又敘其後聊亦以補博覽者所闕也神宋嘉祐四年冬序

總論

蟹水蟲也其字從虫（肝鬼反）亦曰魚屬故古文從魚作蠏以其外骨則曰介蟲取其橫行目爲螃蟹焉骨眼蜩腹蛆腦鱟足其爪類拳丁其螯類執鉞匡跪又皆外剌性復多躁或編諸繩縷或投諸笭箵則引聲噀

沫必死方巳類皆鮪育生於濟鄆者其色紺紫出於江淛者其色青白（此舉其所育多者爾凡有水之地不無此味）小者謂之蟚蜞中者謂之蟹匡長而銳者謂之蠞（音截）甚大者謂之蝤蛑雖皆有佳味獨蟹參於藥論耳明越谿澗石穴中亦出小蟹其色赤而堅俗呼爲石蟹與生伊洛者無異蠯圓多腴而奪之膂臍長多瘠而與之蝦其於盛生夏者無遺穗以自充俗呼爲蘆根蟹（謂其上食茭蘆）根瘠小而味腥至八月則蛻形巳蛻而形浸大秋冬之交稻粱巳足各腹芒走江俗呼爲樂蟹最號肥美由江而納其芒於海中之魁遇氷雪則自伏淤澱不可得矣今人設䧟具以紊酒者此特爲之先置焉江淮間尚推重如此况非所育之地乎（何曾食疏弘君食檄虞悰食）

亦未必不珍此味也虞悰南史有傳但名存而書亡此爲恨耳

曰蟚蚏者二月三月之盛出於海塗吴俗猶所嗜尚歲或不至則指目禁煙謂非佳節也今之通泰其類寔繁然有同蟚蜞差大而毛好耕穴田畝中謂之蟚蜞毒不可食晉蔡道明誤食之幾死尤宜慎辨也又多生於陂塘溝港薉雜之地往往因雨則瀕海之家列陣而上塡砌緣屋雖驅掃之不去也噫蟹雖微類至於腹芒以朝其魁其得自然之禮歟嗜欲已足捨陂港而之江海其得自然之智歟雖外剛躁而内無他腸其得自然之正歟豈獨以其滋味饜世人之口腹哉故論其略而冠諸二篇之首

上篇

離象　有匡　仄行　蜀蠌
走遲　蟲孽　性躁　左持
捕鼠　不啖　郭索　鬣碁
誅解系　蛙矜　龜長　侈味
瑣⿰王吉　介蟲之孽　無腸公子　天文
食證　異名　誠嗜　兵異
集鼠　黨類　浦名　畫
輸芒　蛉腹　同鼠孽　爲菑
玉篇　月令　圖經　琴聲
唐韻　說文　長生　食莨
斬王攄　藥證

離象

易之離象曰爲鼈爲蟹爲蠃爲蚌爲龜孔穎達云取其剛在外也

有匡

檀弓曰成人有其兄死而不爲衰者聞子皐將爲成宰爲衰成人曰蠶則績而蟹有匡范則冠而蟬有緌兄則死而子皐爲之衰孔穎達云蟹背殼似匡

仄行

周禮梓人爲簨簴別叙小蟲蟹屬以爲雕琢鄭康成注云刻畫祭器博庶物也蟲自外骨至胷鳴内有仄行者釋云蟹屬賈公彦疏曰今人謂之螃蟹以其側行者也内郤行者螾衡之屬即由延也脰鳴者即蝦蟇也紆行者即蛇也案周禮祭器未有以由延螃蟹

蝦蟇以蛇爲飾者不知起何法制且經文但云以雕琢耳康成專取爲祭器之飾義誠未安

螖蠌

爾雅釋魚篇云螖蠌小者蟧（蟧螺屬見埤蒼或曰即螖也似蟹而小）

走遲

大司樂樂六變注蛤蟹走則遲

蟲孽

越王勾踐召范蠡曰吾與子謀吳子曰未可也今其稻蟹不遺種其可乎（注蟹食稻）對曰天應至矣人事未盡也王姑待之

性躁

荀子勸學篇云蟹六跪而二螯非蛇蟺之穴無所寄

託者用心躁也注跪足也螯蟹首上如鉞者序謂蟹八皆八足此云六者謬文然今觀蟹行後兩小足不着地以其無用所略而不言

左持

晉春秋畢吏部卓字茂世嘗謂人曰左手持蟹螯右手執酒杯拍浮酒池中足樂一生哉

捕鼠

淮南子曰使蟹捕鼠必不得

不啖

虞預會稽典録云呑舟之魚不啖鰕蟹玉篇作鰕長鬚蟲也熊虎之爪不剥狸鼠

郭索

太玄銳首一蟹之郭索後蚓黃泉范明叔云一水也所稱泉亦爲水所

種蟹五爲裸所稱蚓言蟹之與蚓者用心之不一雖有郭索多足之蟹不如無足之蚓者以其用心之一也

蟛蜞

晉書蔡謨字明道初渡江見蟛蜞大喜曰蟹有八足加以二螯令烹之既食吐下委頓方知非蟹後詣謝尚而説之尚曰卿讀爾雅不熟幾爲勤學死

誅解系

晉解系字少連與趙王倫同討叛羌時倫信用佞人孫秀與系爭軍事更相表奏朝廷知系守正不撓而召倫還系表殺秀以謝氐羌不從後倫秀以宿憾收系兄弟梁王彤救系等倫曰我於水中見蟹且惡之況此人兄弟輕我邪遂害之

蛙矜

莊子秋水篇公子牟曰子獨不聞夫埳井之鼃乎謂東海之鼈曰吾樂與吾跳梁乎井幹之上入休乎闕甃之崖赴水則接掖持頤蹶泥則没足滅跗還虷（音寒義云井中赤蟲一名蜎）蟹與科斗莫吾能若也

龜長

大戴禮云甲蟲三百六十四神龜爲之長蟹亦蟲之一也

侈味

南史何胤字子季出繼叔父曠所更字胤叔初胤侈於食味前必方丈後稍欲去甚者猶食白魚䱇（市演反）脯糖蟹以爲非見生物擬食蚶蠣使門人議之學生

鍾岏曰䱋魚就脯驟見屈伸蟹之將糖躁擾彌甚仁人用意深懷此但至於車螯蚶蠣眉目內闕慚渾沌之奇獷殻外緘非金人之慎不悴不榮曾草木之不若無馨無臭與瓦礫其何殊故宜長充庖廚永爲口實

瑣蛣

郭景純江賦云瑣蛣腹蟹水母目蝦又松陵集注云瑣蛣似蜯常有一小蟹在腹中爲蛣出求食蟹或不至蛣餒死所以淮海人呼爲蟹奴

介蟲之孽

月令章句曰介者甲也謂龜蟹之屬後漢五行志

無腸公子

抱朴子云山中無腸公子者蟹也

天文

釋典云十二星宫有巨蟹焉

食證

孟詵食療本草云蟹雖消食治胃氣理經絡然腹中有毒中之或致死急取大黃紫蘇冬瓜汁解之即差又云蟹目相向者不可食又云以鹽漬之甚有佳味沃以若酒通利支節去五臟煩悶予謂亦不可與柿子同食發霍瀉

異名

中華古今注云蟚蜞小蟹也生海塗中食土一名長卿其一螯偏大者爲擁劒一名執火

誡嗜

混俗順生論曰凡人常膳之間豬無筋魚無氣雞無髓蟹無腹皆物之稟氣不足者不可多食

兵異

軍略災篇云地忽生蟹當急遷砦柵不遷將士亡

集鼠

陶隱居云傴方以黑犬血灌蟹三日燒之諸鼠畢集

鱟類

郭景純傳山海經云鱟形如車文青黑色十二足長五六尺似蟹雌常負雄而行魚者取之必雙得即吳都賦所謂乘鱟者也呂延濟亦注云似蟹

補名

南齊建武四年崔慧景作亂到都下鈐陵不克單馬

至蟹浦投漁人太叔縈之縈之故爲慧景門人時爲蟹浦戍因斬慧景頭納鱃籃中送都下焉

畫

唐韓晉公滉善畫以張僧繇爲之師善狀人物異獸水牛等外後妙於螃蟹

輸芒

孟詵食療本草云蟹至八月即啗芒兩莖長寸許東嚮至海輸送蟹王之所陶隱居亦云今開蟹腹中猶有海水乃是其證予謂即陸魯望云執穗以朝其魁者也與夫羔羊跪乳蜂房會衙俱得自然之禮

蛉腹

唐顧况字逋翁混胎文人攝魔還精符曰螟蛉之子

蝦目蟹腹即即周周兩不相掩比之謂體異而氣同

同鼠蘀

唐陸龜蒙字魯望作稻鼠記引國語曰今吾稻蟹不遺種豈吴人之土鼠與蟹更俟其便而効其力殲其民歟

爲菑

晉隱逸傳夏統字仲御會稽永興人也幼孤貧養親以孝睦聞初兄弟每採梠求食星行夜歸或至海邊拘螊蠘以自資養

玉篇

八足蟹二螯八足　虾不晉流反似蟹二足亦見郭璞江賦　蜅[虫尃]上方武下布莫反背蟹中

月令

季冬行秋令介蟲為妖丑為鼈蟹

圖經

羅處約新修蘇州圖經鳥獸蟲魚篇蟹居其末

琴聲

琴譜履霜操有蟹行聲

唐韻

蟚蜞戸八反似蟹而小予謂即今之蟚蜞也一名蟚蜞耳虴五忽反蛤屬似蟹蟹水蟲也蝤蛑上自秋下莫浮似蟹而大生海邊蠞似蟹生海中予謂於食品中與苣勝胡麻相宜螯蟹屬⿱敖月蟹大吐也予謂古今用⿱敖月跪字通作螯螃螃蟹釋云本蟹云俗加螃字予案周禮疏推作旁取其横行今字益蟲乃是俗加陸德明所謂蟲屬要作蟲旁草類皆從兩中是也然則旁蟹之呼名古矣但不當加蟲字耳予謂今秀州華亭縣濟村所出甚多小者謂之黃甲越人云和鹽泥養之可踰月⿰魚折魟下音功江蟲也形似蟹可食又音烘⿰魚良⿰魚豈下音孩雄蟹也虷胡安反虷蟹一名蛸蟲

擁劍蟲形似蟹崔豹古今注擁劍一名執火其螯赤謂之執火　鰖蟹子也以水反又他果切

厴蟹腹下厴於琰反　蝑鹽藏蟹事夜切　江蜥寺絕反似蝤蛑生海中　蚩蟲似蟹四足音

北

說文

六足許慎說文云蟹六足二螯者也　蛫九毀切唐韻云似龜白身赤首　蝑相居切蟹醢也唐韻從蟲鹽藏蟹

長生

陶隱居云僊方投蟹於漆中化爲水飲之長生

食莨

陶隱居云蟹未被霜者甚有毒以其食水莨也音建人或中之不即療則多死至八月腹內有稻芒食之無

食證云大黃紫蘇冬瓜汁[illegible]等是其所療方見食忌

斬王攄

晉書劉聰字玄明即僞位左都水使者襄陵王攄坐魚蟹不供斬于東市

藥證

本草云蟹蝑味鹹性寒有毒主胷中邪氣熱結痛㖞僻面腫解結散血愈漆瘡養筋益氣取黄以塗久疽瘡無不差者又殺莨菪毒其爪大主破胞墮胎陳藏器本草云人或斷絶筋骨者取脛中髓及腦與黄微熬納瘡中即自然連續海藥本草云石蟹案廣州記云出南海衹是尋常蟹年深歲久日被水沫相把因兹化成石蟹每遇海潮即飄出又有一般者入洞穴年深亦成石蟹味鹹寒有毒主消青盲眼浮翳又主

眼滋皆細研水飛入藥相佐用以點耳

蟹譜上篇

蟹譜下篇

恠山傅肱子翼

孝報

初杭俗嗜鼃蟇而鄙食蟹時有農夫田彥升者家於半道幼性至孝其母嗜蟹彥升慮其鄰比鬩笑常遠市於蘇湖間熟之以布囊負歸俄而楊行密將田頵

於倫勿兵暴至鄉人皆竄避於山谷糧道不接或多餓死獨彥升挈囊負母竟以解免時人以爲純孝之報焉

殊類

震澤魚者陸氏子舉網得蟹其大如斗以螯剪其網皆斷陸氏子怒欲烹之其侶老於魚者遽進曰不可吾嘗聞龜蟹之殊類甚者必江湖之使也烹之不祥乃從而釋之蟹至水面橫行里許方沒

貪化

神宗朝有大臣趙氏者某名雖於國功高然其性貪墨私門子弟苞苴上特優容之一日因錫宴上召伶官使諭己意伶者乃變易爲十五郎姓旁因命鈞者俄

一人持竿而至遂於盤中引一蟹十五郎見而驚曰好手脚長我欲烹汝又念汝是同姓且釋汝翌日趙果出鎮近輔

採捕

今之採捕者於大江浦間承峻流環緯簾而障之其名曰斷（音鍛）於陂塘小溝港處則皆穴沮洳而居居人盤黑金作鈎狀置之竿首自探之夜則燃火以照咸附明而至焉（若魚以餌而鈎之）

泉比

煎茶之法視其泉若蟹目然魚鱗然第一法

兵證

吳俗有蝦荒蟹亂之語蓋取其被堅執鋭歲或暴至

則鄉人用以爲兵證也

貢評

國家貢口實於遠方者蛤蜊亦貢焉獨蠏不貢議者以爲貢不貢固有差品予謂非也蛤蜊止生於海塗邇京州郡無有也故須上供旁蟹盛育於濟鄆商人輦負軌跡相繼所聚之多不減於江淮奚煩遠貢哉予嘗見監御厨王染院云御食經中亦有炙蠏法但不常御錫命則進耳非謂無録而不在貢品

風蟲

蟹之腹有風蟲狀如木鼈子而小色白大發風毒食者宜去之

鬱洲

江淛諸郡皆出蟹而蘇尤多蘇之五邑婁縣爲美即崑山也婁縣之中生鬱洲吳塘者又特肥大鬱洲即孫恩所保之地

食品

北人以蟹生析之酤以鹽梅芼以椒橙盥手畢即可食目爲洗手蟹

恠狀

吳沈氏子食蟹得背殼若鬼狀者眉目口鼻分布明白常寶翫之

斷弊

蟹至秋冬之交即自江順流而歸諸海蘇之人擇其江浦峻流處編簾以障之若犬牙焉致水不疾歸而歲常苦其患者有由然也雖州符遣卒俾令棄毀而

吏民萬端終不可禁羅江東云蛟蜃之爲害也則絕流不顧漁人之鉤網噫水之病吳久矣又非蛟蜃之比絕流顧網其才識固自有小大哉長民者能推而不疑亦豐歲一助也

蟹杯

其斗之大者匡一名斗漁人或用以酌酒謂之蟹杯亦訶陵雲螺之流也阿陵酒樽用鸚魚殼謂之澁鋒鸚角內玄外黃松陵集海南人目螺之有文者曰雲螺亦用以酌酒

令旨

藝祖時嘗遣使至江表宋齊丘送於郊次酒行語熟使者啓令曰須啗二物各取南北所尚復以二物仍互用南北俚語使者曰先喫鱣魚又喫旁蟹一似拈

蛇弄蝎齊丘繼聲曰先喫乳酪後喫喬團一似噇膿灌血時朝廷方草創用度不給倚江表爲外府故齊丘及之左右以令逼使之太甚相顧失色使者雅歎焉故歸朝而間行

蟹戶

錢氏間置魚戶蟹戶專掌捕魚蟹若今台之樂戶畦戶睦之漆戶比也

兵權

出師下砦之際忽見蟹則當呼爲橫行介士權以安衆

蟹征

按周禮獻人職掌漁征入于玉府者貴其鬚骨之用

以飾器物也今魚雖鯤鰤以至蝦蟹悉立征税之目非若古人取鬚骨之意也二浙運使沈公立以歲征權奏罷之議者謂其識體

螺化

海中有小螺以其味辛謂之辣螺可食至二三月間多化爲蟚蜞今人有得蟚蜞半成而尚留殼中者此其證也近青龍鎮居民於江塗中得蟹蟚蜞俱脱其自若初彼爲牲及熟烹去殼則將化爲蟬矣噫物之變化萬狀固不可究詰今觀蟬之首腹頗與蟹相類誠亦有是但慮驚俗又非予之所親見故附録之

食珍

凡糟蟹用茱萸一粒置臍中經歲不沙

蟹浪

濟運居人夜則執火於水濱紛然而集謂之蟹浪

酒蟹

酒蟹須十二月間作於酒甕間撇清酒不得近糟和鹽浸蟹一宿却取出於釜中去其糞穢重實椒鹽訖疊淨器中取前所浸鹽酒更入少新撇者同煎一沸以別器盛之隔宿候冷傾蟹中須令滿甏蛔亦可依此法二三月間止用生乾煮酒

白蟹

秀州華亭縣出於三泖者最佳生於通陂塘者特大故鄉人呼爲泖蟹又亭林湖（近顧野王宅鄉人亦號爲顧亭林）於天聖末忽生白蟹（即海中所生蟹是也但蟹不生於淡水今忽有因號白蟹）瀕江之人以價倍常靡有孑遺止一年而種絕

盪浦摇江

吳人於港浦間用篙引小舟沉鐵脚網以取之謂之盪浦於江側相對引兩舟中間施網摇小舟徐行謂之摇江上接斷下接於陂塘

紀賦詠

蟹志見陸龜蒙集

中躁外撓兮冠帶之徂陸龜蒙賦

蟹奴晴上臨湘檻燕婢秋隨過海船皮日休

蟹因霜重金膏溢橘爲風多玉腦圓

二螯或把持杜子美

亥日饒蝦蟹白樂天

病中有人惠海蟹轉寄魯望皮日休

紺甲青筐染湉衣，島夷初寄北人時。離居定有石帆覺，失伴唯應海月知。族類分明連瓉珰（瓉珰似小蚌，有一小蟹在腹中，珰出求食，故淮海之人呼為蟹奴），形容好箇似蟛蜞。病中無用雙螯處，寄與夫君左手持。

訓襲美見寄海蟹　陸龜蒙

藥盃應阻蟹螯香，却乞江邊採捕郎。自是揚雄知郭索（太玄經云：蟹之郭索），且非何胥敢餦餭（何胥侈於食味，稍欲去其甚者，猶有䱇腊）。（糟蟹）骨清猶似含春靄，沫白還疑帶海霜。強作南朝風雅客，夜來偷醉早梅傍。

蟹譜卷下

糖霜譜

（宋）王　灼　撰

《糖霜譜》，（宋）王灼撰。王灼，字晦叔，號頤堂，遂寧（今四川遂寧市）人，紹興年間作過幕僚。作者家鄉盛產蔗糖，因此撰成此譜，大致在南宋紹興年間，書後有紹興甲戌（一一五四）卧雲庵僧人守元的跋，至遲應是這一年寫成的。《文獻通考·經籍考》『農家類』著錄，《四庫全書總目》歸入『譜錄類』。

全書分爲七節。第一節叙述甘蔗的著名産地，各地蔗糖的優劣，遂寧糖霜法的流傳。第二節叙述中國蔗糖的源流，認爲糖霜製法後起。第三節叙述甘蔗的品種及栽培方法。第四、五節介紹甘蔗生産及榨糖的工具及榨糖法。第六節進一步總結蔗糖榨法及官府對糖户的壓榨。第七節叙述蔗糖食用方法。書中將宋代甘蔗栽培技術概括爲『治良田、種佳蔗、利器用、謹土作』，對選擇甘蔗品種、蔗田耕作、整治、中耕、施肥等均有記述，提出甘蔗應與其他作物輪作：『今年爲蔗田者，明年改種五穀，以休地力，田有餘者，至爲改種三年。』該書還記載了蔗田生産工具及榨糖工具。全書反映出宋代甘蔗種植及榨糖業的狀況，説宋代蔗糖名産地有福唐、四明、番禺、廣漢、遂寧，而以遂寧爲最。書中説種植甘蔗製糖霜（冰糖）收益很可觀，但由於官府的欺壓强索，導致半數製糖者破産。該書是中國古代第一部關於甘蔗栽培及製糖法的專著，對研究甘蔗栽培及製糖技術史有很高價值。

該書的版本有《楝亭十二種》《學津討源》《美術叢書》以及《叢書集成》本等。今據國家圖書館藏明抄本影印。

（惠富平）

糖霜譜 一冊

頫堂先生糖霜譜

遂寧王灼晦叔撰

原委第一

糖霜一名糖冰福唐四明番禺廣漢遂寧有之獨遂寧為冠四郡所產甚微而顆碎色淺味薄纔比遂之最下者凡物以希有難致見珍故祖梨橙柑荔枝楊梅四方不盡出乃貴重於世若甘蔗所在皆植所植皆善非善異物也至結蔗為霜則中国之大止此五郡又遂寧專美焉外

之夷狄戎蠻皆有佳蔗而糖霜無聞此物理之不可詰也先是唐大曆間有僧號鄒和尚不知所從來跨白驢登繖山結茅以居須鹽米薪菜之屬即書寸紙繫錢緡遣驢負至市區人知為鄒也取平直掛物于鞍縱驢歸一日驢犯山下黃氏者蔗苗黃請償於鄒鄒曰汝未知因蔗糖為霜利當十倍吾語汝塞責可乎試之果信自是流傳其法糖霜戶近山或望見繖山者皆如意不然萬方終無成鄒末年棄而北走通泉縣

靈鷲山龕中其徒追躡及之但見一文殊石像衆始知大士化身而白驢者師子也鄒結茅處今為楞嚴院糖霜戶猶畫鄒像事之擬文殊云敷文閣待制蘇公仲虎嘗守遂寧謂蜀士指眉陽水秀閬中山秀普慈石秀乃不知此邦平衍清麗之為土秀也土爰稼穡稼穡作甘糖霜之甘擅天下非土之特秀也歟

第二

自古食蔗者始為蔗漿宋玉作招魂所謂胹鱉

炮羔有柘漿是也王逸注柘諸蔗也又云柘一作蔗其後為蔗餳孫亮使黃門就中藏吏取交州所獻甘蔗餳是也其後又為石蜜廣志云蔗餳為石蜜南中八郡志笮甘蔗汁曝成飴謂之石蜜本草亦云煉糖和乳為石蜜是也其後又為蔗酒通典赤土国甘蔗作酒雜以紫瓜根是也唐史載太宗遣使至摩揭陀国取熬糖法即詔揚州上諸蔗柞瀋如其劑色味愈西域遠甚按集韻酢笮柞醢醻通用而王篇柞側板切疑字悮熬糖瀋作

劑似是今之沙糖也蔗之技盡於此不言作霜然則糖霜非古也戰国後論吳蜀方物如左太沖三都賦論旨味如宋玉招魂景差大招枚乘七發傅毅七激崔駰七依李尤七疑元麟七說張衡七辨曹植七啟徐幹七喻劉邵七華張協七命陸機七徵湛方生七歡蕭子範七誘水陸動植之產搜羅殆遍未有及此者歷世詩人模奇寫異不可勝数亦無一章一句至本朝元祐間大蘇公過潤州金山寺作詩送遂寧僧圓寶

有云浯江與中泠共此一味水冰盤薦琥珀何似糖霜美元符間黄魯直在戎州作頌荅梓州雍熈光長老寄糖霜有云遠寄蔗霜知有味勝於崔浩水晶鹽正宗掃地從誰説我舌猶能及鼻尖遂寧糖霜見於文字實始二公然則糖霜果非古也吾意四郡所產亦起近世耳

第三

繖山在小溪縣北涪江東二十里孤秀可喜山前後爲蔗田者十之四糖霜戶十之三蔗有四

色曰杜蔗曰西蔗曰芳蔗本草所謂荻蔗也曰紅蔗本草所謂崑崙蔗也紅蔗止堪生噉芳蔗可作沙糖西蔗可作霜色淺土人不甚貴杜蔗紫嫩味極厚專用作霜蔵種法擇取短者芽生節間短則節密而多芽掘坑深二尺闊狹從便斷去尾倒立坑中土蓋之不倒則雨水入夾葉久必壞凡蔗田十一月後深耕杷樓燥土縱橫摩勞之令熟如麵開渠闊尺餘深尺五兩傍立土壠上元後二月初區種行布相儳灰薄蓋之又蓋土不過二寸清明及

端午前後兩次以豬牛糞細和灰薄蓋之又蓋
土營使露芽六月半再使溷糞餘用前法草不
厭數耘土不厭數添但常使露芽候高成蔗用
大鋤翻壠上土盡蓋十月收刈凡蔗最因地力
不可雜他種而今年爲蔗田者明年改種五穀
以休地力田有餘者至爲改種三年糖霜盛處
山下曰禮佛垻五里曰乾灘垻十里曰石谿垻
江西與山對望曰鳳臺鎮大率近三百餘家每
家多者數十甕少者一二甕山左曰張村曰巷

口山後曰霸池曰吴村江西與山對望曰法寶院曰馬鞍山亦近百家然霜成皆中下品張村屬遂溪縣鳳臺鎮屬長江縣並山一帶曰白水鎮田土雖多蔗田不能成霜歲壓糖水就賣山前諸家

第四

糖霜戶器用曰蔗削以削蔗皮如破竹刀而稍輕曰蔗鎌以剉蔗闊四寸長尺許勢微彎曰蔗凳如小杌子一角鑿孔立木叉束蔗三五挺閣叉上斜跨凳剉之曰蔗碾駕牛碾已剉之蔗大

硬石爲之高六七尺重千餘斤下以硬石爲槽底循環丈餘曰榨斗又名竹袋以壓蔗高四尺編當年嫩蕊竹爲之曰棗杵以築蔗入榨斗曰榨盤以安斗類今酒槽底曰榨床以安盤床上架巨木下轉軸引索壓之曰漆甕表裏漆以收糖水防津漏凡治蔗用十月至十一月先削去皮次剉如錢上户削剉至一二十人兩人削供一人剉次入碾碾闕則舂碾舂訖號曰泊次烝泊烝透出甑入榨取盡糖水投釜煎仍上烝生泊

約糖水七分熟權收入甕則所烝泊亦堪榨如是煎烝相接事竟歇三日（過期則酸）再取所寄收糖水煎又候九分熟稠如餳（十分太稠則成沙脚沙音嗄）揷竹稍徧甕中始正入甕簸箕覆之此造糖霜法也已榨之治別入生水重榨作醋極酸

第五

糖水入甕兩日後甕面如粥文染指視之如細沙上元後結小塊或綴竹稍如粟穗漸次增大如豆至如指節甚者成座如假山俗謂隨果子

糖霜譜

結實至五月春生夏長之氣已備不復增大乃瀝甕過初伏不瀝則化為水下户急欲錢四月瀝霜雖結糖水猶在瀝甕者舁出糖水取霜瀝乾其竹梢上團枝隨長短剪出就瀝瀝定曝烈日中極乾收甕四周循環連綴生者曰甕鑑顆塊層出如崖洞間鍾乳但側生耳不可遽瀝瀝須就甕曝數日令乾硬徐以鐵鏟分作數片出之凡霜一甕中品色亦自不同堆疊如假山者為上團枝次之甕鑑次之小顆塊次之沙脚為下紫為上深琥珀■次

之淺黃色又次之淺白為下不以大小尤貴墻壁寮排俗號馬齒霜面帶沙脚者刷去之亦有大塊或十斤二十斤最異者三十斤然中藏沙脚號曰含沙凡霜性易銷化畏陰濕及風遇曝時風吹無傷也收藏法乾大小麥鋪甕底麥上安竹篾寮排箬皮盛貯綿絮覆篾簸箕覆甕寄遠即瓶底着石灰數小塊隔紙盛貯厚封瓶口

第六

糖霜户治良田種佳蔗利器用謹土作一也而

收功每異自耕田至瀝甕始一年半開甕之日或無銖兩之獲或數十斤或近百斤有暴富者村俗以卜道家盛衰霜全不結責糖水與自燉沙糖猶取善價於本柄未甚損也其得霜者水或餘半亦以賣或自燉沙糖惟全甕沙脚者水耗十之九春中先瀝甕曝乾少緩則復化為水宣和初宰相王黼創應奉司遂寧常貢外歲進糖霜數千斤是時所產益奇墻壁或方寸應奉司罷不再見豈天出珍異不為凡庶設乎然當

時州縣因之大擾敗本業者居半至今未復又
有巧營利者破獲竹編後覫燈毬狀從糖水甕
中霜或就結凡當霜蓋數倍之直第不能必其
成又懼州縣強索無以應也近歲絕不作

第七

本草稱甘蔗消痰止渴除心煩熱今糖霜亦如
之然沙糖格痰飲殊不可曉也有作湯者作餅
者并附其法對金湯糖霜乾山藥等分細研鳳
髓湯糖霜乾蓮子乾山藥等分細研內蓮子去

赤皮妙香湯糖霜一斤細研別研吳氏龍涎香七八餅和之糖霜餅不以斤兩細研擘松子或胡桃肉研和匀如酥寄食模脫成樣方圓彫花各隨意云不過寸研糖霜必擇顆塊者沙腳即膠粘不堪用晦叔曰郭景純注蟲魚或者小之糖霜有無不計世利害吾詳記如此又出景純下矣嘗走四方或閱子家遂寧糖霜云何直視莫知答因暇日瑣碎採掇盡着于篇陳軫謂犀首曰公何好飲也犀首曰無事也今吾疲心微

物亦犀首飲耳
范蔚宗作香譜蔡君謨作荔枝茶兩譜皆極
畫物理舉世皆以為當晦叔作糖霜譜余聞
之且久偶獲七篇之譜盡讀於大慈之方丈
院將見興范蔡之文並馳而争先矣甲戌紹
興二十四年季春初六雲卧菴守元書

糖霜譜終

萬曆丁未七月十三日黎明閱此卷 王華同原本 清常道人題

酒經

（宋）朱　肱　撰

《酒經》,(宋)朱肱撰。朱肱(一〇五〇—一一二五),字翼中,别號無求子,大隱翁等,宋代烏程(今浙江吴興)人。元祐三年(一〇八八)進士,歷任雄州(今屬河北)防禦推官、知鄧州録事、奉議郎等職。因上書講述災異抨擊朝政被罷官,僑居杭州大隱坊,對《傷寒論》頗有研究,撰有《南陽活人書》(原稱《無求子傷寒百問》)、《内外二景圖》等。

該書作於達州,書名前常冠以『北山』二字,意在不忘歸隱西湖之事,書分上、中、下三卷,上卷爲『經』,總結歷代重要的釀酒理論,概括釀酒工藝的若干要點,追述酒的發展源流,描述酒的特性及使用範圍等,提倡飲酒應能『自制其限』,兼及酒的社會功能。中卷介紹製麴原理與方法,收録罨麴、風麴、醵麴三類十三種麴的製法,涉及原料處理,中草藥添加,發酵製作方法等。下卷論述釀酒工藝理論與不同酒類之製作方法,把過程分爲卧漿、淘米、煎漿、湯米、蒸醋糜、用麴、合酵、酴米、蒸甜糜、投醹、酒器、上糟、收酒、煮酒等十三道工序,並詳述各道工藝技巧。

書中關於製麴釀酒的内容較《齊民要術》更爲深入詳盡,既列舉了釀酒方法,又分析其中的原理。系統總結了北宋以前的釀酒工藝,體現出高超的製麴技術與釀酒水準,是關於宋代製麴釀酒工藝之代表作。

此書流傳時間較久,曾在京師、東都、福建、兩浙等多地數次刊印,後收入《説郛》《知不足齋叢書》等。今據國家圖書館藏宋刻本影印。

(熊帝兵)

酒經上

大隱翁譔

酒之作尚矣儀狄作酒醪杜康秫酒豈以善釀得名蓋抑始於此耶酒味甘辛大熱有毒雖可忘憂然能作疾所謂腐腸爛胃潰髓蒸筋而劉詞養生論酒所以醉人者麴蘖氣之故爾麴蘖氣消皆化爲水昔先王誥庶邦庶士無彝酒又曰祀兹酒言天之命民作酒惟祀而已六彝有舟所以戒其覆六尊有罍所以戒其淫陶侃劇飲亦自制其限後世以酒爲漿不醉反耻豈知

百藥之長黄帝所以治疾耶大率晉人嗜酒孔羣作書族人今年秫得七百斛不了麴蘖事王忱三日不飲酒覺形神不復相親至於劉殷嵇阮之徒尤不可一日無此要之酣放自肆託於麴蘖以逃世網未必真得酒中趣爾古之所謂得全於酒者正不如此是知狂藥自有妙理豈特浇其礧磈者耶五斗先生棄官而歸耕於東皋之野浪遊醉鄉没身不返以謂結繩之政已薄矣雖黄帝華胥之遊殆未有以過之繇此觀之酒之境界豈餔歠者所能與知哉儒學之士

如韓愈者猶不足以知此反悲醉鄉之徒爲不遇大哉酒之於世也禮天地事鬼神射鄉之飲鹿鳴之歌賓主百拜左右秩秩上至縉紳下逮閭里詩人墨客漁夫樵婦無一可以缺此投閑自放攘襟露腹便然酣卧於江湖之上扶頭解醒忽然而醒雖道術之士鍊陽消陰飢腸如筋而熟穀之液亦不能去唯胡人禪律以此爲戒嗜者至於濡首敗性失理傷生往往屛爵棄卮焚罍折榼終身不復知其味者酒復何過耶平居無事汙罇斗酒發狂蕩之思助江山之興亦

未足以知麴蘖之力稻米之功至於流離放逐秋聲暮雨朝登糟丘暮遊麴封御魑魅於煙嵐轉炎荒爲淨土酒之功力其近於道耶與酒遊者死生驚懼交於前而不知其視窮泰違順特戲事尔彼飢餓其身焦勞其思牛衣發兒女之感澤畔有可憐之色又烏足以議此哉鴟夷丈人以酒爲名含垢受侮與世浮沉而彼騷人高自標持分別黑白且不足以全身遠害猶以爲惟我獨醒善乎酒之移人也慘舒陰陽平治險阻剛愎者熏然而慈仁懦弱者感慨而激烈陵

轢王公紿玩妻妾滑稽不窮斟酌自如識量之高風味之纖足以還澆薄而發猥瑣豈特此哉夙夜在公（有駜）豈樂飲酒（魚藻）酌以大斗（行葦）不醉無歸（湛露）君臣相遇播於聲詩亦未足以語太平之盛至於黎民休息日用飲食祝史無求神具醉止斯可謂至德之世矣然則伯倫之頌德樂天之論功蓋未必有以形容之夫其道深遠非冥搜不足以發其義其術精微非三昧不足以善其事昔唐逸人追述焦革酒法立祠配享又采自古以來善酒者以爲譜雖其書脫略卑陋闡者垂涎酣適之士口誦而心醉非酒之董狐其孰能爲之哉昔人有齋中酒廳事酒猥酒雖匀以麴糵爲之而有聖有賢清濁不同周官酒正以式法授酒材辨五齊之名三酒之物歲中以酒式誅賞月令乃命大酋（音遒大酋酒之官長也）秫稻必齊麴糵必時湛饎必潔水泉必香陶器必良火齊必得六者盡善更得醯漿則酒人之事過半矣周官漿人掌共王之六飲水漿醴凉醫酏入于酒府而漿最爲先古語有之空桑穢飯醖以稷麥以成醇醪酒之始也說文酒白

謂之酸酸者壞飯也酸者老也飯老即壞飯不壞則酒不甜又曰烏梅女𪎭（胡板切）甜醹九投澄清百品酒之終也麴之於黍猶鉛之於汞陰陽相制變化自然春秋緯曰麥陰也黍陽也先漬麴而投黍是陽得陰而沸後世麴有用藥者所以治疾也麴用豆亦佳神農氏亦小豆飲汁愈酒病酒有熱得豆爲良但硬薄少蘊藉耳古者醴酒在室醍酒在堂澄酒在下而酒以醇厚爲上飲家須察黍性陳新天氣冷暖春夏及黍性新軟則先湯（丁浪切）而後米酒人謂之倒湯（去聲）秋冬及黍性陳硬則先米而後湯酒人謂之正湯醖釀須酴米偷酸（說文酴酒母也酴音途）投醹偷甜淛人不善偷酸所以酒熟入灰北人不善偷甜所以飲多令人膈上懊憹桓公所謂青州從事平原督郵者此也酒甘易釀味辛難醖釋名酒者酉也酉者陰中也酉用事而爲收也用而爲散散者辛也酒之名以甘辛爲義金木間隔以土爲媒自酸之甘自甘之辛而酒成焉（酴米所以要酸投醹所以要甜）所謂以土之甘合水作酸以木之酸合土作辛然後知投者所以作辛也說文投者再釀

也張華有九醞酒齊民要術桑落酒有六七投者酒以投多爲善要在麴力相及醲酒所以有韻者亦以其再投故也過度亦多術尤忌見日若太陽出即酒多不中後魏賈思勰亦以夜半蒸炊昧旦下釀所謂以陰制陽其義如此著水無多少拌和黍麥以匀爲度張籍詩釀酒愛乾和即今人不入定酒也晉人謂之乾榨酒大抵用水隨其湯去聲黍之大小斟酌之若投多水寛亦不妨要之米力勝於麴麴力勝於水即善矣北人不用酵秖用刷案水謂之信水然信水

非酵也酒人以此體候冷暖爾凡醞不用酵即酒難發醅來遲則脚不正秖用正發酒醅最良不然則掉取醅面絞令稍乾和以麴蘖掛於衡茅謂之乾酵用酵四時不同寒即多用温即減之酒人冬月用酵緊用麴少夏月用麴多用酵緩天氣極熱置甕於深屋冬月温室多用氈毯圍遶之語林云抱甕冬醪言冬月釀酒令人抱甕速成而味好大抵冬月蓋覆即陽氣在内而酒不凍夏月閞藏即陰氣在内而酒不動非深得卯酉出入之義孰能知此哉於戲酒之梗槩曲盡於此若夫心手之用不傳文字固有父子一法而氣味不同一手自釀而色澤殊絶此雖酒人亦不能自知也

酒經上

酒經中

頓遞祠祭麴　香泉麴
香桂麴　杏仁麴
已上罨麴
瑶泉麴　金波麴
滑臺麴　豆花麴
已上風麴
玉友麴　醁酒麴
白醪麴　真一麴
已上小麴

總論

於六月三伏中踏造先造峭汁每甕用甜水三石五㪷蒼耳一百斤蛐麻辣蓼各二十斤剉碎爛擣入甕內日煎五七日天陰至十日用盆蓋覆每日用杷子攪兩次濾去滓以和麵此法本爲造麴多處設要之不若取自然汁爲佳若祇造三五百斤麪取上三物爛擣入井花水裂取自然汁則酒味辛辣內法酒庫杏仁麴止是用杏仁研取汁即酒味醇甜麴用香藥大抵辛香發散而已每片可重一斤四兩乾時可得一斤直須實踏若虛則不中造麴水多則糖心水脉不勻則心內青黑色傷熱則心紅傷冷則發不透而體重惟是體輕心內黃白或上面有花衣乃是好麴自踏造日爲始約一月餘日出場子且於當風處井欄垜起更候十餘日打開心內無濕處方於日中曝乾候冷乃收之收麴要高燥處不得近地氣及陰潤屋舍盛貯仍防蟲鼠穢汚四十九日後方可用

頓遞祠祭麴

小麥一石磨白麪六十斤分作兩栲栳使道人頭蛐麻花水共七升拌和似麥飯入下項藥

白术二兩半　川芎一兩　白附子半兩
瓜蒂一字　木香一錢半

已上藥擣羅爲細末勻在六十斤麪內

道人頭十六斤　蛐麻入斤一名辣母藤

已上草揀擇剉碎爛擣用大盆盛新汲水浸攪拌似藍澱水濃爲度祇收一㪷四升將前麪拌和令勻

右件藥麪拌時須乾濕得所不可貪水握得聚

擛得散是其訣也便用麤篩隔過所貴不作塊按令實用厚複蓋之令煖三四時辰水脉匀或經宿夜氣留潤亦佳方入模子用布包裹實踏仍預治淨室無風處安排下場子先用板隔地氣下鋪麥䴸約一尺浮上鋪箔箔上鋪麴看遠近用草人子爲栔（記）上用麥䴸蓋之又鋪箔箔上又鋪麴依前鋪麥䴸四面用麥䴸劄實風道上面更以黃蒿稀壓定須一日兩次覷步體當發得緊慢傷熱則心紅傷冷則體重若發得熱周遭麥䴸微濕則減去上面蓋者麥䴸并取去四面劄塞令透風氣約三兩時辰或半日許依前蓋覆若發得太熱即再蓋減麥䴸令薄如冷不發即添麥䴸厚蓋催趁之約發及十餘日已來将麴側起兩兩相對再如前罨之蘼瓦日足然後出草（去聲立曰再則曰瓦）

香泉麴

白麪一百斤分作三分共使下項藥

川芎（七兩） 白附子（半兩） 白术（三兩半）

瓜蒂（二錢）

巳上藥共擣羅爲末用馬尾羅篩過亦分作三分與前項麪一處拌和令匀每一分用井水八升其踏罨與頓遞祠祭法同

香桂麴

每麪一百斤分作五處

木香（一兩） 官桂（一兩） 防風（一兩）

道人頭（一兩） 白术（一兩） 杏仁（一兩去皮尖細研）

右件爲末将藥亦分作五處拌入麪中次用蒼耳二十斤蛇麻一十五斤擇淨剉碎入石臼擣爛入新汲井花水二𣁽一處揉如藍相似取汁二𣁽四升每一分使汁四升七合竹篛落內一處拌和其踏罨與頓遞祠祭法同

杏仁麴

每麪一百斤使杏仁十二兩去皮尖湯浸於砂盆內研爛如乳酪相似用冷熟水二𣁽四升浸杏仁爲汁分作五處拌麪其踏罨如頓遞祠祭法同

巳上罨麴

瑤泉麴

白麴六十斤（上甑蒸） 糯米粉四十斤（一𣁽米粉秤六斤半）

已上粉麴先拌令勻次入下項藥

白术一兩　防風半兩　白附子半兩

官桂二兩　瓜蒂半兩　檳榔半兩

胡椒一兩　桂花半兩　丁香半兩

人參一兩　天南星半兩　茯苓一兩

香白芷一兩　川芎一兩　肉豆蔻一兩

右件藥並爲細末與粉麪拌和訖再入杏仁三斤去皮尖磨細入井花水一㪷八升調勻旋灑於前項粉麴内拌勻復用麤篩隔過實踏用桑葉裹盛於紙袋中用繩繫定即時掛起不得積下仍單行懸之二七日去桑葉秖是紙袋兩月可收

金波麴

木香三兩　川芎六兩　白术九兩

白附子半斤　官桂七兩　防風二兩

黑附子二兩炮去皮　瓜蒂半兩

右件藥都擣羅爲末每料用糯米粉白麪共三百斤使上件藥拌和令勻更用杏仁二斤去皮尖入砂盆内爛研濾去滓然後用水蓼一斤道人頭半斤蛇麻一斤同擣爛以新汲水五㪷揉取濃汁和搜入盆内以手拌勻於淨席上堆放如法蓋覆一宿次日早辰用模踏造唯實爲妙踏成用穀葉裹盛在紙袋中掛閣透風處半月去穀葉秖置於紙袋中兩月方可用

滑臺麴

白麪一百斤　糯米粉一百斤

已上粉麪先拌和令勻次入下項

藥

白术四兩　官桂二兩　胡椒二兩

川芎二兩　白芷二兩　天南星二兩

瓜蒂半兩　杏仁二斤用温湯浸去皮尖更冷水淘三兩遍入砂盆内研旋入井花水取濃汁二㪷

右件擣羅爲細末將粉麪并藥一處拌和令勻然後將杏仁汁旋灑於前項粉麪内拌揉亦須乾濕得所握得聚撲得散即用麤篩隔過於淨席上堆放如法蓋三四時辰候水脉勻入模子内實踏用刀子分爲四片逐片印風字訖用紙袋子包裹掛無日透風處四十九日踏下便入紙袋盛掛起不得積下掛時相離着不得厮沓恐熱不透風每一石米用麴一百二十兩隔年

陳麴有力秪可使十兩

豆花麴

白麪五㪷　赤豆七升　杏仁三兩

川烏頭三兩　官桂二兩　麥蘖四兩焙乾

右除豆麪外並為細末却用蒼耳辣蓼勒母藤三味各一大握擣取濃汁浸豆一伏時漉出豆蒸以爛為度豆須是煮爛成砂控乾放令冷方堪用若煮不爛即造酒出有豆醒氣却將浸豆汁煎數沸別頓放候蒸豆熟放冷搜和白麪并藥末硬軟得所帶軟為佳如硬更入少浸豆汁緊踏作片子秪用紙裹以麻皮寬縛定掛透風處四十日取出曝乾即可用須先露五七夜後使七八月已後方可使每㪷用六兩隔年者用四兩此麴謂之錯着水李都尉玉漿乃用此麴但不用蒼耳辣蓼勒母藤三種耳又一法只用三種草汁浸米一夕擣粉每㪷爛煮赤豆三升入白麪九斤拌和踏桑葉裹入紙袋當風掛之即不用香藥耳

已上風麴

玉友麴

辣蓼勒母藤蒼耳各二斤青蒿桑葉各減半並取近上稍嫩者用石臼爛擣布絞取自然汁更以杏仁百粒去皮尖細研入汁內先將糯米揀簸一㪷急淘淨控極乾為細粉更曬令乾以藥汁逐旋勻灑拌和乾濕得所乾濕不可過以意量度捍成餅子以舊麴末逐箇為衣各排在篩子內於不透風處淨室內先鋪乾草一方用青蒿鋪蓋厚三寸許安篩子在上更以草厚四寸許覆之覆時須勻不可令有厚薄一兩日間不住以手探之候餅子上稍熱仍有白衣即去覆者草明日取出通風處安卓子上須稍乾旋旋逐箇揭之令離篩子更數日以藍子懸通風處一月可用罨餅子須熱透又不可過候此為最難未乾見日即裂夏月造易蛀唯八月造可備一秋及來春之用自四月至九月可釀九月後寒即不發

白醪麴

粳米三升　糯米一升淨淘洗為細粉

川芎一兩　峽椒一兩為末麴母末一兩與米粉藥末等拌勻蓼葉一束

桑葉一把　蒼耳葉一把

右爛擣入新汲水破令得所濾汁拌米粉無令濕捻成團須是緊實更以麴母遍身糝過為衣以穀樹葉鋪底仍蓋一宿候白衣上揭去更候五七日曬乾以藍盛掛風頭每斗三兩過半年

以後即使二兩半

小酒麴

每糯米一斗作粉用蓼汁和勻次入肉桂甘草杏仁川烏頭川芎生薑與杏仁同研汁各用一分作餅子用穰草蓋勿令見風熱透後番依玉友罨法出場當風懸之每造酒一斗用四兩

真一麴

上等白麵一斗以生薑五兩研取汁灑拌揉和依常法起酵作蒸餅切作片子掛透風處一月輕乾可用

蓮子麴

糯米二斗淘淨少時蒸飯攤了先用麵三斗細切生薑半斤如豆大和麵微炒令黃放冷隔宿亦攤之候飯溫拌令勻勿令作塊放蘆席上攤以蒿草罨作黃子勿令黃子黑但白衣上即去草番轉更半日將日影中曬乾入紙袋盛掛在梁上風吹

已上醁麴

酒經下

卧漿

六月三伏時用小麥一斗煮粥為脚日間懸胎蓋夜間實蓋之逐日侵熱麵漿或飲湯不妨給用但不得犯生水造酒最在漿其漿不可才酸便用須是味重酴米偷酸全在於漿大法漿不酸即不可醞酒蓋造酒以漿為祖無漿處或以水解醋入葱椒等煎謂之合新漿如用已曾浸米漿以水解之入葱椒等煎謂之傳舊漿今人呼為酒漿是也酒漿多漿臭而無香辣之味以此知須是六月三伏時造下漿免用酒漿也酒漿寒涼時猶可用溫熱時即須用卧漿寒時如卧漿闕絕不得已亦須且合新漿用也

淘米

造酒治糯為先須令揀擇不可有粳米若旋揀實為費力要須自種糯穀即全無粳米免更揀擇古人種秫蓋為此凡米不從淘中取淨從揀中取淨緣水秖去得塵土不能去砂石鼠糞之類要須旋舂簸令潔白走水一淘大忌久浸蓋揀簸既淨則淘數少而漿入但先傾米入籮約

度添水用杷子靠定籮唇取力直下不住手急打斡使水米運轉自然勻淨才水清即住如此則米已潔淨亦無陳氣仍須隔宿淘控方始可用蓋控得極乾即漿入而易酸此為大法

煎漿

假令米一石用卧漿水一石五㪷（卧漿者夏月所造酸漿也非用已曾浸米酒漿也仍先須子細刷洗鍋器三四遍）先煎三四沸以笊籬漉去白沫更候一兩沸然後入葱一大握（祠祭以薤代葱）椒一兩油二兩麵一盞以漿半椀調麵打成薄水同煎六七沸煎時不住手攪不攪則有偏沸及有煿着處葱熟即便漉去葱椒等如漿酸亦須約分數以水解之漿味淡即更入釅醋要之湯米漿以酸美為十分若用九分味酸者則每漿九㪷入水一㪷解之餘皆倣此寒時用九分至八分溫涼時用六分至七分熱時用五分至四分大凡漿要四時改破冬漿濃而涎春漿清而涎夏不用苦涎秋漿如春漿造酒看漿是大事古諺云看米不如看麴看麴不如看酒看酒不如看漿

湯米

一石甕埋入地一尺先用湯湯甕然後拗漿逐旋入甕不可一併入生甕恐損甕器便用棹篦攪出大氣然後下米（米新即倒湯米陳即正湯湯字去聲切倒湯者先漿湯米也正湯者先傾米在甕內傾漿入也其湯須接續傾入不住手攪）湯太熱則米爛成塊湯慢即湯（去聲切）米不倒而米澁但漿酸而米淡寧可熱不可冷冷即湯米不酸兼無涎生亦須看時候及米性新陳春間用插手湯夏間用宜似熱湯秋間即魚眼湯（比插手差熱）冬間須用沸湯若冬月却用溫湯則漿水力慢不能發脫夏月若用熱湯則漿水力緊湯損亦不能發脫所貴四時漿水溫熱得所湯米時逐旋傾湯接續入甕急令二人用棹篦連底抹起三五百下米滑及顏色光粲乃止如米未滑於合用湯數外更加湯數㪷湯之不妨只以米滑為度須是連底攪轉不得停手若攪少非特湯米不滑兼上面一重米湯破下面米湯不勻有如爛粥相似直候米滑漿溫即住手以席薦圍蓋之令有煖氣不令透氣夏月亦蓋但不須厚爾如早辰湯米晚間又攪一遍晚間湯米來早又復再攪每攪不下一二百轉次日再入湯又攪謂之

接湯　接湯後漸漸發起泡沫如魚眼蝦跳之類大約三日後必醋矣尋常湯米後第二日生漿泡如水上浮漚第三日生漿衣寒時如餅煖時稍薄第四日便嘗若已酸美有涎即先以笊籬掉去漿面以手連底攪轉令米粒相離恐有結米蒸時成塊氣難透也夏月秖隔宿可用春間兩日冬間三宿要之須候漿如牛涎米心酸用手一撚便碎然後漉出亦不可拘日數也惟夏月漿米熱後經四五宿漸漸淡薄謂之倒了蓋夏月熱後發過罨損況漿味自有死活若漿面有花衣浡白色明快涎黏米粒圓明鬆利嚼着味酸甕內溫煖乃是漿活若無花沫漿碧色不明快米嚼碎不酸或有氣息甕內冷乃是漿死蓋是湯時不活絡善知此者嘗米不嘗漿不知此者嘗漿不嘗米大抵米酸則無事於漿漿死卻須用杓盡撆出元漿入鍋重煎再湯緊慢比前來減三分謂之接漿依前蓋了當宿即醋或秖撆出元漿不用漉出米以新水衝過出卻惡氣上甑炊時別煎好酸漿潑饋下脚亦得要之不若接漿爲愈然亦在看天氣寒溫隨時體當

蒸醋麋

欲蒸麋隔日漉出漿衣出米置淋甕滴盡水脉以手試之入手散軟軟地便堪蒸若滋時即有結麋先取合使潑麋漿以水解依四時定分數依前入慈椒等同煎用篦不住攪令勻沸若不攪則有偏沸及焷竈釜處多致鐵腥漿香熟別用盆甕內放冷下脚使用一面添水燒竈安甑單勿令偏側若刷釜不淨置單偏仄或破損并氣未上便裝篩漏下生米及竈內湯太滿可八分滿則多致湯溢出衝單氣直上突酒人謂之甑達則麋有生熟不勻急傾少生油入釜其沸自止須候釜沸氣上將控乾酸米逐旋以杓輕手續續趁氣撒裝勿令壓實一石米約作三次裝一層氣透又上一層每一次上米用炊帚掠撥周回上下生米在氣出處直候氣勻無生米掠撥不動更看氣緊慢不勻處用米枚子撥開慢處擁在緊處謂之撥溜若箄子周遭氣小須從外撥來向上如鍛井相似時復用氣杖子試之劄處若實即是氣流劄處若虛必有生米即用枚子翻起撥勻候氣圓用木拍或席蓋之更候大

氣上以手拍之如不黏手攡住火即用杴子攪斡盤摺將煎下冷漿二㪷隨漿酒酸每一石米㪷用冷漿二斗如要醇濃即少用水饋酒自然倒停便用棹篦拍擊令米心匀破成糜緣漿米既已浸透又更蒸熟所以棹篦拍着便見皮折心破裏外肥爛成糜再用木拍或篦蓋之微留少火泣定水脉即以餘漿洗案令潔淨出糜在案上攤開令冷翻梢一兩遍脚糜若炊得稀薄如粥即造酒尤醇搜拌入麴時却縮水勝如旋入別水也四時並同洗案刷甕之類並用熟漿不得入生水

用麴

古法先浸麴發如魚眼湯淨淘米炊作飯令極冷以絹袋濾去麴滓取麴汁於甕中即投飯近世不然吹飯冷同麴搜拌入甕麴有陳新陳麴力緊每㪷米用十兩新麴十二兩或十三兩臘脚酒用麴宜重大抵麴力勝則可存留寒暑不能侵米石百兩是為氣平十之上則苦十之下則甘要在隨人所嗜而增損之凡用麴日曝夜露齊民要術夜乃不收令受霜露須看風陰恐雨潤故也若急用則麴乾亦可不必露也受霜露二十日許彌令酒香麴須極乾若潤濕則酒惡矣新麴未經百日心未乾者須擘破炕焙未得便擣須放隔宿若不隔宿則造酒定有炕麴氣大約每㪷用麴八兩須用小麴一兩易發無失善用小麴雖黄酒亦色白今之玉友麴用二桑葉者是也酒要辣更於酘飯中入麴放冷下此要訣也張進造供御法酒使兩色麴每糯米一石用杏仁罨麴六十兩香桂罨麴四十兩一法醞酒罨麴風麴各半亦良法也四時麴麤細不同春冬醞造日多即擣作小塊子如骰子或皁子大則發斷有力而味醇醲秋夏醞造日浅則差細欲其麴米早相見而就熟要之麴細則味甜美麴麤則硬辣若麤細不匀則發得不齊酒味不定大抵寒時化遲不妨宜用麤麴暖時麴欲得疾發宜用細末雖然酒人亦不執或醅緊恐酒味太辣則添入米一二㪷若發太慢恐酒甜即添麴三四斤定酒味全此時亦無固必也供御祠祭用麴並在酴米内盡用之酘飯更不入麴一法將一半麴於酘飯内分使氣味芳烈却須並為細末也唯羔兒酒盡於脚飯内着

麴不可不知也

合酵

北人造酒不用酵，然冬月天寒酒難得發，多攧了，所以要取醅面正發醅爲酵最妙。其法用酒甕正發醅撆取面上浮米糝控乾，用麴末拌令濕勻，透風陰乾，謂之乾酵。凡造酒時，於甑米中先取一升已來，用本漿煮成粥，放冷，冬月微温，用乾酵一合、麴末一斤攪拌令勻，放暖處，候次日搜飯時入釀飯甕中同拌。大約申時欲搜飯，須早辰先發下酵，直候酵來多時發過方可用。蓋酵才來未有力也，酵肥爲來，酵塌可用。又況用酵四時不同，須是體襯天氣，天寒用湯發，天熱用水發，不在用酵多少也。不然，祇取正發酒醅二三杓拌和尤捷，酒人謂之傳醅，免用酵也。

酴米（酴米，酒母也，今人謂之脚飯）

蒸米成糜，策在案上，頻頻翻，不可令上乾而下濕。大要在體襯天氣，温涼時放微冷，熱時令極冷，寒時如人體。金波法一石糜用麥蘗四兩（炒令令黃爲末極碎研細），糝在糜上，然後入麴酵一處，衆手揉之，務令麴與糜勻。若糜稠硬，即旋入少冷漿同揉，亦在隨時相度。大率搜糜祇要拌得麴與糜勻足矣，亦不須搜如糕糜。京醖搜得不見麴飯，所以太甜。麴不須極細，麴細則甜美，麴麤則硬辣，麤細不等則發得不齊，酒味不定。大抵寒時化遲，不妨宜用麤麴，可投子大；暖時宜用細末，欲得疾發。大約每一斗米使大麴八兩、小麴一兩，易發無失。並於脚飯内下之，不得旋入生麴。雖三酘酒，亦盡於脚飯中下。計算斤兩，搜拌麴糜勻，即般入甕。甕底先糝麴末，更留四五兩麴蓋面。將糜逐段排垜，用手緊按甕邊四畔，拍令實，中心剜作坑子，入刷案上麴水三升或五升已來，微温入在坑中，并潑在醅面上，以爲信水。大凡醞造，須是五更初下手，不令見日，此過度法也。下時東方未明要了，若太陽出即酒多不中。一伏時歇開甕，如滲信水不盡，便添薦席圍裹之；如滲盡信水，發得勻，即用杷子攪動，依前蓋之，頻頻揩汗。三日後用手捺破頭尾，緊即連底掩攪令勻，若更緊即便摘開，分減入别甕，貴不發過。一面炊甜米便酘，不可隔宿，恐發過無力，酒人謂之摘脚。脚緊多由糜熱，大約兩三日後必動如信水滲盡醅面當心夯起有裂紋多者十餘條少者五七條即是發緊須便分減大抵冬月醅脚厚不妨夏月醅脚要薄如信水未乾醅面不裂即是發慢須更添蓆圍裹候一二日如尚未發每醅一石用杓取出二㪷以來入熱蒸糜一㪷在內却傾取出者醅在上面蓋之以手按平候一二日發動據後來所入熱糜計合用麴入甕一處拌勻更候發緊掩捺謂之接醅若下脚後依前發慢即用熱湯湯臂膊入甕攪掩令冷熱勻停須頻蘸臂膊貴要接助熱氣或以一二升小瓶佇熱湯密封口置在甕底候發則急去之謂之追魂或倒出在案上與熱甜糜拌再入甕厚蓋合且候隔兩夜方始攪撥依前緊蓋合一依投抹次第體當漸成醅謂之搭引或舐入正發醅脚一㪷許在甕當心却撥慢醅蓋合次日發起攪撥亦謂之搭引造酒要脚正大忌發慢所以多少救助冬月置甕在溫暖處用薦蓆圍裹之入麥䴸黍穰之類涼時去之夏月置甕在深屋底不透日氣處天氣極熱日間不得掀開用磚鼎足閣起恐地氣此爲大法

蒸甜糜

凡蒸酘糜先用新汲水浸破米心淨淘令水脉微透庶蒸時易軟（脚米走水淘恐水透漿不入難得酘投飯不湯皮欲浸透也）然後控乾候甑氣上撒米裝甜米比醋糜鬆利易炊候裝徹氣上用木篦枚箒掠撥甑周回生米在氣出緊處掠撥平整候氣勻溜用篦䉭攪再溜氣勻用湯潑之謂之小潑再候氣勻用篦䉭攪候米勻熟又用湯潑謂之大潑復用木篦攪斡隨篦潑湯候勻軟稀稠得所取出盆內以湯微洒以一器蓋之候滲盡出在案上䉭梢三兩遍放令極冷（四時並同）其撥溜盤棹並同蒸脚糜法唯是不犯漿秪用葱椒油麪比前減半同煎白湯潑之每㪷不過潑二升拍擊米心勻破成糜亦如上法

投醹

投醹最要斷應不可過不可不及脚熱發緊不分摘開發過無力方投非特酒味薄不醇美兼麴末少咬甜糜不住頭脚不斷應多致味酸若脚嫩力小酘早甜糜冷不能發脱折斷多致涎慢酒人謂之攧了須是發緊迎甜便酘寒時四

六酘温涼時中停酘熱時三七酘醞法總論天暖時二分爲脚一分投天寒時中停投如極寒時一分爲脚二分投大熱或更不投一法秪看醅脚緊慢加減投亦治法也若醅脚發得恰好即用甜飯依數投之（若用黄米造酒秪以醋糜一半投之謂之脚搭脚如此醞造暖時尤穩）若發得太緊恐酒味太辣即添入米一二㪷若發得太慢恐酒太甜即添入麴三四斤定酒味全在此時也四時並須放冷齊民要術所以專取桑落時造者黍必令極冷故也酘飯極冷即酒味方辣所謂偷甜也投飯寒時爛揉温涼時不須令爛熱時秪可拌和停匀恐傷人氣北人秋冬投飯秪取脚醅一半於案上共酘飯一處搜拌令匀入甕却以舊醅蓋之（縁有一半舊醅在甕）夏月脚醅須盡取出案上搜拌務要出却脚糜中酸氣一法脚緊案上搜脚慢甕中搜亦佳寒時用薦蓋温熱時用席若天氣大熱發緊秪用布罩之逐日用手連底掩拌務要甕邊冷醅來中心寒時以湯洗手臂助暖氣熱時秪用木杷攪之不拘四時頻用托布抹汗五日已後更不須攪掩也如米粒消化而沸未止麴力大更酘爲佳（齊民要術初下用米一石次酘五斛又四斗又三斗以漸待米消即酘無令勢不相及味足沸定爲熟氣味雖正沸未息者麴勢未盡宜更酘之不酘則酒味苦薄矣第四第五六酘用米多少皆候麴勢強弱加減之亦無定法惟須米粒消化乃酘之要在善候麴勢麴勢未窮米粒已消多酘爲良世人云米過酒甜此乃不解體候耳酒冷沸止米有不消化者便是麴力盡也）若沸止醅塌即便封泥起不令透氣夏月十餘日冬深四十日春秋二十三四日可上槽大抵要體當天氣冷暖與南北氣候即知酒熟有早晚亦不可拘定日數酒人看醅生熟以手試之若撥動有聲即是未熟若醅面乾如蜂窠眼子撥撲有酒湧起即是熟也供御祠祭十月造酘後二十日熟十一月造酘後一月熟十二月造酘後五十日熟

酒器

東南多甓甕洗刷淨便可用西北無之多用瓦甕若新甕用炭火五七斤罩甕其上候通熱以油蠟徧塗之若舊甕冬初用時須薰過其法用半頭塼鐺脚安放合甕塼上用乾黍穰文武火薰於甑釜上蒸以甕邊黑汁出爲度然後水洗三五遍候乾用之更用漆之尤佳

上槽

造酒寒時須是過熟即酒清數多渾頭白醇少温涼時并熱時須是合熟便壓恐酒醅過熟又糟内易熱多致酸變大約造酒自下脚至熟寒時二十四五日温涼時半月熱時七八日便可上槽仍須勻裝停鋪手安壓板正下砧簟所貴壓得勻乾并無箭失轉酒入甕須垂手傾下免見濯損酒味寒時用草薦麥䴷圍蓋温涼時去了以單布蓋之候三五日澄折清酒入瓶

收酒

上榨以器就滴恐滴遠損酒或以小杖子引下亦可壓下酒須先湯洗瓶器令淨控乾二三日一次折澄去盡脚才有白絲即渾直候澄折得清爲度即酒味倍佳便用蠟紙封閉務在滿裝瓶不在大以物閣起恐地氣發動酒脚失酒味仍不許頻頻移動大抵酒澄得清更滿裝雖不煑夏月亦可存留內酒庫水酒夏月不煑秖是過熟上榨澄清收

煑酒

凡煑酒每斗入蠟二錢竹葉五片官局天南星丸半粒化入酒中如法封繫置在甑中第二次煑酒不用前來湯別須用冷水下然後發火候甑簟上酒香透酒溢出倒流便揭起甑蓋取一瓶開看酒衮即熟矣便住火良久方取下置於石灰中不得頻移動白酒須潑得清然後煑煑時瓶用桑葉冥之金波兼使白酒麴才榨下槽略澄折二三日便蒸雖煑酒亦白色

火迫酒

取清酒澄三五日後據酒多少取甕一口先淨刷洗訖以火烘乾於底旁鑽一竅子如筯麄細以柳屑子定將酒入在甕入黃蠟半斤甕口以油單子蓋繫定別泥一間淨室不得令通風門子可才入得甕置甕在當中間以墼五重襯甕底於當門裏着炭三秤籠令實於中心着半斤許熟火便用閉門門外更懸草簾七日後方開又七日方取喫取時以細竹子一條頭邊夾少新綿款款抽屑子以器承之以綿竹子遍於甕底攪纏盡着底濁物清即休纏每取時却入一竹筒子如醋淋子旋取之即耐停不損全勝於煑酒也

曝酒法

平旦起先煎下甘水三四升放冷着盆中日西將衡正純糯一斗用水淨淘至水清浸良久方

漉出瀝令米乾炊再餾飯約四更飯熟即卸在案卓上薄攤令極冷昧旦日未出前用冷湯二椀拌飯令飯粒散不成塊每㪷用𥻗二兩（若及內醋小酒九麴同）秖搥碎爲小塊并末用手㩭拌入飯中令粒粒有麴即逐段拍在甕四畔不須令太實唯中間開一井子直見底却以麴末㩭醅面即以濕布蓋之如布乾又漬潤之（常令布濕乃其訣也又不可令布大濕恐滴水入）候漿來井中滿時時酌澆四邊直候漿來極多方用水一盞調大酒麴一兩投井漿中然後用竹刀界醅作六七片擘碎番轉（醅面上有白衣宜去之）即下新汲水二椀依前濕布罨之更不得動少時自然結面醅在上漿在下即別淘糯米以先下脚米筭數（天涼對投天熱半投）隔夜浸破米心次日晚西炊飯放冷至夜酘之（再入酴二酘）取甕中漿來拌勻捺在甕底以舊醅蓋之次日即大發候酘飯消化沸止方熟乃用竹篘篘之若酒面帶酸篘時先以手捺去酸面然後以竹篘插入缸中心取酒其酒甕用木架起須安置涼處仍畏濕地此法夏中可作稍寒不成

白羊酒

拌

臘月取絕肥嫩羯羊肉三十斤（肉三十斤內要肥膘十斤）連骨使水六㪷已來入鍋煮肉令極軟漉出骨將肉絲擘碎留着肉汁炊蒸酒飯時勻撒脂肉於飯上蒸令軟依常盤攪使盡肉汁六㪷潑饙了再蒸良久卸案上攤令溫冷得所揀好脚醅依前法醱拌更使肉汁二升以來收拾案上及充壓面水依尋常大酒法日數但麴盡於酴米中用尒（一法脚醅發攛於飯內方蒸肉取脚醅一處攪拌入甕）

地黃酒

地黃擇肥實大者每米一㪷生地黃一斤用竹刀切略於木石臼中擣碎同米拌和上甑蒸熟依常法入醖黃精亦依此法

菊花酒

九月取菊花曝乾揉碎入米饙中蒸令熟醖酒如地黃法

酴醾酒

七分開酴醾摘取頭子去青蕚用沸湯綽過紐乾浸法酒一升經宿漉去花頭勻入九升酒內此洛中法

蒲萄酒法

元

酘米入甑蒸氣上用杏仁五兩去皮尖蒲萄二斤半浴過乾去子皮與杏仁同於砂盆内一處用熟漿三㪷逐旋研盡為度以生絹濾過其三㪷熟漿潑飯軟蓋良久出飯攤於案上依常法候溫入麴搜拌

猥酒

每石糟用米一㪷煮粥入正發醅一升以來拌和糟令溫候一二日如蟹眼發動方入麴三斤麥糵末四兩搜拌蓋覆直候熟却將前來黃頭并折澄酒脚傾在甕中打轉上榨

神仙酒法

武陵桃源酒法

取神麴二十兩細剉如棗核大曝乾取河水一㪷澄清浸待發取一㪷好糯米淘三二十遍令淨以水清為三溜炊飯令極軟爛攤冷以四時氣候消息之投入麴汁中熟攪令似爛粥候發即更炊二㪷米依前法更投二㪷嘗之其味或不似酒味勿恠之候發又炊二㪷米投之候發更投三㪷待冷依前投之其酒即成如天氣稍冷即煖和熟後三五日甕頭有澄清者先取飲之纔除萬病令人輕健縱令酣酌無所傷此本於武陵桃源中得之久服延年益壽後被齊民要術中採綴編録時人縱傳之皆失其妙此方蓋桃源中真本也今商量以空水浸麴末為妙每造一㪷米先取一合以水煮取一升澄取清汁浸麴待發經一日炊飯候冷即出甕中以麴熟和還入甕内每投皆如此其第三第五皆酒待發後經一日投之五投畢待發定訖更一兩日然後可壓漉即滓太半化為酒如味硬即每一㪷酒蒸三升糯米取大麥麴糵一大匙神麴

末一大分孰攪和盛葛袋中內入酒瓶候甘美即去却袋凡造諸色酒北地寒即如人氣投之南中氣暖即須至冷爲佳不然則醋矣巳北造往往不發緣地寒故也雖料理得發味終不堪但窑泥頭經春暖後即一甕自成美酒矣

真人變鬚髮方

糯米二㪷（淘數擇令淨令有雜米）地黃二㪷（其地黃先淨洗候水脉盡以竹刀切如豆顆大勿堆疊二斗不可犯鐵器）

母薑四斤（生用以新布巾揩之去皮須見肉細切拌之）

法麴二斤（若常麴四斤搗爲末）

右取糯米以清水淘令淨一依常法炊之良久即不饙入地黃生薑相重炊待熟便置於盆中孰攪如粥候冷即入麴末置於通油瓷缾甕中醞造窑泥頭更不得動夏三十日秋冬四十日每飢即飲常服尤妙

妙理麴法

白麪不計多少先淨洗辣蓼爛搗以新布絞取汁以新刷帚洒於麪中勿令太濕但只踏得就爲度候踏實每个以紙袋挂風中一月後方可取日中曬三日然後收用

時中麴法

每菉豆一㪷揀淨水淘候水清浸一宿蒸豆極爛攤在案上候冷用白麪十五斤辣蓼末一升（蓼曬乾搗爲末須旱地上生者佳陳豆麪大㪷用大秤者㪷用省力）將豆麪辣蓼一處拌勻入臼內搗極相乳入如乾入少蒸豆水不可太乾不可太濕如乾麥飯爲度用布包踏成圓麴中心留一眼要索穿以麥稈穰草卷一七日（未用楮葉納在上及用穰草繫成束候成閃起麴令懸空）取出以索穿當風懸掛不可見日一月方乾用時每㪷用麴四兩須搗成末焙乾用

冷泉酒法

每糯米五㪷先取五升淘淨蒸飯次將四斗五升米淘淨入甕內用梢箕盛蒸飯五升坐在生米上入水五斗浸之候漿酸飯浮（約一兩日）取出用麴五兩拌和勻先入甕底次取所浸米四㪷五升控乾蒸飯軟硬得所攤令極冷用麴末十五兩取浸漿每㪷米用五升拌飯與麴令極勻不令成塊按令面平（罨浮飯在底不可攪拌）以麴少許摻面用盆蓋甕口紙封口縫兩重再用泥封紙縫勿令透氣夏五日春秋七八日

酒經一册乃絳雲未焚之書五車四部盡爲六
丁下取獨留此經天殆縱余終老醉鄉故以此
轉授　遵王令勿遠求羅浮鐵橋下耶余已得
脩羅採花法釀仙家燭夜酒視此經又如餘杭
老媪家油囊俗譜耳辛丑初夏蒙翁戲書

飲膳正要

（元）忽思慧　常普蘭奚　撰

《飲膳正要》，（元）忽思慧、常普蘭奚撰。忽思慧，也譯作和斯輝，生卒年不詳。蒙古族人，一説回回人。元延祐年間（一三一四——一三二〇）被選充飲膳太醫，主要侍奉皇太后與皇后。常普蘭奚，又曰孛蘭奚、普蘭奚，生卒年亦欠詳，少以孝稱，曾任資善大夫、同知宣徽院事，武宗即位，入侍興聖宮，進徽政院使，後封趙國公。曾掌侍奉皇太后諸事。《新元史》有傳。

全書共三卷，全面論述了食療理論與實踐。内容大略可分爲三部分：一是養生避忌、妊娠、乳母食忌、飲酒避忌、四時所宜、五味偏走及食物利害、相反、中毒等食療基礎理論；二是聚珍異饌、諸般湯煎的宫廷飲食譜一百五十三種與藥膳方六十一種，以及所謂神仙服餌方法二十四則；三是食物本草，計米、穀、獸、魚、果、菜、料物等共兩百三十餘種，並附本草圖譜一百六十八幅。作爲一部蒙元宫廷飲食譜，該書廣泛吸取了漢、蒙、藏、維等民族特色的飲食經驗，也是現存最早的古代營養保健專著，具有較高的學術價值。

該書撰成之後，專門進呈中宫供覽，中奉大夫太醫院使臣耿允謙、總管隆祥、内宰張金界奴等人參與校正。遺憾的是元刻本已經不傳，今存有明經廠刊本及近現代影印的幾種刊本。今據明景泰七年内府刻本影印。

（熊帝兵　惠富平）

御製飲膳正要序

朕惟人物皆禀天地之氣以生者也。然物又天地之所以養乎人者。苟用之失其所以養，則至於戕害者有矣。如布帛菽粟雞豚之類，日用所不能無，其為養甚大也。然過則失中，不及則未至，其為戕害一也。其為養甚大者尚然，而况不為養而為害之物焉。可以不致其慎哉？此特其養口體者耳。若夫君子動息威儀，起居出入，皆當有其養焉。又所以養德也。嘗觀前元《飲膳正要》一書，其所以養口體養德之要，無所不載，蓋當時尚醫所論著。其執藝事以致忠愛，雖深於聖賢之道者，不外是也。夫善莫大於取諸人，取諸人以為善，大舜所先。肆朕嘉是書而用之，以資攝養之助，且鋟諸梓，以廣惠利於人，亦庶幾乎好生之仁。雖然，生禀於天，非人之所能為。若或戕之，與立巖墻之下者同，有不由於人乎？故此非但攝養之助，而抑順受其正之大助也。

景泰七年四月初一日

臣聞古之君子善脩其身者動息節宣以養生飲食衣服以養體威儀行義以養德是故周公之制禮也天子之起居衣服飲食各有其官皆統於冢宰盖慎之至也

今上皇帝天縱聖明文思深遠御延閣閱圖書旦暮有恒則尊養德性以酬酢萬幾得內聖外王之道焉於是趙國公臣常普蘭奚以所領膳醫臣忽思慧所撰飲膳正要以進其言曰昔

世祖皇帝食飲必稽於本草動靜必準乎法度是以身躋上壽貽子孫無疆之福焉是書也當時尚醫之論著者云噫進書者可謂能執其藝事以致其忠愛者矣是書進上

中宮覽焉念

祖宗衛生之戒知臣下陳義之勤思有以助

聖上之誠身而推其仁民之至意命中政院使臣拜住刻梓而廣傳之茲舉也盖欲推一人之安而使天下之人舉安推一人之壽而使天下之人皆壽恩澤之厚豈有加於此者哉書之既成大都留守

臣金界奴傳

勑命臣集序其端云臣集再拜稽首而言曰臣聞易之傳有之大哉乾元萬物資始至哉坤元萬物資生天地之大德不過生生而已耳今

聖皇正統於上乾道也

聖后順承於中坤道也乾坤道備於斯為盛斯民斯物之生於斯時也何其幸歟願颺言之使天下後世有以知夫高明博厚之可見如此於戲休哉

天曆三年五月朔日謹序

奎章閣侍 書學士翰林直學士中奉大夫

知 制誥同脩國史臣虞集譔

伏覩
國朝奄有四海遐邇罔不賓貢珍味奇品咸萃內
府或風土有所未宜或燥濕不能相濟儻司庖厨
者不能察其性味而槩於進
獻則食之恐不免於致疾欽惟
世祖皇帝聖明按周禮天官有師醫食醫疾醫瘍醫
分職而治行依典故設掌飲膳太醫四人於本草
內選無毒無相反可久食補益藥味與飲食相宜
調和五味及每日所造珍品
御膳必須精製所職何人所用何物
進酒之時必用沉香木沙金水晶等盞斟酌適中
執事務合稱職每日所用標注於曆以驗後效至
於湯煎瓊玉黃精天門冬蒼朮等膏牛髓枸杞等
煎諸珍異饌咸得其宜以此
世祖皇帝聖壽延永無疾恭惟
皇帝陛下自登
寶位國事繁重萬機之暇遵依
祖宗定制如補養調護之術飲食百味之宜進加日
新則
聖躬萬安矣臣思慧自延祐年間選充飲膳之職于
茲有年久叨
天祿退思無以補報敢不竭盡忠誠以答
洪恩之萬一是以日有餘閑與趙國公臣普蘭奚
將累朝親侍
進用奇珍異饌湯膏煎造及諸家本草名醫方術
并日所必用穀肉菓菜取其性味補益者集成一
書名曰飲膳正要分為三卷本草有未收者今即
採摭附寫伏望
陛下恕其狂妄察其愚忠以
燕閒之際鑑
先聖之保攝順當時之氣候棄虛取實期以獲安則
聖壽躋於無疆而四海咸蒙其
德澤矣謹獻所述飲膳正要一集以
聞伏乞
聖覽下情不勝戰慄激切屏營之至
天曆三年三月三日飲膳太醫臣忽思慧進上
中奉大夫太醫院使臣耿允謙校正
奎章閣都主管書籍資政大夫大都留守內宰隆祥總管府提調織染雜造人匠都總管府事臣張金界奴校正
資德大夫中政院使儲政院使臣拜住校正
集賢大學士銀青榮祿大夫趙國公臣常普蘭奚編集

天之所生地之所養天地合氣人以稟天地氣生並而為三才三才者天地人人而有生所重乎者心也心為一身之主宰萬事之根本故身安則心能應萬變主宰萬事非保養何以能安其身保養之法莫若守中守中則無過與不及之病調順四時節慎飲食起居不妄使以五味調和五藏五藏和平則血氣資榮精神健爽心志安定諸邪自不能入寒暑不能襲人乃怡安夫上古聖人治未病不治已病故重食輕貨蓋有所取也故云食不厭精膾不厭細魚餒肉敗者色惡者臭惡者失飪不時者皆不可食然雖食飲非聖人口腹之欲哉蓋以養氣養體不以有傷也若食氣相惡則傷精若食味不調則損形形受五味以成體是以聖人先用食禁以存性後制藥以防命蓋以藥性有大毒有大毒者治病十去其六常毒治病十去其七小毒治病十去其八無毒治病十去其九然後穀肉菓菜十養一儘之無使過之以傷其正雖飲食百味要其精粹審其有補益助養之宜新陳之異溫涼寒熱之性五味偏走之病若滋味偏嗜新陳不擇製造失度俱皆致疾可者行之不可者忌之如妊婦不慎行亂毋不忌口則子受患若貪爽口而忘避忌則疾病潛生而中不悟百年之身而忘於一時之味其可惜哉孫思邈曰謂其醫者先曉病源知其所犯先以食療不瘥然後命藥十去其九故善養生者謹先行之攝生之法豈不為有裕矣

飲膳正要目錄

第一卷

第二卷

蜜　麴　醋　醬　豉　鹽

酒　虎骨酒　羊羔酒　枸杞酒　五加皮酒　地黄酒　腽肭臍酒　松節酒　小黄米酒　茯苓酒　葡萄酒　松根酒　阿剌吉酒　速兒麻酒

獸品

牛　羊　黄羊　羖䍽　馬　野馬

象　駝　野駝　熊　驢　麋

鹿　獐　犬　猪　野猪　獺

虎　豹　麅　麂　麝　狐

犀牛　狼　兔　貍　塔剌不花　黄鼠　猴

禽品

天鵞　鶖　鴈　鷓鴣　水札　丹鷄

野雞　雞鵰　鴨　野鴨　鸂鶒　鴛鴦　鵓鴿　鳩

鴞　寒鴉　鵪鶉　雀　蒿雀

魚品

鯉魚　鯽魚　魴魚　白魚　黄魚　青魚　鮎魚

沙魚　鱓魚　河豘　鮑魚　石首　阿八兒忽魚　乞里麻魚

鼈　蟹　蝦　螺　蛤蜊　鱘魚　蚌

菓品

桃　梨　柿　木瓜　梅　李

柰　石榴　林檎　杏　柑　橘

橙　栗　棗　櫻桃　葡萄　胡桃

松子　蓮子　鷄頭　芡實　荔枝　龍眼

銀杏　橄欖　楊梅　榛子　榧子　沙糖

甜瓜　西瓜　酸棗　海紅　香圓　株子

平坡　八擔仁　必思荅

菜品

葵菜　蔓菁　芫荽　芥　葱　蒜

韭　冬瓜　黄瓜　蘿蔔　胡蘿蔔　天淨菜

瓠　菜瓜　葫蘆　蘑菰　菌子　木耳

竹笋　蒲笋　藕　山藥　芋　萵苣

白菜　蓬蒿　茄子　莧　芸薹　波薐

莙薘　香菜　蓼子　馬齒　天花　回回葱

甘露　榆仁　沙吉木兒　出莙達兒

山丹根　海菜　蕨　薇　苦買　水芹

料物

胡椒　小椒　良薑　茴香　甘草　芫荽子

乾薑　生薑　蒔蘿　陳皮　草果　桂

薑黄　蓽撥　縮砂　蓽澄茄　五味子　苦豆

紅麴　黑子兒　馬思荅吉　咱夫蘭　哈昔泥

穩展　臙脂　梔子　蒲黄　回回青

太昊伏羲氏

風姓之源皇熊氏之後生有聖德繼天而王為萬世帝王之先位在東方以木德王為蒼精之君都陳時神龍出於滎河則而畫之為八卦造書契以代結繩之政立五常定五行正君臣明父子別夫婦之義制嫁娶之理造屋舍結網罟以佃漁服牛乘馬引重致遠取犧牲供祭祀故曰伏羲氏治天下一百一十年

炎帝神農氏

姜姓之源烈山氏之後生有聖德以火承木位在南方以火德王為赤精之君時人民茹草飲水採樹木之實而食蠃蛖之肉多生疾病乃求可食之物嘗百草種五穀以養人民日中為市作陶冶為斧斤造耒耜教民耕稼故曰神農都曲阜治天下一百二十年

黃帝軒轅氏

姬姓之源有熊國君少典之子生而神靈長而聰明成而登天以土德王為黃精之君故曰黃帝都涿鹿受河圖見日月星辰之象始有星官之書命大撓探五行之情占斗罡所建始作甲子命容成作曆命隸首作筭數命伶倫造律呂命岐伯定醫方為衣冠以表貴賤治干戈作舟車分州野治天下一百年

飲膳正要卷第一

養生避忌

夫上古之人其知道者法於陰陽和於術數食飲有節起居有常不妄作勞故能而壽今時之人不然也起居無常飲食不知忌避亦不慎節多嗜慾厚滋味不能守中不知持滿故半百衰者多矣夫安樂之道在乎保養保養之道莫若守中守中則無過與不及之病春秋冬夏四時陰陽生病起於過與蓋不適其性而強故養生者既無過耗之弊又能保守真元何患乎外邪所中也故善服藥者不若善保養不善保養不若善服藥世有不善保養又不能善服藥倉卒

病生而歸咎於神天乎善攝生者薄滋味省思慮節嗜慾戒喜怒惜元氣簡言語輕得失破憂阻除妄想遠好惡收視聽勤内固不勞神不勞形神形既安病患何由而致也故善養性者先饑而食食勿令飽先渴而飲飲勿令過食欲數而少不欲頻而多蓋飽中饑饑中飽飽則傷肺饑則傷氣若食飽不得便卧即生百病

凡熱食有汗勿當風發痙病頭痛目澀多睡

夜不可多食　卧不可有邪風

凡食訖温水漱口令人無齒疾口臭

汗出時不可扇生偏枯　勿向西北大小便

勿忍大小便令人成膝勞冷痺痛

勿向星辰日月神堂廟宇大小便

夜行勿歌唱大叫　一日之忌暮勿飽食

一月之忌晦勿大醉　一歲之忌暮勿遠行

終身之忌勿燃燈房事　服藥千朝不若獨眠一宿

如本命日及父母本命日不食本命所屬肉

凡人坐必要端坐使正其心

凡人立必要正立使直其身

立不可久立傷骨　坐不可久坐傷血

行不可久行傷筋　卧不可久卧傷氣

視不可久視傷神　食飽勿洗頭生風疾

如患目赤病切忌房事不然令人生内障

沐浴勿當風腠理百竅皆開切忌邪風易入

不可登高履險奔走車馬氣亂神驚魂魄飛散

大風大雨大寒大熱不可出入妄爲

口勿吹燈火損氣　凡日光射勿凝視損人目

勿望遠極目觀損眼力　坐卧勿當風濕地

夜勿燃燈睡魂魄不守　晝勿睡損元氣

食勿言寢勿語恐傷氣　凡遇神堂廟宇勿得輒入

凡遇風雨雷電必須閉門端坐焚香恐有諸神過

怒不可暴怒生氣疾惡瘡

遠唾不如近唾近唾不如不唾

虎豹皮不可近肉鋪損人目

避色如避箭避風如避讎莫喫空心茶少食申後粥

古人有云入廣者朝不可虚暮不可實然不獨廣凡早皆忌空腹

古人云爛煑麵軟煑肉少飲酒獨自宿

古人平日起居而攝養今人待老而保生蓋無益

凡夜卧兩手摩令熱揉眼永無眼疾

凡夜卧兩手摩令熱摩面不生瘡䵟

一呵十搓一搓十摩久而行之皺少顔多

凡清旦以熱水洗目平日無眼疾

凡清旦刷牙不如夜刷牙齒疾不生

凡清旦塩刷牙平日無齒疾

凡夜卧被髮梳百通平日頭風少

凡夜卧濯足而卧四肢無冷疾

盛熱來不可冷水洗面生目疾

凡枯木大樹下久陰濕地不可久坐恐陰氣觸人

立秋日不可澡浴令人皮膚麁燥因生白屑

常默元氣不傷　少思慧燭内光

不怒百神安暢　不惱心地清凉

樂不可極慾不可縱

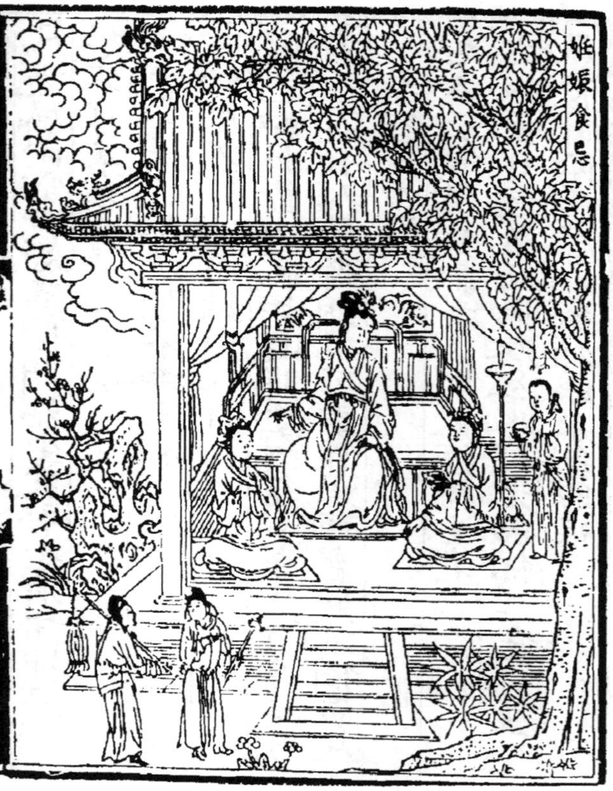
姙娠食忌

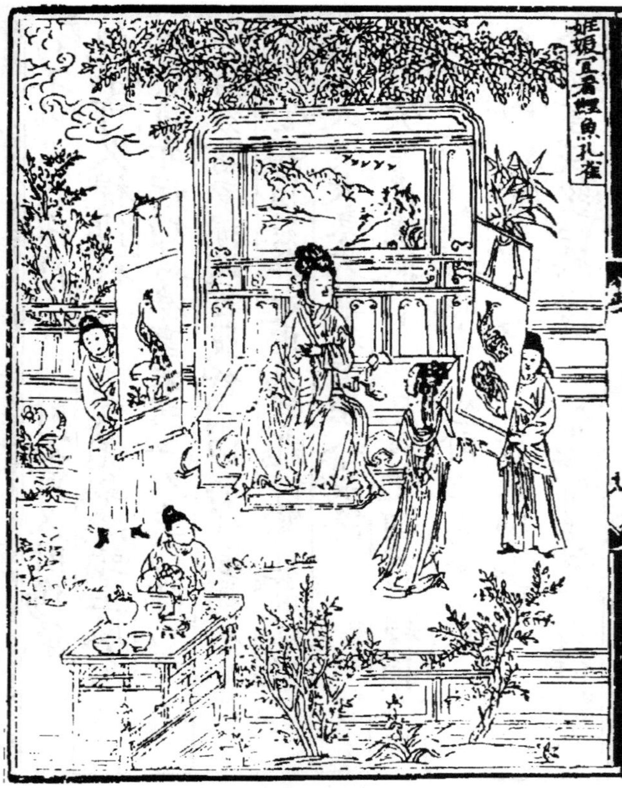
姙娠宜看鯉魚孔雀

姙娠食忌

上古聖人有胎教之法古者婦人姙子寢不側坐不邊立不蹕不食邪味割不正不食席不正不坐目不視邪色耳不聽淫聲夜則令瞽誦詩道正事如此則生子形容端正才過人矣故太任生文王聰明聖哲聞一而知百皆胎教之能也聖人多感生姙娠故忌見喪孝破體殘疾貧窮之人宜見賢良喜慶美麗之事欲子多智觀看鯉魚孔雀欲子美麗觀看珍珠美玉欲子雄壯觀看飛鷹走犬如此善惡猶感況飲食不知避忌乎

姙娠所忌

食兎肉令子無聲缺唇　食山羊肉令子多疾

食鷄子乾魚令子多瘡　食桑椹鴨子令子倒生

食雀肉飲酒令子心淫情亂不顧羞恥

食鷄肉糯米令子生寸白虫

食雀肉豆醬令子面生䵟黯

食鼈肉令子項短　食驢肉令子延月

食冰漿絕產　食騾肉令子難產

乳母食忌

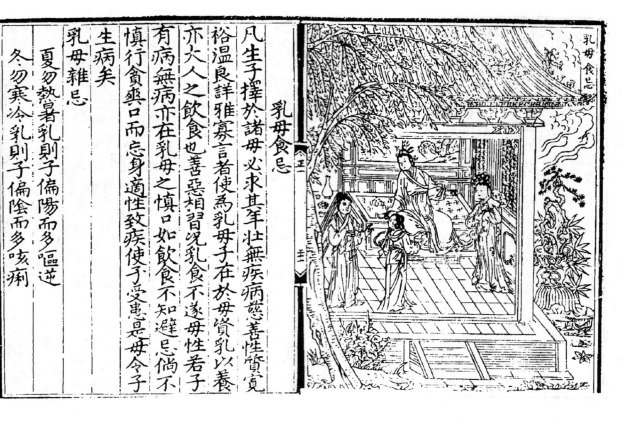

凡生子擇於諸母必求其年壯無疾病慈善性質寬裕溫良詳雅寡言者使為乳母子在於母資乳以養亦大人之飲食也善惡相習況乳食不遂母性若子有病無病亦在乳母之慎口如飲食不知避忌倘不慎行貪爽口而忘身適性致疾使子受患是母令子生病矣

乳母雜忌

夏勿熱暑乳則子偏陽而多嘔逆

冬勿寒冷乳則子偏陰而多咳痢

母不欲多怒怒則氣逆乳之令子顛狂

母不欲醉醉則發陽乳之令子身熱腹滿

母若吐時則中虛乳之令子虛羸

母有積熱蓋赤黃為熱乳之令子變黃不食

新房事勞傷乳之令子瘦瘁交脛不能行

母勿太飽乳之

母勿太飢乳之

母勿太寒乳之

母勿太熱乳之

子有瀉痢腹痛夜啼疾

乳母忌食寒涼發病之物

子有積熱驚風瘡瘍

乳母忌食濕熱動風之物

子有疥癬瘡疾

乳母忌食魚蝦鷄馬肉發瘡之物

子有癖疳瘦疾

乳母忌食生茄黃瓜等物

凡初生兒時
以未啼之前用黄連浸汁調朱砂少許微抹口内
去胎熱邪氣令瘡疹稀少
凡初生兒時
用荆芥黄連熬水入野牙猪膽汁少許洗兒在後
雖坐班疹惡瘡終當稀少
凡小兒未生瘡疹時
用臘月兎頭并毛骨同水煎湯洗兒除熱去毒能
令班疹諸瘡不生雖有亦稀少
凡小兒未生班疹時
以黑子母驢乳令飲之及長不生瘡疹諸毒如生
者亦稀少仍治小兒心熱風癎

飲酒避忌

酒味苦甘辛大熱有毒主行藥勢殺百邪去惡氣通
血脉厚腸胃潤肌膚消憂愁少飲尤佳多飲傷神損
壽易人本性其毒甚也醉飲過度喪生之源
飲酒不欲使多知其過多速吐之為佳不爾成痰疾
醉勿酩酊大醉即終身百病不除
酒不可久飲恐腐爛腸胃漬髓蒸筋
醉不可當風卧生風疾　醉不可向陽卧令人發狂
醉不可令人扇生偏枯　醉不可露卧生冷痺
醉而出汗當風為漏風　醉不可卧黍穰生癩疾

醉不可強食嗔怒生癰疽
醉不可走馬及跳躑傷筋骨
醉不可接房事小者面生䵟皯欬嗽大者傷臟澼痔疾
醉不可冷水洗面生瘡　醉醒不可再投損後又損
醉不可高呼大怒令人生氣疾
晦勿大醉忌月空　醉不可飲酪水成噎病
醉不可便卧面生瘡癤内生積聚
大醉勿燃燈叫恐魂魄飛揚不守
醉不可飲冷漿水失聲成尸噎
飲酒酒漿照不見人影勿飲
醉不可忍小便成癃閉膝勞冷痹
空心飲酒醉必嘔吐　醉不可忍大便生腸澼痔
酒忌諸甜物　酒醉不可食猪肉生風
醉不可強舉力傷筋損力
飲酒時大不可食猪羊腦大損人煉真之士尤宜忌
酒醉不可當風乘凉露脚多生脚氣
醉不可卧濕地傷筋骨生冷痺痛
醉不可澡浴多生眼目之疾
如患眼疾人切忌醉酒食蒜

聚珍異饌

馬思荅吉湯

補益温中順氣

羊肉一脚子卸成事件　草果五箇　官桂二錢

回回豆子半升搗碎去皮

右件一同熬成湯濾淨下熟回回豆子二合香粳米一升馬思荅吉一錢塩少許調和勻下事件肉芫荽葉

大麥湯

温中下氣壯脾胃止煩渴破冷氣去腹脹

羊肉一脚子卸成事件 草果五箇
大麥仁二升滾水淘洗淨微煮熟
右件熬成湯濾淨下大麥仁熬熟鹽少許調和令勻
下事件肉

八兒不湯係西天茶飯名
補中下氣寬胸膈
羊肉一脚子卸成事件 草果五箇
回回豆子半升擣碎去皮 蘿蔔二箇
右件一同熬成湯濾淨湯內下羊肉切如色數大熟
蘿蔔切如色數大咱夫蘭一錢薑黃二錢胡椒二錢

哈昔泥半錢芫荽葉鹽少許調和勻對香粳米乾飯
食之入醋少許

沙乞某兒湯
補中下氣和脾胃
羊肉一脚子卸成事件 草果五箇
回回豆子半升擣碎去皮 沙乞某兒五箇係蔓菁
右件一同熬成湯濾淨下熟回回豆子二合香粳米
一升熟沙乞某兒切如色數大下事件肉鹽少許調
和令勻

苦豆湯
補下元理腰膝溫中順氣
羊肉一脚子卸成事件 草果五箇 苦豆一兩係葫蘆巴
右件一同熬成湯濾淨下河西兀麻食或米心餜子
哈昔泥半錢鹽少許調和

木瓜湯
補中順氣治腰膝疼痛脚氣不仁
羊肉一脚子卸成事件 草果五箇
回回豆子半升擣碎去皮
右件一同熬成湯濾淨下香粳米一升熟回回豆子
二合肉彈兒木瓜二斤取汁沙糖四兩鹽少許調和

或下事件肉

鹿頭湯
補益止煩渴治脚膝疼痛
鹿頭蹄一付退洗淨卸作塊
右件用哈昔泥豆子大研如泥與鹿頭蹄肉同拌勻
用回回小油四兩同炒入滾水熬令軟下胡椒三錢
哈昔泥二錢蓽撥一錢牛奶子一盞生薑汁一合鹽
少許調和一法用鹿尾取汁入薑末鹽同調和

松黃湯
補中益氣壯筋骨

羊肉一脚子卸成事件 草果五箇
回回豆子半升搗碎去皮
右件同熬成湯濾淨熟羊胷子一箇切作色數大松
黄汁二合生薑汁半合一同下炒葱塩醋芫荽葉調
和勻對經捲兒食之

粆湯

補中益氣建脾胃

羊肉一脚子卸成事件 草果五箇 回回豆子半升去皮
右件同熬成湯濾淨熟乾羊胷子一箇切片粆三升
白菜或蕁麻菜一同下鍋塩調和勻

大麥筭子粉

補中益氣建脾胃

羊肉一脚子卸成事件 草果五箇 回回豆子半升去皮
右件同熬成湯濾淨大麥粉三斤豆粉一斤同作粉
羊肉炒細乞馬生薑汁二合芫荽葉塩醋調和

大麥片粉

補中益氣建脾胃

羊肉一脚子卸成事件 草果五箇 良薑二錢
右件同熬成湯濾淨下羊肝醬取清汁胡椒五錢熟
羊肉切作甲葉糟薑二兩瓜虀一兩切如甲葉塩醋
調和或渾汁亦可

糯米粉搊粉

補中益氣

羊肉一脚子卸成事件 草果五箇 良薑二錢
右件同熬成湯濾淨用羊肝醬熬取清汁下胡椒五
錢糯米粉二斤與豆粉一斤同作搊粉羊肉切細乞
馬入塩醋調和渾汁亦可

河㹠羹

補中益氣

羊肉一脚子卸成事件 草果五箇

右件同熬成湯濾淨用羊肉切細乞馬陳皮五錢去
白葱二兩細切料物二錢塩醬拌餡兒皮用白麵三
斤作河㹠小油煠熟下湯內入塩調和或清汁亦可

阿菜湯

補中益氣

羊肉一脚子卸成事件 草果五箇 良薑二錢
右件同熬成湯濾淨下羊肝醬同取清汁入胡椒五
錢另羊肉切片羊尾子一箇羊舌一箇羊腰子一付
各切甲葉蘑菰二兩白菜一同下清汁塩醋調和

鷄頭粉雀舌餌子

補中益精氣
羊肉一脚子卸成事件　草果五箇
回回豆子半升擣碎去皮
右件同熬成湯濾淨用雞頭粉二斤豆粉一斤同和
切作餌子羊肉切細乞馬生薑汁一合炒葱調和

鷄頭粉血粉
補中益精氣
羊肉一脚子卸成事件　草果五箇
回回豆子半升擣碎去皮
右件同熬成湯濾淨用鷄頭粉二斤豆粉一斤羊血
和作撥粉羊肉切細乞馬炒葱醋一同調和

鷄頭粉撧麵
補中益精氣
羊肉一脚子卸成事件　草果五箇
回回豆子半升擣碎去皮
右件同熬成湯濾淨用鷄頭粉二斤豆粉一斤白麵
一斤同作麵羊肉切片兒乞馬入炒葱醋一同調和

鷄頭粉撥粉
補中益精氣
羊肉一脚子卸成事件　草果五箇　良薑二錢
右件同熬成湯濾淨用羊肝醬同取清汁入胡椒一
兩次用鷄頭粉二斤豆粉一斤同作撥粉羊肉切細
乞馬下塩醋調和

鷄頭粉餛飩
補中益氣
羊肉一脚子卸成事件　草果五箇
回回豆子半升擣碎去皮
右件同熬成湯濾淨用羊肉切作餡下陳皮一錢去
白生薑一錢細切五味和勻次用鷄頭粉二斤豆粉
一斤作枕頭餛飩湯內下香粳米一升熟回回豆子
二合生薑汁二合木瓜汁一合同炒葱塩勻調和

雜羹
補中益氣
羊肉一脚子卸成事件　草果五箇
回回豆子半升擣碎去皮
右件同熬成湯濾淨羊頭洗淨二箇羊肚肺各二具
羊白血雙腸兒一付並煮熟切次用豆粉三斤作粉
蘑菰半斤杏泥半斤胡椒一兩入青菜芫荽炒葱塩
醋調和

葷素羹

補中益氣

羊肉一脚子卸成事件　草果五箇

回回豆子半升搗碎去皮

右件同熬成湯濾淨豆粉三斤作片粉精羊肉切條道乞馬山藥一斤糟薑二塊瓜虀一塊乳餅一箇胡蘿蔔十箇蘑菰半斤生薑四兩各切鷄子十箇打煎餅切用麻泥一斤杏泥半斤同炒葱鹽醋調和

珍珠粉

補中益氣

羊肉一脚子卸成事件　草果五箇

回回豆子半升搗碎去皮

右件同熬成湯濾淨羊肉切乞馬心肝肚肺各一具生薑二兩糟薑四兩瓜虀一兩胡蘿蔔十箇山藥一斤乳餅一箇鷄子十箇作煎餅各切次用麻泥一斤同炒葱鹽醋調和

黄湯

補中益氣

羊肉一脚子卸成事件　草果五箇

回回豆子半升搗碎去皮

右件同熬成湯濾淨下熟回回豆子二合香粳米一升胡蘿蔔五箇切用羊後脚肉丸肉彈兒肋枝一箇切寸金薑黄三錢薑末五錢咱夫蘭一錢芫荽葉同鹽醋調和

三下鍋

補中益氣

羊肉一脚子卸成事件　草果五箇　良薑二錢

右件同熬成湯濾淨用羊後脚肉丸肉彈兒丁頭餜子羊肉指甲匾食胡椒一兩同鹽醋調和

葵菜羹

順氣治癃閉不通性寒不可多食今與諸物同製造其性稍温

羊肉一脚子卸成事件　草果五箇　良薑二錢

右件同熬成湯熟羊肚肺各一具切蘑菰半斤切胡椒五錢白麵一斤拌鷄爪麵下葵菜炒葱鹽醋調和

瓠子湯

性寒主消渇利水道

羊肉一脚子卸成事件　草果五箇

右件同熬成湯濾淨用瓠子六箇去穰皮切掠熟羊肉切片生薑汁半合白麵二兩作麵絲同炒葱鹽醋調和

團魚湯

主傷中益氣補不足

羊肉一脚子卸成事件 草果五箇

右件熬成湯濾淨團魚五六箇煮熟去皮骨切作塊用麵二兩作麵絲生薑汁一合胡椒一兩同炒葱塩醋調和

盞蒸

補中益氣

揮羊背皮或羊肉三脚子卸成事件 草果五箇 良薑二錢 陳皮二錢去白 小椒二錢

右件用杏泥一斤松黄二合生薑汁二合同炒葱塩五味調匀入盞内蒸令軟熟對經捲兒食之

臺苗羹

補中益氣

羊肉一脚子卸成事件 草果五箇 良薑二錢

右件熬成湯濾淨用羊肝下醬取清汁豆粉五斤作粉乳餅一箇山藥一斤胡蘿蔔十箇羊尾子一箇羊肉等各切細入臺子菜蓮菜胡椒一兩塩醋調和

熊湯

治風痺不仁脚氣

熊肉二脚子煮熟切塊 草果三箇

右件用胡椒三錢哈昔泥一錢薑黄二錢縮砂二錢咱夫蘭一錢葱塩醬一同調和

鯉魚湯

治黄疸止渴安胎有宿瘕者不可食之

大新鯉魚十頭去鱗肚洗淨 小椒末五錢

右件用芫荽末五錢葱二兩切酒少許塩一同淹拌清汁内下魚次下胡椒末五錢生薑末三錢蓽撥末三錢塩醋調和

炒狼湯

古本草不載狼肉今云性熱治虚弱然食之未聞有毒今製造用料物以助其味暖五藏温中

狼肉一脚子卸成事件 草果三箇 胡椒五錢 哈昔泥一錢 蓽撥二錢 縮砂二錢 薑黄二錢 咱夫蘭一錢

右件熬成湯用葱醬塩醋一同調和

圍像

補益五藏

羊肉一脚子煮熟細切 羊尾子二箇熟切細 藕二枝 蒲笋二斤 黄瓜五箇 生薑半斤

乳餅二箇 糟薑四兩 瓜虀半斤 鷄子一十箇煎作餅
蘑菰一斤 蔓菁菜 韭菜各切條道
右件用好肉湯調麻泥二斤薑末半斤同炒葱塩醋調和對胡餅食之

春盤麵

補中益氣

白麵六斤切細麵 羊肉二脚子煑熟切條道乞馬
羊肚肺各一箇煑熟切 鷄子五箇煎作餅裁旛
生薑四兩切 韭黃半斤 蘑菰四兩 臺子菜
蓼牙 胭脂
右件用清汁下胡椒一兩塩醋調和

皂羮麵

補中益氣

白麵六斤切細麵 羊胷子二箇退洗淨煑熟切如色數塊
右件用紅麵三錢淹拌熬令軟同入清汁内下胡椒一兩塩醋調和

山藥麵

補虛羸益元氣

白麵六斤 鷄子十箇取白 生薑汁二合 豆粉四兩
右件用山藥三斤煑熟研泥同和麵羊肉二脚子切丁頭乞馬用好肉湯下炒葱塩調和

掛麵

補中益氣

羊肉一脚子切細乞馬 掛麵六斤 蘑菰半斤洗淨切
鷄子五箇煎作餅 糟薑一兩切 瓜虀一兩切
右件用清汁下胡椒一兩塩醋調和

經帶麵

補中益氣

羊肉一脚子炒焦肉乞馬 蘑菰半斤洗淨切
右件用清汁下胡椒一兩塩醋調和

羊皮麵

補中益氣

羊皮二箇撏洗淨煑軟 羊舌二箇熟
羊腰子四箇熟各切如甲葉 蘑菰一斤洗淨 糟薑四兩各切如甲葉
右件用好肉釃湯或清汁下胡椒一兩塩醋調和

秃秃麻食係手撇麵

補中益氣

白麵六斤作秃秃麻食 羊肉一脚子炒焦肉乞馬
右件用好肉湯下炒葱調和匀下蒜酪香菜末

細水滑絹邊水滑一同

補中益氣

白麪六斤作水滑 羊肉二脚子炒焦肉乞馬

鷄兒一箇熟切絲 蘑菇半斤洗淨切

右件用清汁下胡椒一兩塩醋調和

水龍餌子

補中益氣

羊肉二脚子熟切作乞馬 白麪六斤切作錢眼餌子

鷄子十箇 山藥一斤 糟薑四兩 胡蘿蔔五箇

瓜虀二兩各切細 三色彈兒内一色肉彈兒外二色粉鷄子彈兒

右件用清汁下胡椒二兩塩醋調和

馬乞係手搓麪或糯米粉鷄頭粉亦可

補中益氣

白麪六斤作馬乞 羊肉二脚子熟切乞馬

右件用好肉湯炒葱醋塩一同調和

搠羅脫因係畏兀兒茶飯

補中益氣

白麪六斤和按作錢樣 羊肉二脚子熟切 羊舌二箇熟切

山藥一斤 蘑菇半斤 胡蘿蔔五箇 糟薑四兩切

右件用好釅肉湯同下炒葱醋調和

乞馬粥

補脾胃益氣力

羊肉一脚子卸成事件熬成湯濾淨 粱米二升淘洗淨

右件用精肉切碎乞馬先將米下湯内次下乞馬米葱塩熬成粥或下圓米或折米或渴米皆可

湯粥

補脾胃益腎氣

羊肉一脚子卸成事件

右件熬成湯濾淨次下粱米二升作粥熟下米葱塩或下圓米渴米折米皆可

粱米淡粥

補中益氣

粱米二升

右件將水滚過澄清濾淨次將米淘洗三五遍熬成粥或下圓米渴米折米皆可

河西米湯粥

補中益氣

羊肉一脚子卸成事件 河西米二升

右件熬成湯濾淨下河西米淘洗淨次下細乞馬米葱塩同熬成粥或不用乞馬亦可

撒速湯係西天茶飯名

治元藏虛冷腹内冷痛腰脊酸疼

羊肉兩腳子頭蹄一付 草果四箇 官桂三兩 生薑半斤

哈昔泥如回回豆子兩箇大

右件用水一鐵絡熬成湯於石頭鍋内盛頓下石榴子一斤胡椒二兩鹽少許炮石榴子用小油一杓哈昔泥如豌豆一塊炒鵝黄色微黑湯末子油去淨澄清用甲香甘松哈昔泥酥油燒煙薰瓶封貯任意

炙羊心

治心氣驚悸鬱結不樂

羊心一箇帶系桶 咱夫蘭三錢

右件用玫瑰水一盞浸取汁入鹽少許籖子簽羊心於火上炙將咱夫蘭汁徐徐塗之汁盡爲度食之安寧心氣令人多喜

炙羊腰

治卒患腰眼疼痛者

羊腰一對 咱夫蘭一錢

右件用玫瑰水一杓浸取汁入鹽少許籖子簽腰子火上炙將咱夫蘭汁徐徐塗之汁盡爲度食之甚有効驗

攢鷄兒

肥鷄兒十箇撏洗淨熟切攢 生薑汁一合 葱二兩切

薑末半斤 小椒末四兩 麵二兩作麵絲

右件用煮鷄兒湯炒葱醋入薑汁調和

炒鵪鶉

鵪鶉二十箇打成事件 蘿蔔二箇切 薑末四兩

羊尾子一箇各切如色數 麵二兩作麵絲

右件用煮鵪鶉湯炒葱醋調和

盤兔

兔兒二箇切作事件 蘿蔔二箇切

羊尾子一箇切片 細料物二錢

右件用炒葱醋調和下麵絲二兩調和

河西肺

羊肺一箇 韭六斤取汁 麵二斤打糊 酥油半斤

胡椒二兩 生薑汁二合

右件用鹽調和勻灌肺煮熟用汁澆食之

薑黄腱子

羊腱子一箇熟 羊肋枝二箇截作長塊 豆粉一斤

白麵一斤 咱夫蘭二錢 梔子五錢

右件用鹽料物調和搽腱子下小油煠

鼓兒簽子

羊肉五斤切細 羊尾子一箇切細 鷄子十五箇 生薑二錢

葱二兩切 陳皮二錢去白 料物三錢

右件調和勻入羊白腸內煑熟切作鼓樣用豆粉一斤白麪一斤咱夫蘭一錢梔子三錢取汁同拌鼓兒簽子入小油煠

帶花羊頭

羊頭三箇熟切 羊腰子四箇 羊肚肺各一具煑熟切攢胭脂染

生薑四兩 糟薑二兩各切 鷄子五箇作花樣 蘿蔔三箇作花樣

右件用好肉湯炒葱塩醋調和

魚彈兒

大鯉魚十箇去皮骨頭尾 羊尾子二箇同剁為泥 生薑一兩切細

葱二兩切細 陳皮末三錢 胡椒末一兩 哈昔泥二錢

右件下塩入魚肉內拌勻丸如彈兒用小油煠

芙蓉鷄

鷄兒十箇熟攢 羊肚肺各一具熟切 生薑四兩切

胡蘿蔔十箇切 鷄子二十箇煎作餅刻花樣 赤根芫荽打糝

胭脂 梔子染 杏泥一斤

右件用好肉湯炒葱醋調和

肉餅兒

精羊肉十斤去脂膜筋搥為泥 哈昔泥三錢 胡椒二兩

蓽撥一兩 芫荽末一兩

右件用塩調和勻捻餅入小油煠

塩腸

羊苦腸水洗淨

右件用塩拌勻風乾入小油煠

腦瓦剌

熟羊胷子二箇薄切 鷄子二十箇熟

右件用諸般生菜一同捲餅

薑黃魚

鯉魚十箇去皮鱗 白麪二斤 豆粉一斤 芫荽末二兩

右件用塩料物淹拌過搽魚入小油煠熟用生薑二兩切絲芫荽葉胭脂染蘿蔔絲炒葱調和

攢鴈

鴈五箇煑熟切攢 薑末半斤

右用好肉湯炒葱塩調和

猪頭薑豉

猪頭二箇洗淨切成塊 陳皮二錢去白 良薑二錢 小椒二錢

官桂二錢 草果五箇 小油一斤 蜜半斤

右件一同熬成次下芥末炒葱醋塩調和

蒲黄瓜虀

淨羊肉十斤煮熟切如瓜虀 小椒一两 蒲黄半斤

右件用細料物一两塩同拌匀

攢羊頭

羊頭五箇煮熟攢 薑末四两 胡椒一两

右件用好肉湯炒葱塩醋調和

攢牛蹄馬蹄熊掌一同

牛蹄一付煮熟攢 薑末二两

右件用好肉湯同炒葱塩調和

細乞思哥

羊肉一脚子煮熟切細 蘿蔔二箇熟切細 羊尾子一箇熟切

哈夫兒二錢

右件用好肉湯同炒葱調和

肝生

羊肝一箇水浸切細絲 生薑四两切細絲 蘿蔔二箇切細絲

香菜蓼子各二两切細絲

右件用塩醋芥末調和

馬肚盤

馬肚腸一付煮熟切 芥末半斤

右件將白血灌腸剌花様澀脾和脂剁心子攢成炒

葱塩醋芥末調和

㸠䑋兒係細項

䑋兒二箇卸成各一節 哈昔泥一錢 葱一两切紙

右件用塩一同淹拌少時入小油㸠熟次用咱夫蘭

二錢水浸汁下料物芫荽末同糝拌

熬蹄兒

羊蹄五付退洗淨煮軟切成塊 薑末一两 料物五錢

右件下麵絲炒葱醋塩調和

熬羊胷子

羊胷子二箇退毛洗淨煮軟切作色數塊 薑末二两 料物五錢

右件用好肉湯下麵絲炒葱塩醋調和

魚膾

新鯉魚五箇去皮骨頭尾 生薑二两 蘿蔔二箇 葱一两

香菜蓼子各切如絲 胭脂打糝

右件下芥末炒葱塩醋調和

紅絲

羊血同白麵依法煮熟 生薑四两 蘿蔔一箇

香菜蓼子各一两切細絲

右件用塩醋芥末調和

燒鴈燒鷀鵝燒鴨子等一同

鴈一箇，去毛腸肚，淨。羊肚一箇，退洗淨，包鴈。葱二兩　芫荽末一兩

右件，用鹽同調，入鴈腹內，燒之。

燒水札

水札十箇，撏洗淨。芫荽末一兩　葱十莖　料物五錢

右件，用鹽同拌勻，燒，或以肥麵包水札，就籠內蒸熟亦可，或以酥油水和麵包水札，入爐鏊內爐熟亦可。

柳蒸羊

羊一口，帶毛。

右件，於地上作爐，三尺深，周回以石，燒令通赤，用鐵芭盛羊，上用柳子蓋覆，土封，以熟為度。

倉饅頭

羊肉　羊脂　葱　生薑　陳皮各切細

右件，入料物、鹽、醬，拌和為餡。

鹿妳肪饅頭或做倉饅頭，或做皮薄饅頭，皆可。

鹿妳肪　羊尾子各切如指甲片　生薑　陳皮各切細

右件，入料物、鹽，拌和為餡。

茄子饅頭

羊肉　羊脂　羊尾子　葱　陳皮各切細　嫩茄子去穰

右件，同肉作餡，却入茄子內，蒸，下蒜酪、香菜末，食之。

剪花饅頭

羊肉　羊脂　羊尾子　葱　陳皮各切細

右件，依法入料物、鹽、醬，拌餡，包饅頭，用剪子剪諸般花樣，蒸，用胭脂染花。

水晶角兒

羊肉　羊脂　羊尾子　葱　陳皮　生薑各切細

右件，入細料物、鹽、醬，拌勻，用豆粉作皮，包之。

酥皮奄子

羊肉　羊脂　羊尾子　葱　陳皮　生薑各切細，或下瓜哈孫，係山丹根

右件，入料物、鹽、醬，拌勻，用小油、米粉與麵同和作皮。

撇列角兒

羊肉　羊脂　羊尾子　新韭各切細

右件，入料物、鹽、醬，拌勻，白麵作皮，鏊上炮熟，次用酥油、蜜，或以葫蘆瓠子作餡，亦可。

時蘿角兒

羊肉　羊脂　羊尾子　葱　陳皮　生薑各切細

右件，入料物、鹽、醬，拌勻，用白麵、蜜與小油拌，入鍋內滾水攪熟，作皮。

天花包子或作蟹黃亦可。藤花包子一同。

羊肉　羊脂　羊尾子　葱　陳皮　生薑各切細

天花滾水燙熟，洗淨，切細

右件入料物塩醬拌餡白麵作薄皮蒸

荷蓮兜子

羊肉三脚子切 羊尾子二箇切 雞頭仁八兩

松黃八兩 八檐仁四兩 蘑菰八兩 杏泥一斤

胡桃仁八兩 必思荅仁四兩 胭脂一兩

梔子四錢 小油二斤 生薑八兩 豆粉四斤

山藥三斤 鷄子三十箇 羊肚肺各二付 苦腸一付

葱四兩 醋半瓶 芫荽葉

右件用塩醬五味調和勻豆粉作皮入盞內蒸用松黃汁澆食

黑子兒燒餅

白麵五斤 牛妳子二升 酥油一斤 黑子兒一兩微炒

右件用塩减少許同和麵作燒餅

牛妳子燒餅

白麵五斤 牛妳子二升 酥油一斤 茴香一兩微炒

右件用塩减少許同和麵作燒餅

䭔餅 經捲兒一同

白麵十斤 小油一斤 小椒一兩炒去汗 茴香一兩炒

右件隔宿用酵子塩减溫水一同和麵次日入麵接肥再和成麵每斤作二箇入籠內蒸

頗兒必湯 即羊辟膝骨

主男女虛勞寒中羸瘦陰氣不足利血脉益經氣

頗兒必三四十箇水洗淨

右件用水一鐵絡同熬四分中熬取一分澄濾淨去油去滓再凝定如欲食任意多少

米哈訥關列孫

治五勞七傷藏氣虛冷常服補中益氣

羊後脚一箇去筋膜切碎

右件用淨鍋內乾爁熟令盖封閉不透氣後用淨布絞紐取汁

飲膳正要卷第一

飲膳正要卷第二

諸般湯煎

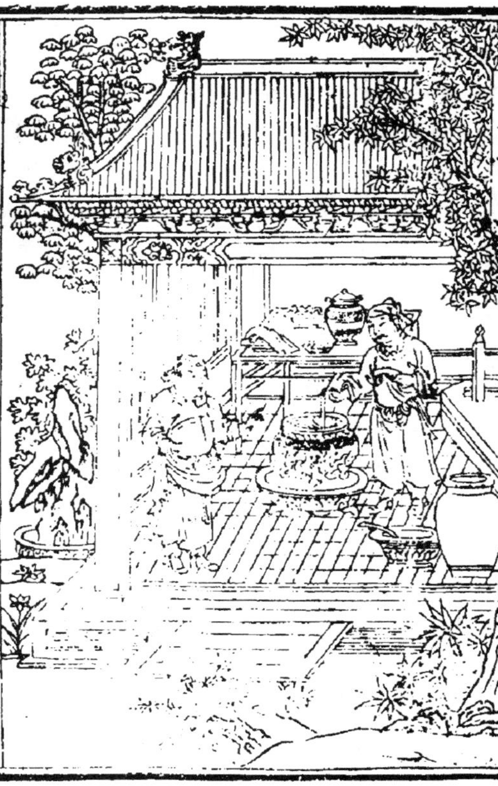

諸般湯煎

桂漿

生津止渴益氣和中去濕逐飲

生薑三斤取汁 熟水二斗 赤茯苓三兩去皮為末 桂三兩去皮為末

麴末半斤 杏仁一百箇湯洗去皮尖生研為泥 大麥蘖半兩為末

白沙蜜三斤煉淨

右用前藥蜜水拌和勻入淨磁罐內油紙封口數重泥固濟冰窖內放三日方熟綿濾冰浸暑月飲之

桂沈漿

去濕逐飲生津止渴順氣

紫蘇葉一兩剉 沈香三錢剉 烏梅一兩取肉 沙糖六兩

右件四味用水五六椀熬至三椀濾去滓入桂漿一升合和作漿飲之

荔枝膏

生津止渴去煩

烏梅半斤取肉 桂一十兩去皮剉 沙糖二十六兩 麝香半錢研

生薑汁五兩 熟蜜一十四兩

右用水一斗五升熬至一半濾去滓下沙糖生薑汁再熬去柤澄定少時入麝香攪勻澄清如常任意服

梅子丸

生津止渴解化酒毒去濕

烏梅一兩半取肉 白梅一兩半取肉 乾木瓜一兩半

紫蘇葉一兩 甘草一兩炙 檀香二錢 麝香一錢研

右為末入麝香和勻沙糖為丸如彈大每服一丸噙化

五味子湯代葡萄酒飲

生津止渴暖精益氣

北五味一斤淨肉 紫蘇葉六兩 人參四兩去蘆剉 沙糖二斤

右件用水二斗熬至一斗濾去滓澄清任意服之

人參湯代酒飲

順氣開胷膈止渴生津

新羅參四兩去蘆剉 橘皮一兩去白 紫蘇葉二兩

沙糖一斤

右件用水二斗熬至一斗去滓澄清任意飲之

仙术湯

去一切不正之氣溫脾胃進飲食辟瘟疫除寒濕

蒼术一斤米泔浸三日竹刀子切片焙乾為末 茴香二兩炒為末

甘草二兩炒為末 白麪一斤炒 乾棗二升焙乾為末 塩四兩炒

右件一同和匀每日空心白湯點服

杏霜湯

調順肺氣利胷膈治欬嗽

粟米五升炒為麵 杏仁二升去皮尖麸炒研 塩三兩炒

右件拌匀每日空心白湯調一錢入酥少許尤佳

山藥湯

補虛益氣溫中潤肺

山藥一斤煮熟 粟米半升炒為麵 杏仁二斤炒令過熟去皮尖切如米

右件每日空心白湯調二錢入酥油少許山藥任意

四和湯

治腹内冷痛脾胃不和

白麪一斤炒 芝蔴一斤炒 茴香二兩炒 塩一兩炒

右件並為末每日空心白湯點服

棗薑湯

和脾胃進飲食

生薑一斤切作片 棗三升去核炒 甘草二兩炒 塩二兩炒

右件為末一處拌匀每日空心白湯點服

茴香湯

治元藏虛弱臍腹冷痛

茴香一斤炒 川練子半斤 陳皮半斤去白 甘草四兩炒

塩半斤炒

右件為細末相和匀每日空心白湯點服

破氣湯

治元藏虛弱腹痛胷膈閉悶

杏仁一斤去皮尖麸炒别研 茴香四兩炒 良薑一兩

蓽澄茄二兩 陳皮二兩去白 桂花半斤 薑黄一兩

木香一兩 丁香一兩 甘草半斤 塩半斤

右件為細末空心白湯點服

白梅湯

治中熱五心煩燥霍亂嘔吐乾渴津液不通

白梅肉一斤 白檀四兩 甘草四兩 塩半斤

右件為細末每服一錢入生薑汁少許白湯調下

木瓜湯

治脚氣不仁膝勞冷痺疼痛

木瓜四箇蒸熟去皮研爛如泥 白沙蜜二斤煉淨

右件二味調和勻入淨磁器內盛之空心白湯點服

橘皮醒酲湯

治酒醉不解嘔噫吞酸

香橙皮一斤去白 陳橘皮一斤去白 檀香四兩 葛花半斤

菉荳花半斤 人參二兩去蘆 白荳蔻仁二兩

鹽六兩炒

右件為細末每日空心白湯點服

渴忒餅兒

生津止渴治嗽

渴忒一兩二錢 新羅參一兩去蘆 菖蒲一錢各為細末

白納八三兩研係沙糖

右件將渴忒用葡萄酒化成膏和上項藥末令勻為劑印作餅每用一餅徐徐噙化

官桂渴忒餅兒

生津止寒嗽

官桂二錢為末 渴忒一兩二錢 新羅參一兩二錢去蘆為末

白納八三兩研

右件將渴忒用玫瑰水化成膏和藥末為劑用訶子油印作餅子每用一餅徐徐噙化

荅必納餅兒

清頭目利咽膈生津止渴治嗽

荅必納二錢為末即草龍膽 新羅參一兩二錢去蘆為末 白納八五兩研

右件用赤赤哈納即北地酸角兒熬成膏和藥末為劑印作餅兒每用一餅徐徐噙化

橙香餅兒

寬中順氣清利頭目

新橙皮一兩焙去白 沉香五錢 白檀五錢 硇砂五錢

白荳蔻仁五錢 蓽澄茄三錢 南鵬砂三錢別研

龍腦二錢別研 麝香二錢別研

右件為細末甘草膏和劑印餅每用一餅徐徐噙化

牛髓膏子

補精髓壯筋骨和血氣延年益壽

黄精膏五兩 地黄膏三兩 天門冬膏一兩

牛骨頭內取油二兩

右件將黄精膏地黄膏天門冬膏與牛骨油一同不住手用銀匙攪令冷定和勻成膏每日空心溫酒調一匙頭

木瓜煎

木瓜十箇去皮穰取汁熬水盡　白沙糖十斤煉淨

右件一同再熬成煎

香圓煎

香圓二十箇去皮取肉　白沙糖十斤煉淨

右件一同再熬成煎

株子煎

株子一百箇取淨肉　白沙糖五斤煉淨

右件同熬成煎

紫蘇煎

紫蘇葉五斤　乾木瓜五斤　白沙糖十斤煉淨

右件一同熬成煎

金橘煎

金橘五十箇去子取皮　白沙糖三斤

右件一同熬成煎

櫻桃煎

櫻桃五十斤取汁　白沙糖二十五斤　同熬成煎

桃煎

大桃一百箇去皮切片取汁　白沙蜜二十斤煉淨

右件一同熬成煎

石榴漿

石榴子十斤取汁　白沙糖十斤煉淨

右件一同熬成煎

小石榴煎

小石榴二斗蒸熟去子研為泥　白沙蜜十斤煉淨

右件一同熬成煎

五味子舍兒別

新北五味十斤去子水浸取汁　白沙糖八斤煉淨

右件一同熬成煎

赤赤哈納　係酸刺

赤赤哈納不以多少水浸取汁

右件用銀石器內熬成膏

松子油

松子不以多少去皮搗研為泥

右件水絞取汁熬成取浮清油綿濾淨再熬澄清

杏子油

杏子不以多少連皮搗碎

右件水煮熬取浮油綿濾淨再熬成油

酥油

牛乳中取浮凝熬而為酥

醍醐油

取上等酥油約重千斤之上者煎熬過濾淨用大磁瓮貯之冬月取瓮中心不凍者謂之醍醐

馬思哥油

取淨牛妳子不住手用阿赤（係打油木器也）打取浮凝者為馬思哥油今亦云白酥油

枸杞茶

枸杞五斗水淘洗淨去浮麥焙乾用白布筒淨去蒂萼黑色選揀紅熟者先用雀舌茶展溲碾子茶芽不用次碾枸杞為細末每日空心用

匙頭入酥油攪勻溫酒調下白湯亦可（忌與酪同食）

玉磨茶

上等紫筍五十斤篩簡淨　蘇門炒米五十斤篩簡淨一同拌和勻入玉磨內磨之成茶

金字茶

係江南湖州造進末茶

范殿帥茶

係江浙慶元路造進茶芽味色絕勝諸茶

紫筍雀舌茶

選新嫩芽蒸過為紫筍有先春次春探春味皆不及紫筍雀舌

女須兒（出直北地面味溫甘）　西番茶（出本土味苦澀煎用酥油）

川茶　藤茶　夸茶（皆出四川）　燕尾茶（出江浙江西）

孩兒茶（出廣南）　溫桑茶（出黑峪）

凡諸茶味甘苦微寒無毒去痰熱止渴利小便消食下氣清神少睡

清茶

先用水滾過濾淨下茶芽少時煎成

炒茶

用鐵鍋燒赤以馬思哥油牛妳子茶芽同炒成

蘭膏

玉磨末茶三匙頭麵酥油同攪成膏沸湯點之

酥簽

金字末茶兩匙頭入酥油同攪沸湯點之

建湯

玉磨末茶一匙入碗內研勻百沸湯點之

香茶

白茶（一袋）　龍腦成片者（三錢）

百藥煎（半錢）　麝香（二錢）　同研細用香粳米

泉水
甘平無毒治消渴反胃熱痢今西山有玉泉水甘
美味勝諸泉
井華水
甘平無毒主人九竅大驚出血以水噀面即住及
洗人目瞖投酒醋中令不損取平旦汲者是也今
内府御用之水常於鄒店取之緣自至大初
武宗皇帝幸柳林飛放請
皇太后同往觀焉由是道經鄒店因渴思茶遂
命普蘭奚國公金界奴朶兒只煎造公親詣諸井
選水惟一井水味頗清甘汲取煎茶以進
上稱其茶味特異
内府常進之茶味色兩絶乃
命國公於井所建觀音堂盖亭井上以欄翼之刻
石紀其事自後
御用之水日必取焉所造湯茶比諸水殊勝鄰左有
井皆不及也此水煎熬過澄瑩如一常較其分兩
與別水增重

神仙服食
鐵甕先生瓊玉膏
此膏填精補髓腸化為筋萬神具足五藏盈溢髓
血滿髮白變黑返老還童行如奔馬日進數服終
日不食亦不飢開通強志日誦萬言神識高邁夜
無夢想人年二十七歲以前服此一料可壽三百
六十歲四十五歲以前服者可壽二百四十歲六
十三歲以前服者可壽一百二十歲六十四歲以
上服者可壽百歲服之十劑絶其慾修陰功成地
仙矣一料分五處可救五人癰疾分十處可救十

人勞疾修合之時沐浴至心勿輕示人

新羅參二十四兩去蘆　生地黃一十六斤汁

白茯苓四十九兩去黑皮　白沙蜜一十斤煉淨

右件人參茯苓爲細末蜜用生絹濾過地黃取自然汁搗時不用銅鐵器取汁盡去滓用藥一處拌和勻入銀石器或好磁器內封用淨紙二三十重封閉入湯內以桑柴火煮三晝夜取出用蠟紙數重包瓶口入井口去火毒一伏時取出再入舊湯內煮一日出水氣取出開封取三匙作三盞祭天地百神焚香設拜至誠端心每日空心酒調一匙頭

地仙煎

治腰膝疼痛一切腹內冷病令人顏色悅澤骨髓堅固行及奔馬

山藥一斤　杏仁一升湯泡去皮尖　生牛奶子二升

右件將杏仁研細入牛奶子山藥拌絞取汁用新磁瓶密封湯煮一日每日空心酒調一匙頭

金髓煎

延年益壽填精補髓久服髮白變黑返老還童

枸杞不以多少採紅熟者

右用無灰酒浸之冬六日夏三日於沙盆內研令爛細然後以布袋絞取汁與前浸酒一同慢火熬成膏於淨磁器內封貯重湯煮之每服一匙頭入酥油少許溫酒調下

天門冬膏

去積聚風痰癱瘓三蟲伏尸除瘟疫輕身益氣令人不飢延年不老

天門冬不以多少去皮去根鬚洗淨

右件搗碎布絞取汁澄清濾過用磁器沙鍋或銀器慢火熬成膏每服一匙頭空心溫酒調下

道書八帝經

欲不畏寒取天門冬茯苓爲末服之每日頻服大寒時汗出單衣

抱朴子云

杜紫微服天門冬御八十妾有子一百四十人日行三百里

列仙子云

赤松子食天門冬齒落更生細髮復出

神仙傳

甘始者太原人服天門冬在人間三百年

修真秘旨

神仙服天門冬一百日後怡泰和顏羸劣者強三百日身輕三年身走如飛

抱朴子云

楚文子服地黃八年夜視有光手上車弩

抱朴子云

南陽文氏值亂逃於壺山飢困有人教之食朮遂不飢數年乃還鄉里顏色更少氣力轉勝

藥經云

必欲長生當服山精是蒼朮也

抱朴子云

任季子服茯苓一十八年玉女從之能隱彰不食穀面生光

孫真人枕中記

茯苓久服百日百病除二百日夜晝二服後役使鬼神四年後玉女來侍

抱朴子云

陵陽仲子服遠志二十年有子三十人開書所見便記不忘

東華真人煑石經

舜常登蒼梧山曰厥金玉香草即五加也服之延年故云寧得一把五加不用金玉滿車寧得一斤地榆安用明月寶珠昔魯定公母單服五加皮酒以致長生如張子聲楊始建王叔才于世彥等皆古人服五加皮酒而房室不絕皆壽三百歲有子三二十人世世有服五加皮酒而獲年壽者甚衆

抱朴子云

趙他子服桂二十年足下毛生日行五百里力舉千斤

列仙傳

偓佺食松子能飛行健走如奔馬

神仙傳

松子不以多少研為膏空心溫酒調下一匙頭日三服則不飢渴久服日行五百里身輕體健

神仙傳

治百節疼痛久風虛脚痺痛松節釀酒服之神驗

神仙傳

槐實於牛膽中漬浸百日陰乾每日吞一枚十日身輕二十日白髮再黑百日通神

食療云

枸杞葉能令人筋骨壯除風補益去虛勞益陽事

春夏秋採葉冬採子可久食之

太清諸本草

七月七日採蓮花七分八月八日採蓮根八分九月九日採蓮子九分陰乾食之令人不老

食療云

如腎氣虚弱取生栗子不以多少令風乾之每日空心細嚼之三五箇徐徐嚥之

神仙服黄精成地仙

昔臨川有士人虐其婢婢乃逃入山中久之見野草枝葉可愛即拔取食之甚美自是常食之久而不飢遂輕徤夜息大木下聞草動以爲虎懼而上木避之及曉下平地其身欻然凌空而去或自一峯之頂若飛鳥焉數歳其家採薪見之告其主使捕之不得一日遇絶壁下以網三面圍之俄而騰上山頂其主異之或曰此婢安有仙風道骨不過靈藥服食遂以酒饌五味香美置往來之路觀其食否果來食之遂不能遠去擒之問以述其故所指食之草即黄精也謹按黄精寬中益氣補五藏調良肌肉充實骨體堅彊筋骨延年不老顔色鮮明髮白再黑齒落更生

神枕法

漢武帝東巡泰山下見老翁鋤於道背上有白光高數尺帝怪而問之有道術否老翁對曰臣昔年八十五時衰老垂死頭白齒落有道士者教臣服棗飲水絶穀并作神枕法中有三十二物内二十四物善以當二十四氣其八物毒以應八風臣行轉少黑髮更生墮齒復出日行三百里臣今年一百八十矣不能棄世入山顧戀子孫復還食穀又已二十餘年猶得神枕之力往不復老武帝視老翁顔壯當如五十許人驗問其隣人皆云信然帝乃從授其方作枕而不能隨其絶穀飲水也

神枕方

用五月五日七月七日取山林柏以爲枕長一尺二寸高四寸空中容一斗二升以柏心赤者爲蓋厚二分蓋致之令密又使可開閉也又鑽蓋上爲三行每行四十九孔凡一百四十七孔令容粟大

用下項藥

芎藭　當歸　白芷　辛夷

杜衡　白术　藁本　木蘭

蜀椒　桂　乾薑　防風

人參　桔梗　白薇　荆實
肉蓯蓉　飛廉　柏實　薏苡仁
款冬花　白衡　秦椒　蘪蕪
凡二十四物以應二十四氣
烏頭　附子　藜蘆　皁角
㭊草　凡石　半夏　細辛
八物毒者以應八風
右三十二物各一兩皆㕮咀以毒藥上安之滿枕中用囊以衣枕百日面有光澤一年體中諸疾一一皆愈而身盡香四年白髮變黑齒落重生耳目聰明神方驗秘不傳非人也武帝以問東方朔答云昔女廉以此傳玉青玉青以傳廣成子廣成子以傳黄帝近者穀城道士淳于公枕此藥枕百餘歲而頭髮不白夫病之來皆從陽脉起今枕藥枕風邪不得侵人矣又雖以布囊衣枕猶當復以幃囊重包之須欲卧時乃脱去之耳詔賜老翁疋帛老翁不受曰臣之於君猶子之於父也子知道以上之於父義不受賞又臣非賣道者以陛下好善故進此耳帝止而更賜諸藥

神仙服食

菖蒲尋九節者窨乾百日為末日三服久服聰明耳目延年益壽

神仙服食

胡麻食之能除一切痼疾久服長生肥健人延年不老

抱朴子

服五味十六年面色如玉入火不灼入水不濡

抱朴子云

韓聚服菖蒲十三年身上生毛日誦萬言冬袒不寒須得石上生者一寸九節紫花尤善

食醫心鏡

藕實味甘平無毒補中養氣清神除百病久服令人止渴悦澤

日華子云

蓮子并石蓮去心久食令人心喜益氣止渴治腰痛泄精瀉痢

日華子云

蓮花蘂久服鎮心益色駐顏輕身

日華子云

何首烏味甘無毒久服壯筋骨益精髓黑髭鬢令人有子

四時所宜

春三月此謂發陳天地俱生萬物以榮夜卧早起廣步於庭被髮緩形以使志生生而勿殺予而勿奪賞而勿罰此春氣之應養生之道也逆之則傷肝夏為寒變奉長者少

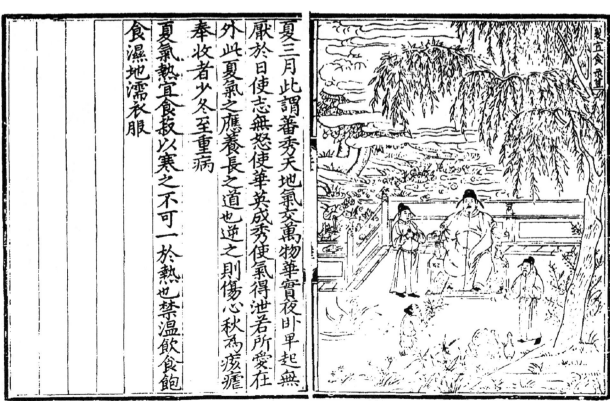

春氣温宜食麥以凉之不可一於温也禁温飲食及熱衣服

夏三月此謂蕃秀天地氣交萬物華實夜卧早起無厭於日使志無怒使華英成秀使氣得泄若所愛在外此夏氣之應養長之道也逆之則傷心秋為痎瘧奉收者少冬至重病

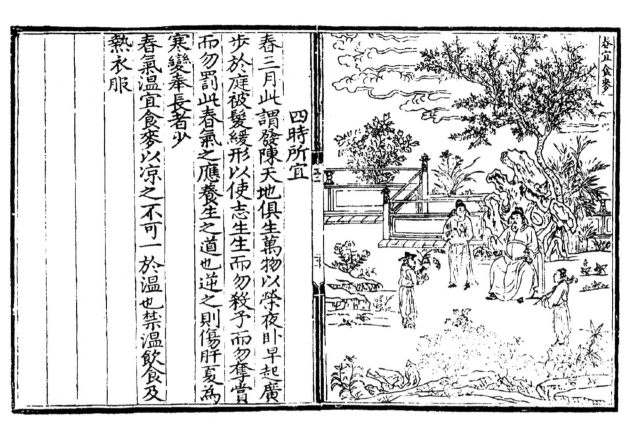

夏氣熱宜食菽以寒之不可一於熱也禁温飲食飽食濕地濡衣服

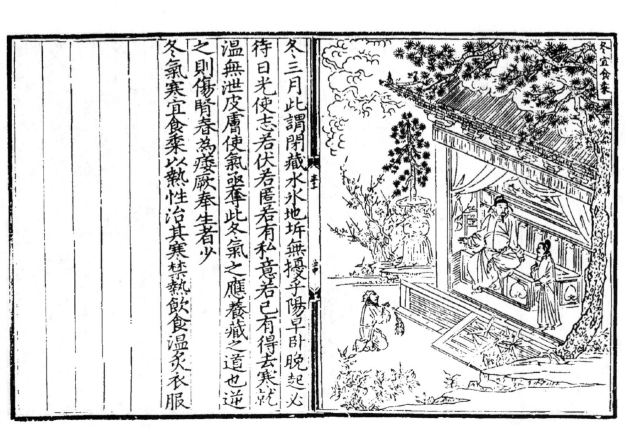

秋三月此謂容平天氣以急地氣以明早卧早起與雞俱興使志安寧以緩秋形收斂神氣使秋氣平無外其志使肺氣清此秋氣之應養收之道也逆之則傷肺冬為飧泄奉藏者少

秋氣燥宜食麻以潤其燥禁寒飲食寒衣服

冬三月此謂閉藏水氷地坼無擾乎陽早卧晚起必待日光使志若伏若匿若有私意若已有得去寒就温無泄皮膚使氣亟奪此冬氣之應養藏之道也逆之則傷腎春為痿厥奉生者少

冬氣寒宜食黍以熱性治其寒禁熱飲食温炙衣服

五味偏走

酸澀以收多食則膀胱不利為癃閉

苦燥以堅多食則三焦閉塞為嘔吐

辛味薰蒸多食則上走於肺榮衛不時而心洞

鹹味湧泄多食則外注於脉胃竭咽燥而病渴

甘味弱劣多食則胃柔緩而蟲過故中滿而心悶

辛走氣氣病勿多食辛

鹹走血血病勿多食鹹

苦走骨骨病勿多食苦

甘走肉肉病勿多食甘

酸走筋筋病勿多食酸

肝病禁食辛宜食粳米牛肉葵棗之類

心病禁食鹹宜食小豆犬肉李韭之類

脾病禁食酸宜食大豆豕肉栗藿之類

肺病禁食苦宜食小麥羊肉杏薤之類

腎病禁食甘宜食黃黍雞肉桃葱之類

多食酸肝氣以津脾氣乃絕則肉胝䐢而脣揭

多食鹹骨氣勞短肥氣折則脉凝泣而變色

多食甘心氣喘滿色黑腎氣不平則骨痛而髮落

多食苦脾氣不濡胃氣乃厚則皮槁而毛拔

多食辛筋脉沮弛精神乃央則筋急而爪枯

五穀為食○五菓為助○五肉為益○五菜為充

氣味合和而食之則補精益氣

雖然五味調和食飲口嗜皆不可多也多者生疾少者為益百味珍饌日有慎節是為上矣

食療諸病

生地黃雞

治腰背疼痛骨髓虛損不能久立身重氣乏盜汗少食時復吐利

生地黃半斤 飴糖五兩 烏雞一枚

右三味先將雞去毛腸肚淨細切地黃與糖相和勻內雞腹中以銅器中放之復置甑中蒸炊飯熟成取食之不用鹽醋唯食肉盡却飲汁

羊蜜膏

治虛勞腰痛欬嗽肺痿骨蒸

熟羊脂五兩 熟羊髓五兩 白沙蜜五兩煉淨

生薑汁一合 生地黃汁五合

右五味先以羊脂煎令沸次下羊髓又令沸次下蜜地黃生薑汁不住手攪微火熬數沸成膏每日空心溫酒調一匙頭或作羹湯或作粥食之亦可

羊藏羹

治腎虛勞損骨髓傷敗

羊肝肚腎心肺各一具湯洗淨 牛酥一兩

胡椒一兩 蓽撥一兩 豉一合 陳皮二錢去白

良薑二錢 草菓兩箇 葱五莖

右件先將羊肝等慢火煮令熟將汁濾淨和羊肝等并藥一同入羊肚內縫合口令絹袋盛之再煮熟入五味旋旋任意食之

羊骨粥

治虛勞腰膝無力

羊骨一付全者搥碎 陳皮二錢去白 良薑二錢

草菓二箇 生薑一兩 鹽少許

右水三斗慢火熬成汁濾出澄清如常作粥或作羹湯亦可

羊脊骨羹

治下元久虛腰腎傷敗

羊脊骨一具全者槌碎 肉蓯蓉一兩洗切作片

草果三箇 蓽撥二錢

右件水熬成汁濾去滓入葱白五味作麵羹食之

白羊腎羹

治虛勞陽道衰敗腰膝無力

白羊腎二具切作片 肉蓯蓉一兩酒浸切

羊脂四兩切作片 胡椒二錢 陳皮一錢去白 蓽撥二錢

草果二錢

右件相和入葱白鹽醬煮作湯入麵餺子如常作羹食之

猪腎粥

治腎虛勞損腰膝無力疼痛

猪腎一對去脂膜切 粳米三合 草果二錢

陳皮一錢去白 縮砂二錢

右件先將猪腎陳皮等煮成汁濾去滓入酒少許次下米成粥空心食之

枸杞羊腎粥

治陽氣衰敗腰脚疼痛五勞七傷

枸杞葉一斤 羊腎二對細切 葱白一莖

羊肉半斤炒

右四味拌勻入五味煮成汁下米熬成粥空腹食之

鹿腎羹

治腎虛耳聾

鹿腎一對去脂膜切

右件於豆豉中入粳米三合煮粥或作羹入五味空心食之

羊肉羹

治腎虛衰弱腰脚無力

羊肉半斤細切 蘿蔔一箇切作片 草果一錢

陳皮一錢去白 良薑一錢 蓽撥一錢 胡椒一錢

葱白三莖

右件水熬成汁入鹽醬熬湯下麵餺子作羹食之將湯澄清作粥食之亦可

鹿蹄湯

治諸風虛腰脚疼痛不能踐地

鹿蹄四隻 陳皮二錢 草果二錢

右件煮令爛熟取肉入五味空腹食之

鹿角酒

治卒患腰痛暫轉不得

鹿角新者長二三寸燒令赤

右件内酒中浸二宿空心飲之立效

黒牛髓煎

治腎虚弱骨傷敗瘦弱無力

黒牛髓半斤 生地黄汁半斤 白沙蜜半斤煉去蠟

右三味和勻煎成膏空心酒調服之

狐肉湯

治虚弱五藏邪氣

狐肉五斤湯洗淨 草果五箇 縮砂二錢 葱一握

陳皮一錢去白 良薑二錢 哈昔泥一錢即阿魏

右件水一斗煑熟去草菓等次下胡椒二錢薑黄一錢醋五味調和勻空心食之

烏鷄湯

治虚弱勞傷心腹邪氣

烏雄鷄一隻撏洗淨切作塊子 陳皮一錢去白 良薑一錢

胡椒二錢 草菓二箇

右件以葱醋醬相和入瓶内封口令煑熟空腹食

醍醐酒

治虚弱去風濕

醍醐一盞

右件以酒一盃和勻温飲之效驗

山藥飥

治諸虚五勞七傷心腹冷痛骨髓傷敗

羊骨五七塊帶肉 蘿蔔一枚切作大片 葱白一莖

草果五箇 陳皮一錢去白 良薑一錢 胡椒二錢

縮砂二錢 山藥二斤

右件同煑取汁澄清濾去柤麪二斤山藥二斤煑熟研泥搜麪作飥入五味空腹食之

山藥粥

治虚勞骨蒸久冷

羊肉一斤去脂膜爛煑熟研泥 山藥一斤煑熟研泥

右件肉湯内下米三合煑粥空腹食之

酸棗粥

治虚勞心煩不得睡卧

酸棗仁一椀

右用水絞取汁下米三合煑粥空腹食之

生地黄粥

治虚弱骨蒸四肢無力漸漸羸瘦心煩不得睡卧

生地黄汁一合 酸棗仁水絞取汁二盞

右件水煑同熬數沸次下米三合煑粥空腹食之

椒麪羹

治脾胃虛弱久患冷氣心腹結痛嘔吐不能下食

川椒三錢炒為末 白麪四兩

右件同和勻入塩少許於豆豉作麪條煑羹食之

蓽撥粥

治脾胃虛弱心腹冷氣㽲痛妨悶不能食

蓽撥一兩 胡椒一兩 桂五錢

右三味為末每用三錢水三大碗入豉半合同煑令熟去滓下米三合作粥空腹食之

良薑粥

治心腹冷痛積聚停飲

高良薑半兩為末 粳米三合

右件水三大椀煎高良薑至二椀去滓下米煑粥食之效驗

吳茱萸粥

治心腹冷氣衝脇肋痛

吳茱萸半兩水洗去涎焙乾炒為末

右件以米三合一同作粥空腹食之

牛肉脯

治脾胃久冷不思飲食

牛肉五斤去脂膜切作大片 胡椒五錢 蓽撥五錢

陳皮二錢去白 草果二錢 縮砂二錢 良薑二錢

右件為細末生薑汁五合葱汁一合塩四兩同肉拌勻淹二日取出焙乾作脯任意食之

蓮子粥

治心志不寧補中強志聰明耳目

蓮子一升去心

右件煑熟研如泥與粳米三合作粥空腹食之

雞頭粥

治精氣不足強志明耳目

雞頭實三合

右件煑熟研如泥與粳米一合煑粥食之

雞頭羹粉

治濕痺腰膝痛除暴疾益精氣強心志耳目聰明

雞頭磨成粉 羊脊骨一付帶肉熬取汁

右件用生薑汁一合入五味調和空心食之

桃仁粥

治心腹痛上氣咳嗽胷膈妨滿喘急

桃仁三兩湯煑熟去尖皮研

右件取汁和粳米同煑粥空腹食之

生地黄粥

治虚勞瘦弱骨蒸寒熱往来咳嗽唾血

生地黄汁 二合

右件煮白粥臨熟時入地黄汁攪匀空腹食之

鯽魚羹

治脾胃虚弱泄痢久不瘥者食之立效

大鯽魚 二斤 大蒜 兩塊 胡椒 二錢 小椒 二錢

陳皮 二錢 硇砂 二錢 蓽撥 二錢

右件葱醬塩料物蒜入魚肚内煎熟作羹五味調和令匀空心食之

炒黄麵

治泄痢腸胃不固

白麵 一斤炒令焦黄

右件每日空心温水調一匙頭

乳餅麵

治脾胃虚弱赤白泄痢

乳餅 一箇切作豆子樣

右件用麵拌煮熟空腹食之

炙黄鷄

治脾胃虚弱下痢

黄雌雞 一隻挦淨

右以鹽醬醋茴香小椒末同拌匀刷雞上令炭火炙乾焦空腹食之

牛妳子煎蓽撥法

貞觀中太宗苦於痢疾衆醫不効問左右能治愈者當重賞時有術士進此方用牛妳子煎蓽撥服之立瘥

猯肉羹

治水腫浮氣腹脹小便澀少

猯肉 一斤細切 葱 一握 草果 三箇

右件用小椒豆豉同煮爛熟入粳米一合作羹五味調匀空腹食之

黄鴠鷄

治腹中水癖水腫

黄鴠鷄 一隻挦淨 草果 二錢 赤小豆 一升

右件同煮熟空心食之

青鴨羹

治十腫水病不瘥

青頭鴨 一隻退淨 草果 五箇

右件用赤小豆半升入鴨腹内煮熟五味調空心食

蘿蔔粥

治消渴舌焦口乾小便數

大蘿蔔五箇煮熟絞取汁

右件用粳米三合同水并汁煮粥食之

野雞羹

治消渴口乾小便頻數

野雞一隻撏淨

右入五味如常法作羹臛食之

鵓鴿羹

治消渴飲水無度

白鵓鴿一隻切作大片

右件用土蘇一同煮熟空腹食之

雞子黄

治小便不通

雞子黄一枚生用

右件服之不過三服熟亦可食

葵菜羹

治小便癃閉不通

葵菜葉不以多少洗擇淨

右煮作羹入五味空腹食之

鯉魚湯

治消渴水腫黄疸脚氣

大鯉魚一頭　赤小豆一合　陳皮二錢去白

小椒二錢　草果二錢

右件入五味調和勻煮熟空腹食之

馬齒菜粥

治脚氣頭面水腫心腹脹滿小便淋澀

馬齒菜洗淨取汁

右件和粳米同煮粥空腹食之

小麥粥

治消渴口乾

小麥淘淨不以多少

右以煮粥或炊作飯空腹食之

驢頭羹

治中風頭眩手足無力筋骨煩痛言語蹇澀

烏驢頭一枚撏洗淨　胡椒二錢　草果二錢

右件煮令爛熟入豆豉汁中五味調和空腹食之

驢肉湯

治風狂憂愁不樂安心氣

烏驢肉不以多少切

右件於豆豉中爛煮熟入五味空心食之

狐肉羹

治驚風癲癇神情恍惚言語錯謬歌笑無度

狐肉不以多少及五藏

右件如常法入五味煮令爛熟空心食之

熊肉羹

治諸風脚氣痺痛不仁五緩筋急

熊肉一斤

右件於豆豉中入五味葱醬煮熟空腹食之

烏鷄酒

治中風背強舌直不得語目睛不轉煩熱

烏雌雞一隻㨶洗淨去腸肚

右件以酒五升煮取酒二升去滓分作三服相繼服之汁盡無時熬葱白生薑粥投之盖覆取汁

羊肚羹

治諸中風

羊肚一枚洗淨 粳米二合 葱白數莖 豉半合

蜀椒去目閉口者炒出汗三十粒 生薑二錢半細切

右六味拌匀入羊肚内爛煮熟五味調和空心食之

葛粉羹

治中風心脾風熱言語謇澀精神昏憒手足不遂

葛粉半斤搗取粉四兩 荊芥穗一兩 豉三合

右三味先以水煮荊芥豉六七沸去滓取汁次將葛粉作索麵於汁中煮熟空腹食之

荊芥粥

治中風言語謇澀精神昏憒口面喎斜

荊芥穗一兩 薄荷葉一兩 豉三合 白粟米三合

右件以水四升煮取三升去滓下米煮粥空腹食之

麻子粥

治中風五藏風熱語言謇澀手足不遂大腸滯澀

冬麻子二兩炒去皮研 白粟米三合 薄荷葉一兩

荊芥穗一兩

右件水三升煮薄荷荊芥去滓取汁入麻子仁同煮粥空腹食之

惡實菜即牛蒡子又名鼠粘子

治中風燥熱口乾手足不遂及皮膚熱瘡

惡實菜葉嫩肥者 酥油

右件以湯煮惡實葉三五升取出以新水淘過布絞取汁入五味酥點食之

烏驢皮湯

治中風手足不遂骨節煩疼心燥口眼面目喎斜

烏驢皮 一張 擇洗淨

右件蒸熟細切如條於豉汁中入五味調和勻煑過空心食之

羊頭膾

治中風頭眩羸瘦手足無力

白羊頭 一枚 擇洗淨

右件蒸令爛熟細切以五味汁調和膾空腹食之

野猪臛

治久痔野鷄病下血不止肛門腫滿

野猪肉 二斤 細切

右件煑令爛熟入五味空心食之

獺肝羹

治久痔下血不止

獺肝 一付

右件煑熟入五味空腹食之

鯽魚羹

治久痔腸風大便常有血

大鯽魚 一頭 新鮮者 洗淨 切作片 小椒 二錢 爲末 草果 一錢 爲末

右件用葱三莖煑熟入五味空腹食之

服藥食忌

但服藥不可多食生芫荽及蒜雜生菜諸滑物肥猪肉犬肉油膩物魚膾腥臊等物及忌見喪尸產婦淹穢之事又不可食陳臭之物

有朮勿食桃李雀肉胡荽蒜青魚等物

有藜蘆勿食狸肉

有巴豆勿食蘆笋及野猪肉

有黃連桔梗勿食猪肉

有地黃勿食蕪荑

有半夏菖蒲勿食飴糖及羊肉

有細辛勿食生菜
有甘草勿食菘菜海藻
有牡丹勿食生胡荽
有商陸勿食犬肉
有常山勿食生葱生菜
有空青朱砂勿食血 凡服藥通忌食血
有茯苓勿食醋
有鱉甲勿食莧菜
有天門冬勿食鯉魚
凡久服藥通忌
未不服藥又忌滿日
正五九月忌巳日
二六十月忌寅日
三七十一月忌亥日
四八十二月忌申日

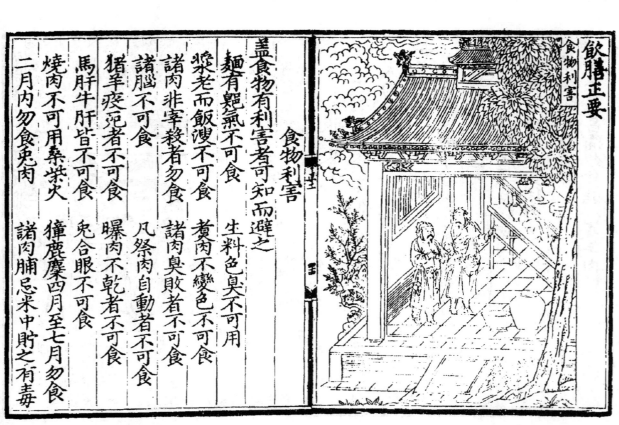

飲膳正要

食物利害

盖食物有利害者可知而避之

麵有䴵氣不可食　生料色臭不可用
漿老而飯溲不可食　煮肉不變色不可食
諸肉非宰殺者勿食　諸肉臭敗者不可食
諸腦不可食　凡祭肉自動者不可食
猪羊疫死者不可食　曝肉不乾者不可食
馬肝牛肝皆不可食　兔合眼不可食
燒肉不可用桑柴火　獐鹿麋四月至七月勿食
二月内勿食兔肉　諸肉脯忌米中貯之有毒

魚餒者不可食　羊肝有孔者不可食
諸鳥自閉口者勿食　蟹八月後可食餘月勿食
蝦不可多食無鬚及腹下丹黄之白者皆不可食
臘月脯腊之屬或經雨漏所漬蟲鼠嚙殘者勿食
海味糟藏之屬或經濕熱變損日月過久者勿食
六月七月勿食鴈　鯉魚頭不可食毒在腦中
諸肝青者不可食　五月勿食鹿傷神
九月勿食犬肉傷神　十月勿食熊肉傷神
不時者不可食　諸果核未成者不可食
諸果落地者不可食　諸果蟲傷者不可食
桃杏雙仁者不可食　蓮子不去心食之成霍亂
甜瓜雙蒂者不可食　諸瓜沉水者不可食
蘑菰勿多食發病　榆仁不可多食令人瞑
菜着霜者不可食　櫻桃勿多食令人發風
葱不可多食令人虚　芫荽勿多食令人多忘
竹笋勿多食發病　木耳赤色者不可食
三月勿食蒜昏人目　二月勿食蓼發病
九月勿食着霜瓜　四月勿食胡荽生狐臭
十月勿食椒傷人心　五月勿食韮昏人五藏

食物相反

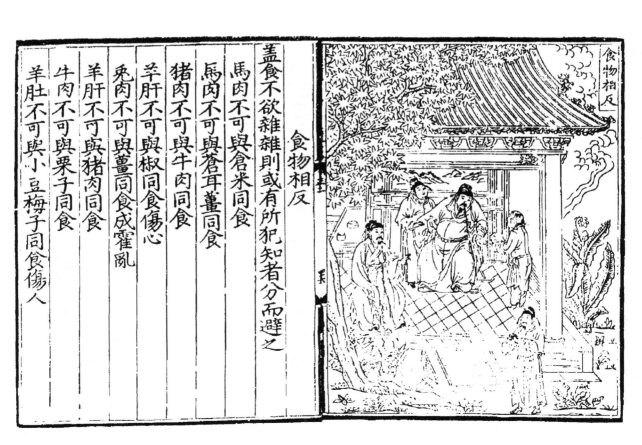

蓋食不欲雜雜則或有所犯知者分而避之
馬肉不可與倉米同食
馬肉不可與蒼耳薑同食
猪肉不可與牛肉同食
羊肝不可與椒同食傷心
兎肉不可與薑同食成霍亂
羊肝不可與猪肉同食
牛肉不可與栗子同食
羊肚不可與小豆梅子同食傷人

羊肉不可與魚膾酪同食
猪肉不可與羌荽同食爛人腸
馬妳子不可與魚膾同食生癥瘕
鹿肉不可與鮠魚同食
麋鹿不可與鰕同食　麋肉脂不可與梅李同食
牛肝不可與鮎魚同食生風
牛腸不可與犬肉同食
鷄肉不可與魚汁同食生癥瘕
鵪鶉肉不可與猪肉同食面生黑
鵪鶉肉不可與菌子同食發痔
野鷄不可與蕎麵同食生虫
野鷄不可與胡桃蘑菰同食
野鷄卵不可與葱同食生虫
雀肉不可與李同食　鷄子不可與鼈肉同食
鷄子不可與生葱蒜同食損氣
鷄肉不可與兎肉同食令人泄瀉
野鷄不可與鯽魚同食
鴨肉不可與鼈肉同食
野鷄不可與猪肝同食
鯉魚不可與犬肉同食

野雞不可與鮎魚同食食之令人生癩疾
鯽魚不可與糖同食　鯽魚不可與猪肉同食
黃魚不可與蕎麵同食
鰕不可與猪肉同食損精
鰕不可與糖同食　鰕不可與鷄肉同食
大豆黃不可與猪肉同食
黍米不可與葵菜同食發病
小豆不可與鯉魚同食
楊梅不可與生葱同食
柿梨不可與蟹同食　李子不可與鷄子同食
棗不可與蜜同食　李子菱角不可與蜜同食
葵菜不可與糖同食　生葱不可與蜜同食
萵苣不可與酪同食　竹笋不可與糖同食
蓼不可與魚膾同食　莧菜不可與鼈肉同食
韮不可與酒同食　苦苣不可與蜜同食
薤不可與牛肉同食生癥瘕
芥末不可與兎肉同食生瘡

食物中毒

諸物品類有根性本毒者有無毒而食物成毒者有雜合相畏相惡相反成毒者人不戒慎而食之致傷腑臟和亂腸胃之氣或輕或重各随其毒而爲害随毒而解之

如飲食後不知記何物毒心煩滿悶者急煎苦參汁飲令吐出或煮犀角汁飲之或苦酒好酒煮飲皆良

食菜物中毒取鷄糞燒灰水調服之或甘草汁或煮葛根汁飲之胡粉水調服亦可

食瓜過多腹脹食塩即消

食蘑菇菌子毒地漿解之

食菱角過多腹脹滿悶可煖酒和薑飲之即消

食野山芋毒土漿解之

食瓠中毒煮黍穰汁飲之即解

食諸雜肉毒及馬肝漏脯中毒者燒猪骨灰調服或芫荽汁飲之或生韮汁亦可

食牛羊肉中毒煎甘草汁飲之

食馬肉中毒嚼杏仁即消或蘆根汁及好酒皆可

食犬肉不消成腹脹口乾杏仁去皮尖水煮飲之

食魚膾過多成蟲瘕大黄汁陳皮末同塩湯服之

食蟹中毒飲紫蘇汁或冬瓜汁或生藕汁解之乾蒜汁蘆根汁亦可

食魚中毒陳皮汁蘆根及大黄大豆朴消汁皆可

食鴨子中毒煮秫米汁解之

食鷄子中毒可飲醇酒醋解之

飲酒大醉不解大豆汁葛花椹子柑子皮汁皆可

食牛肉中毒猪脂煉油一兩每服一匙頭温水調下即解

食猪肉中毒飲大黄汁或杏仁汁朴消汁皆可解

禽獸變異

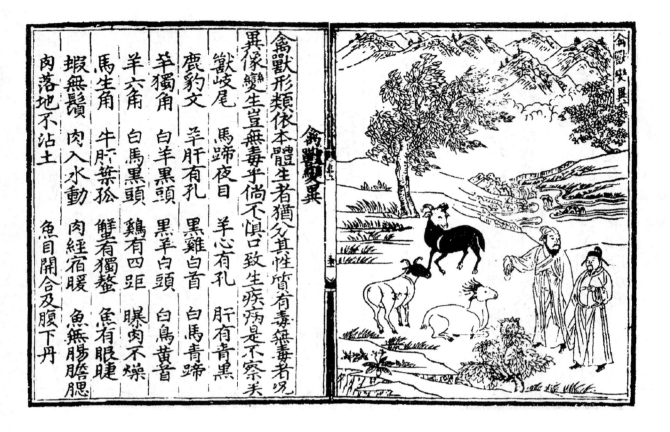

禽獸形類依本體生者猶分其性質有毒無毒者况異像變生豈無毒乎倘不慎口致生疾病是不察矣

獸岐尾　馬蹄夜目　羊心有孔　肝有青黑

麂豹文　羊肝有孔　黑雞白首　白馬青蹄

羊獨角　白羊黑頭　黑羊白頭　白鳥黃首

羊六角　白馬黑頭　雞有四距　曝肉不燥

馬生角　牛肝葉孤　蟹有獨螯　魚有眼睫

蝦無鬚　肉入水動　肉經宿暖　魚無腸膽腮

肉落地不沾土　魚目開合及腹下丹

飲膳正要卷第二

飲膳正要卷第三

米穀品

稻米

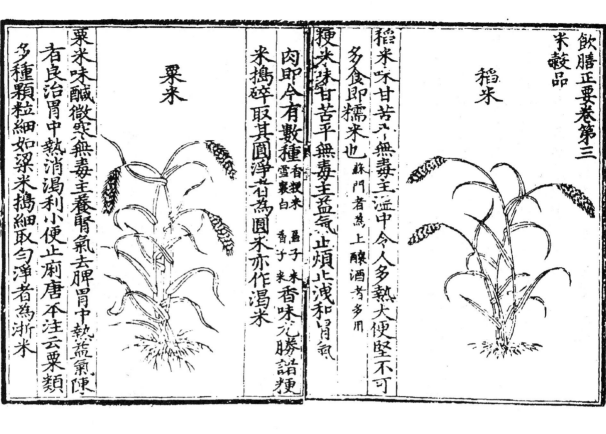

稻米味甘苦平無毒主溫中令人多熱大便堅不可多食即糯米也蘇門者為上釀酒者多用

粳米味甘苦平無毒主益氣止煩止洩和胃氣肉即今有數種香粳米雪粳白匾子米香子米香味尤勝諸粳米擣碎取其圓淨者為圓米亦作渴米

粟米

粟米味鹹微寒無毒主養腎氣去脾胃中熱益氣陳者良治胃中熱消渴利小便止痢唐本注云粟類多種顆粒細如粱米擣細取勻淨者為淅米

粱米

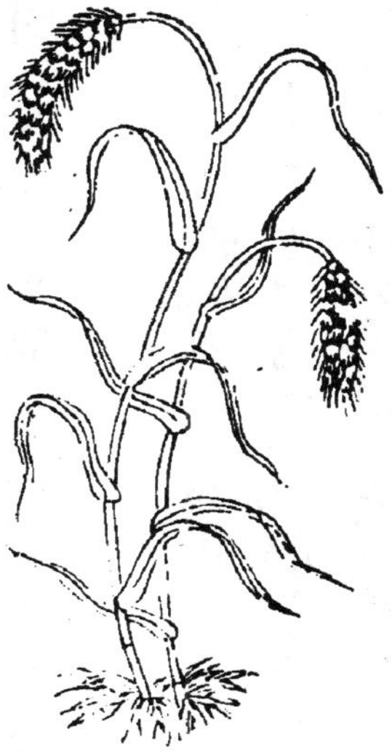

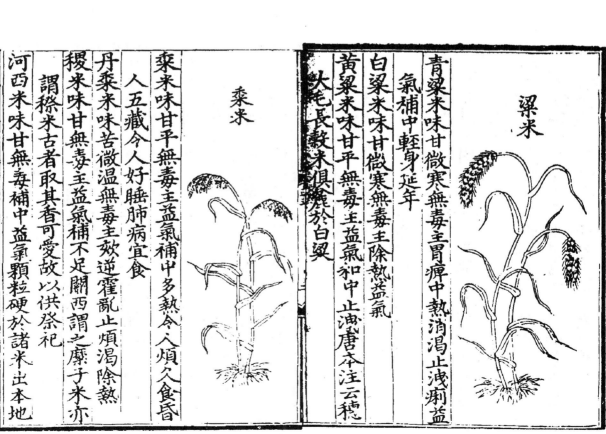

青粱米味甘微寒無毒主胃痹中熱消渴止洩痢益氣補中輕身延年

白粱米味甘微寒無毒主除熱益氣

黃粱米味甘平無毒主益氣和中止洩唐本注云穗大毛長穀米俱麤於白粱

黍米

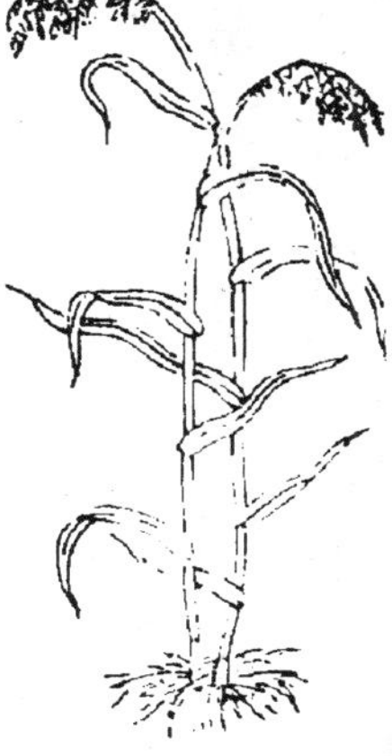

黍米味甘平無毒主益氣補中多熱令人煩久食昏人五藏令人好睡肺病宜食

丹黍米味苦微溫無毒主欬逆霍亂止煩渴除熱

稷米味甘無毒主益氣補不足關西謂之穈子米亦謂穄米古者取其香可愛故以供祭祀

河西米味甘無毒補中益氣顆粒硬於諸米出本地

菉荳

菉荳味甘寒無毒主丹毒風瘮煩熱和五藏行經脉

白豆味甘平無毒調中暖腸胃助經脉腎病宜食

大豆味甘平無毒殺鬼氣止痛逐水除胃中熱下瘀血解諸藥毒作豆腐即寒而動氣

赤小豆味甘酸平無毒主下水排膿血去熱腫止瀉痢通小便解小麥毒

回回豆子

回回豆子味甘無毒主消渴勿與塩煑食之出在回回地面苗似豆今田野中處處有之

青小豆味甘寒無毒主熱中消渴止下痢去腹脹產婦無乳汁爛煑三五升食之即乳多

豌豆味甘平無毒調順榮衛和中益氣

匾豆味甘微温主和中葉主霍亂吐下不止

小麥

小麥味甘微寒無毒主除熱止煩燥消渴咽乾利小便養肝氣止痛唾血

大麥味鹹温微寒無毒主消渴除熱益氣調中令人多熱為五穀長藥性論云能消化宿食破冷氣

蕎麥味甘平寒無毒實腸胃益氣力久食動風氣令人頭眩和猪肉食之患熱風脫人鬚眉

芝麻

白芝麻味甘大寒無毒治虚勞滑腸胃行風氣通血脉去頭風潤肌膚食後生噉一合與乳母食之令子不生病

胡麻味甘微寒除一切痼疾久服長肌肉健人油利大便治胞衣不下脩真秘旨云神仙服胡麻法久服面光澤不飢三年水火不能害行及奔馬

餳味甘微温無毒補虛乏止渴去血建脾治嗽小兒誤吞錢取一斤漸漸盡食之即出

蜜味甘平微温無毒主心腹邪氣諸驚癇補五藏不足氣益中止痛解毒明耳目和百藥除衆病

麴味甘大煖療藏府中風氣調中益氣開胃消食補虛冷陳久者良

醋味酸温無毒消癰腫散水氣殺邪毒破血運除癥塊堅積醋有數種酒醋桃醋麥醋葡萄醋棗醋米醋為上入藥用

醬味鹹酸冷無毒除熱止煩殺百藥熱湯火毒殺一切魚肉菜蔬毒豆醬主治勝麵醬陳久者尤良

豉味苦寒無毒主傷寒頭痛煩燥滿悶

塩味鹹温無毒主殺鬼蠱邪疰毒傷寒吐胸中痰澼止心腹卒痛多食傷肺令人咳嗽失顏色

酒味苦甘辣大熱有毒主行藥勢殺百邪通血脉厚腸胃潤皮膚消憂愁多飲損壽傷神易人本性酒有數般唯醞釀以隨其性

虎骨酒以酥炙虎骨搗碎釀酒治骨節疼痛風疰冷痺痛

枸杞酒以甘州枸杞依法釀酒補虛弱長肌肉益精氣去冷風壯陽道

地黄酒以地黄絞汁釀酒治虛弱壯筋骨通血脉治腹内痛

松節酒仙方以五月五日採松節剉碎煮水釀酒治冷風虛骨弱脚不能履地

茯苓酒仙方依法茯苓釀酒治虛勞壯筋骨延年益壽

松根酒以松樹下撅坑置瓮取松根津液釀酒治風壯筋骨

羊羔酒依法作酒大補益人

五加皮酒五加皮浸酒或依法釀酒治骨弱不能行走久服壯筋骨延年不老

膃肭臍酒治腎虛弱壯腰膝大補益人

小黄米酒性熱不宜多飲昏人五藏煩熱多睡

葡萄酒益氣調中耐飢強志酒有數等有西番者有哈剌火者有平陽太原者其味都不及哈剌火者田地酒最佳

阿剌吉酒味甘辣大熱有大毒主消冷堅積去寒氣用好酒蒸熬取露成阿剌吉

速兒麻酒又名撥糟味微甘辣主益氣止渴多飲令人膨脹生痰

獸品

牛

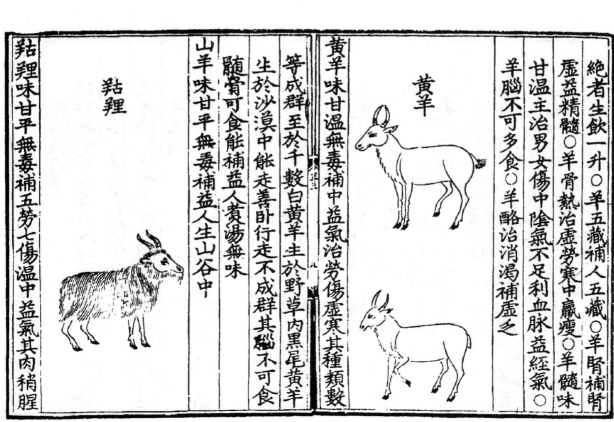

牛肉味甘平無毒主消渴止啘泄安中益氣補脾胃○牛髓補中填精髓○牛酥凉益心肺止渴嗽潤毛髮除肺痿心熱吐血○牛酪味甘酸寒無毒主熱毒止消渴除胷中虛熱身面熱瘡○牛乳腐微寒潤五藏利大小便益十二經脉微動氣

羊

羊肉味甘大熱無毒主暖中頭風大風汗出虛勞寒冷補中益氣○羊頭凉治骨蒸腦熱頭眩瘦病○羊心主治憂恚膈氣○羊肝性冷療肝氣虛熱目赤闇○羊血主治女人中風血虛產後血暈悶欲絶者生飲一升○羊五藏補人五藏○羊腎補腎虛益精髓○羊骨熱治虛勞寒中羸瘦○羊髓味甘温主治男女傷中陰氣不足利血脉益經氣○羊腦不可多食○羊酪治消渴補虛乏

黃羊

黃羊味甘温無毒補中益氣治勞傷虛寒其種類數等成群至於千數白黃羊生於野草内黑尾黃羊生於沙漠中能走善卧行走不成群其腦不可食髓骨可食能補益人黃湯無味

山羊味甘平無毒補益人生山谷中

羖䍽

羖䍽味甘平無毒補五勞七傷温中益氣其肉稍腥

馬

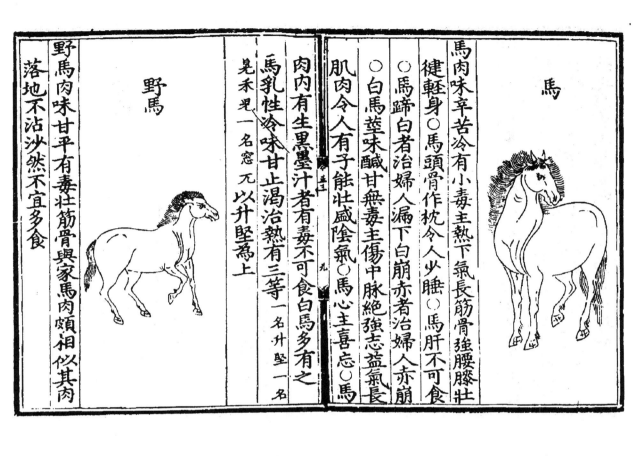

馬肉味辛苦冷有小毒主熱下氣長筋骨强腰膝壯健輕身○馬頭骨作枕令人少睡○馬肝不可食○馬蹄白者治婦人漏下白崩赤者治婦人赤崩○白馬莖味鹹甘無毒主傷中脉絶强志益氣長肌肉令人有子能壯盛陰氣○馬心主喜忘○馬肉内有生黑墨汁者有毒不可食白馬多有之

馬乳性冷味甘止渴治熱有三等一名升堅一名晃禾兒一名窓兀以升堅爲上

野馬

野馬肉味甘平有毒壯筋骨與家馬肉頗相似其肉落地不沾沙然不宜多食

象

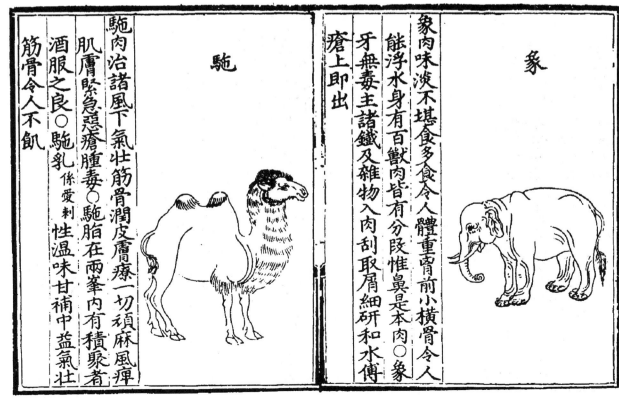

象肉味淡不堪食多食令人體重胷前小横骨令人能浮水身有百獸肉皆有分段惟鼻是本肉○象牙無毒主諸鐵及雜物入肉刮取屑細研和水傅瘡上即出

駝

駝肉治諸風下氣壯筋骨潤皮膚療一切頑麻風痺肌膚緊急惡瘡腫毒○駝脂在兩峯内有積聚者酒服之良○駝乳係愛刺性温味甘補中益氣壯筋骨令人不飢

野駞

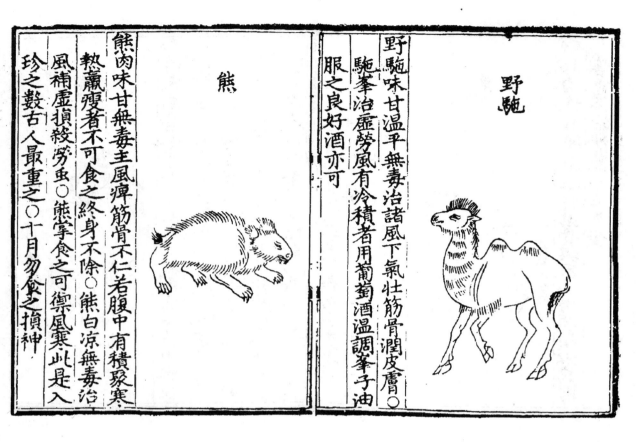

野駞味甘温平無毒治諸風下氣壯筋骨潤皮膚○駞峯治虛勞風有冷積者用葡萄酒温調峯子油服之良好酒亦可

熊

熊肉味甘無毒主風痺筋骨不仁若腹中有積聚寒熱羸瘦者不可食之終身不除○熊白凉無毒治風補虛損殺勞虫○熊掌食之可禦風寒此是八珍之數古人最重之○十月勿食之損神

驢

驢肉味甘寒無毒治風狂憂愁不樂安心氣解心煩頭肉治多年消渴煮食之良烏驢者尤佳○脂和烏梅作丸治久瘧

野驢性味同比家驢鬃尾長骨格大食之能治風眩

麋

麋肉味甘温無毒益氣補中治腰脚無力不可與野雞肉及蝦生菜梅李果實同食令人病○麋脂味辛温無毒主癰腫惡瘡風痺四肢拘緩通血脉潤澤皮膚○麋皮作靴能除脚氣

鹿

鹿肉味甘温無毒補中强五藏益氣○鹿髓甘温主男女傷中絶脉筋急欬逆以酒服之○鹿頭主消渴夜夢見物○鹿蹄主脚膝疼痛○鹿腎主温中補腎安五藏壯陽氣○鹿茸味甘微温無毒主漏下惡血寒熱驚癇益氣强志補虚羸壯筋骨○鹿角微鹹無毒主惡瘡癰腫逐邪氣除小腹血急痛腰脊痛及留血在陰中

麞

麞肉温主補益五藏日華子云肉無毒八月至臘月食之勝羊肉十二月以後至七月食之動氣道家多食言無禁忌也

犬

犬肉味鹹温無毒安五藏補絶傷益陽道補血脉厚腸胃實下焦填精髓黄色犬肉尤佳不與蒜同食必頓損人九月不宜食之令人損神○犬四脚蹄煑飲之下乳汁

猪

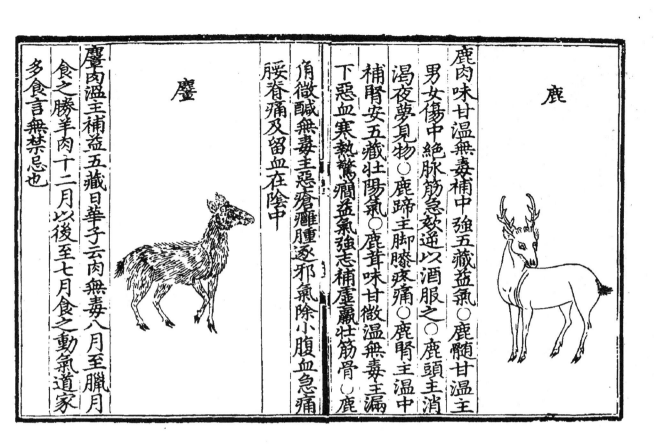

猪肉味苦無毒主閉血脉弱筋骨虚肥人不可久食動風患金瘡者尤甚○猪肚主補中益氣止渴○猪腎冷和理腎氣通利膀胱○猪四蹄小寒主傷撻諸敗瘡下乳

野猪

野猪肉味苦無毒主補肌膚令人虛肥雌者肉更美冬月食橡子肉色赤補人五藏治腸風瀉血其肉味勝家猪

江猪味甘平無毒然不宜多食動風氣令人體重

獺

獺肉味鹹平無毒治水氣脹滿瘵温疫病諸熱毒風欬嗽勞損不可與兎同食○獺肝甘有毒治腸風下血及主疰病相染○獺皮飾領袖則塵垢不著如風沙翳目以袖拭之即出又魚刺鯁喉中不出者取獺爪爬項下即出

虎

虎肉味鹹酸平無毒主惡心欲嘔益氣力食之入山虎見則畏辟三十六種魅○虎眼睛主瘧疾辟惡止小兒熱驚○虎骨主除邪惡氣殺鬼疰毒止驚悸主惡瘡鼠瘻頭骨尤良

豹

豹肉味酸平無毒安五藏補絶傷壯筋骨強志氣久食令人猛健忘性麄踈耐寒暑正月勿食之傷神

唐本注云車駕鹵簿用豹尾取其威重爲可貴也

土豹脳子可治腰疼

麞

麞子味甘平無毒補益人

麂

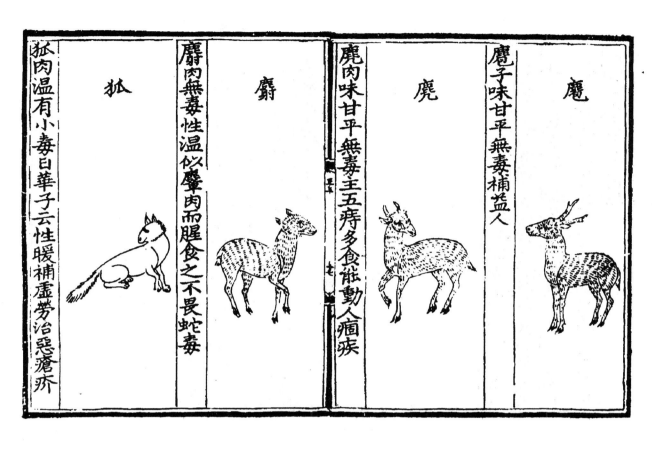

麂肉味甘平無毒主五痔多食能動人痼疾

麝

麝肉無毒性温似麞肉而腥食之不畏蛇毒

狐

狐肉温有小毒曰華子云性暖補虛勞治惡瘡疥

犀牛

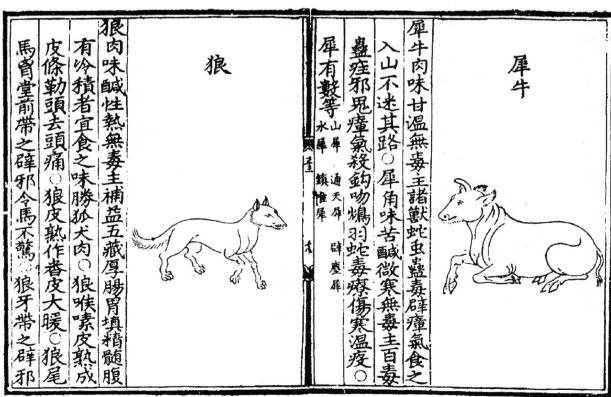

犀牛肉味甘温無毒主諸獸蛇虫蠱毒辟瘴氣食之入山不迷其路〇犀角味苦酸微寒無毒主百毒蠱疰邪鬼瘴氣殺鉤吻鴆羽蛇毒療傷寒温疫〇犀有數等山犀 通天犀 辟塵犀 水犀 鎮帷犀

狼

狼肉味鹹性熱無毒主補益五藏厚腸胃填精髓腹有冷積者宜食之味勝狐犬肉〇狼喉嗉皮熟成皮條勒頭去頭痛〇狼皮熟作沓皮大暖〇狼尾馬廄堂前帶之辟邪令馬不驚〇狼牙帶之辟邪

兔

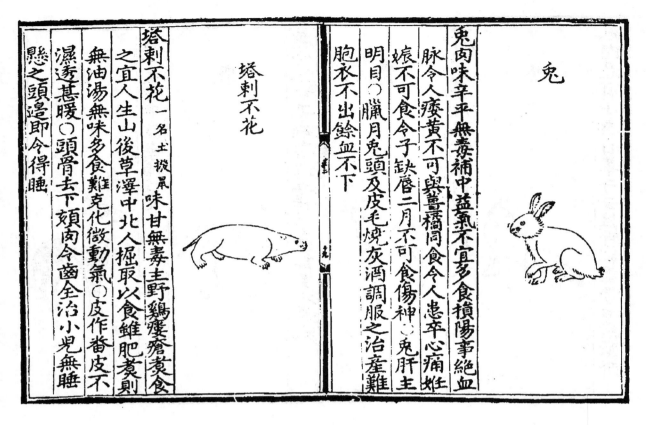

兔肉味辛平無毒補中益氣不宜多食損陽事絶血脉令人瘦黃不可與薑橘同食令人患卒心痛妊娠不可食令子缺脣二月不可食傷神○兔肝主明目○臘月兔頭及皮毛燒灰酒調服之治産難胞衣不出餘血不下

塔剌不花

塔剌不花 一名土撥鼠 味甘無毒主野雞瘻瘡煮食之宜人生山後草澤中北人掘取以食雖肥煮則無油湯無味多食難克化微動氣○皮作番皮不濕透甚暖○頭骨去下頦肉令齒全治小兒無睡懸之頭邊即令得睡

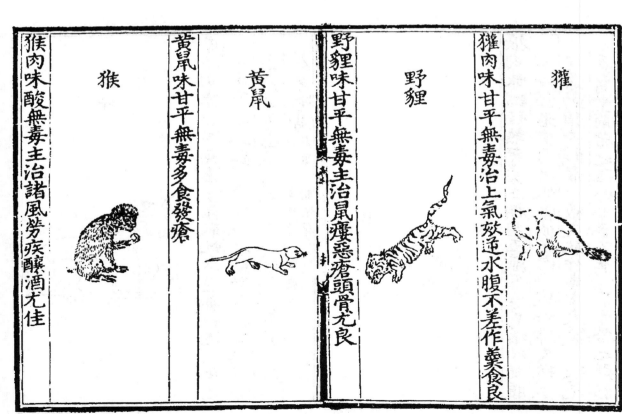

獾

獾肉味甘平無毒治上氣欬逆水腫不差作羹食良

野貍

野貍味甘平無毒主治鼠瘻惡瘡頭骨尤良

黃鼠

黃鼠味甘平無毒多食發瘡

猴

猴肉味酸無毒主治諸風勞疾釀酒尤佳

禽品

也可失剌渾
大金頭鵝也

出魯哥渾
小金頭鵝

速兒乞剌
不能鳴鵝

阿剌渾
花鵝也

天鵝味甘性熱無毒主補中益氣鵝有三四等金頭鵝為上小金頭鵝為次有花鵝者有一等鵝不能鳴者飛則翎響其肉微腥皆不及金頭鵝

鵝

鵝味甘平無毒利五藏主消渴孟詵云肉性冷不可多食亦發痼疾日華子云蒼鵝性冷有毒食之發瘡白鵝無毒解五藏熱止渴脂潤皮膚主治耳聾鵝彈補五藏益氣有痼疾者不宜多食

鴈

鴈味甘平無毒主風攣拘急偏枯氣不通利益氣壯筋骨補勞瘦鴈骨灰和米泔洗頭長髮○鴈膏治耳聾亦能長髮○鴈脂補虛羸令人肥白○六月七月勿食鴈令人傷神

鵁鶄

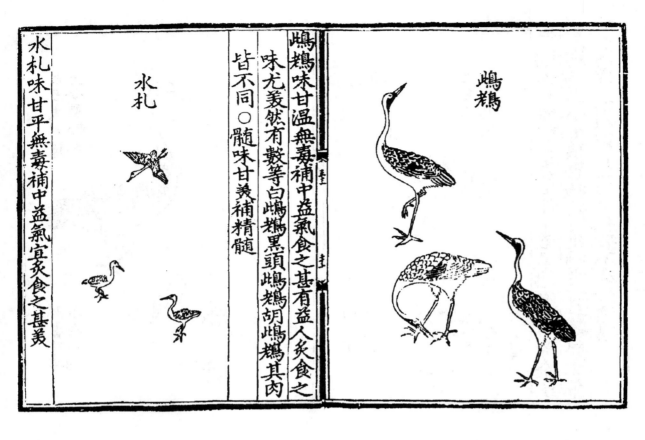

鵁鶄味甘温無毒補中益氣食之甚有益人炙食之味尤美然有數等白鵁鶄黑頭鵁鶄胡鵁鶄其肉皆不同○髓味甘美補精髓

水札

水札味甘平無毒補中益氣宜炙食之甚美

雞

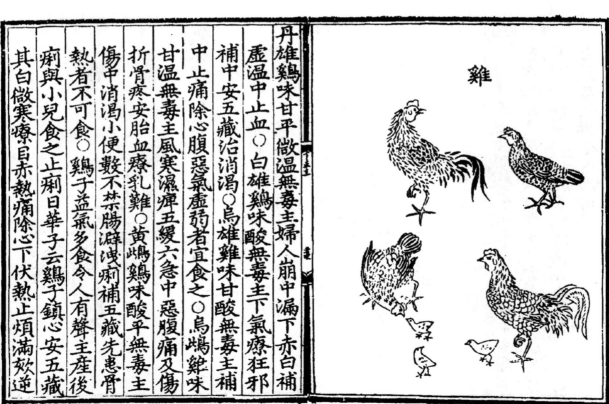

丹雄鷄味甘平微温無毒主婦人崩中漏下赤白補虚温中止血○白雄鷄味酸無毒主下氣療狂邪補中安五藏治消渴○烏雄雞味甘酸無毒主補中止痛除心腹惡氣虚弱者宜食之○烏鴜雞味甘温無毒主風寒濕痺五緩六急中惡腹痛及傷折骨疼安胎血療乳難○黄鴜鷄味酸平無毒主傷中消渴小便數不禁腸澼洩痢補五藏先患骨熱者不可食○鷄子益氣多食令人有聲主産後痢與小兒食之止痢日華子云鷄子鎮心安五藏其白微寒療目赤熱痛除心下伏熱止煩滿欬逆

野雞

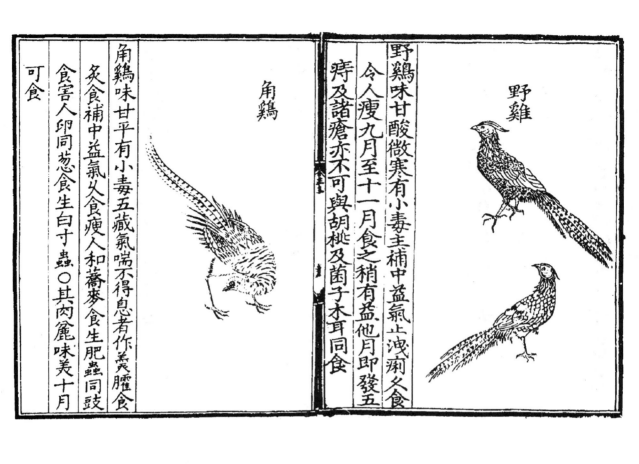

野鷄味甘酸微寒有小毒主補中益氣止洩痢久食令人瘦九月至十一月食之稍有益他月即發五痔及諸瘡疥不可與胡桃及菌子木耳同食

角鷄

角鷄味甘平有小毒五藏氣喘不得息者作羹臛食炙食補中益氣久食瘦人和蕎麥食生肥蟲同豉食害人卵同葱食生白寸蟲○其肉麄味美十月可食

鴨

速速兒

鴨肉味甘冷無毒補內虛消毒熱利水道及治小兒熱驚癇○野鴨味甘微寒無毒補中益氣消食和胃氣治水腫綠頭者為上尖尾者為次

鴛鴦

鸂鶒

鴛鴦味鹹平有小毒主治瘻瘡若夫婦不和者作羹私與食之即相愛

鸂鶒味甘平無毒治驚邪

鵓鴿

鵓鴿味鹹平無毒調精益氣解諸藥毒

鳩

鳩肉味甘平無毒安五藏益氣明目療癰腫排膿血

鴇

鴇肉味甘平無毒補益人其肉麄味美

寒鴉

寒鴉味酸鹹平無毒主瘦病止欬嗽骨蒸羸弱者

鵪鶉

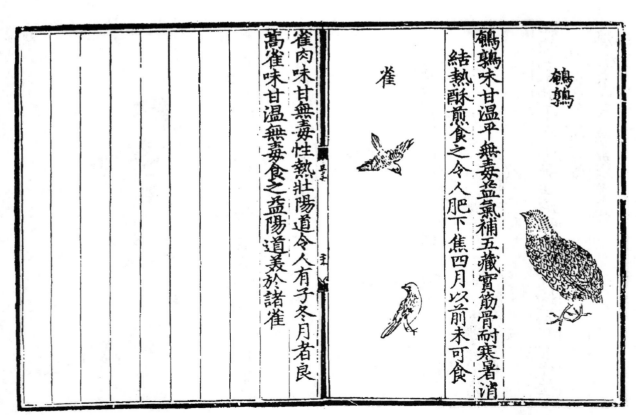

鵪鶉味甘温平無毒益氣補五藏實筋骨耐寒暑消結熱酥煎食之令人肥下焦四月以前未可食

雀

雀肉味甘無毒性熱壯陽道令人有子冬月者良

蒿雀味甘温無毒食之益陽道美於諸雀

魚品

鯉魚

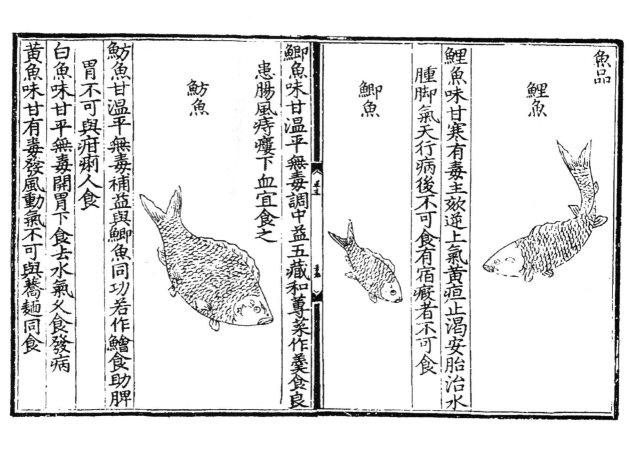

鯉魚味甘寒有毒主欬逆上氣黄疸止渴安胎治水腫脚氣天行病後不可食有宿瘕者不可食

鯽魚

鯽魚味甘溫平無毒調中益五藏和蓴菜作羹食良患腸風痔瘻下血宜食之

魴魚

魴魚甘溫平無毒補益與鯽魚同功若作鱠食助脾胃不可與疳痢人食

白魚味甘平無毒開胃下食去水氣久食發病

黄魚味甘有毒發風動氣不可與蕎麵同食

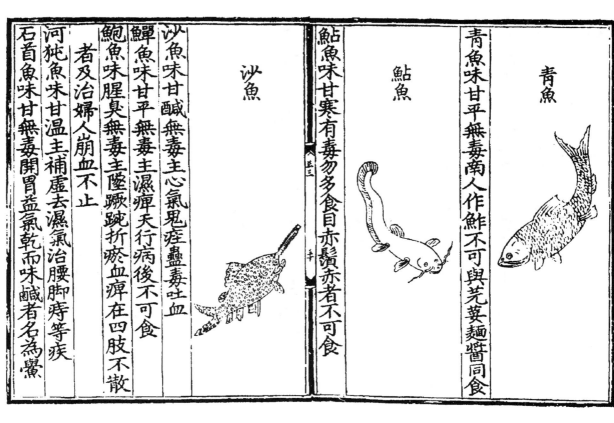

青魚

青魚味甘平無毒南人作鮓不可與芫荽麵醬同食

鮎魚

鮎魚味甘寒有毒勿多食目赤鬚赤者不可食

沙魚

沙魚味甘鹹無毒主心氣鬼疰蠱毒吐血

鱓魚味甘平無毒主濕痺天行病後不可食

鮑魚味腥臭無毒主墜蹶踠折瘀血痺在四肢不散者及治婦人崩血不止

河豘魚味甘溫主補虛去濕氣治腰脚痔等疾

石首魚味甘無毒開胃益氣乾而味鹹者名為鮝

阿八兒忽魚

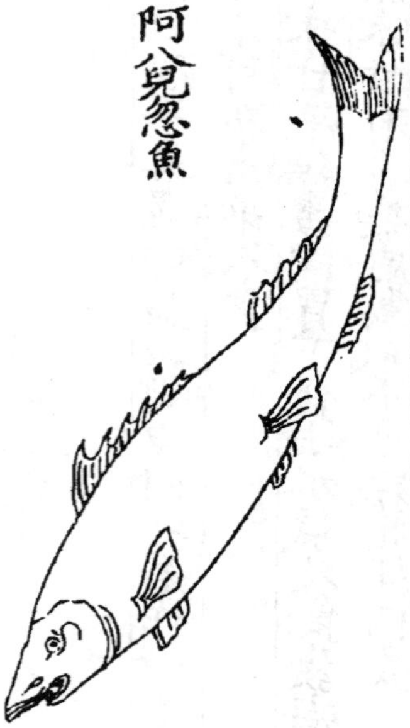

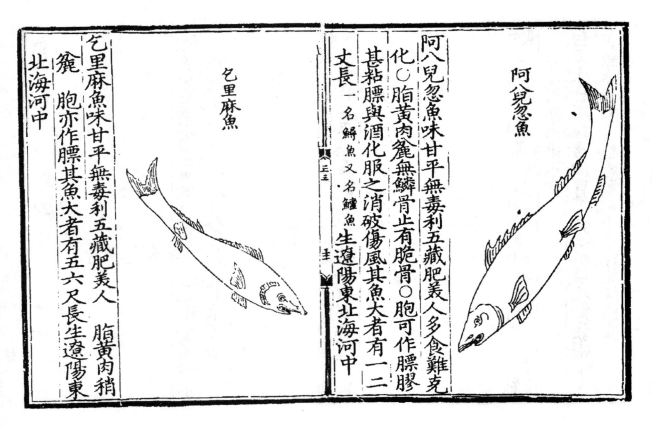

阿八兒忽魚味甘平無毒利五藏肥美人多食難克化○脂黃肉麄無鱗骨止有脆骨○胞可作膘膠甚粘膘與酒化服之消破傷風其魚大者有一二丈長一名鱘魚又名鱣魚生遼陽東北海河中

乞里麻魚

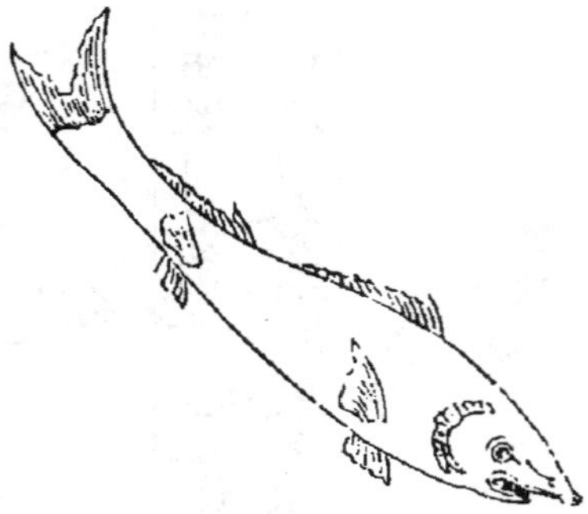

乞里麻魚味甘平無毒利五藏肥美人　脂黃肉稍麄　胞亦作膘其魚大者有五六尺長生遼陽東北海河中

鼈

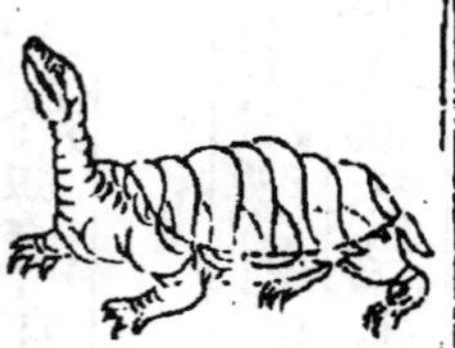

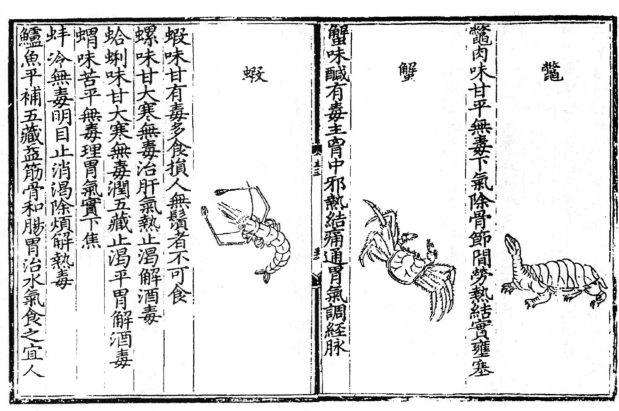

鼈肉味甘平無毒下氣除骨節間勞熱結實壅塞

蟹

蟹味鹹有毒主胷中邪熱結痛通胃氣調經脉

蝦

蝦味甘有毒多食損人無鬚者不可食

螺味甘大寒無毒治肝氣熱止渴解酒毒

蛤蜊味甘大寒無毒潤五藏止渴平胃解酒毒

蝟味苦平無毒理胃氣實下焦

蚌冷無毒明目止消渴除煩解熱毒

鱸魚平補五藏益筋骨和腸胃治水氣食之宜人

果品

桃

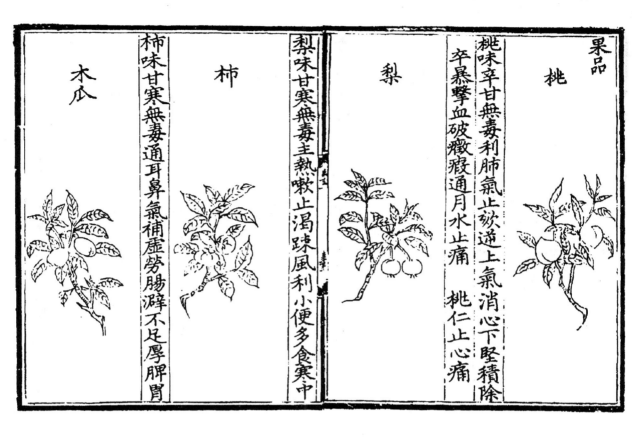

桃味辛甘無毒利肺氣止欬逆上氣消心下堅積除卒暴擊血破癥瘕通月水止痛　桃仁止心痛

梨

梨味甘寒無毒主熱嗽止渴踈風利小便多食寒中

柿

柿味甘寒無毒通耳鼻氣補虛勞腸澼不足厚脾胃

木瓜

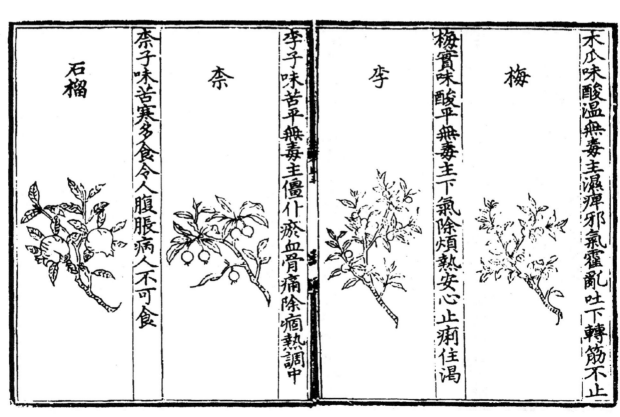

木瓜味酸溫無毒主濕痺邪氣霍亂吐下轉筋不止

梅

梅實味酸平無毒主下氣除煩熱安心止痢住渴

李

李子味苦平無毒主僵仆瘀血骨痛除痼熱調中

柰

柰子味苦寒多食令人腹脹病人不可食

石榴

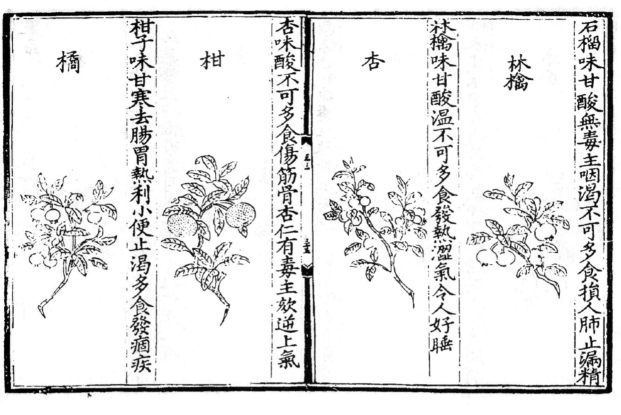

石榴味甘酸無毒主咽渴不可多食損人肺止漏精

林檎

林檎味甘酸温不可多食發熱澀氣令人好睡

杏

杏味酸不可多食傷筋骨杏仁有毒主欬逆上氣

柑

柑子味甘寒去腸胃熱利小便止渴多食發痼疾

橘

橘子味甘酸無毒温止嘔下氣利水道去胷中瘕熱

橙

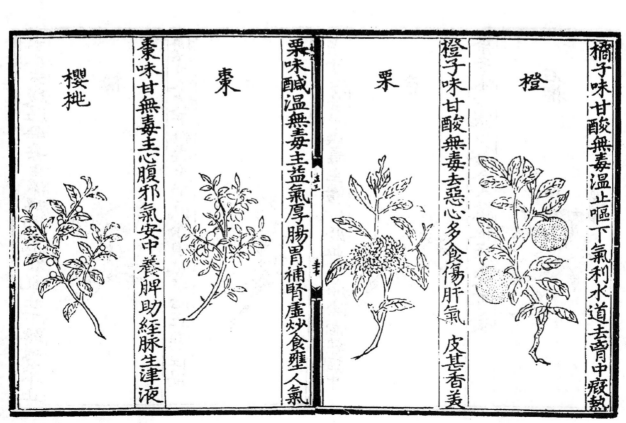

橙子味甘酸無毒去惡心多食傷肝氣 皮甚香美

栗

栗味鹹温無毒主益氣厚腸胃補腎虛炒食壅人氣

棗

棗味甘無毒主心腹邪氣安中養脾助經脉生津液

櫻桃

櫻桃味甘主調中益脾氣令人好顏色暗風人忌食

葡萄

葡萄味甘無毒主筋骨濕痹益氣強志令人肥健

胡桃

胡桃味甘無毒食之令人肥健潤肌黑髮多食動風

松子

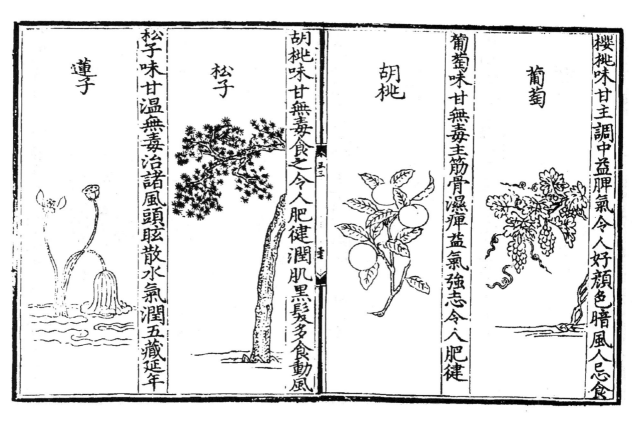

松子味甘溫無毒治諸風頭眩散水氣潤五藏延年

蓮子

蓮子味甘平無毒補中養神益氣除百疾輕身不老

雞頭

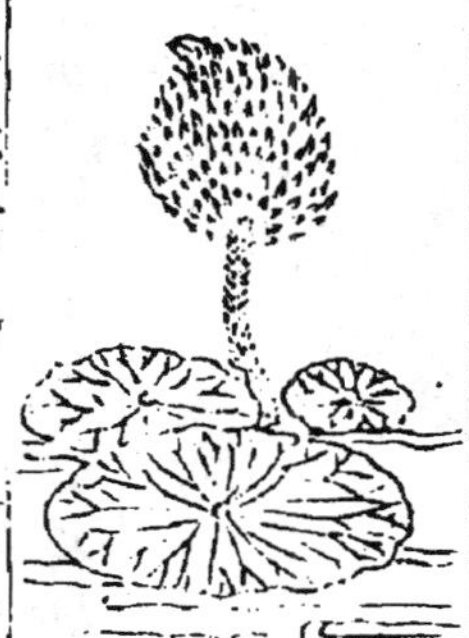

雞頭味甘平無毒主濕痹腰膝痛補中除疾益精氣

芰實

芰實味甘平無毒主安中補五藏輕身不飢

荔枝

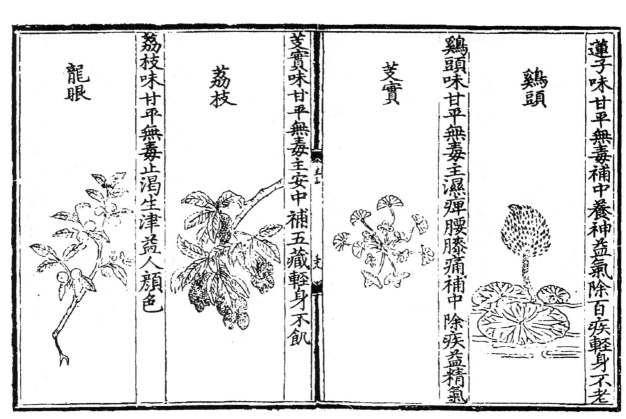

荔枝味甘平無毒止渴生津益人顏色

龍眼

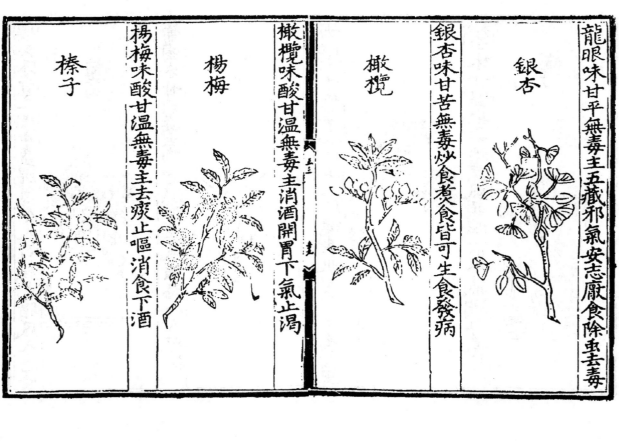

龍眼味甘平無毒主五藏邪氣安志厭食除蟲去毒

銀杏

銀杏味甘苦無毒炒食煑食皆可生食發病

橄欖

橄欖味酸甘溫無毒主消酒開胃下氣止渴

楊梅

楊梅味酸甘溫無毒主去痰止嘔消食下酒

榛子

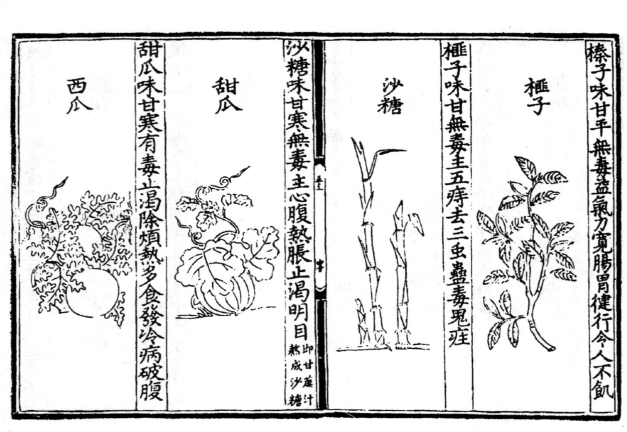

榛子味甘平無毒益氣力寬腸胃健行令人不飢

榧子

榧子味甘無毒主五痔去三虫蠱毒鬼疰

沙糖

沙糖味甘寒無毒主心腹熱脹止渴明目即甘蔗汁熬成沙糖

甜瓜

甜瓜味甘寒有毒止渴除煩熱多食發冷病破腹

西瓜

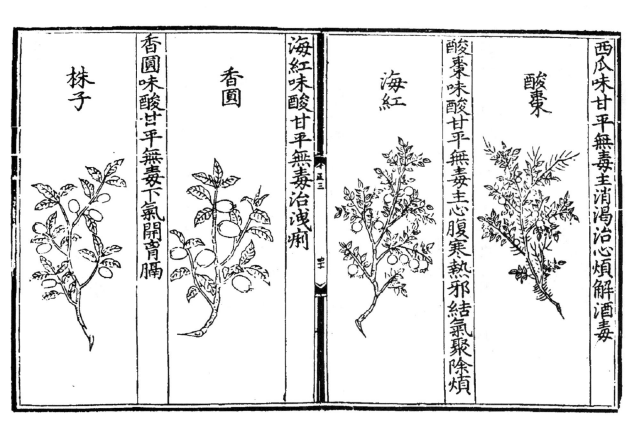

西瓜味甘平無毒主消渴治心煩解酒毒

酸棗

酸棗味酸甘平無毒主心腹寒熱邪結氣聚除煩

海紅

海紅味酸甘平無毒治洩痢

香圓

香圓味酸甘平無毒下氣開胸膈

株子

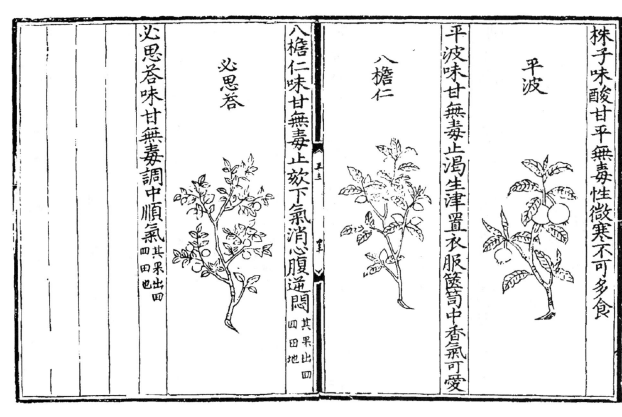

株子味酸甘平無毒性微寒不可多食

平波

平波味甘無毒止渴生津置衣服篋笥中香氣可愛

八檐仁

八檐仁味甘無毒止嗽下氣消心腹逆悶其果出回回田地

必思荅

必思荅味甘無毒調中順氣其果出回回田地

菜品

葵菜

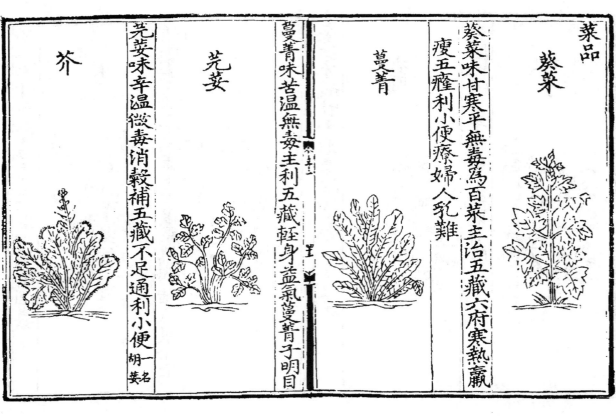

葵菜味甘寒平無毒爲百菜主治五藏六府寒熱羸瘦五癃利小便療婦人乳難

蔓菁

蔓菁味苦温無毒主利五藏輕身益氣蔓菁子明目

芫荽

芫荽味辛温微毒消穀補五藏不足通利小便一名胡荽

芥

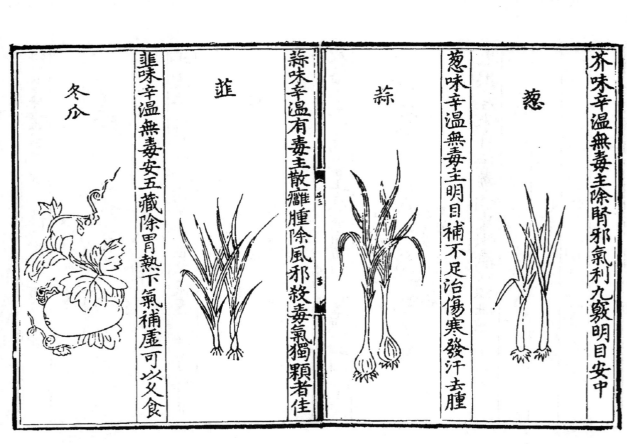

芥味辛温無毒主除腎邪氣利九竅明目安中

葱

葱味辛温無毒主明目補不足治傷寒發汗去腫

蒜

蒜味辛温有毒主散癰腫除風邪殺毒氣獨顆者佳

韭

韭味辛温無毒安五藏除胃熱下氣補虛可以久食

冬瓜

冬瓜味甘平微寒無毒主益氣悅澤駐顏令人不飢

黃瓜

黃瓜味甘平寒有毒動氣發病令人虛熱不可多食

蘿蔔

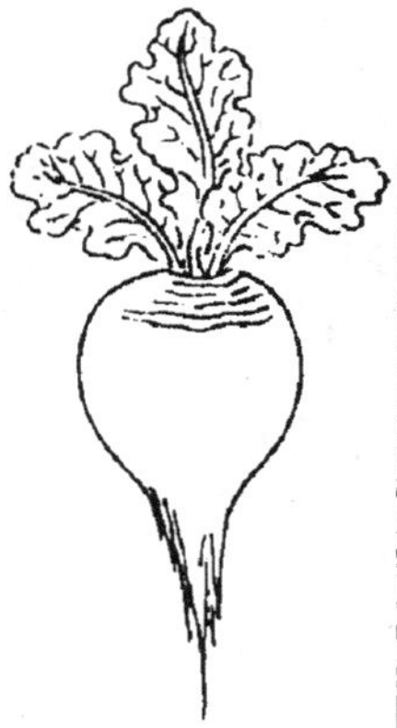

蘿蔔味甘溫無毒主下氣消穀去痰癖治渴制麪毒

胡蘿蔔

胡蘿蔔味甘平無毒主下氣調利腸胃

天淨菜

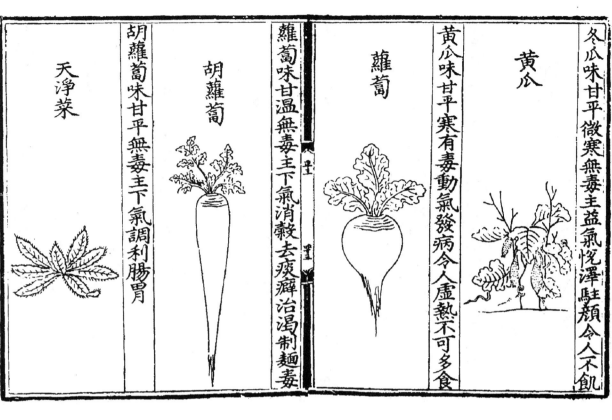

天淨菜味苦平無毒除面目黃强志清神利五藏即野苦蕒

瓠

瓠味苦寒有毒主面目四肢浮腫下水多食令人吐

菜瓜

菜瓜味甘寒有毒利腸胃止煩渴不可多食即稍瓜

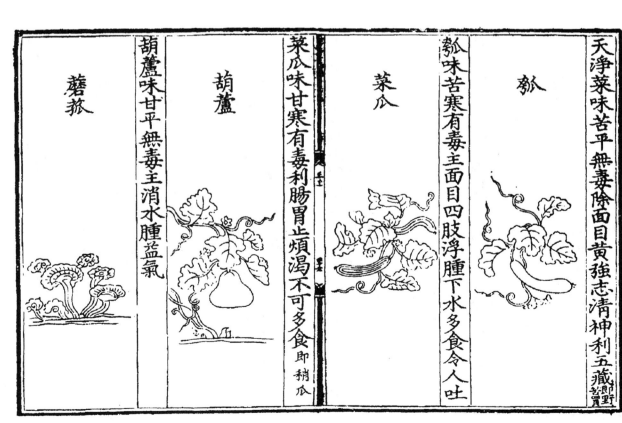

葫蘆

葫蘆味甘平無毒主消水腫益氣

蘑菇

蘑菰味甘寒有毒動氣發病不可多食

菌子

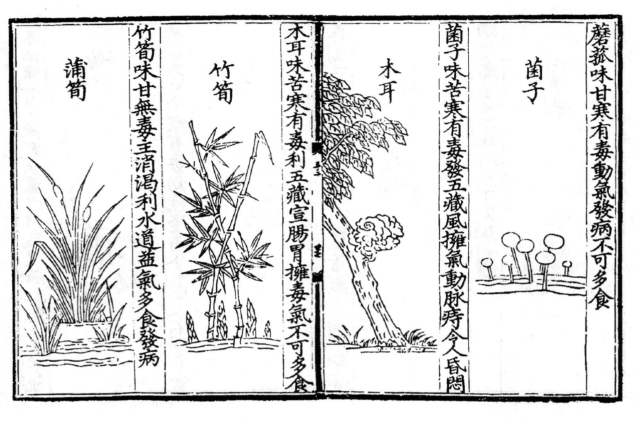

菌子味苦寒有毒發五藏風擁氣動脉痔令人昏悶

木耳

木耳味苦寒有毒利五藏宣腸胃擁毒氣不可多食

竹筍

竹筍味甘無毒主消渴利水道益氣多食發病

蒲筍

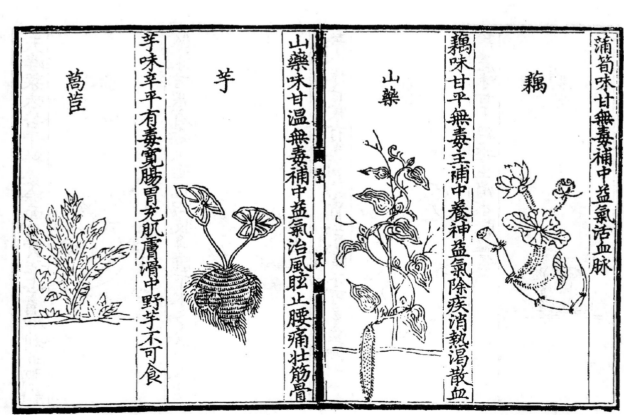

蒲筍味甘無毒補中益氣活血脉

藕

藕味甘平無毒主補中養神益氣除疾消熱渴散血

山藥

山藥味甘溫無毒補中益氣治風眩止腰痛壯筋骨

芋

芋味辛平有毒寬腸胃充肌膚滑中野芋不可食

萵苣

萵苣味苦冷無毒主利五藏開胷膈擁氣通血脉

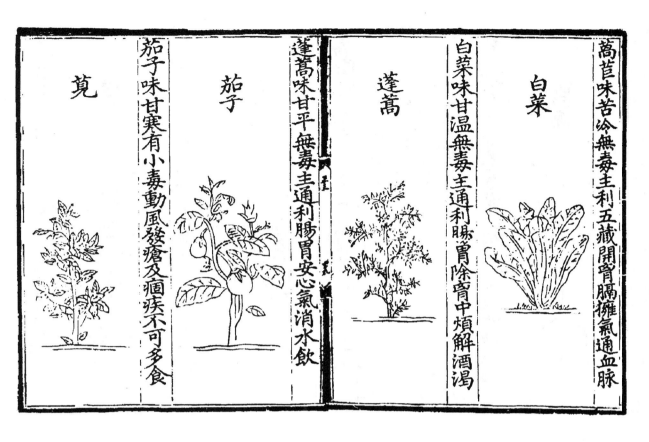

白菜

白菜味甘温無毒主通利腸胃除胷中煩解酒渴

蓬蒿

蓬蒿味甘平無毒主通利腸胃安心氣消水飲

茄子

茄子味甘寒有小毒動風發瘡及痼疾不可多食

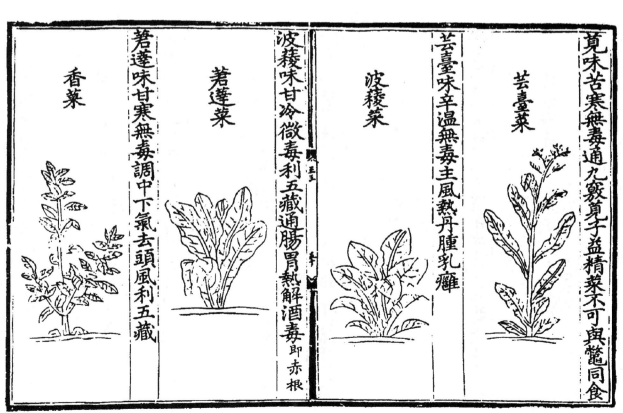

莧

莧味苦寒無毒通九竅莧子益精菜不可與鼈同食

芸臺菜

芸臺味辛温無毒主風熱丹腫乳癰

波稜菜

波稜味甘冷微毒利五藏通腸胃熱解酒毒即赤根

莙薘菜

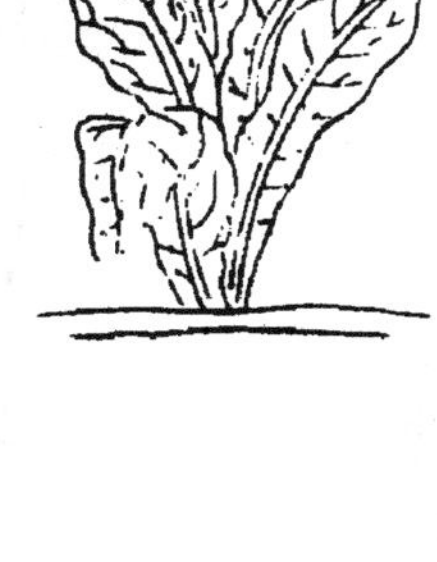

莙薘味甘寒無毒調中下氣去頭風利五藏

香菜

香菜味辛平無毒與諸菜同食氣味香碎腥

蓼子

蓼子味辛温無毒主明目温中耐風寒下水氣

馬齒菜

馬齒味酸寒無毒主青盲白瞖去寒熱殺諸虫

天花

天花味甘平有毒與蘑菰稍相似未詳其性生五臺山

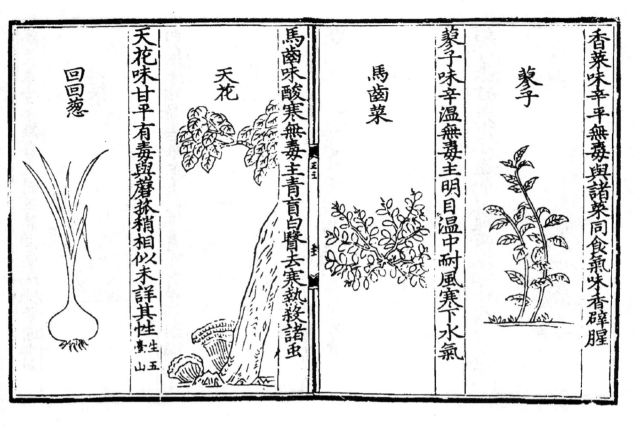

回回葱

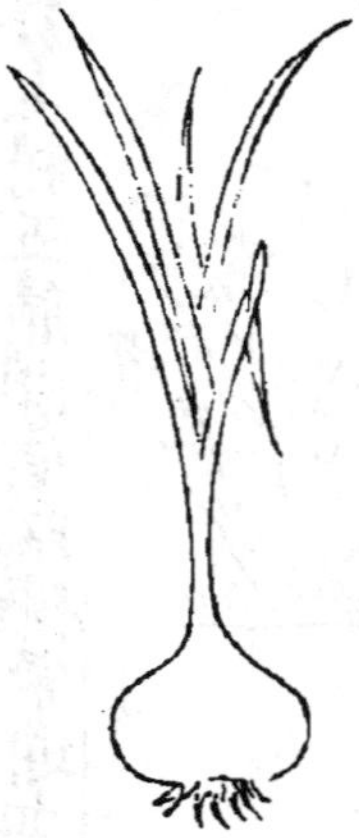

回回葱味辛温無毒温中消穀下氣殺虫久食發病

甘露子

甘露子味甘平無毒利五藏下氣清神名滴露

榆仁

榆仁味辛温無毒可作醬甚香美能助肺氣殺諸虫

沙吉木兒

沙吉木兒味甘平無毒温中益氣去心腹冷痛即蔓菁根

出莙薘兒

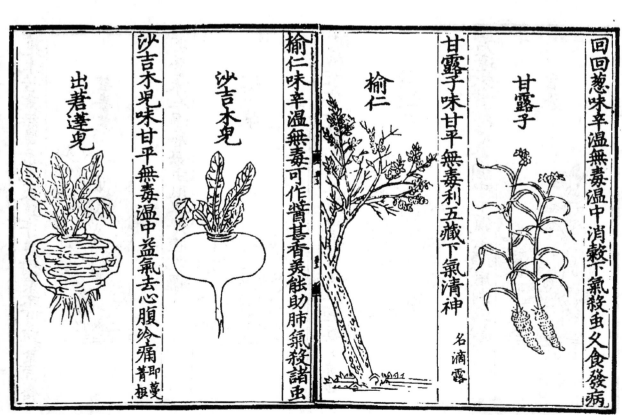

出莙薘兒味甘平無毒通經脉下氣開胸膈即莙薘根也

山丹根

山丹根味甘平無毒主邪氣腹脹除諸瘡腫一名百合

海菜

海菜味鹹寒微腥無毒主瘦瘤破氣核癰腫勿多食

蕨菜

蕨菜味苦寒有毒動氣發病不可多食

薇菜味甘平無毒益氣潤肌清神強志

苦買菜味苦冷無毒治面目黃強力止困可傅諸瘡

水芹味甘平無毒主養神益氣令人肥健殺藥毒

女人赤沃

料物性味

胡椒

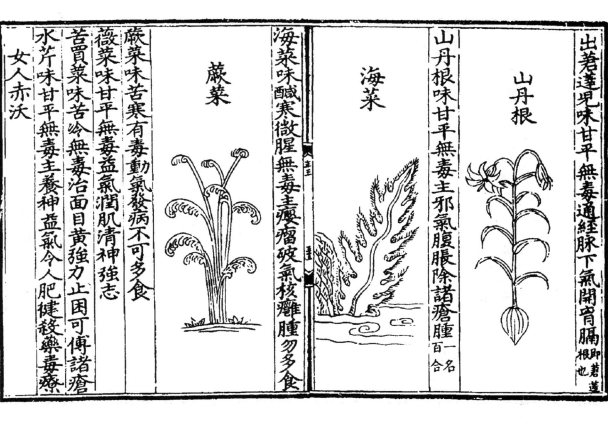

胡椒味辛温無毒主下氣除藏府風冷去痰殺肉毒

小椒

小椒味辛熱有毒主邪氣欬逆温中下冷氣除濕痹

良薑

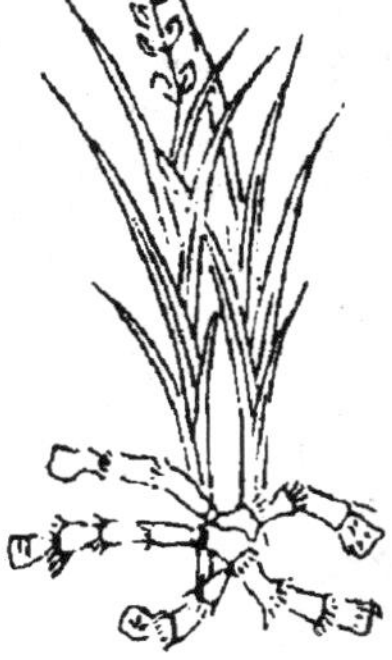

良薑味辛温無毒主胃中冷逆霍亂腹痛解酒毒

茴香

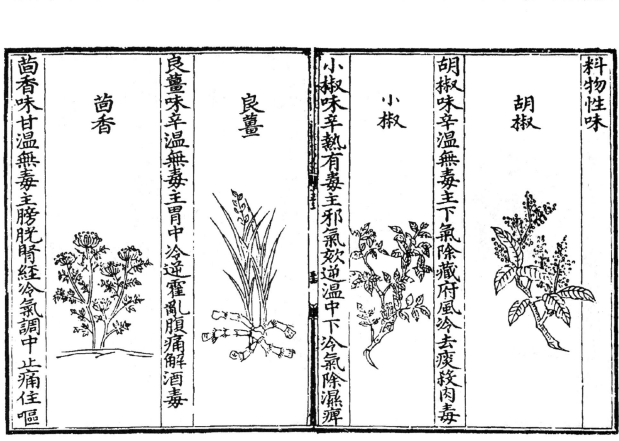

茴香味甘温無毒主膀胱腎經冷氣調中止痛住嘔

甘草

甘草味甘平無毒和百藥解諸毒

芫荽子

芫荽子辛温無毒消食治五藏不足殺魚肉毒

乾薑

乾薑味辛温熱無毒主胷膈欬逆止腹痛霍亂脹滿

生薑

生薑味辛微温主傷寒頭痛欬逆上氣止嘔清神

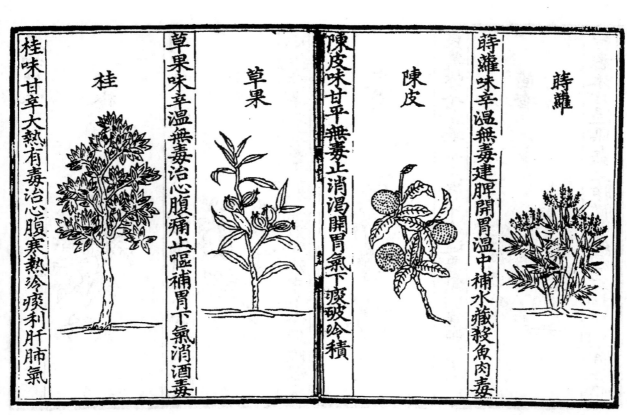

蒔蘿

蒔蘿味辛温無毒建脾開胃温中補水藏殺魚肉毒

陳皮

陳皮味甘平無毒止消渴開胃氣下痰破冷積

草果

草果味辛温無毒治心腹痛止嘔補胃下氣消酒毒

桂

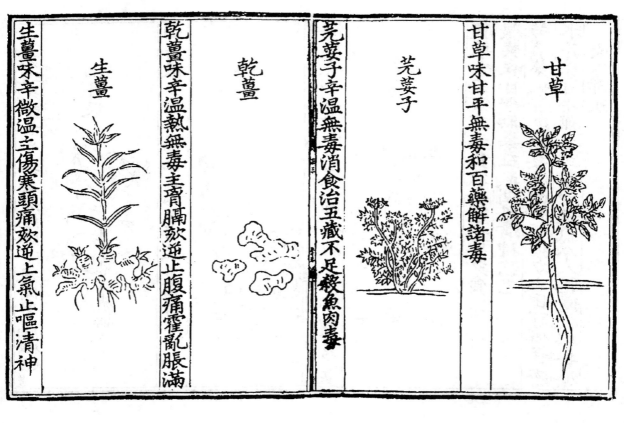

桂味甘辛大熱有毒治心腹寒熱冷痰利肝肺氣

薑黃

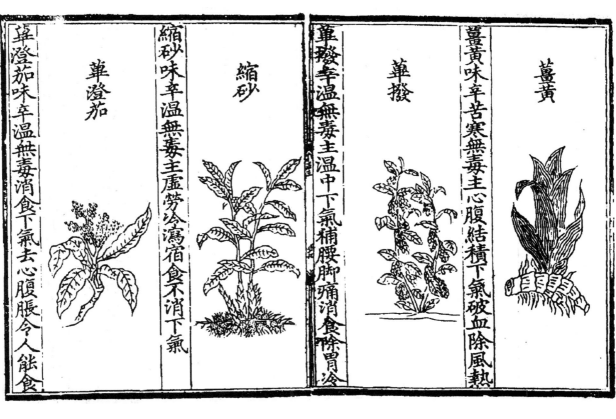

薑黃味辛苦寒無毒主心腹結積下氣破血除風熱

蓽撥

蓽撥辛溫無毒主溫中下氣補腰脚痛消食除胃冷

縮砂

縮砂味辛溫無毒主虛勞冷瀉宿食不消下氣

蓽澄茄

蓽澄茄味辛溫無毒消食下氣去心腹脹令人能食

五味子

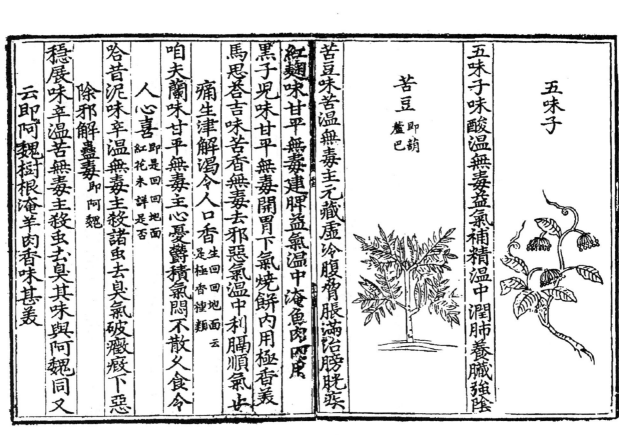

五味子味酸溫無毒益氣補精溫中潤肺養臟強陰

苦豆 即葫蘆巴

苦豆味苦溫無毒主元藏虛冷腹脅脹滿治膀胱疾

紅麴味甘平無毒建脾益氣溫中淹魚肉內用

黑子兒味甘平無毒開胃下氣燒餅內用極香美

馬思荅吉味苦香無毒去邪惡氣溫中利膈順氣止痛生津解渴令人口香 生回回地面云是極香種類

咱夫蘭味甘平無毒主心憂鬱積氣悶不散久食令人心喜 即是回回地面紅花未詳是否

哈昔泥味辛溫無毒主殺諸虫去臭氣破癥瘕下惡除邪解蠱毒 即阿魏

穩展味辛溫苦無毒主殺虫去臭其味與阿魏同又云即阿魏樹根淹羊肉香味甚美

胭脂味辛溫無毒主產後血運心腹絞痛可傅遊腫
梔子味苦寒無毒主五內邪氣療目赤熱利小便
蒲黄味甘平無毒治心腹寒熱利小便止血疾
回回青味甘寒無毒解諸藥毒可傅熱毒瘡腫

飲膳正要卷第三

飲膳正要三卷 浙江范懋柱家天一閣藏本

元和斯輝撰 和斯輝原作忽思慧今改正 和斯輝官飲膳太醫其始末未詳是編前有天歷三年進書奏稱世祖設掌飲膳太醫四人於本草內選無毒無相反可久食補益藥味與飲食相宜調和五味及以每日所造珍品御膳所職何人所用何物標注於歷以驗後效和斯輝自延祐間選充是職因以進用奇珍異饌湯膏煎造及諸家本草名醫方術並日所必用穀肉果菜取其性味補益者集成一書虞集奉勅爲之序所言皆當時之制其中如鄒店井水之類頗足以資考證惟神仙服食一門詞多荒誕耳

出版後記

早在二〇一四年十月，我們第一次與南京農業大學農遺室的王思明先生取得聯繫，商量出版一套中國古代農書，一晃居然十年過去了。

十年間，世間事紛紛擾擾，今天終於可以將這套書奉獻給讀者，不勝感慨。

當初確定選題時，經過調查，我們發現，作爲一個有著上萬年農耕文化歷史的農業大國，我們整理的農業古籍叢書只有兩套，且規模較小，一是農業出版社自一九五九年開始陸續出版的《中國古農書叢刊》，收書四十多種；一是農業出版社一九八二年出版的《中國農學珍本叢刊》，收書三種。其他點校整理的單品種農書倒是不少。基於這一點，王思明先生認爲，我們的項目還是很有價值的。

經與王思明先生協商，最後確定，以張芳、王思明主編的《中國農業古籍目録》爲藍本，精選一百五十二種中國古代最具代表性的農業典籍，影印出版，書名初訂爲『中國古農書集成』。接下來就是正常的流程，先確定編委會，確定選目，再確定底本。看起來很平常，實際工作起來，卻遇到了不少困難。

古籍影印最大的困難就是找底本。本書所選一百五十二種古籍，有不少存藏於南農大等高校圖書館。但由於種種原因，不少原來准備提供給我們使用的南農大農遺室的底本，當時未能順利複製。最後所有底本均由出版社出面徵集，從其他藏書單位獲取。

本書所選古農書的提要撰寫工作，倒是相對順利。書目確定後，由主編王思明先生親自撰寫樣稿，副主編惠富平教授（現就職於南京信息工程大學）、熊帝兵教授（現就職於淮北師範大學）及編委何彥超博士（現就職於江蘇開放大學）及時拿出了初稿，爲本書的順利出版打下了基礎。

本書於二〇二三年獲得國家古籍整理出版資助，二〇二四年五月以『中國古農書集粹』爲書名正式出版。

二〇二二年一月，王思明先生不幸逝世。没能在先生生前出版此書，是我們的遺憾。本書的出版，或可告慰先生在天之靈吧。

是爲出版後記。

鳳凰出版社

二〇二四年三月

《中國古農書集粹》總目

一

呂氏春秋（上農、任地、辯土、審時）（戰國）呂不韋 撰
氾勝之書（漢）氾勝之 撰
四民月令（漢）崔寔 撰
齊民要術（北魏）賈思勰 撰
四時纂要（唐）韓鄂 撰
陳旉農書（宋）陳旉 撰
農書（元）王禎 撰

二

農桑輯要（元）司農司 編撰
農桑衣食撮要（元）魯明善 撰
種樹書（元）俞宗本 撰

三

居家必用事類全集（農事類）（元）佚名 撰
便民圖纂（明）鄺璠 撰
天工開物（明）宋應星 撰
遵生八箋（農事類）（明）高濂 撰
宋氏樹畜部（明）宋詡 撰
陶朱公致富全書（明）佚名 撰（清）石巖逸叟 增定

四

農政全書（明）徐光啓 撰

五

沈氏農書（明）沈氏 撰（清）張履祥 補

菊譜　（宋）范成大　撰
百菊集譜　（宋）史鑄　撰
菊譜　（明）周履靖、黄省曾　撰
菊譜　（清）葉天培　撰
菊説　（清）計楠　撰
東籬纂要　（清）邵承照　撰

十三

揚州芍藥譜　（宋）王觀　撰
金漳蘭譜　（宋）趙時庚　撰
王氏蘭譜　（宋）王貴學　撰
海棠譜　（宋）陳思　撰
缸荷譜　（清）楊鍾寶　撰
汝南圃史　（明）周文華　撰
北墅抱甕録　（清）高士奇　撰
種芋法　（明）黄省曾　撰
筍譜　（宋）釋贊寧　撰
菌譜　（宋）陳仁玉　撰

十四

荔枝譜　（宋）蔡襄　撰
記荔枝　（明）吴載鰲　撰
閩中荔支通譜　（明）鄧慶寀　輯
荔譜　（清）陳定國　撰
荔枝譜　（清）陳鼎　撰
荔枝話　（清）林嗣環　撰
嶺南荔支譜　（清）吴應逵　撰
龍眼譜　（清）趙古農　撰
水蜜桃譜　（清）褚華　撰
橘録　（宋）韓彦直　撰
打棗譜　（元）柳貫　撰
檇李譜　（清）王逢辰　撰

十五

竹譜　（南朝宋）戴凱之　撰
竹譜詳録　（元）李衎　撰

十六

十七

養魚經　（明）黄省曾　撰
異魚圖贊　（明）楊慎　撰
閩中海錯疏　（明）屠本畯　撰　（明）徐𤊹　補疏
蟹譜　（宋）傅肱　撰
糖霜譜　（宋）王灼　撰
酒經　（宋）朱肱　撰
飲膳正要　（元）忽思慧、常普蘭奚　撰

十八

救荒活民補遺書　（宋）董煟　撰　（元）張光大　增　（明）朱熊　補遺
荒政叢書　（清）俞森　撰
荒政輯要　（清）汪志伊　纂
救荒簡易書　（清）郭雲陞　撰

十九

孚惠全書　（清）彭元瑞　撰

二十

欽定康濟錄　（清）陸曾禹　原著　（清）倪國璉　編錄
救荒本草　（明）朱橚　撰
野菜譜　（明）王磐　撰
野菜博錄　（明）鮑山　撰

二十一

全芳備祖　（宋）陳詠　撰
南方草木狀　（晋）嵇含　撰

二十二

植物名實圖考（全二册）　（清）吴其濬　撰